国产数据库达梦丛书

DM8 数据中心解决方案
达梦数据交换平台

张　胜　梅　纲　主　编

王　龙　徐　飞　张守帅　副主编

戴剑伟　李韬伟　祁　超　刘培磊　李向朋　刘志红　参　编

電子工業出版社

Publishing House of Electronics Industry

北京 • BEIJING

内 容 简 介

本书以达梦数据交换平台 4.0 为蓝本，全面系统地介绍了达梦数据交换平台的体系结构、安装与配置、转换和作业流程设计、达梦数据总线和集群等内容，是学习达梦数据交换平台的基础教材和参考用书。

全书分为入门篇、基础篇和高级篇三个部分，内容涵盖达梦数据交换平台概述、安装与配置、快速入门、数据源管理、转换、作业、函数与变量、调度与监控、权限与版本管理、增量数据抽取、达梦数据交换集群、数据质量检测、Web 监控与数据总线自定义转换和数据源开发、ETL 接口编程等内容。本书结合具体实例，详细阐述了达梦数据交换平台各功能组件的使用方法，同时也介绍了集群、数据总线等高级内容，适合不同学习进度的读者使用。

本书内容全面、举例丰富、操作性强、语言通俗、格式规范，可作为达梦数据交换平台的学习教材，也可作为工程技术人员的参考用书。

图书在版编目（CIP）数据

DM8 数据中心解决方案：达梦数据交换平台/张胜，梅纲主编. —北京：电子工业出版社，2021.3
（国产数据库达梦丛书）
ISBN 978-7-121-38111-9

Ⅰ. ①D… Ⅱ. ①张… ②梅… Ⅲ. ①数据交换－教材 Ⅳ. ①TN919.6

中国版本图书馆 CIP 数据核字（2019）第 268652 号

责任编辑：李　敏　　文字编辑：曹　旭
印　　刷：北京七彩京通数码快印有限公司
装　　订：北京七彩京通数码快印有限公司
出版发行：电子工业出版社
　　　　　北京市海淀区万寿路 173 信箱　邮编：100036
开　　本：787×1092　1/16　印张：25.5　字数：600 千字
版　　次：2021 年 3 月第 1 版
印　　次：2024 年 1 月第 4 次印刷
定　　价：99.00 元

凡所购买电子工业出版社图书有缺损问题，请向购买书店调换。若书店售缺，请与本社发行部联系，联系及邮购电话：（010）88254888，88258888。

质量投诉请发邮件至 zlts@phei.com.cn，盗版侵权举报请发邮件至 dbqq@phei.com.cn。

本书咨询联系方式：limin@phei.com.cn。

序 一

数据库已成为现代软件生态的基石之一。遗憾的是，国产数据库的技术水平与国外一流水平相比还有一定的差距。同时，国产数据库在关键领域的应用普及度相对较低，应用研发人员规模还较小，大力推动和普及国产数据库的应用是当务之急。

由电子工业出版社策划，国防科技大学信息通信学院和武汉达梦数据库股份有限公司等单位多名专家联合编写的“国产数据库达梦丛书”，聚焦数据库管理系统这一重要基础软件，以达梦数据库系列产品及其关键技术为研究对象，翔实地介绍了达梦数据库的体系架构、应用开发技术、运维管理方法，以及面向大数据处理的集群、同步、交换等一系列内容，涵盖了数据库管理系统及大数据处理的多个关键技术和运用方法，既有技术深度，又有覆盖广度，是推动国产数据库技术深入广泛应用、打破国外数据库产品垄断局面的重要工作。

“国产数据库达梦丛书”的出版，预期可以缓解国产数据库系列教材和相关关键技术研究专著匮乏的问题，能够发挥出普及国产数据库技术、提高国产数据库专业化人才培养效益的作用。此外，丛书对国产数据库相关技术的应用方法和实现原理进行了深入探讨，也将会吸引更多的软件开发人员了解、掌握并运用国产数据库，同时可促进研究人员理解实施原理、加快相关关键技术的自主研发水平。

倪光南

中国工程院院士

2020年7月

序 二

作为现代软件开发和运行的重要基础支撑之一，数据库技术在信息产业中得到了广泛应用。如今，即使进入人人联网、万物互联的网络计算新时代，持续成长、演化和发展的各类信息系统，仍离不开底层数据管理技术特别是数据库技术的支撑。数据库技术从关系型数据库到非关系型数据库、分布式数据库、数据交换等不断迭代更新，很好地促进了各类信息系统的稳定运行和广泛应用。但是，长期以来，我国信息产业中的数据库大量依赖国外产品和技术，特别是一些关系国计民生的重要行业信息系统也未摆脱国外数据库产品。大力发展国产数据库技术，夯实研发基础、吸引开发人员、丰富应用生态，已经成为我国信息产业发展和技术研究中一项重要且急迫的工作。

武汉达梦数据库股份有限公司研发团队和国防科技大学信息通信学院，长期从事国产数据库技术的研制、开发、应用和教学工作。为了助推国产数据库生态的发展，扩大国产数据库技术的人才培养规模与影响力，电子工业出版社在前期与团队合作的基础上，策划出版“国产数据库达梦丛书”。该套丛书以达梦数据库 DM8 为蓝本，全面覆盖了达梦数据库的开发基础、性能优化、集群、数据同步与交换等一系列关键问题，体系设计科学合理。

“国产数据库达梦丛书”不仅对数据库对象管理、安全管理、作业管理、开发操作、运维优化等基础内容进行了详尽说明，同时也深入剖析了大规模并行处理集群、数据共享集群、数据中心实时同步等高级内容的实现原理与方法。特别是针对 DM8 融合分布式架构、弹性计算与云计算的特点，介绍了其支持超大规模并发事务处理和事务分析混合型业务处理的方法，实现动态分配计算资源，提高资源利用精细化程度，体现了国产数据库的技术特色。相关内容既有理论和技术深度，又可操作实践，其出版工作是国产数据库领域产学研紧密协同的有益尝试。

中国科学院院士

2020 年 7 月

序 三

习近平总书记指出，“重大科技创新成果是国之重器、国之利器，必须牢牢掌握在自己手上，必须依靠自力更生、自主创新。”基于此，实现关键核心技术创新发展，构建安全可控的信息技术体系非常必要。

数据库作为科技产业和数字化经济中三大底座（数据库、操作系统、芯片）技术之一，是信息系统的中枢，其安全、可控程度事关我国国计民生、国之重器的重大战略问题。但是，数据库技术被国外数据库公司垄断达几十年，对我国信息安全造成了一定的安全隐患。

以武汉达梦数据库股份有限公司为代表的国产数据库企业，坚持 40 余年的自主原创技术路线，经过不断打磨和应用案例的验证，已在我国关系国计民生的银行、国企、政务等重大行业广泛应用，突破了国外数据库产品垄断国内市场的局面，保障了我国基本生存领域和重大行业的信息安全。

为了助推国产数据库的生态发展，推动国产数据库管理系统的教学和人才培养，国防科技大学信息通信学院与武汉达梦数据库股份有限公司，在总结数据库管理系统长期教学和科研实践经验的基础上，以达梦数据库 DM8 为蓝本，联合编写了“国产数据库达梦丛书”。该套丛书的出版一是推动国产数据库生态体系培育，促进国产数据库快速创新发展；二是拓展国产数据库在关系国计民生业务领域的应用，彰显国产数据库技术的自信；三是总结国产数据库发展的经验教训，激发国产数据库从业人员奋力前行，创新突破。

华中科技大学软件学院院长、教授

2020 年 7 月

前言

随着大数据时代的来临，采集、存储、处理和传输的数据与日俱增，而这些支撑各应用系统的数据通常位于不同的数据源中，为有效地利用这些数据，实现企业或社会组织的数据共享与交换，减少数据采集的重复劳动和相应费用，需要从多个分布、异构和自治的数据源中集成数据，同时还需要保持数据在不同系统中的完整性和一致性。因此，对数据进行有效集成已成为增强企业市场竞争力的必然选择，为了促进各部门间的合作和数据共享，建立一个完善的数据交换和集成系统是极有应用价值且极为重要的。

达梦数据交换平台是武汉达梦数据库股份有限公司在十余年数据处理经验的基础上，研制开发的具有自主版权的、商品化的数据交换与处理平台。达梦数据交换平台创新地将传统的 ETL（Extract、Transform、Loading）工具与分布式消息平台相结合，实现了对数据抽取、传输、整合及装载的一站式支持，是构建数据中心、数据仓库、数据交换和数据同步等数据集成类应用的理想平台，同时也可以作为数据加工处理工具由业务人员直接使用。

本书分为入门篇、基础篇和高级篇三个部分，全面系统地介绍了达梦数据交换平台概述、安装与配置、快速入门、数据源管理、转换、作业、函数与变量、调度与监控、权限与版本管理、增量数据抽取、达梦数据交换集群、数据质量检测、Web 监控与数据总线自定义转换和数据源开发、ETL 接口编程等内容。本书结合具体示例，详细阐述了达梦数据交换平台各功能组件的操作使用，同时也介绍了集群、数据总线等高级内容，适合不同学习进度的读者使用。

本书编写定位和要求由戴剑伟确定，大纲由张胜、梅纲拟制。第 1 章由戴剑伟执笔，第 2、3 章由王龙执笔，第 4～9 章由张守帅、李韬伟执笔，第 10～13 章由张胜、刘志红执笔，第 14、15 章由徐飞、张胜、祁超执笔，全书由曾昭文主审，付铨、张海粟、文峰、李向朋、刘培磊等同志在本书编写过程中承担了大量工作，最后统稿由张胜、王龙、祁超、李向朋完成。

在本书编写过程中，编者参考了武汉达梦数据库股份有限公司提供的相关技术资料，在此表示衷心的感谢。由于编者水平有限，加之时间仓促，书中难免有错误与不妥之处，敬请读者批评指正。读者在学习过程中有任何疑问，可发送邮件至

791679213@qq.com 与我们交流，也欢迎访问达梦数据库官网、达梦数据库官方微信公众号“达梦大数据”，或者拨打服务热线 400-991-6599 获取更多达梦数据库资料和服务。

编　者

2020 年 6 月于武汉

目 录

入 门 篇

基 础 篇

高 级 篇

入门篇

第1章 概 述

数据交换平台是提供数据交换与共享服务的计算机软硬件设施，主要提供数据传输、数据适配、身份认证、访问控制、流程管理和数据存取等服务，为各类跨部门应用提供公共的数据传输和数据交换服务。本章主要介绍数据交换基本概念、数据交换体系结构和达梦数据交换平台的相关情况。

1.1 数据交换基本概念

1.1.1 数据交换概念模型

数据交换是指为了满足不同信息系统之间数据资源的共享需要，依据一定原则，采取相应的技术，实现数据在网络环境下从一个交换节点到其他交换节点的传送和处理过程。

数据交换从技术实现的角度来看，参与的主要逻辑实体可以抽象为业务数据、交换数据、交换数据库、交换节点（端交换节点、中心交换节点）、交换服务，它们之间的关系在如图 1-1 所示[①]的数据交换概念模型中有所体现。将数据交换过程中信息从源点到目的点经过的所有信息处理单元抽象为交换节点，其中信息的源点和目的点为端交换节点，信息经过的中间点为中心交换节点。各实体的含义是：

（1）业务数据是由各部门产生和管理的数据。

（2）交换数据是端交换节点存储和交换的数据。

（3）交换数据库是可以为多个端交换节点提供一致数据的集中存储区，任意一个端交换节点可以按照一定的规则访问交换数据库。

---

① 中华人民共和国国家质量监督检验检疫总局. GB/T 21062.1—2007 政务信息资源交换体系 第一部分：总体架构[S]. 北京：中国标准出版社，2007.

(4) 端交换节点是数据交换的起点或终点，完成业务数据与交换数据之间的转换操作，并通过交换服务实现数据的传送和处理。

(5) 中心交换节点主要为交换数据提供点到点、点到多点的路由，以及可靠传送等功能，在两个端交换节点之间可以有 0 个或若干个中心交换节点。

(6) 交换服务是交换节点传送和处理数据的操作集合，通过不同交换服务的组合支持不同的服务模式。

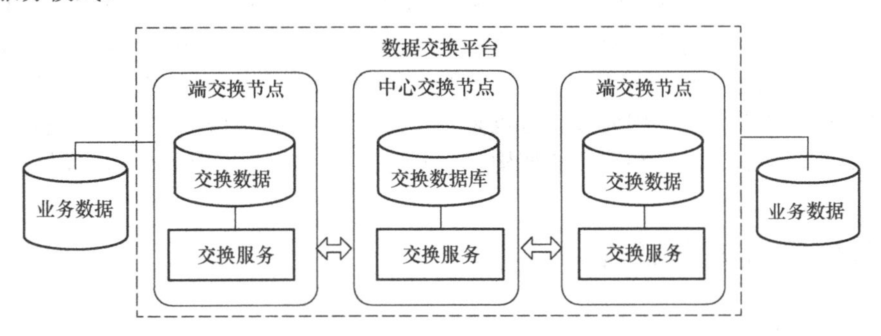

图 1-1　数据交换概念模型

其中，交换节点的功能至少包括数据传送和数据处理两个部分。数据传送功能主要是根据选定的传送协议完成数据的接收或发送功能，数据传送可以通过多种技术实现。数据处理功能完成对消息包的封装或解析，并根据需要实现数据格式转换、可靠性保证和加密等功能。端交换节点可扩充功能包括交换数据库的访问操作、访问其他节点的操作、与业务数据的可控交换等。中心交换节点可扩充功能包括流程管理、节点监控、对交换数据库的访问操作等。

1.1.2　数据交换技术的发展

数据交换技术随着信息技术的发展而不断发展，主要经历了点对点方式、企业应用整合方式和面向服务架构方式三个阶段。目前，数据交换主要通过面向服务架构技术实现。

1. 点对点方式

在点对点方式中，进行数据交换的各个信息系统都需要知道彼此的结构，为不同的接口编写不同的程序来实现数据共享。在系统不多的情况下，点对点方式比较适合，难度不大，但是当需要在多个系统之间进行数据交换时，接口问题变的非常复杂，实现难度和工作量呈指数级增加。这种方式存在的问题主要有：一是不能在不同的平台上进行数据传输，没有办法处理异构信息系统之间的数据交换；二是不能适应需求的动态变化，目标地址一旦发生改变，数据交换就会出现问题，技术实现难度增大，导致工作效率降低，数据交换成本过高。

2. 企业应用整合方式

企业应用整合方式（Enterprise Application Integration，EAI）是将基于不同平台、用不同方案建立的异构应用进行集成的一种方法和技术。EAI 建立在一个由中间件组成的底层数据交换平台上，将业务流程、应用软件、硬件进行整合，将各种“应用孤岛”“信息孤岛”通过各种适配器连接到一个总线上，然后再通过消息队列在两个或更多的应用系统之间实现数据交换。这种方式降低了集成的难度，同时也具备良好的可扩展性。但 EAI 方式也存在不足，主要体现在：一是各种接口是非标准的，接口主要是针对具体交换定制开发的；二是不同厂商提供的解决方案多种多样，相互之间的兼容性差。

3. 面向服务架构方式

基于面向服务架构（Service Oriented Architecture，SOA）的数据共享服务，利用开放标准，采用服务作为应用和数据集成的基本手段，不仅可以实现资源的重复使用和整合，而且还能跨越各种硬件和软件平台，实现不同数据资源和应用的互联互通。基于 SOA，可以将各种数据资源的组织与运用通过服务包装方式转变为可复用的数据资产，然后将这些服务按照业务要求，部署、运行在统一的架构中，并支持向其他应用系统或其他成员提供服务。

1.2 数据交换体系结构

1.2.1 数据交换模式

由于数据共享需求具有复杂性，因此需要通过不同的交换方式满足多种应用的需求。目前主要的数据交换模式包括集中交换模式、分布交换模式和混合交换模式三类[①]。

1. 集中交换模式

数据信息资源集中存储于共享数据库中，数据信息资源提供者或使用者通过访问共享数据库实现数据信息资源共享，如图 1-2 和图 1-3 所示。集中交换模式是数据共享常用的一种模式，也是大型应用系统数据交换的首选方式，当前也常用于应用系统整合。这种模式的优点是：①能彻底避免同一数据的“多头采集、重复存放、分散管理、各自维护”，有效避免“信息孤岛”的产生，同时节约大量的人力、物力；②可实现公共数据的“统一采集、集中存放、统一维护”，确保数据的一致性；③集中共享模式可直接实现业务协同；④各部门通过共享数据库就可获取自己所需要的数据，可避免或减少各部门之间的相互交替、错综复杂的数据交换。集中交换模式是基于数据整合的一种系统集成方式，主要适合数据共享程度高、数据一致性要求高的跨部门应用，如主数据的共享。

（1）基于共享数据库的集中交换模式。通过应用终端访问共享数据，实现部门之间的数据交换，如图 1-2 所示。

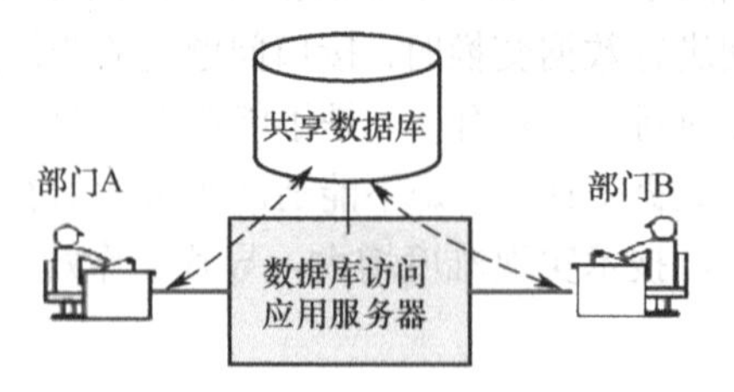

图 1-2　基于共享数据库的集中交换模式

① 中华人民共和国国家质量监督检验检疫总局．GB/T 21062.1—2007 政务信息资源交换体系 第一部分：总体架构[S]．北京：中国标准出版社，2007.

（2）基于电子邮件的集中交换模式。通过电子邮件，实现部门之间的数据交换，如图 1-3 所示。

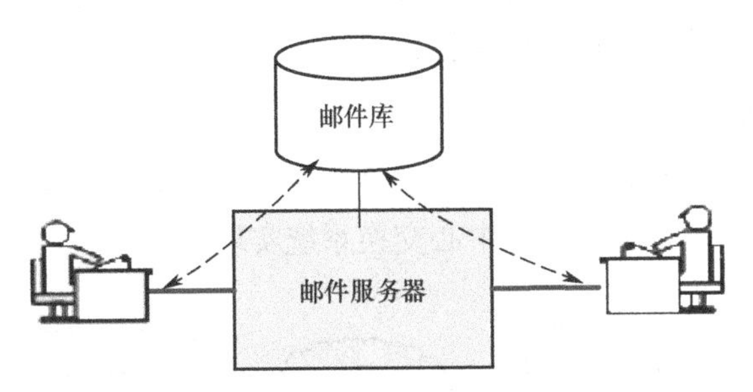

图 1-3　基于电子邮件的集中交换模式

2．分布交换模式

数据分布存储于各业务信息库中，即需要共享的数据存储于数据提供者和数据使用者各自的数据库中，系统间通过数据交换协议将数据从提供者系统定向传输到使用者系统中。分布交换模式实际上是一种“物理分布、逻辑集中”的数据管理模式。所谓“物理分布”是指数据仍然按原有的存储状态分布在各职能部门；所谓“逻辑集中”是指在全面的数据调查和分析的基础上，仔细分析各职能部门的数据共享需求，建立数据资源目录体系，从而实现数据资源共享。分布交换模式可划分为有中心和无中心交换模式。

在无中心交换模式中，前置交换系统之间直接交换数据信息，没有中心交换系统，数据由一个部门的前置交换系统直接传递给另一个部门的前置交换系统，如图 1-4 所示。

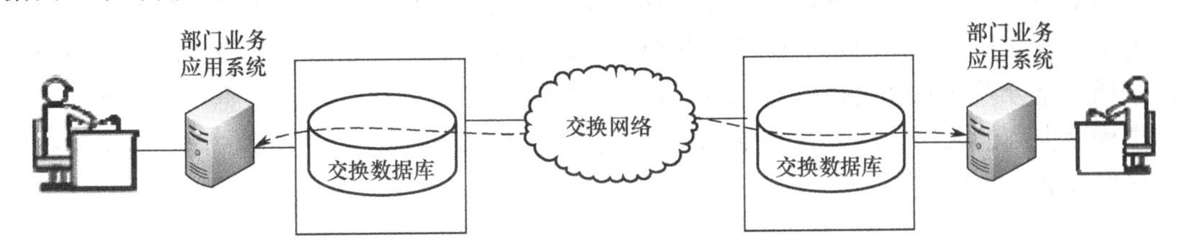

图 1-4　分布交换模式——无中心交换

在有中心交换模式中，所有前置交换系统对外交换的数据均由中心交换系统进行传送，如图 1-5 所示。

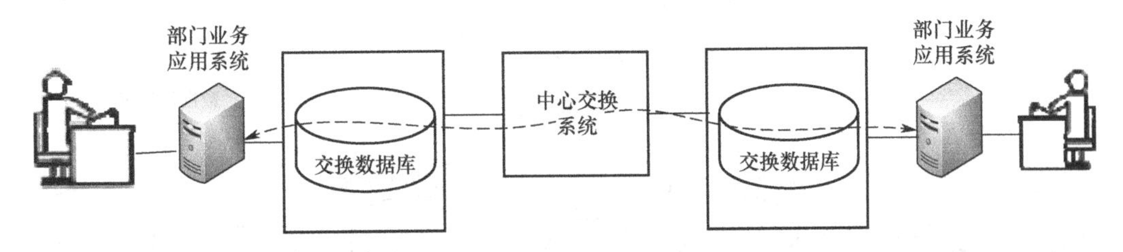

图 1-5　分布交换模式——有中心交换

分布交换模式是目前跨系统和部门数据交换的主要方式，多用于异构系统的互联。这种模式的特点是系统构建灵活、可扩展性好，可以将数据资源的提供者和使用者通过不同的通信方式进行连接，充分保护以往系统的投资；还可以有效隔离下层交换服务与上层应用，使数据交换成为公共服务，可被多个应用共享。这些系统的数据来自不同业务部门的应用系统数据库，通过分布交换模式可以很好地解决数据实时交换、数据适配和安全等问题，提高了跨部门应用的有效性和可用性。

3. 混合交换模式

混合交换模式是集中交换模式和分布交换模式的综合运用，既可通过共享数据库实现数据交换，又可通过直接访问或通过中心交换系统实现数据交换，如图 1-6 所示。

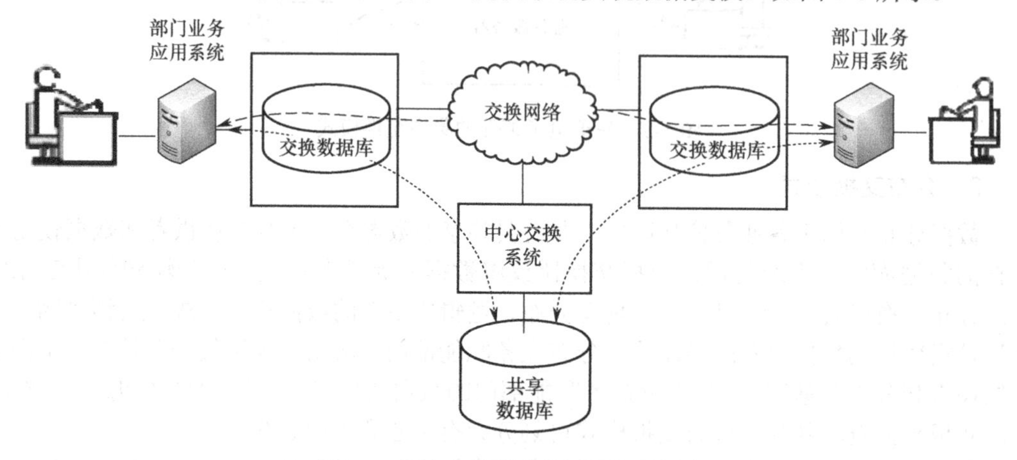

图 1-6　混合交换模式的一种实现方式

由于各部门信息化发展水平的差异和数据交换支持的应用需求的差异，数据交换不会采用单一的交换模式，而是多种模式的组合。在建设规划时，要根据应用需求特点进行合理布局，充分发挥两种交换模式的特点，解决特定的问题。例如，对数据一致性要求高、共享程度也高的人口、法人等基础数据可以集中存储，对特定部门需要的一些业务数据可以分散存储、实时交换。

1.2.2　数据交换体系组成

数据交换体系一般由交换桥接子系统、前置交换子系统、交换传输子系统、交换管理子系统和交换数据库组成，如图 1-7 所示。

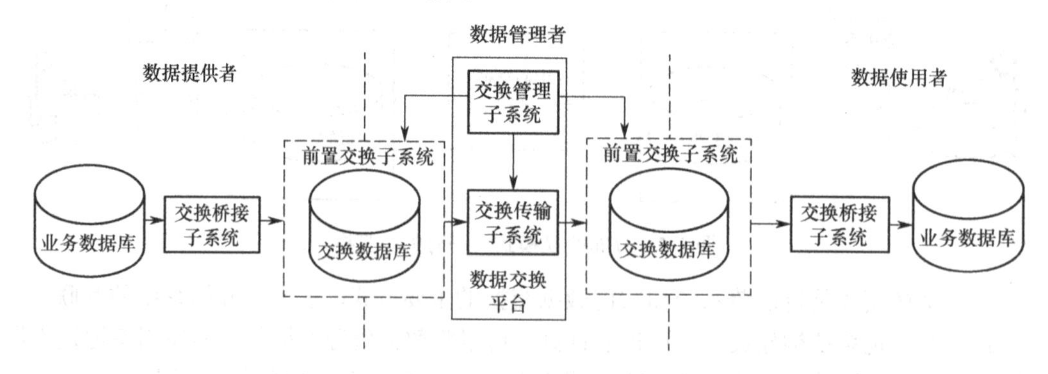

图 1-7　数据交换体系

业务数据库与交换数据库之间的数据交换接口是交换桥接子系统，用以实现业务数据跨域与交换数据库之间的数据交换。

前置交换子系统由交换前置服务器、交换数据库和交换适配器组成，前置交换子系统通过交换桥接子系统与业务应用系统隔离，保证业务数据库与业务应用系统的独立性。

数据交换平台由交换传输子系统和交换管理子系统组成。交换传输子系统实现交换数据库之间的数据处理和稳定可靠、不间断的数据传递。交换管理子系统实现对整个数据交换过程的流程配置、部署、执行和对整个数据交换系统运行进行监控、管理。

1.3　达梦数据交换平台简介

达梦数据交换平台（DMETL）软件是一个具备数据抽取（Extract）、清洗转换（Transform）和装载（Load）功能的通用数据处理平台。DMETL V4.0 在传统 ETL 工具的基础上，集成了数据同步、数据交换和数据整合等功能，能够为基于数据交换的应用和日常的数据清洗提供完整的支持。

DMETL V4.0 可以接入各种数据库、消息服务器、文本文件、XML、Excel 文件、Web Service、LDAP 等常见数据源，并提供了拖曳式的可视化流程设计器，可以大幅度提高工作效率。

1.3.1　组成及功能

达梦数据交换平台遵循《GB/T 30883—2014 信息技术 数据集成中间件标准》研制开发[①]。DMETL 由运行时服务、开发工具、监控管理工具组成。运行时服务由数据接入层、数据表示与处理层组成，同时运行时服务对外提供视图访问接口、服务访问接口和监控管理接口三类应用接口，供数据交换应用调用。开发工具为开发者提供用于支持数据交换流程的开发，完成数据交换流程及运行时服务相关功能的设计、配置、部署、调试等功能。监控管理工具为达梦数据交换平台管理员提供运行维护的监控管理功能。达梦数据交换平台技术架构如图 1-8 所示。

达梦数据交换平台的组成说明如下。

1. 数据接入层

数据接入层为数据交换平台提供接入各种数据系统的功能。其中：

（1）访问模式用于描述不同数据系统接入的访问模式，包括同步或异步、实时或非实时、读或写数据系统等访问模式。

（2）数据格式是对要接入数据进行的格式化定义，通过格式化定义，形成标准的数据表示，一般包括数据库元数据、XML 文件的格式定义（XSD 文件）、格式化文件等。

① 中华人民共和国国家质量监督检验检疫总局. GB/T 30883—2014 信息技术 数据集成中间件标准[S]. 北京：中国标准出版社，2007.

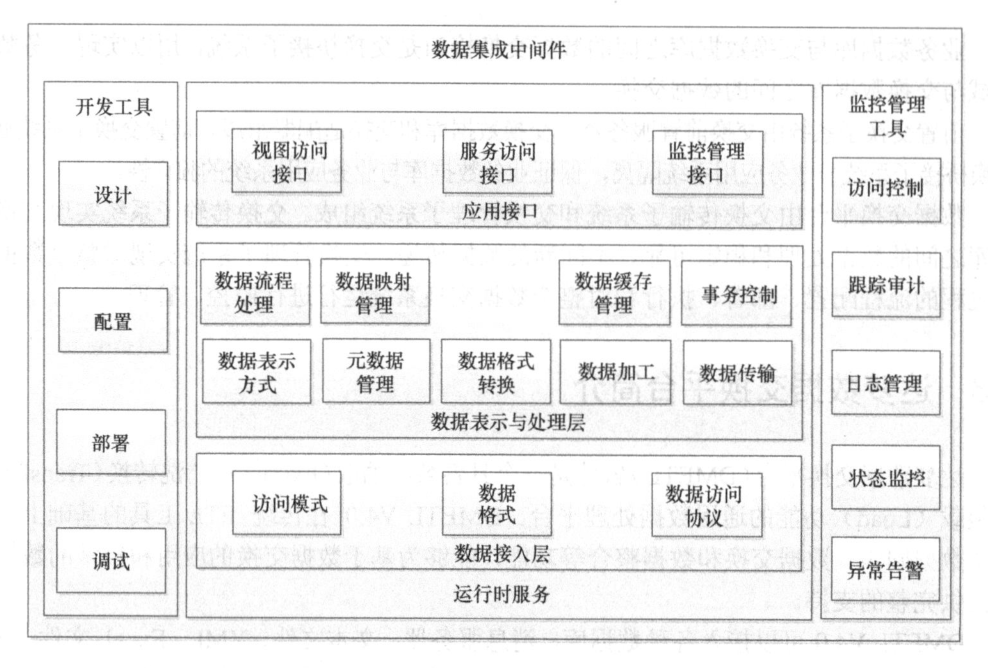

图 1-8　达梦数据交换平台技术架构

（3）数据访问协议是接入数据系统使用的通信访问协议，通信访问协议一般包括关系型数据库的 JDBC 访问协议、消息中间件的 JMS 访问协议、邮件系统的 SMTP/POP3 访问协议等。

2．数据表示与处理层

数据表示与处理层为数据交换平台提供多种规范的数据表示方式、元数据管理功能，以及数据交换过程中一些必要的数据处理功能。其中：

（1）数据表示方式主要是指将数据系统接入的数据解析成规范化的数据表示，以便进行数据加工；将接入数据按照某种标准方式（如 XSD、SDO 等国际通行规范）进行规范表示。

（2）元数据管理实现对数据系统、数据处理过程及对外接口相关元数据的管理能力，包括对元数据的定义、更新、分类、查询等功能。

（3）数据格式转换用于对数据类型、数据内容等进行转换，包括同一类型数据格式之间的转换，如 XML 格式之间的 XSLT 转换；不同类型数据格式之间的转换，如 XML 格式与 SDO 格式之间的序列化/反序列化转换。

（4）数据加工用于对数据内容进行过滤、清洗等加工处理。通常包括数据聚合、数据合并、数据过滤、数据清洗、数据丰富、数据去重等。

（5）数据传输用于分布式环境下的数据传送。数据传输包括同步或异步传输模式。例如，在同步传输模式中，数据交换平台可采用远程方法调用（Remote Method Invocation，RMI）进行数据传输；在异步传输模式中，数据交换平台可采用消息中间件进行数据传输。

（6）数据流程处理用于按照顺序、分发、汇聚、路由等数据流程模式进行数据流转。顺序流程是指数据处理的各个步骤按照顺序进行。分发流程是指在接入端接收到数据后，根据数据的特征（数据来源、数据内容、数据类型等）进行不同目的地的数据流转，数据能够只流转到一个目的地，也能够流转到多个目的地或流转到所有目的地。汇聚流程是指在接入端接收到数据后，数据同时流转到后面并列的所有处理步骤，当所有并列步骤处理完成后进行汇聚，然后继续向下流转。路由流程是指在接入端接收数据后，根据预先建立的路由规则，计算目的地，动态进行数据流转。

（7）数据缓存管理按一定规则将数据存储起来以避免数据重复访问和传输，实现对频繁请求数据的快速访问。通过减少对数据系统的访问次数，降低数据系统的负担，提高数据系统的服务能力，提高查询效率。

（8）事务控制是指在数据处理的各个步骤中，数据交换平台在一定程度上保证全局数据的完整性和一致性的能力。事务控制包括协调分布式数据查询、更新、删除和添加活动；当数据处理的一个或多个步骤出现错误时，终止当前操作并返回出错提示；当数据处理的一个或多个步骤出现致命错误造成全局数据不一致时，自动为其他步骤做数据补偿，或者为其他步骤提供数据补偿建议。

（9）数据映射管理定义多个接入数据系统之间的关联关系，包括定义各数据系统原始字段到数据视图展现数据的映射规则。

3. 应用接口

应用接口是数据交换平台运行时对外提供的供应用层或管理监控工具访问的接口。视图访问接口以数据视图形式为应用层提供数据访问的接口，可根据应用层条件及时获取相应数据；服务访问接口是将数据发布成数据服务，并为应用层提供数据访问的接口，可根据应用层条件及时获取相应数据；监控管理接口为应用层或监控管理工具提供对运行时服务进行监控与管理的接口。

4. 开发工具

开发工具包括设计工具、配置工具、部署工具、调试工具等。设计工具用于根据业务需求对数据交换流程进行建模并生成具有特定格式的流程文件；配置工具用于对数据交换流程生命周期过程中的各项活动（如数据访问模式、数据映射规则、数据处理过程等）进行配置；部署工具用于将设计开发的所有元素（如元数据、流程定义等）进行打包，并部署到中间件服务器上；调试工具通过支持诸如单步执行、断点执行等控制方式追踪数据交换流程运行时的状态。

5. 监控管理工具

监控管理工具让数据交换平台具有对运行时服务进行状态监控、跟踪审计、日志管理、异常告警、访问控制等监控管理功能。

状态监控用于对数据交换流程实例进行监控与管理，包括对数据交换流程实例进行安装、卸载、启动、停止等管理操作，以及对数据交换流程实例进行状态监控操作。

跟踪审计用于对流程的运行情况进行跟踪审计，并展示指定时间段内参与集成的数据交换信息。跟踪审计的交换信息包括数据交换时间段、数据交换总量、数据交换吞吐量等。

日志管理用于追踪并记录数据交换平台的运行过程，包括系统运行情况、用户登录情况、管理操作情况、数据处理情况等。日志管理可以对日志级别进行灵活调整，包括警告、信息、错误等的级别。

异常告警针对网络断开、数据系统无法访问等异常情况进行告警，并将异常信息进行记录。异常告警包括告警信息分类、级别定义、信息订阅、通知方式定义等功能。其中，告警级别包括警告、信息、错误等级别；告警通知方式至少提供一种通知方式，一般为邮件通知方式。

访问控制用于限制用户对数据交换平台运行时服务的访问，具有用户身份鉴别、访问权限控制等功能。

1.3.2 技术架构

DMETL V4.0 架构如图 1-9 所示。DMETL V4.0 分为客户端和服务器端两部分。其中，客户端基于 Eclipse RCP 平台开发，各项功能都通过标准的 Eclipse 插件实现，可以在不重新安装的情况下动态地加载功能。

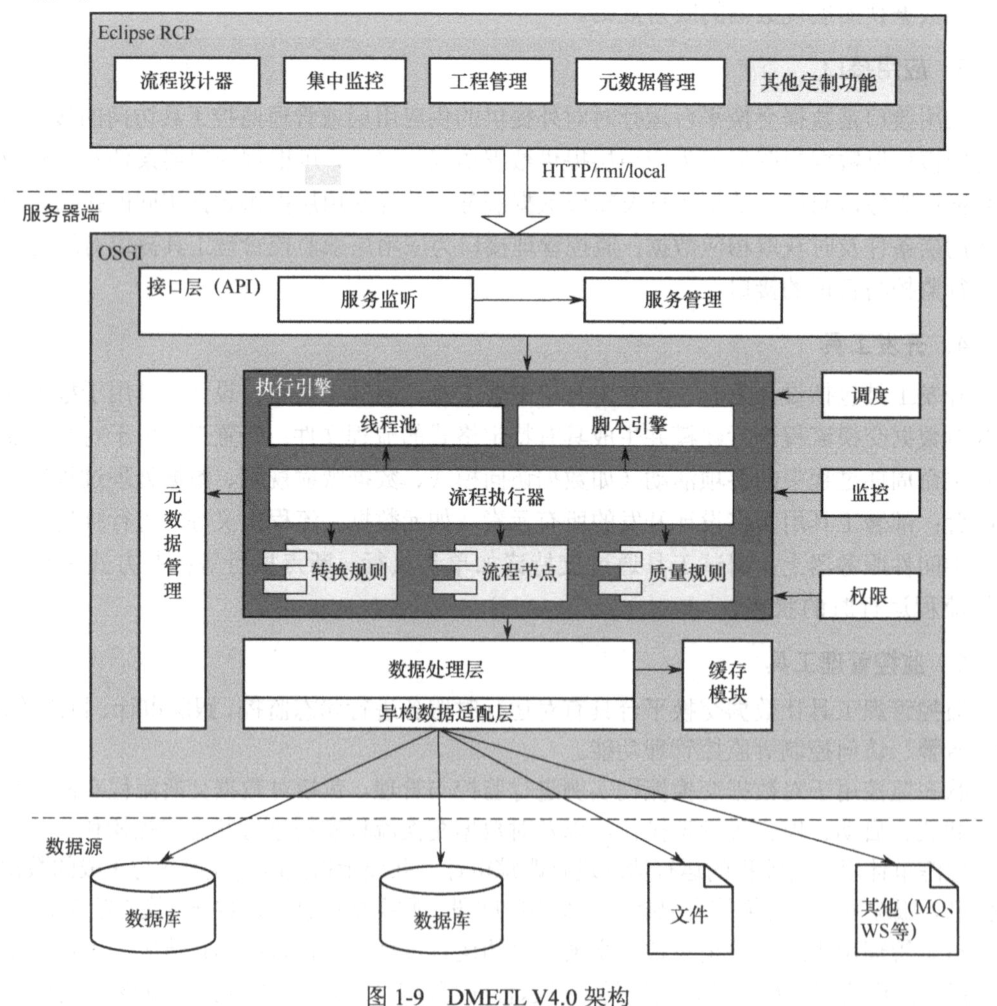

图 1-9 DMETL V4.0 架构

服务器采用OSGI的体系结构，每个功能都是一个OSGI包，其中在执行引擎上定义了一些扩展点，如转换规则扩展点、流程节点扩展点、数据质量检查规则扩展点。系统内置的组件和用户扩展的组件都统一通过扩展点的方式实现，流程执行时通过查询系统扩展信息来加载相应的类并执行。服务器对数据的访问和处理都通过数据处理层接口实现。数据处理层负责屏蔽不同数据源的差异，便于对新数据源进行扩展支持。

1.3.3 特点

DMETL V4.0的主要特点如下。

（1）高性能：

DMETL V4.0核心执行引擎采用多线程机制和流水线架构，处理过程可以异步并发进行；

内建通用数据分区处理机制，充分发挥多CPU系统性能；

支持单表数据的并行装载；

支持文件并行分段解析；

支持各种数据库专有的高性能装载接口（如BCP批量装载等）；

具有高效的表达式解析引擎；

内建高性能缓存管理模块。

（2）可靠性：

内置关系型数据库用于存储用户配置信息，保证用户配置信息不丢失；

支持数据磁盘缓存，数据无法写入目的数据源时，可换缓存到磁盘中；

支持连接自动重连；

支持增量抽取断点续传。

（3）易用性：

提供了图形化的管理设计工具，可进行本地和远程联机管理，通过可拖拽的图形化流程设计器，用户可以快速设计数据处理流程；

内置丰富的数据清洗组件和规则，支持数据实时预览和流程调试；

支持任意字符编码转换、简体中文与繁体中文转换、文字与拼音转换、全角与半角转换；

提供基于模板的批量转换数据同步向导，根据数据同步方案快速创建数据同步流程；

提供统一监控视图，可以方便地监控后台流程的执行状态、统计信息。

（4）扩展性：

DMETL V4.0采用基于OSGI的标准的、模块化的架构，各个功能组件可以快速方便地进行扩展，如数据源、转换组件、作业组件、数据清洗规则；

DMETL V4.0 提供了丰富的应用编程接口（API），第三方应用可以通过这些接口与 DMETL V4.0 进行交互，如动态创建流程、获取流程状态和统计信息；

DMETL V4.0 充分考虑了业务数据的复杂性，在提供了丰富的标准数据转换组件的基础上，还允许用户通过自定义函数编写转换规则，快速满足特殊的业务需求；

DMETL V4.0 可以独立运行，也可以内嵌到第三方应用中执行。

第2章 安装与配置

达梦数据交换平台（DMETL）支持多种操作系统，采用客户端/服务器端的方式进行部署配置。在服务器端与客户端上，DMETL 安装与配置的方法是一致的。本章将以 DMETL 服务器端为例，分别介绍在 Windows 和 Linux 环境下的安装与配置。

2.1 安装与卸载

DMETL 支持在 32 位或 64 位处理器、Windows 或 Linux 操作系统中进行部署安装。位数不同的同一类型操作系统的 DMETL 安装方法一致，推荐选用具有 64 位处理器的机器进行部署，它能够更充分地使用服务器计算与存储资源。不同类型的操作系统 DMETL 安装方法不同，下面将对 DMETL 在 Windows 和 Linux 两种操作系统中的安装与卸载分别进行介绍。

2.1.1 Windows 操作系统中的安装

DMETL 支持在 Windows XP 及以上所有版本的 Windows 操作系统中安装，包括 Windows Vista、Windows 7、Windows 8、Windows 10 等。安装方式采用 Windows 中最为常见的图形化操作，通过向导完成安装。具体的操作步骤如下。

步骤 1：用户在确认 Windows 操作系统已正确安装且网络正常后，把 DMETL 安装光盘放入光驱中，将光盘中的安装文件复制至本地硬盘中，运行“setup.exe”文件。若系统已安装低版本 DMETL，则需做好数据备份，覆盖原安装文件，继续安装即可完成版本升级；若先前存在安装失败的情况，则需要删除残留文件后再进行安装。

步骤 2：进入安装向导。在运行安装文件后，进入达梦数据交换平台安装向导界面，单击“下一步”按钮，如图 2-1 所示。

步骤 3：接受授权协议。在安装和使用达梦数据交换平台之前，该安装程序需要用户阅读授权协议条款，用户如接受该协议中的条款，则选中“我接受‘许可证协议’中的条款”单选按钮，并单击“下一步”按钮继续安装；若选中“我不接受‘许可证协议’中的条款”单选按钮，则将放弃本次安装，如图 2-2 所示。

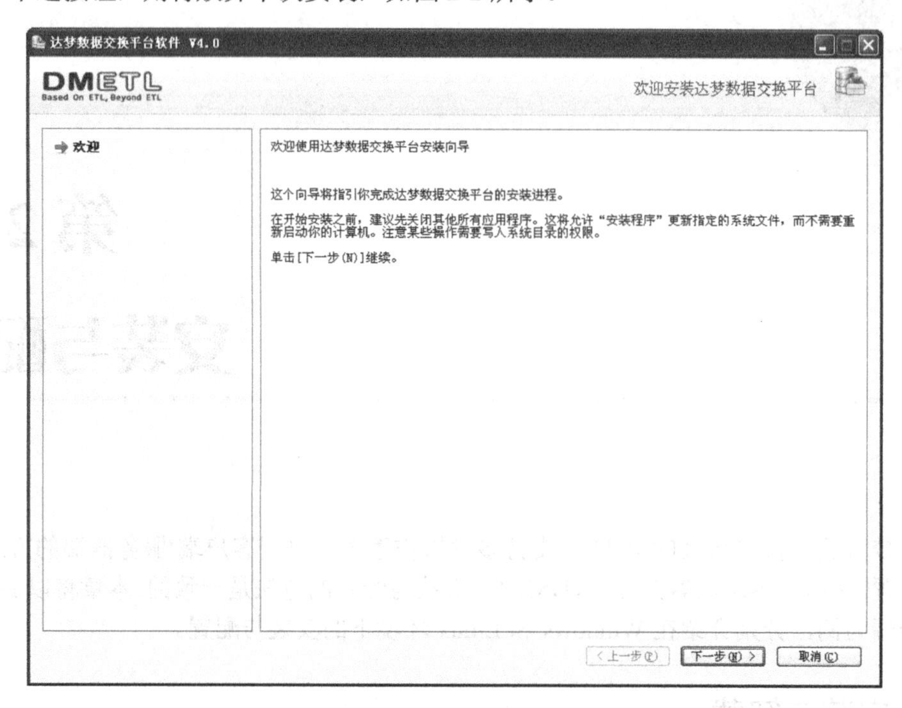

图 2-1　达梦数据交换平台安装向导界面

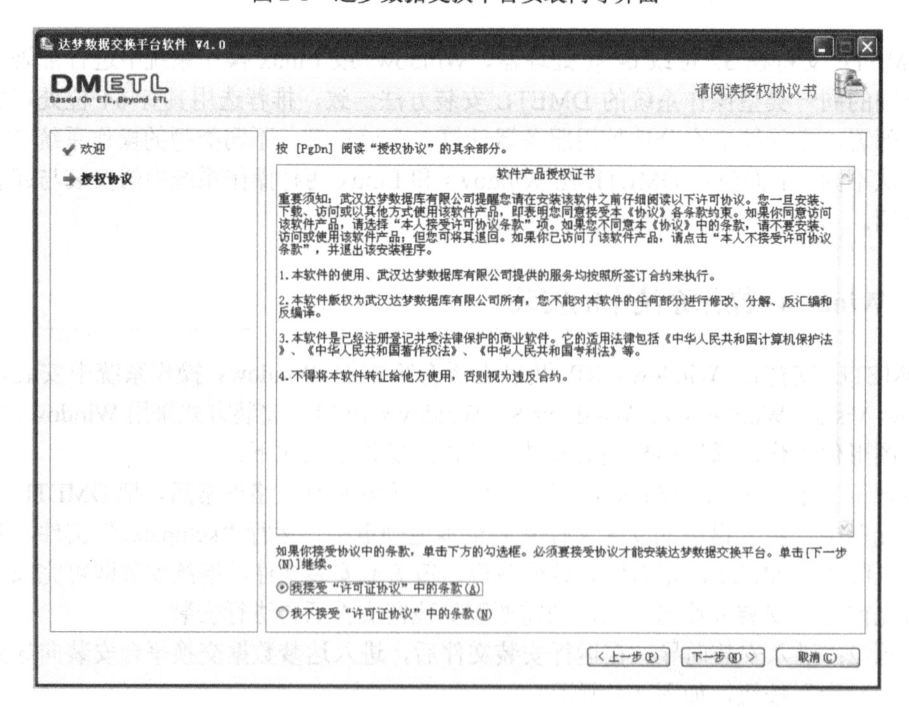

图 2-2　授权协议

步骤 4：验证许可证（Key）文件。Key 文件是 DMETL 的授权文件，是对用户使用软件权限的管理。用户可以勾选“免费试用达梦数据交换平台”单选按钮使用试用版 Key 文件，也可以勾选“使用已申请的 Key 文件”单选按钮自行添加 Key 文件路径，安装程序将自动验证 Key 文件信息，如果是合法且在有效期内的 Key 文件，用户可以单击“下一步”按钮继续安装，如图 2-3 所示。

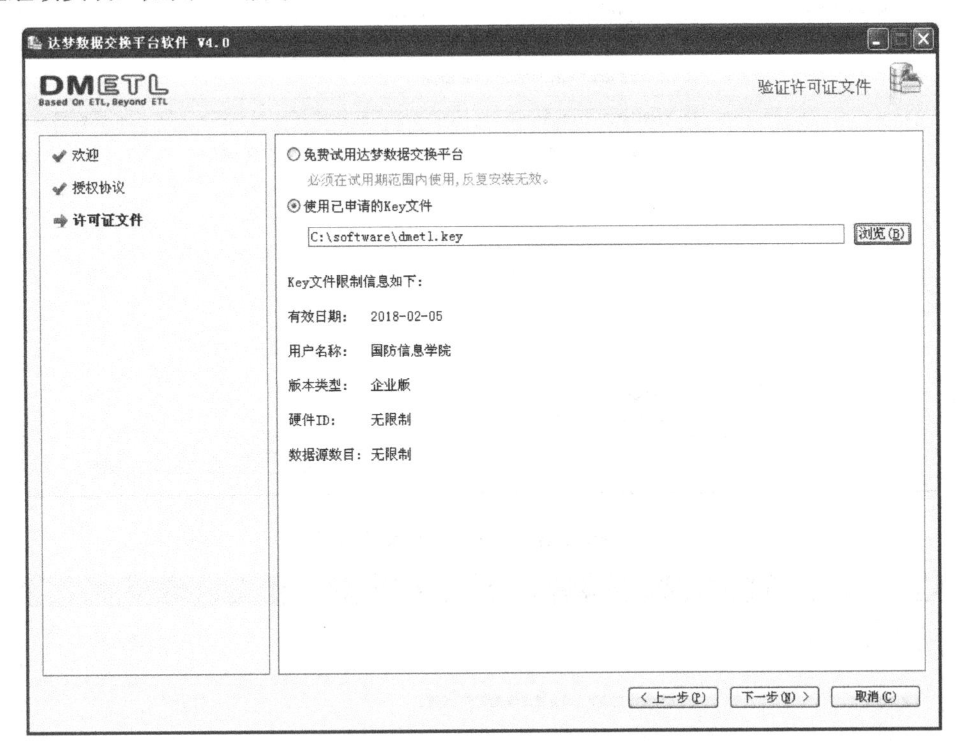

图 2-3 验证许可证文件

步骤 5：选择安装组件和目录。如图 2-4 所示，达梦数据交换平台提供标准版、企业版和自定义三种安装类型。其中，标准版提供基本的数据整合和数据同步功能；企业版在标准版的功能基础上增加了基于消息交换与路由、监控与统计、数据质量管理、数据的发布和订阅等企业级功能，企业版的安装需要有相应的企业版 Key 文件；自定义是用户自行选择组件安装。

用户可以浏览选择达梦数据交换平台的安装目录，以及决定是否创建开始菜单和桌面快捷方式。达梦数据交换平台在 Windows 操作系统中默认安装在 C:\dmetl 下；在 Linux 操作系统中默认安装在当前用户目录下，对于 root 用户默认安装在 /opt/ 目录下。

步骤 6：安装前小结。如图 2-5 所示，该安装界面显示了安装的基本信息，包括安装目录和磁盘空间，需要用户进行确认后安装。

步骤 7：执行安装。单击“安装”按钮即可执行达梦数据交换平台的安装，安装过程界面如图 2-6 所示。

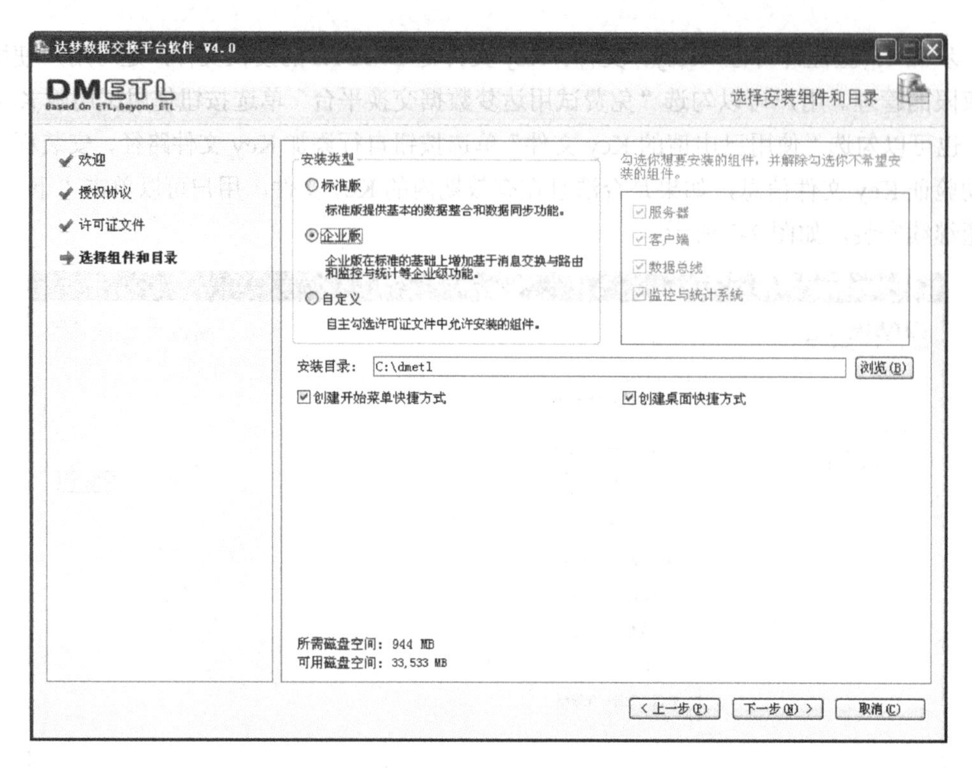

图 2-4 选择安装组件和安装目录

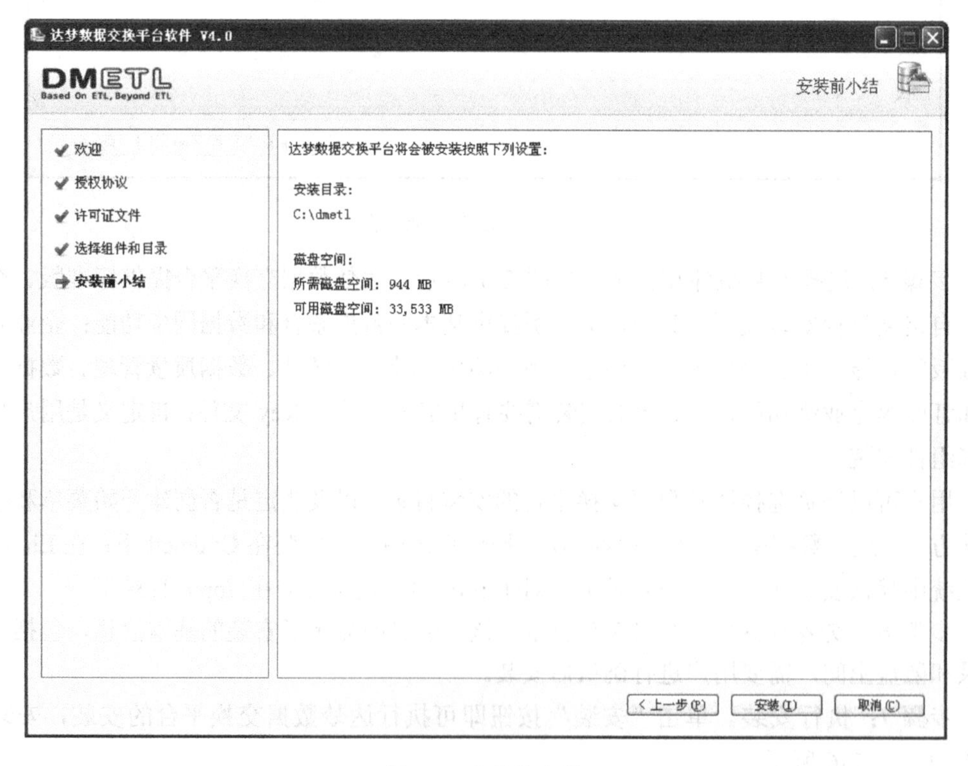

图 2-5 安装前小结

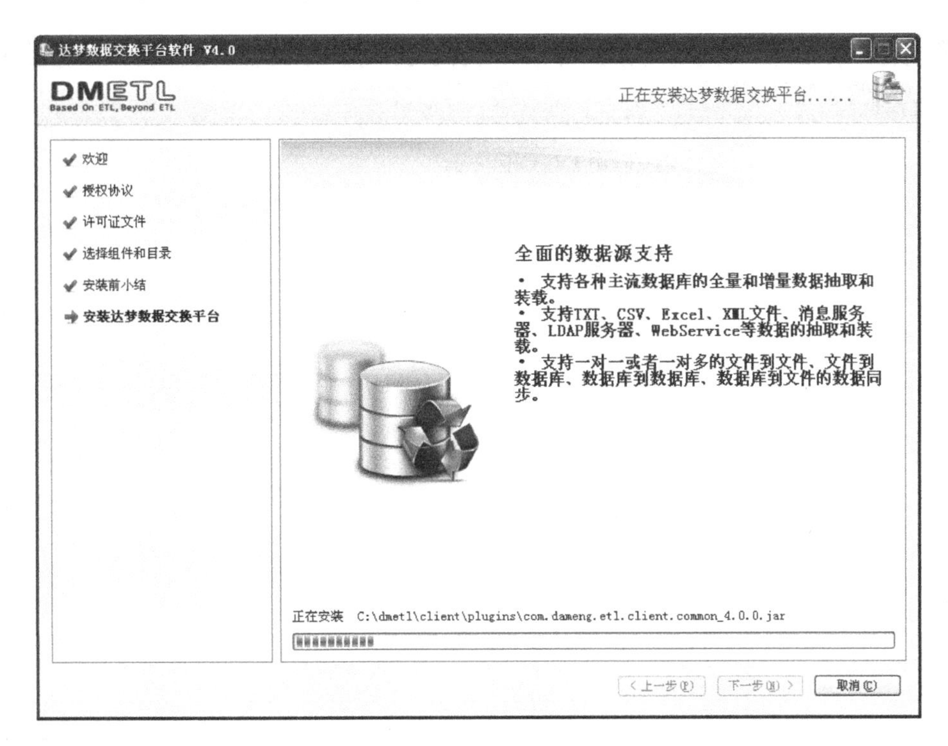

图 2-6　安装过程界面

步骤 8：配置元数据库。若用户选择安装达梦数据交换平台服务器组件，在安装完成后可以对达梦数据交换平台元数据库进行配置和初始化。

如图 2-7 所示，选择数据库的类型，可以选择内置的 DM 或 Derby 数据库作为元数据库，默认登录口令为 SYSDBA，在配置选项中可以选择修改元数据库的登录口令；也可以选择使用外部元数据库作为元数据库，达梦数据交换平台支持使用 DM6、DM7 和 Oracle 作为外部元数据库，这需要在输入框中填写外部元数据库的连接信息。

勾选“初始化元数据库”复选框，表示在安装时初始化元数据库，如果不初始化元数据库，则服务器第一次启动时会自动初始化元数据库。

若选择初始化元数据库，则可以选择是否在初始化元数据库后导入达梦数据交换平台的示例工程。

单击“下一步”按钮即可完成配置元数据库的一系列操作。

步骤 9：配置数据总线服务数据库。如图 2-8 所示，如果用户在选择安装组件和目录时选择了数据总线组件，那么会出现此页面，用户可以在此页面中进行数据总线服务数据库信息的配置。目前，数据总线服务数据库支持的类型主要有 DM7、MySQL、Oracle、SQL Server、DB2 共 5 种数据库类型，该界面给出了每种数据库对应的默认配置，如果不需要修改，则可直接使用。

步骤 10：配置 Web 监控服务数据库。如图 2-9 所示，如果用户在选择安装组件和目录时选择了监控与统计系统组件，则会出现该界面。用户可以在此界面中进行 Web 监控服务数据库信息的配置。目前，Web 监控服务数据库支持的类型主要有 DM7、MySQL、Oracle 共 3 种数据库类型，该界面给出了每种数据库对应的默认配置，如果不需要修改，则可以直接使用。

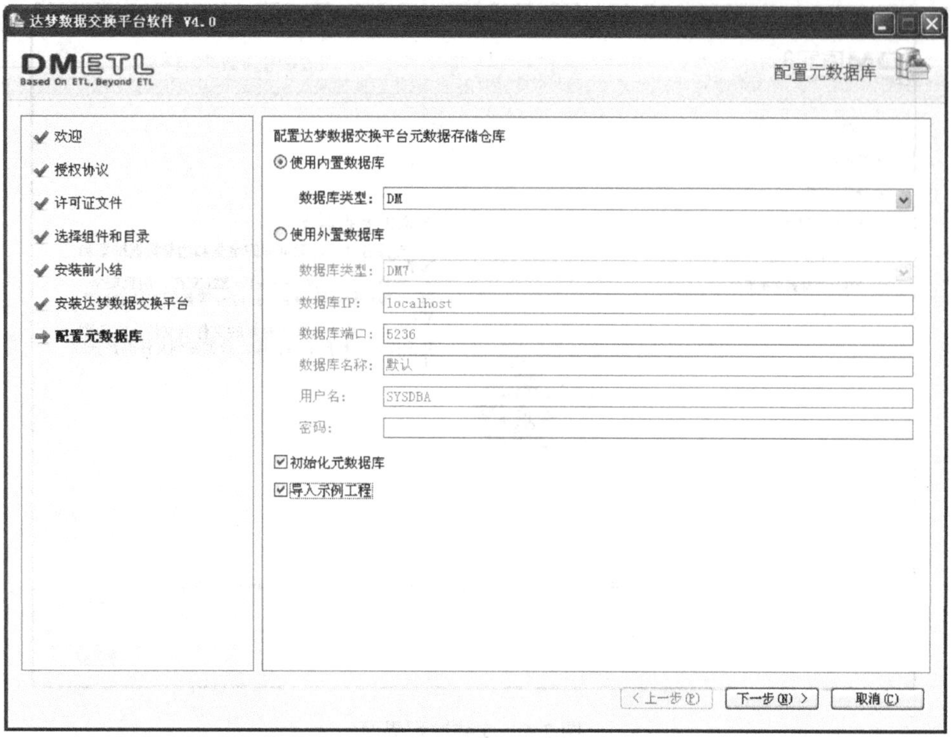

达梦数据交换平台软件 V4.0

DMETL
Based On ETL, Beyond ETL

配置元数据库

- ✔ 欢迎
- ✔ 授权协议
- ✔ 许可证文件
- ✔ 选择组件和目录
- ✔ 安装前小结
- ✔ 安装达梦数据交换平台
- ➜ **配置元数据库**

配置达梦数据交换平台元数据存储仓库

⦿ 使用内置数据库

数据库类型：DM

○ 使用外置数据库

数据库类型：DM7

数据库IP：localhost

数据库端口：5236

数据库名称：默认

用户名：SYSDBA

密码：

☑ 初始化元数据库

☑ 导入示例工程

〈上一步(P)　下一步(N) 〉　取消(C)

图 2-7　配置元数据库

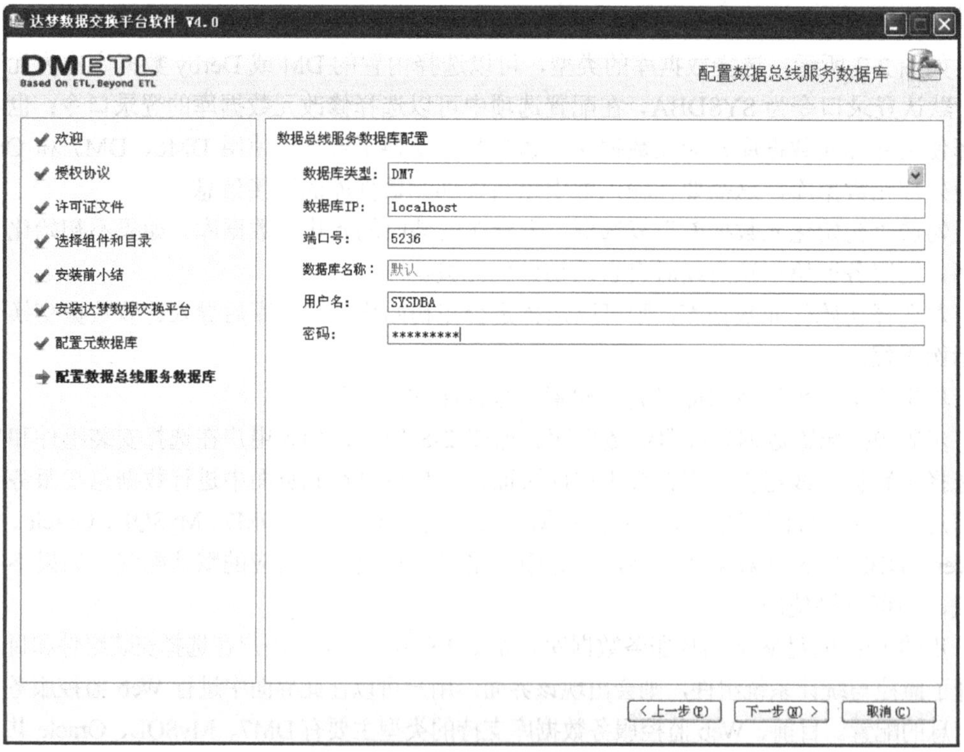

达梦数据交换平台软件 V4.0

DMETL
Based On ETL, Beyond ETL

配置数据总线服务数据库

- ✔ 欢迎
- ✔ 授权协议
- ✔ 许可证文件
- ✔ 选择组件和目录
- ✔ 安装前小结
- ✔ 安装达梦数据交换平台
- ✔ 配置元数据库
- ➜ **配置数据总线服务数据库**

数据总线服务数据库配置

数据库类型：DM7

数据库IP：localhost

端口号：5236

数据库名称：默认

用户名：SYSDBA

密码：*********

〈上一步(P)　下一步(N) 〉　取消(C)

图 2-8　配置数据总线服务数据库

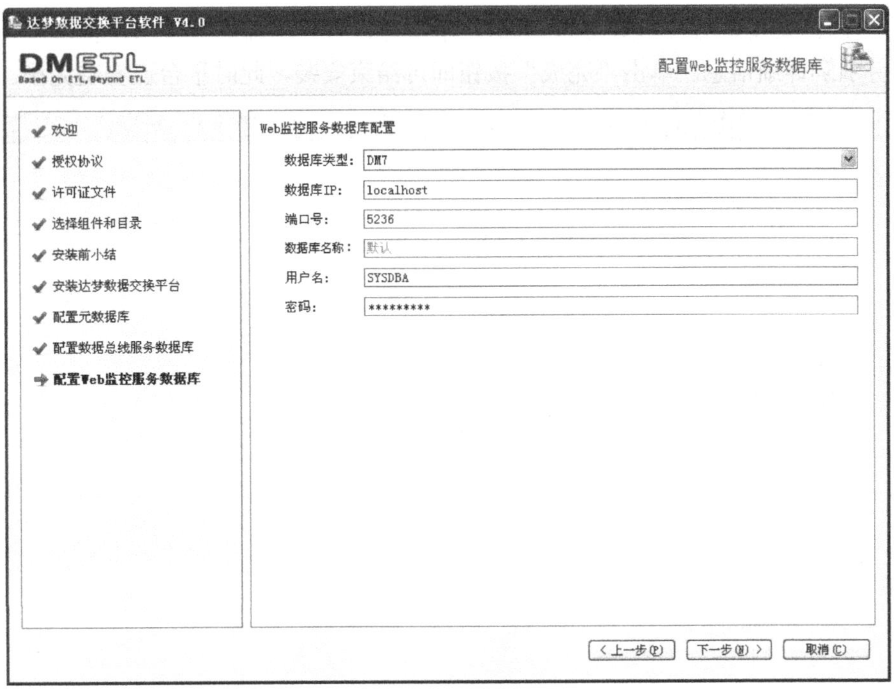

图 2-9　配置 Web 监控服务数据库

步骤 11：安装配置系统服务。如图 2-10 所示，在安装达梦数据交换平台服务器或数据总线组件后，可以选择安装配置对应的系统服务，方便用户进行服务管理。

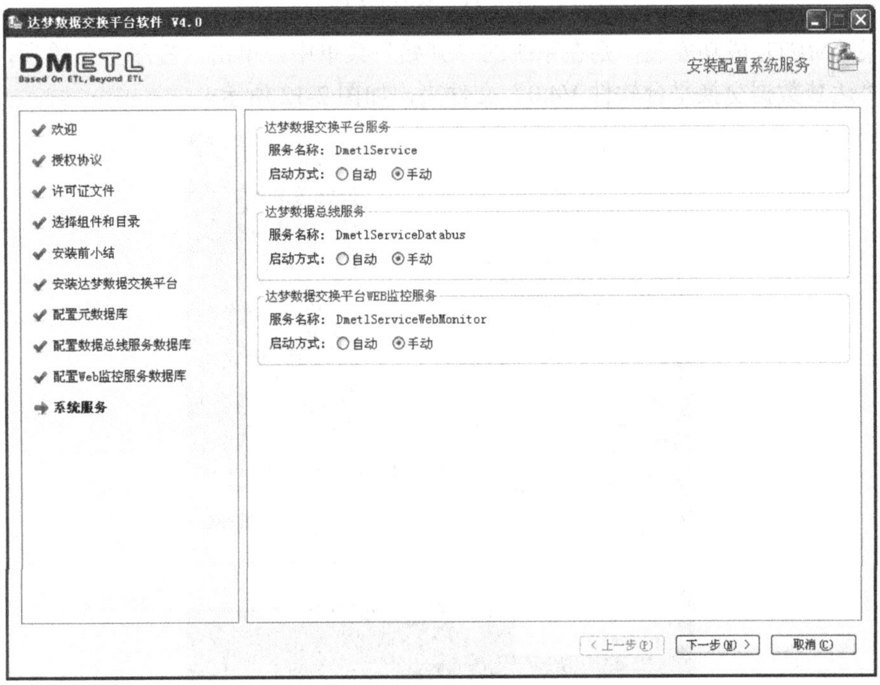

图 2-10　安装配置系统服务

步骤 12：安装总结。如图 2-11 所示，用户可以查看当前安装状态，也可以查看安装日志文件了解详细信息。单击“完成”按钮即可结束安装，此时平台已安装完毕。

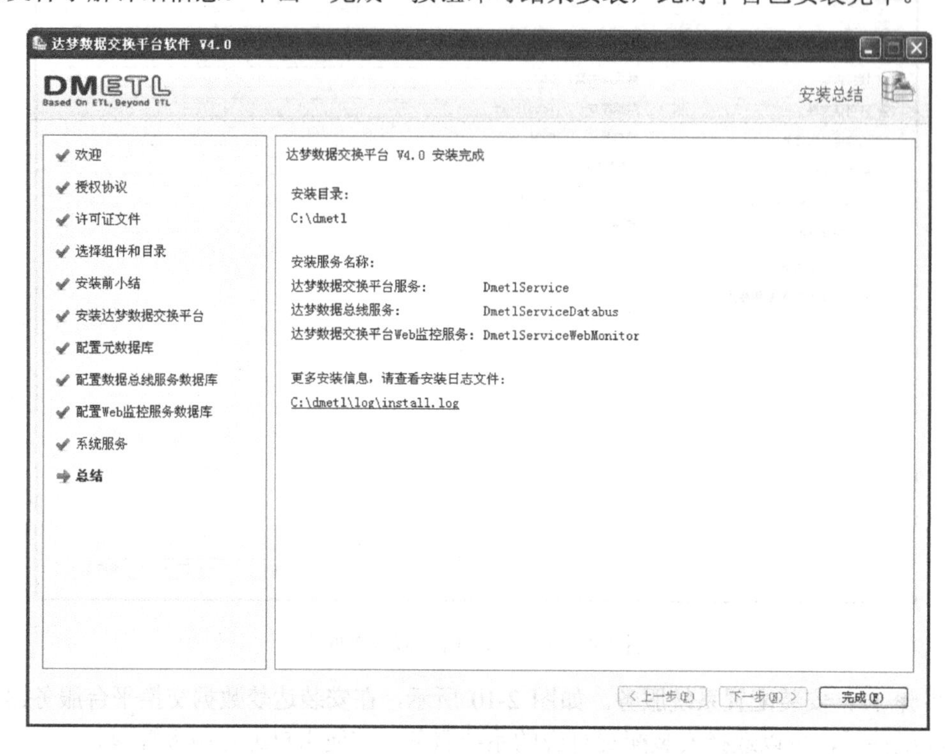

图 2-11　安装总结

如果 DMETL 成功安装，则在系统的“开始”菜单中，单击“程序”菜单项，目录中会出现“达梦数据交换平台软件 V4.0”文件夹，如图 2-12 所示。

图 2-12　DMETL 目录

2.1.2 Linux 操作系统中的安装

DMETL 在 Linux 操作系统中有两种安装方式：一种是图形化的安装方式，这种安装方式与 Windows 图形化安装方式的步骤一致；另一种是命令行式的安装方式，这种安装方式通过在命令行逐步设置参数完成安装操作。

具体来说，在 Linux 操作系统中通过./dmetl_linux.x86_ V4.0.2.11.20160912.bin 进行图形化安装，安装文件启动后，具体步骤参考 Windows 图形化安装方式。命令行安装则通过./dmetl_linux.x86_V4.0.2.11.20160912.bin –i 命令启动命令行安装，这是一种交互式的命令行安装方式，具体如图 2-13～图 2-15 所示。

关键的安装步骤如下。

（1）验证 Key 文件，选择 Key 文件路径，默认为软件自带的试用版许可证文件。

（2）选择安装组件和目录。

（3）安装完成后配置元数据库。

（4）配置数据总线服务数据库（可选）。

（5）创建配置系统服务。

```
kylinroot@localhost:/opt/dmetl install/dmetl V4.0.2.11 lnx32
文件(F) 编辑(E) 查看(V) 终端(T) 帮助(H)
[root@localhost dmetl_V4.0.2.11_lnx32]# ./dmetl_linux.x86_V4.0.2.11.20160912.bin
 -i
Extract install files..........
1.英文(English)
2.简体中文(简体中文)
请选择安装语言[2.简体中文(简体中文)]:2
1.免费试用达梦数据交换平台
2.使用已申请的Key文件
验证许可证文件[1.免费试用达梦数据交换平台]:2
Key文件路径:/opt/dmetl_install/dmetl.key
Key文件限制信息如下:
有效日期:2018-02-05
用户名称:国防信息学院
版本类型:企业版
数据源数目:无限制
硬件ID:无限制
1.标准版
2.企业版
3.自定义
安装类型[1.标准版]:3
1.服务器
2.客户端
3.数据总线
4.监控与统计系统
输入选择安装组件的序号.以','分隔:1,2,3,4
1.服务器
2.客户端
3.数据总线
4.监控与统计系统
所需磁盘空间:718 MB
安装目录: [/opt/dmetl]
正在安装
正在创建快捷方式
安装成功
1.使用内置数据库
2.使用外置数据库
数据库类型:[1.使用内置数据库]:1
1.DM
2.Derby
```

图 2-13　Linux 操作系统中 DMETL 的命令行安装方式（一）

```
kylinroot@localhost:/opt/dmetl_install/dmetl_V4.0.2.11_lnx32
文件(F) 编辑(E) 查看(V) 终端(T) 帮助(H)
数据库类型:[1.使用内置数据库]:1
1.DM
2.Derby
数据库类型:[1.DM]:1
初始化元数据库[Y or N]:Y
导入示例工程[Y or N]:Y
正在检测初始化环境
正在配置元数据库信息
正在初始化元数据库
正在导入示例工程
1.DM7
2.Oracle
3.mysql
4.SQL Server
5.DB2
选择数据总线服务数据库类型:
1
数据库IP:localhost
端口号:5236
数据库名称: 默认
用户名:SYSDBA
密码:******
使用默认值?[Y or N]Y
1.DM7
2.Oracle
3.mysql
选择web监控服务数据库类:
1
数据库IP:localhost
端口号:5236
数据库名称: 默认
用户名:SYSDBA
密码:******
使用默认值?[Y or N]Y
达梦数据交换平台服务
1.自动
2.手动
启动方式:[2.手动]2
正在创建达梦数据交换平台服务
```

图 2-14　Linux 操作系统中 DMETL 的命令行安装方式（二）

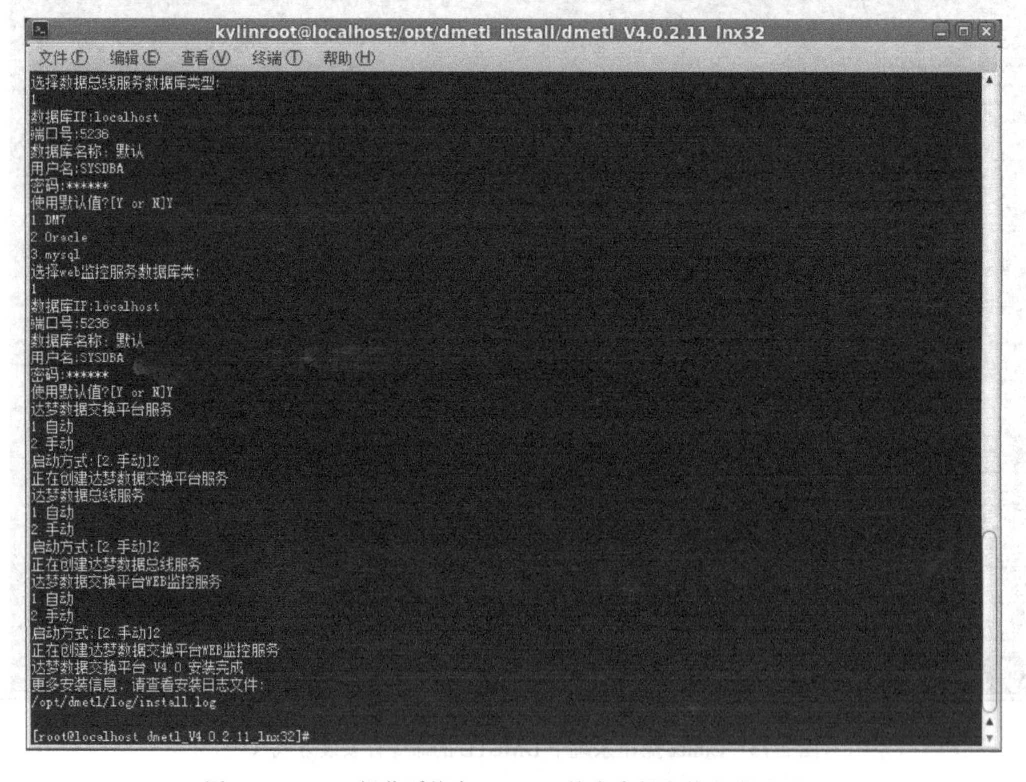

图 2-15　Linux 操作系统中 DMETL 的命令行安装方式（三）

2.1.3　升级安装

升级安装是指在保留配置的基础上安装新版本，其步骤如下。

1．备份元数据

元数据指数据源、工程、转换、作业等用户创建的对象。备份元数据主要是为了在升级过程中丢失或者损坏元数据时恢复用户配置。备份元数据的方法有如下两种（可以参考用户手册）。

（1）导出元数据，如图 2-16 所示。

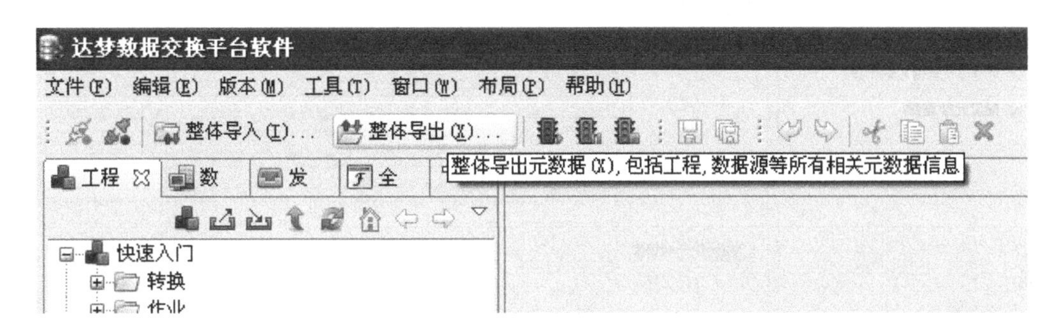

图 2-16　导出元数据

（2）如果使用内置元数据库，则备份整个<DMETL>/METADATA 目录即可。

2．备份配置文件

DMETL 配置文件位于<DMETL>/conf 目录中，备份整个目录即可。

3．安装新版本

安装新版本可以先卸载老版本软件，也可以直接覆盖安装。

（1）先卸载后安装。

卸载方法在后面内容中会讲到，卸载成功后直接安装新版本软件即可。

（2）直接覆盖安装。

在安装时直接选择原来的安装目录即为直接覆盖安装，如图 2-17 所示，系统询问是否继续安装，单击“确定”按钮后继续安装。

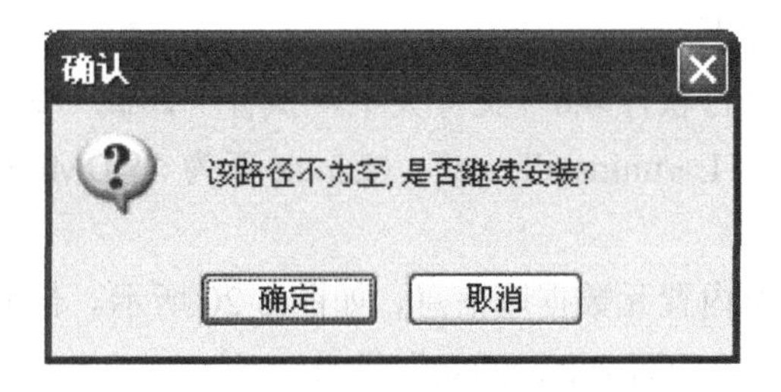

图 2-17　确认是否继续安装

在安装过程中，选择不初始化元数据库（不勾选“初始化元数据库”前的复选框），“配置元数据库”界面如图 2-18 所示。

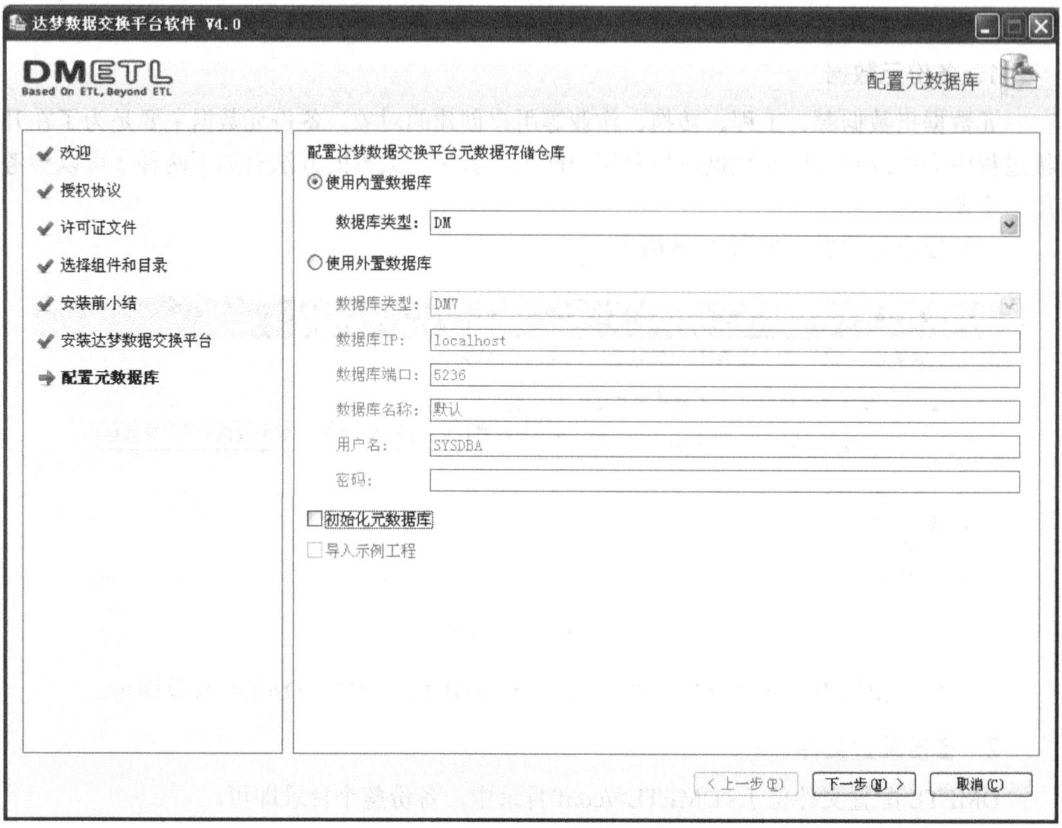

达梦数据交换平台软件 V4.0
DMETL
Based On ETL, Beyond ETL
配置元数据库
✔ 欢迎
✔ 授权协议
✔ 许可证文件
✔ 选择组件和目录
✔ 安装前小结
✔ 安装达梦数据交换平台
➜ 配置元数据库
配置达梦数据交换平台元数据存储仓库
⦿ 使用内置数据库
数据库类型：DM
○ 使用外置数据库
数据库类型：DM7
数据库IP：localhost
数据库端口：5236
数据库名称：默认
用户名：SYSDBA
密码：
☐ 初始化元数据库
☐ 导入示例工程
< 上一步(P)　下一步(N) >　取消(C)

图 2-18 “配置元数据库”界面

4. 恢复配置文件

将之前备份的 conf 目录覆盖到<DMETL>/conf 目录上。

2.1.4 卸载

达梦数据交换平台的卸载方法和普通软件类似，只需要通过向导式的操作界面即可完成卸载，具体操作步骤如下。

在“达梦数据交换平台软件 4.0”文件夹中，执行“卸载”命令，如图 2-19 所示；也可直接运行文件“<DMETL>/uninstall.exe”（Linux 下为“<DMETL>/uninstall.sh”）进行卸载。

卸载时可以选择保留内置元数据库信息，如图 2-20 所示。若单击“是”按钮，则在卸载完成后系统会保留“<DMETL>/metadata”目录。

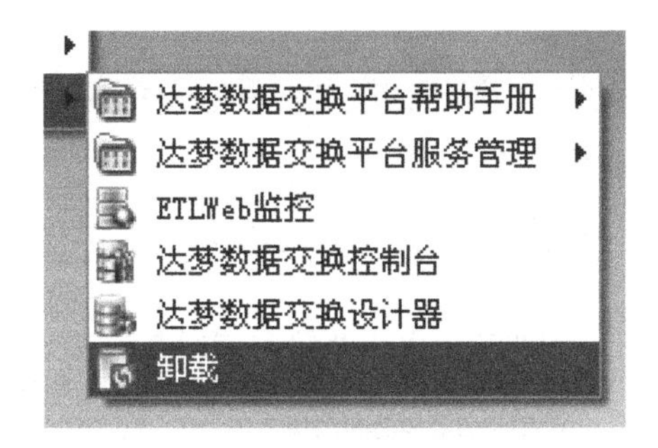

图 2-19　执行“卸载”命令

图 2-20　确认卸载时是否保留内元数据库信息

2.1.5　常见问题与注意事项

1．手动安装服务

达梦数据交换平台支持手动安装服务的功能。当服务安装失败时，可以通过 server 目录下的“uninstall_dmetl_service.bat”文件卸载服务，再通过 server 目录下的“install_dmetl_service.bat”文件安装服务。

2．运行示例程序安装

所有示例程序存在于“<DMETL 安装程序>\samples\metadata_dm7.xml”文件中，用户可以使用导入元数据功能向 DMETL 中导入示例程序。导入元数据如图 2-21 所示。

导入成功后 DMETL 中会增加快速入门、示例工程和典型示例三个工程，工程目录如图 2-22 所示。

这三个工程中的大部分示例程序需要用到达梦数据库，用户可以到达梦数据库官方网站下载最新的达梦数据库试用版，示例数据库可通过运行“<DMETL 安装程序>\samples\BOOKSHOP_DM7.sql”文件在已有的达梦服务器上创建 BOOKSHOP 库。安装完成后先运行“<DMETL>安装程序>\samples\DMETL_SAMPLE_ DM7.sql”文件中的 SQL 脚本创建 DMETL_SAMPLE 数据库，再将 DMETL 中 BOOKSHOP 数据源和 DMETL_ SAMPLE 数据源的地址改为达梦数据库所在服务器的地址即可。注意，在执行 SQL 脚本的时候要将数据库中“自动提交”和“使用语法检查”前的复选框勾选去掉，数据库语法选项如图 2-23 所示。

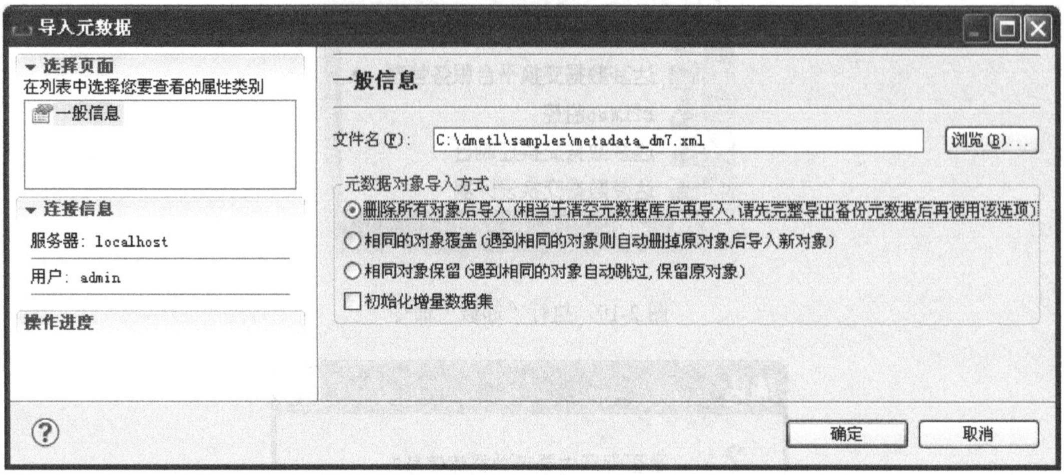

图 2-21　导入元数据

图 2-22　工程目录

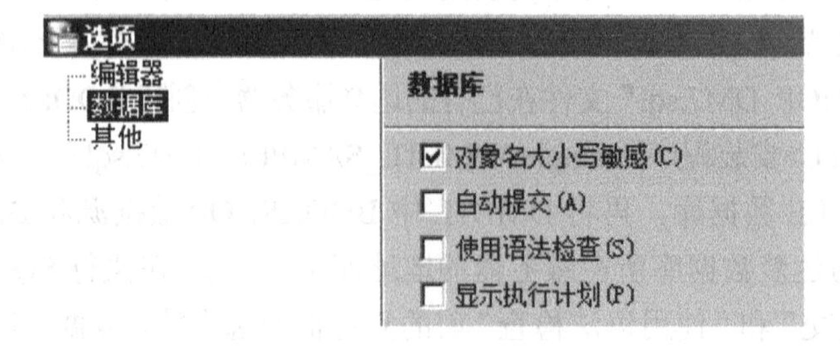

图 2-23　数据库语法选项

如果数据源连接不上且已排除防火墙的原因，则可以将达梦数据库安装目录下的 JDBC（Java DataBase Connectivity）驱动改名后覆盖“<DMETL 安装程序>\lib\Dm6JdbcDriver.jar”文件。

在导入元数据后，应根据安装路径修改文件数据源的属性，以保证流程能正常运转。

2.2　系统配置

DMETL 成功安装后，在“开始”菜单中有“达梦数据交换平台软件 V4.0”选项，该选项子菜单命令中的“达梦数据交换平台帮助手册”能提供安装手册、常见问题解答、开发手册等为用户提供操作指导的资料；“达梦数据交换平台服务管理”具有启动、停止、重启达梦数据交换平台服务等相关功能；“ETLWeb 监控”用于启动监控面板；“达梦数据交换控制台”通过控制台方式操作达梦数据交换平台；“达梦数据交换设计器”具有达梦数据交换平台的重要界面，也是用户完成相关操作的面板；“卸载”可以实现快捷卸载达梦数据交换平台。

其中，“达梦数据交换控制台”是系统配置的功能窗口，在该功能窗口可以实现系统服务启动配置、服务器配置、元数据库配置、许可证信息查看、监听服务器日志信息等。此外，根据用户需求还可以在安装服务总线、集群等模块插件后，进行相应模块插件的配置。

当然，功能窗口的配置从原理上是对系统相应配置文件的修改，所以用户也可以直接修改配置文件实现对系统功能需求的配置。同样地，DMETL 为了便于用户操作还设计了一些供用户使用的图形化操作界面。下面将结合控制台、配置文件、图形化操作界面等介绍 DMETL 系统配置。

2.2.1　启动与停止系统服务

DMETL 具有多种启动与停止系统服务的方式，之所以有不同的系统服务启动与停止方式，一是为了满足不同用户的操作习惯，二是将不同服务统一在一定的内容主题下，便于用户理解与使用。具体来说，DMETL 服务启动与停止的方式有以下几种。

1．控制台工具

用户可以在“DMETL 服务”设置区域中对“服务状态”和“启动模式”进行设置。DMETL 服务设置如图 2-24 所示。

DMETL 服务按钮功能如表 2-1 所示。

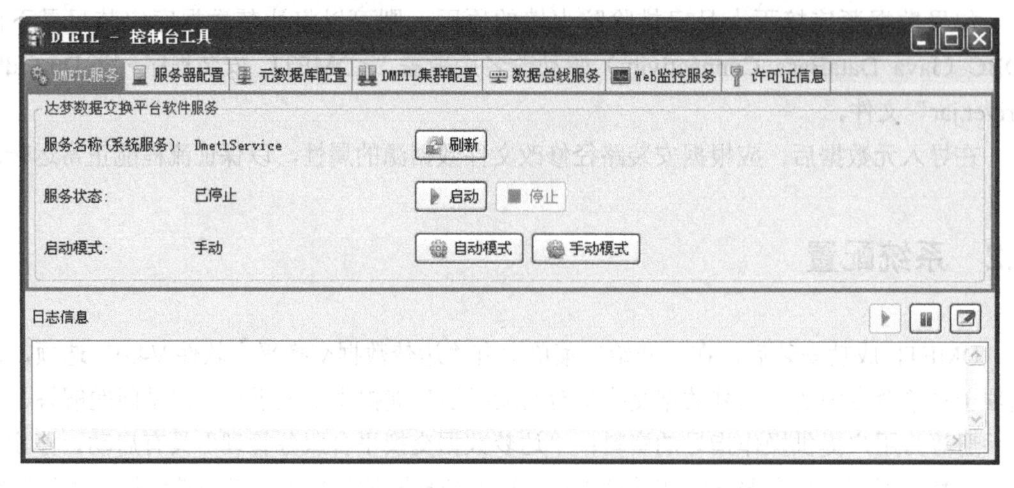

图 2-24　DMETL 服务设置

表 2-1　DMETL 服务按钮功能

按钮名称	图　标	功能说明
刷新	刷新	查看当前 DMETL V4.0 的状态
启动	启动	启动 DMETL V4.0 服务
停止	停止	停止 DMETL V4.0 服务
自动模式	自动模式	当系统启动后会自动启动 DMETL V4.0 服务
手动模式	手动模式	需要用户手动启动 DMETL V4.0 服务
开始监视日志信息		开始监视日志信息
停止监视日志信息		停止监视日志信息
清除		清除日志信息

2. 命令行

（1）Windows 命令行。

在 Windows 操作系统环境下进入达梦数据交换平台的安装目录，server 目录下的一些批处理文件功能如下。

dmetl_start.bat：以命令行的方式启动达梦数据交换平台服务。

dmetl_stop.bat：通知达梦数据交换平台服务停止执行。

dmetl_service_start.bat：启动达梦数据交换平台操作系统服务。

dmetl_service_stop.bat：停止达梦数据交换平台操作系统服务。

dmetl_service_restart.bat：重启达梦数据交换平台操作系统服务。

执行 server 目录下的 dmetl_start.bat 脚本文件，以命令行的方式启动服务，当出现“Metadata engine started”日志信息时说明达梦数据交换平台服务启动完毕，日志信息如图 2-25 所示。

```
DMETL Server
osgi> 2018-01-01 15:20:26 [INFO] JVM version 1.7.0_75
2018-01-01 15:20:26 [INFO] Total Memory=64MB Max Memory=1067MB
2018-01-01 15:20:26 [INFO] Expire date:2018-02-05,User name:国防信息学院,Version
 type:企业版,Hardware ID:NA,Datasource count:unlimited
2018-01-01 15:20:27 [INFO] Version DMETL V4.0.2.17.20161230
2018-01-01 15:20:29 [INFO] Starting service registry...
2018-01-01 15:20:29 [INFO] Service registry started
2018-01-01 15:20:29 [INFO] Starting metadata engine...
2018-01-01 15:20:29 [INFO] Starting execute engine...
2018-01-01 15:20:29 [INFO] Execute engine started
2018-01-01 15:20:54 [INFO] Metadata engine started...
2018-01-01 15:20:56 [INFO] Starting service listener on port 1234 ...
2018-01-01 15:20:56 [INFO] The service listener is listening on port 1234
2018-01-01 15:20:59 [INFO] Clearing run log before 7 dayes, please wait...
2018-01-01 15:20:59 [INFO] Clear run log success
```

图 2-25　日志信息

（2）Linux 命令行。

在 Linux 操作系统中，安装目录与 Windows 操作系统一致，同样在 server 目录中存放系统服务启动与停止的脚本文件。执行 server 目录下的 dmetl_start.sh 脚本文件即可启动系统服务。在命令行中输入 close 命令即可停止服务并正常退出。

3. 快捷方式

系统服务启动与停止快捷方式位于“开始”菜单的“达梦数据交换平台软件 V4.0”选项子菜单中的“达梦数据交换平台服务管理”选项文件夹中，其目录如图 2-26 所示。该文件夹是系统服务快捷方式文件夹，用户可以在此处直接使用控制服务。若安装了数据总线服务，则在该文件夹下同样可以找到对应的快捷方式，实现启动、停止或重启达梦数据交换平台软件服务。

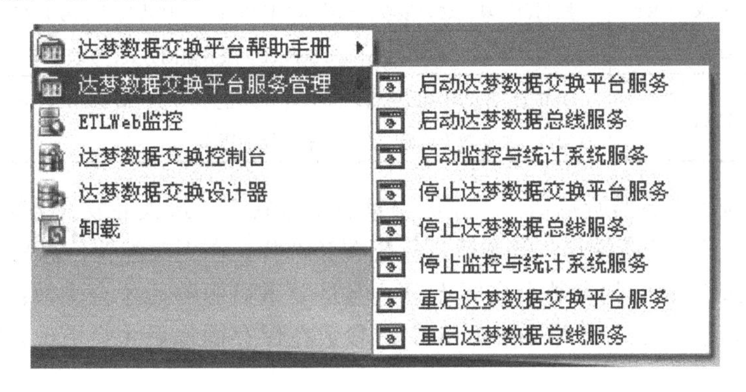

图 2-26　“达梦数据交换平台服务管理”目录

2.2.2 服务器配置

在DMETL V4.0安装文件的conf文件夹中有个dmetl.ini文件，这是DMETL V4.0服务器的配置文件，配置说明如表2-2所示。

表2-2 服务器配置说明

配置项名称	说　明
INSTANCE_NAME	服务器实例名，一般不修改
ENABLE_LISTENER	是否启动服务监听器，0表示不启动，1表示启动。如果不启动服务监听器，则其他客户端无法连接服务器
LISTENER_PORT	监听端口，默认端口号是1234
METADATA_TYPE	元数据库类型。1：内嵌的DM6；2：Derby；3：外部DM6服务器；4：外部DM7服务器；5：外部的Oracle
JDBC_DRIVER	外部元数据库JDBC驱动类名
JDBC_URL	外部元数据库JDBC驱动连接字符串
JDBC_USER	外部元数据库的用户名
JDBC_PASSWORD	外部元数据库的密码
START_ETL_ENGINE	在服务器启动时是否自动启动DMETL V4.0引擎，0表示不自动启动，1表示自动启动。DMETL V4.0中所有的作业调度只有在ETL引擎启动后才会被执行
ENGINE_WORKER_COUNT	ETL引擎的最大并发任务数，即最大的同时调度执行的任务数，如果实际同时调度执行的任务数超过该数，则超过的任务会等待，直到有任务执行结束
CACHE_DIR	缓存目录，转换过程中，如果需要使用磁盘缓存，则缓存文件存放的目录。该值可以是服务器上具体目录的路径，也可以是user.home、user.dir、java.io.tmpdir 3个系统属性。默认值为java.io.tmpdir，即系统的临时目录。user.home表示用户的主目录；user.dir表示用户当前的工作目录
JDBC_TIMEOUT	JDBC查询等待时间，单位为毫秒，为0时表示无限期等待
CONSOLE_LISTENER_PORT	控制台工具发送和接收日志信息的监听端口，默认端口号为1235
START_JMS	启动内置JMS（Java Message Service）服务器的方式，0表示手动，1表示自动
ENCRYPT_TYPE	DMETL客户端和服务器之间的通信加密类型。0：简单加密，对性能影响小；1：常规加密，加密效果更好，对性能有轻微的影响

用户可以对“服务监听端口”“调度引擎启动方式”“最大并发任务数”“磁盘缓存目录”“控制台日志监听端口”等参数进行配置和选择，在更改配置信息后，单击“保存”按钮，文件dmetl.ini中的参数会立即更改，但是要重启服务后才会生效；单击“重置”或“使用缺省值”按钮，文件dmetl.ini中的参数在保存操作后才会更改，在重启服务后生效。

服务器配置如图2-27所示。

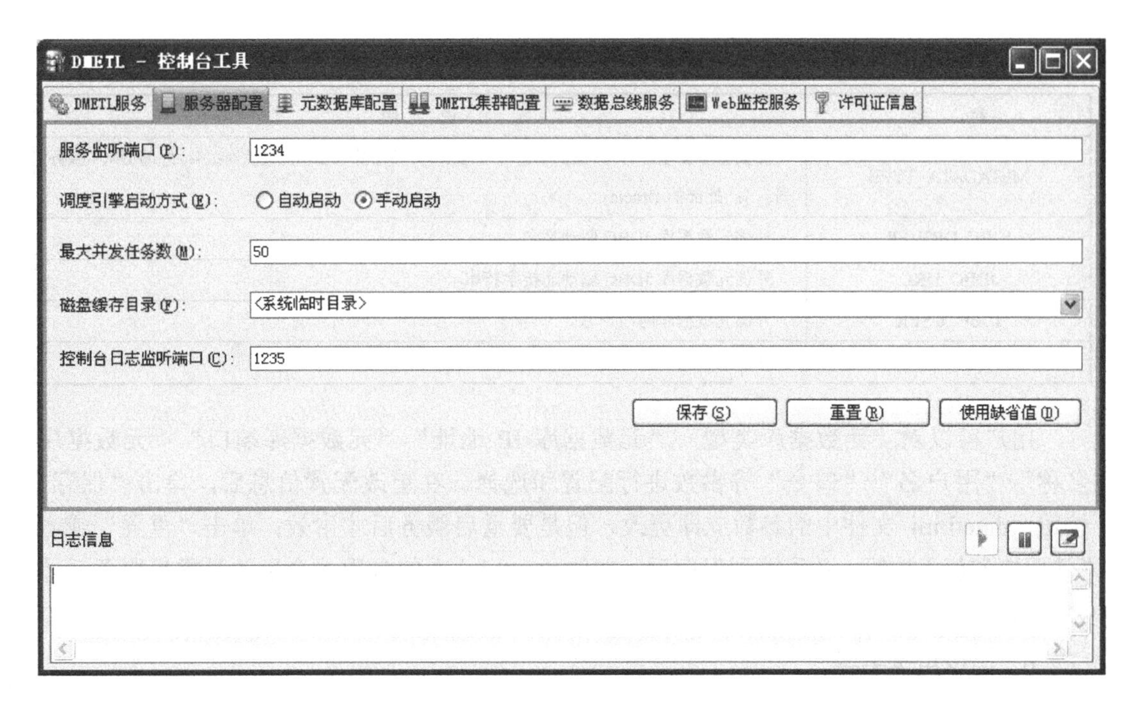

图 2-27　服务器配置

服务器配置按钮功能如表 2-3 所示。

表 2-3　服务器配置按钮功能

按钮名称	图　标	功能说明
自动启动	○自动启动	在服务器启动后，调度引擎自动启动
手动启动	⊙手动启动	在服务器启动后，调度引擎需要手动启动
保存	保存(S)	将配置好的参数信息保存至 dmetl.ini 文件中，在重新启动服务器后生效
重置	重置(R)	将配置参数恢复至最近一次保存的值
使用缺省值	使用缺省值(D)	将配置参数恢复为默认值

2.2.3　元数据库配置

在 DMETL V4.0 使用过程中，需要的数据源信息和流程配置信息都保存在元数据库中，DMETL V4.0 中内置的 DM 和 Derby 数据库可作为元数据库的存储仓库，用户也可以选择使用外部 DM 或 Oracle 作为元数据库的存储仓库。

1．配置文件

用户选择何种数据库作为元数据库可以在 dmetl.ini 文件中进行配置，dmetl.ini 文件位于 DMETL V4.0 安装文件的 conf 文件夹下，具体配置文件参数说明如表 2-4 所示。

表 2-4　配置文件参数说明

参　　数	说　　明
METADATA_TYPE	元数据库类型。1：内嵌的 DM6；2: Derby；3：外部 DM6 服务器；4：外部 DM7 服务器；5：外部的 Oracle
JDBC_DRIVER	外部元数据库 JDBC 驱动类名
JDBC_URL	外部元数据库 JDBC 驱动连接字符串
JDBC_USER	外部元数据库的用户名
JDBC_PASSWORD	外部元数据库的密码

用户可以对“元数据库类型”“元数据库 IP 地址”“元数据库端口”“元数据库名称”“用户名”“口令”等参数进行配置和选择，在更改配置信息后，单击“保存”按钮，dmetl.ini 文件中的参数立即更改，但是要重启服务后才生效；单击“重置”或者“使用缺省值”按钮，必须等到保存后，文件 dmetl.ini 中的参数才会更改且重启服务后才会生效。

2. 图形界面方式

元数据库配置如图 2-28 所示。

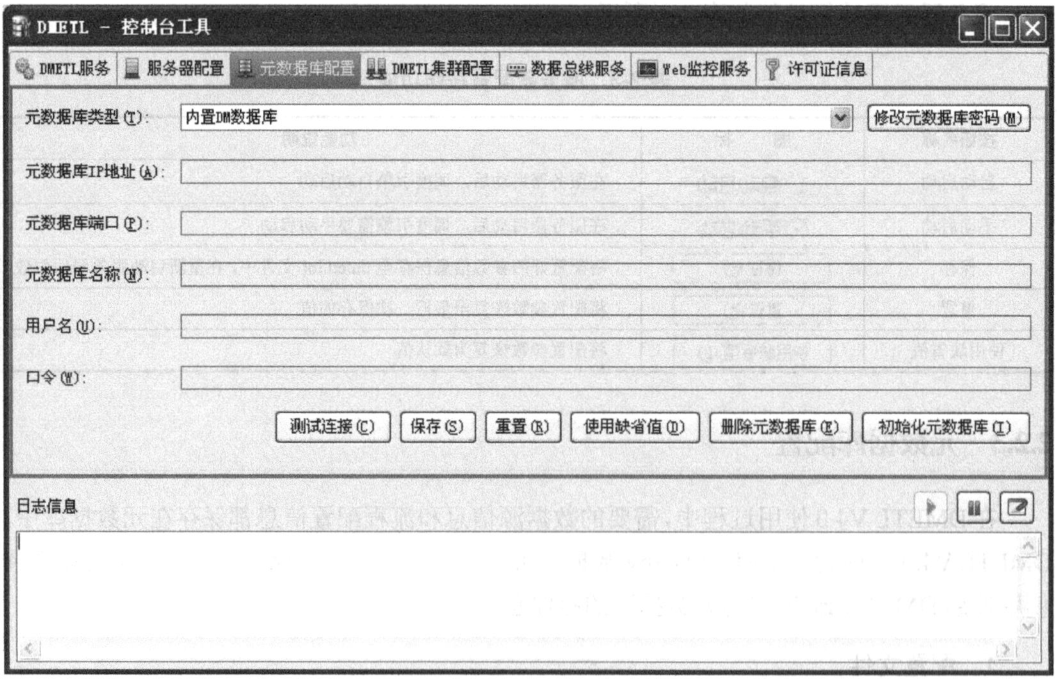

图 2-28　元数据库配置

元数据库配置按钮功能如表 2-5 所示。

表 2-5　元数据库配置按钮功能

按钮名称	图　　标	功能说明
测试连接	测试连接(C)	测试与数据库的连接是否成功
保存	保存(S)	将配置好的参数信息保存至 dmetl.ini 文件中，重新启动服务器后生效
重置	重置(R)	恢复至最近一次保存的值
使用缺省值	使用缺省值(D)	将配置恢复为默认值
删除元数据库	删除元数据库(E)	可以清除数据库中的元数据信息，要先停止服务才能删除
初始化元数据库	初始化元数据库(I)	将数据库中的元数据信息重新初始化，要先停止服务才能初始化

2.2.4　集群配置

如图 2-29 所示，用户可以进行 DMETL 集群配置，包括节点类型、主节点地址和端口、数据通道监听端口、是否加密和压缩、压缩级别和心跳检测间隔等。

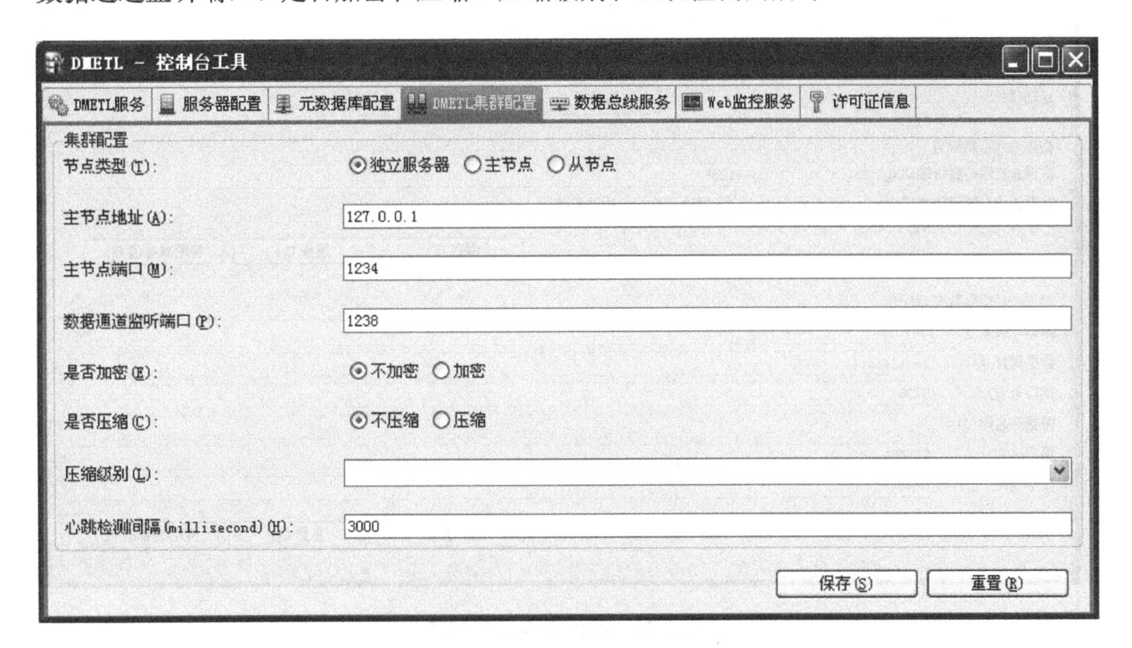

图 2-29　DMETL 集群配置

DMETL 集群配置按钮功能如表 2-6 所示。

表 2-6　DMETL集群配置按钮功能

按钮名称	图　　标	功能说明
独立服务器	独立服务器	设置节点为独立服务器
主节点	主节点	设置节点为主节点

（续表）

按钮名称	图　标	功能说明
从节点	○从节点	设置节点为从节点
保存	保存(S)	将配置好的参数信息保存至 dmetl.ini 文件中
重置	重置(R)	恢复至最近一次保存的值

2.2.5 数据总线服务配置

如图 2-30 所示，用户可以控制数据总线服务的启动、停止，调整启动模式，设置数据总线服务监听端口，设置数据总线引擎的启动方式，配置数据总线服务数据库的相关信息。

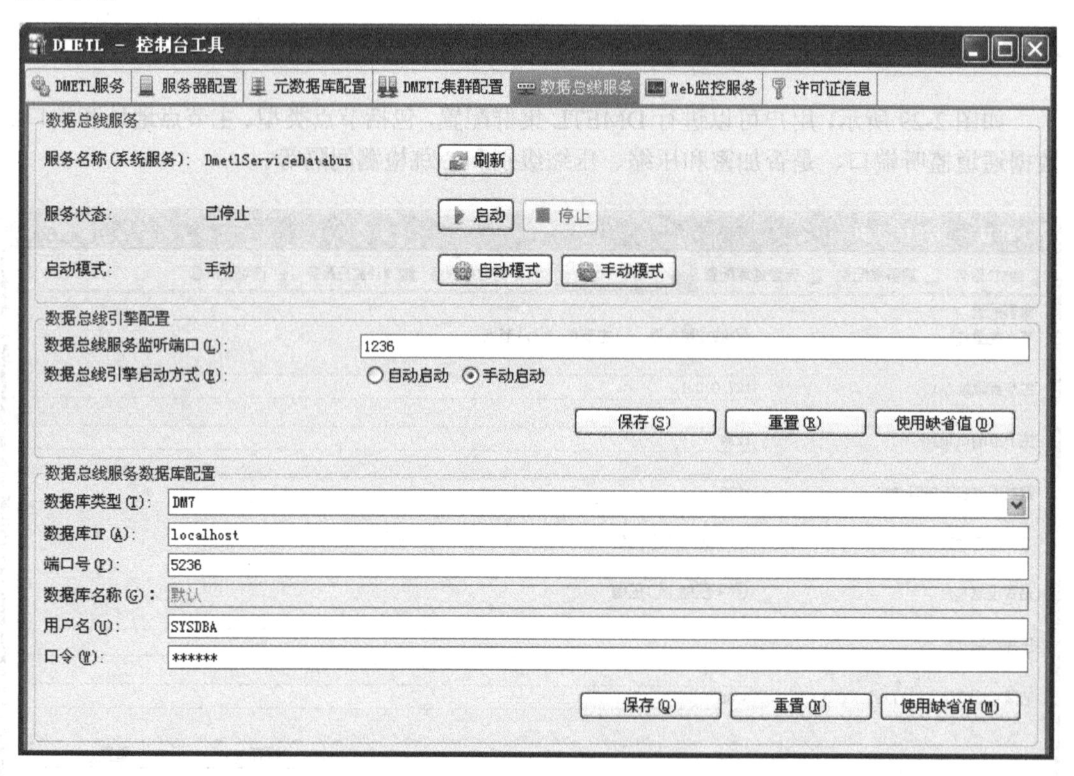

图 2-30　数据总线服务配置

数据总线服务按钮功能如表 2-7 所示。

表 2-7　数据总线服务按钮功能

按钮名称	图　标	功能说明
刷新	刷新	查看当前 DataBusSerivice 的状态
启动	启动	启动 DataBusSerivice 服务
停止	停止	停止 DataBusSerivice 服务

（续表）

按钮名称	图　标	功能说明
自动模式	自动模式	当系统启动后会自动启动 DataBusSerivice 服务
手动模式	手动模式	需要用户手动去启动 DataBusSerivice 服务
自动启动	自动启动	在服务启动后，数据总线引擎自动启动
手动启动	手动启动	在服务启动后，数据总线引擎需要手动启动
保存（数据总线引擎）	保存(S)	将配置好的参数信息保存至 databus.ini 文件中，重新启动服务器后生效
重置（数据总线引擎）	重置(R)	恢复至最近一次保存的值
使用缺省值（数据总线引擎）	使用缺省值(D)	将配置恢复为默认值
保存	保存(S)	将配置好的参数信息保存至 databus-database-jndi.xml 文件中
重置	重置(R)	恢复至最近一次保存的值
使用缺省值	使用缺省值(D)	将配置恢复为默认值

2.2.6　Web 监控服务配置

用户可以对 Web 监控服务进行相应的配置，如图 2-31 所示，主要包括 Web 监控服务的启动、停止，启动模式的配置，以及运行端口和 Web 监控数据库相关信息的配置。

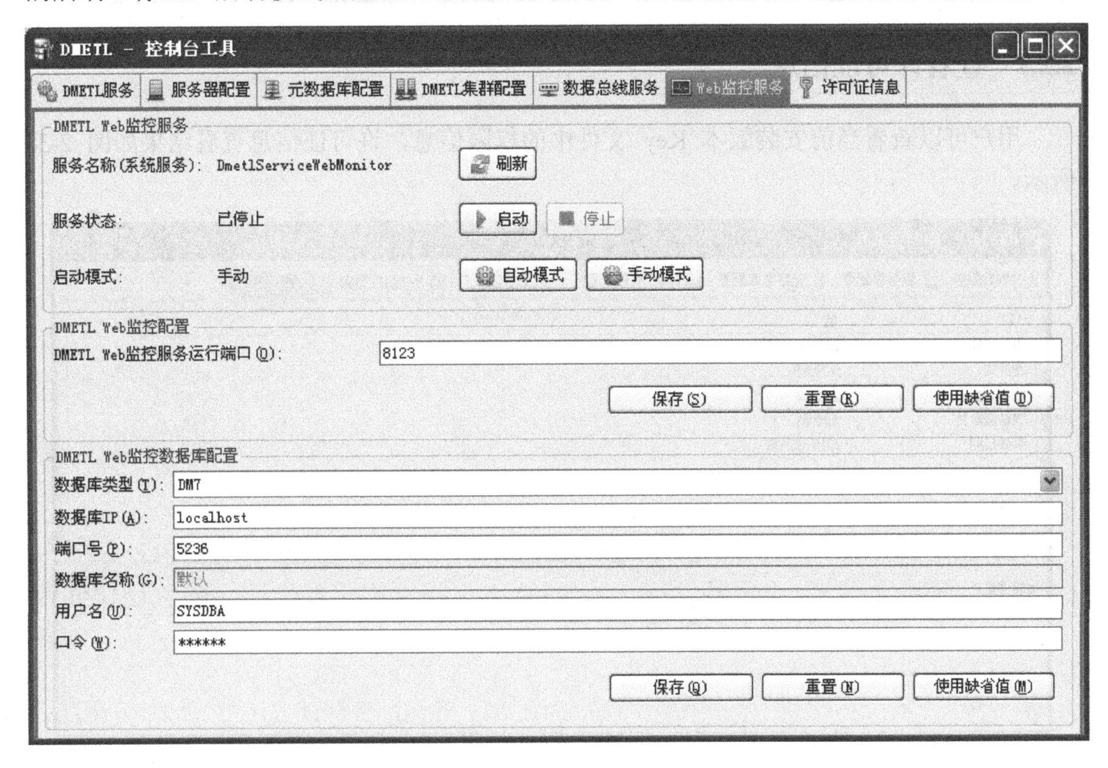

图 2-31　Web 监控服务配置

Web 监控服务按钮功能如表 2-8 所示。

表 2-8　Web 监控服务按钮功能

按钮名称	图　标	功能说明
刷新	刷新	查看当前 DmetlSeriviceWebMonitor 的状态
启动	启动	启动 DmetlSeriviceWebMonitor 服务
停止	停止	停止 DmetlSeriviceWebMonitor 服务
自动模式	自动模式	当系统启动后会自动启动 DmetlSeriviceWebMonitor 服务
手动模式	手动模式	需要用户手动启动 DmetlSeriviceWebMonitor 服务
保存（Web 监控服务）	保存(S)	将配置好的参数信息保存，重启服务器后生效
重置（Web 监控服务）	重置(R)	恢复至最近一次保存的值
使用缺省值（Web 监控服务）	使用缺省值(D)	将配置恢复为默认值
保存	保存(S)	将配置好的参数信息保存至 dmetl-web.xml 文件中
重置	重置(R)	恢复至最近一次保存的值
使用缺省值	使用缺省值(D)	将配置恢复为默认值

2.2.7　查看许可证信息

用户可以查看当前安装版本 Key 文件中的权限信息，许可证信息查看结果如图 2-32 所示。

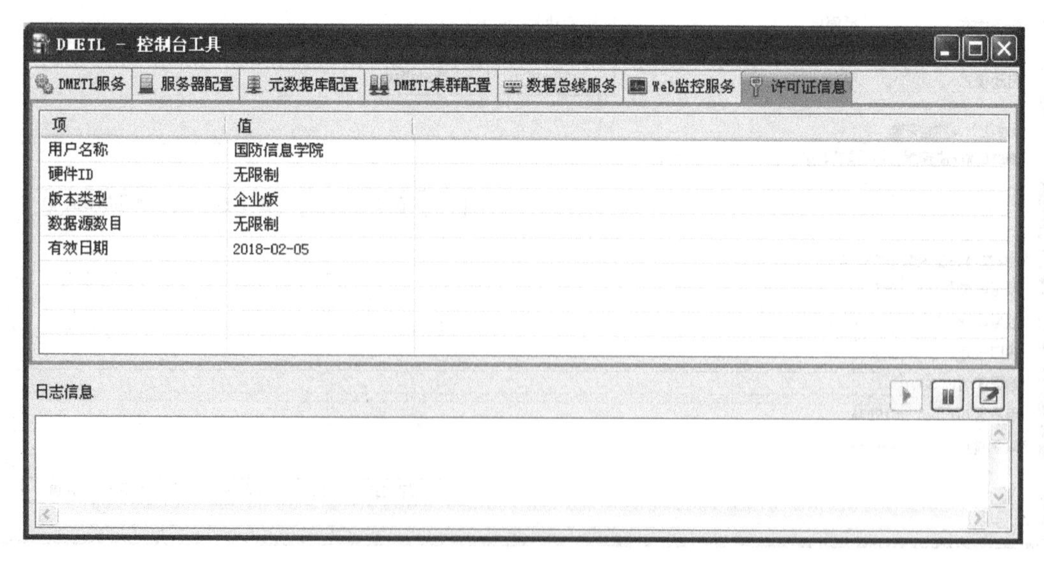

图 2-32　许可证信息查看结果

2.2.8　监听服务器日志信息

用户可以实时获取当前 DMETL V4.0 服务器的运行日志信息。

选择日志信息文本框右上角的“开始监视日志信息”或“停止监视日志信息”按钮，可以开始或停止从服务器获取运行日志，“日志信息”界面如图 2-33 所示。

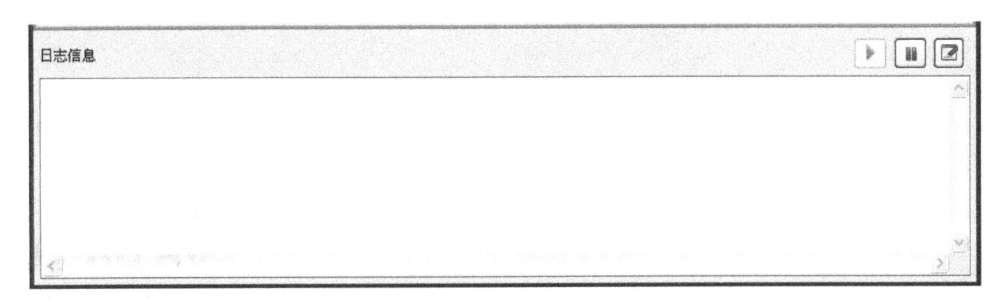

图 2-33　“日志信息”界面

在“日志信息”界面上单击鼠标右键，可以在弹出的快捷菜单中选择“显示过滤”“滚动显示”“设置最大显示行数”等选项命令执行，如图 2-34 所示。

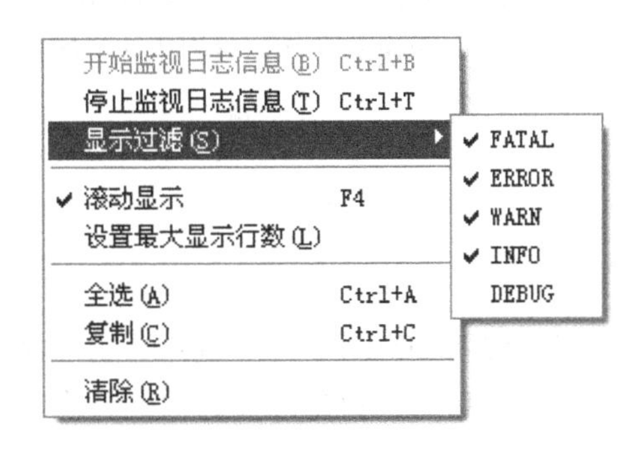

图 2-34　日志信息显示设置

2.2.9　日志参数配置

在 DMETL V4.0 中，可以通过修改 conf 文件夹中的配置文件 log4j.properties 和 log4j_client.properties 设置 DMETL V4.0 的日志信息。

配置文件中对日志的配置项是一致的，其中，log4j.appender.F.File 为日志文件的路径，log4j.appender.F.MaxFileSize 为单个日志文件的最大尺寸，log4j.appender.F.MaxBackupIndex 为最大保留日志文件个数。

日志文件达到文件最大配置尺寸时会将该文件改名为 dmetl.log1，重新生成新的 dmetl.log 文件记录新的日志信息；历史日志文件最多生成个数为最大配置保留个数，当生成新文件时，会将时间最久的日志文件删除。

第3章 快速入门

为了读者能够快速对 DMETL 建立整体认识及掌握 DMETL 基础操作，本章将从设计器界面、基本操作和入门示例三个方面进行介绍，使用户了解 DMETL 各功能分布、掌握设计器基本操作、熟悉转换作业过程。

3.1 设计器界面

达梦数据交换平台设计器，也叫 DMETL 客户端，其功能涵盖了 DMETL 关于数据的主要操作，如元数据管理、数据源导入、数据抽取、数据转换、数据装载、作业、调度等业务类操作，以及用户登录、日志监听、联机帮助等管理类操作，是 DMETL 为用户提供的主要工具。

3.1.1 设计器启动

使用设计器需成功安装 DMETL，并且在 DMETL 服务启动后才可登录使用，具体安装方法参见第 2 章相关内容。启动达梦数据交换设计器，可以通过执行“开始|程序|达梦数据交换平台软件 V4.0|达梦数据交换设计器”菜单命令实现，如图 3-1 所示。“达梦数据交换设计器”界面如图 3-2 所示。

在平台启动后，执行“文件|连接”命令进行连接操作后，会弹出“登录”对话框，如图 3-3、图 3-4 所示。

在“登录”对话框中，输入主机名、端口、用户名、口令等相应参数进行登录。在默认情况下，口令为 admin。在成功连接服务器后，即可进行 DMETL 各项操作。

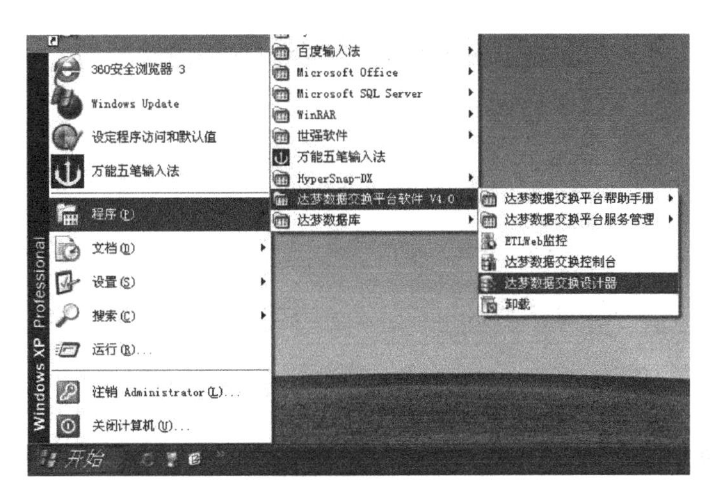

图 3-1　启动达梦数据交换设计器

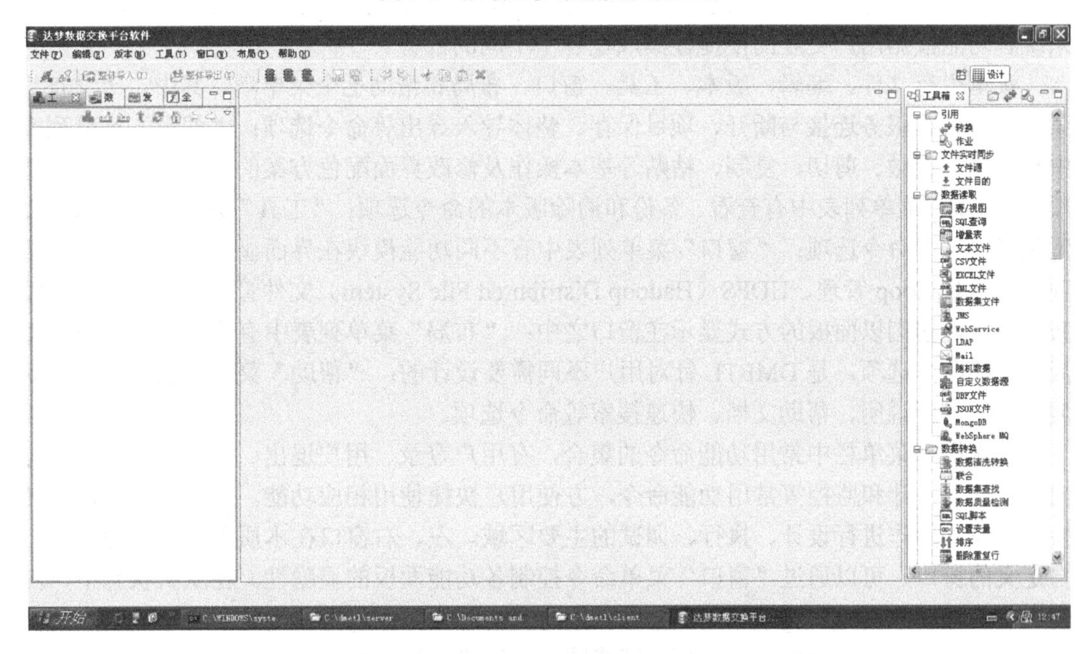

图 3-2　“达梦数据交换设计器”界面

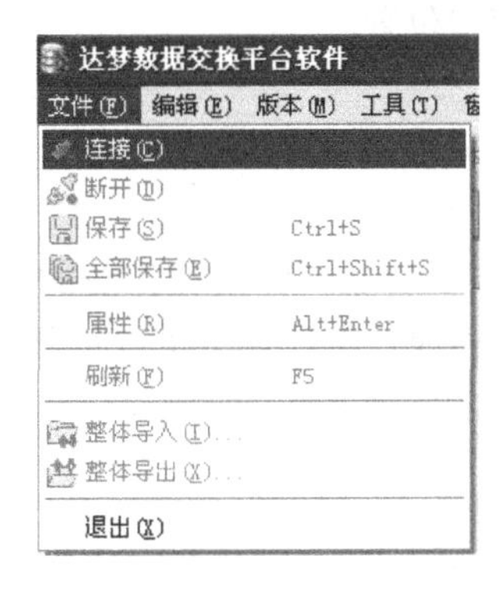

图 3-3　执行“文件 | 连接”命令

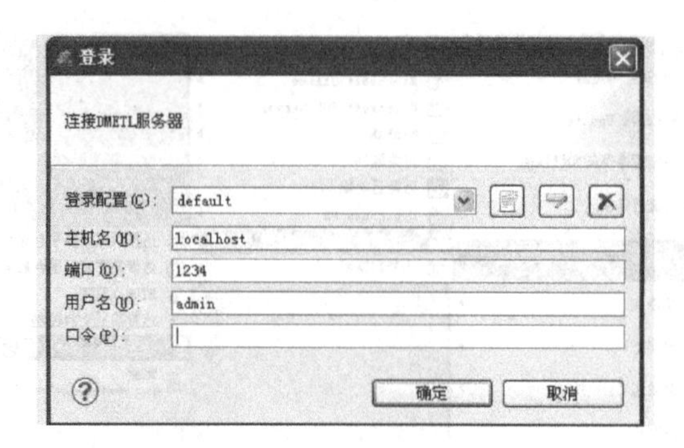

图 3-4 “登录”对话框

3.1.2 界面简介

数据交换设计器界面主要包含五个部分：菜单栏、工具栏、左窗口、设计区和右窗口。系统各功能根据用户交互的便捷性集成在各个不同的部分。

菜单栏有文件、编辑、版本、工具、窗口、布局和帮助七个菜单项。其中，“文件”菜单列表中有服务连接与断开、项目保存、整体导入导出等命令选项；“编辑”菜单列表中有撤销、重做、剪切、复制、粘贴等基本操作及修改界面配色方案的“首选项”命令选项；“版本”菜单列表中有查看、备份和清除版本的命令选项；“工具”菜单列表中有“批量生成向导”命令选项；“窗口”菜单列表中有不同功能模块在界面显隐性控制的命令选项，包括 Hadoop 管理、HDFS（Hadoop Distributed File System）文件管理、操作日志、发布订阅等，它们以面板的方式显示在窗口之中；“布局”菜单列表中有监控和设计两种布局方式的命令选项，是 DMETL 针对用户不同需要设计的；“帮助”菜单列表中有初始欢迎窗口、平台说明、帮助文档、快速搜索等命令选项。

工具栏是菜单栏中常用功能命令的集合，有用户登录、用户退出、数据导入、数据导出、调度、设计和监控等常用功能命令，方便用户快捷使用相应功能。设计区是用户对转换、作业等操作进行设计、执行、调试的主要区域。左、右窗口在本质上是一种便于用户自定义的窗口，可以通过“窗口”菜单命令控制各功能面板的显隐性。在默认状态下，左窗口有工程、数据源、发布订阅和全局函数与变量等面板；右窗口则是窗口功能添加的活动窗口，常用的功能面板有工具箱、缩略图等。用户还可以自定义面板显示的位置，即通过鼠标左键拖动面板至相应的窗口位置。

3.2 基本操作

转换和作业是 DMETL 的主要功能。转换和作业的基本操作包括设计和运行两个环节，这两个环节相互作用、相辅相成。设计环节可以得到业务流程，使执行结果达到业务目标；执行环节可以修正不完善的转换和作业设计。

3.2.1 设计

转换和作业通常是在流程设计器中进行编辑和设计的。通过设计各视图功能节点与不同类型连接线，可以得到满足业务需要的转换和作业，主要操作包括创建节点、创建连接线、配置节点和连接线属性、对齐调整等。

1. 创建节点

在 DMETL 流程设计器中，创建节点是一种直观简易的操作。流程设计器支持节点的拖放，即用户可以从工具箱视图、数据源视图或工程视图中将节点拖入流程设计器中，实现节点的创建。

从工具箱视图向流程设计器中拖放节点，工具箱视图会根据当前流程设计器中的流程类型（转换或作业）显示用于当前流程的节点，如图 3-5 所示。单击鼠标左键选中工程视图中的节点，拖放到流程设计器中即可在流程中创建该类型节点。从工具箱视图中拖放的节点为初始化节点，如图 3-6 所示。

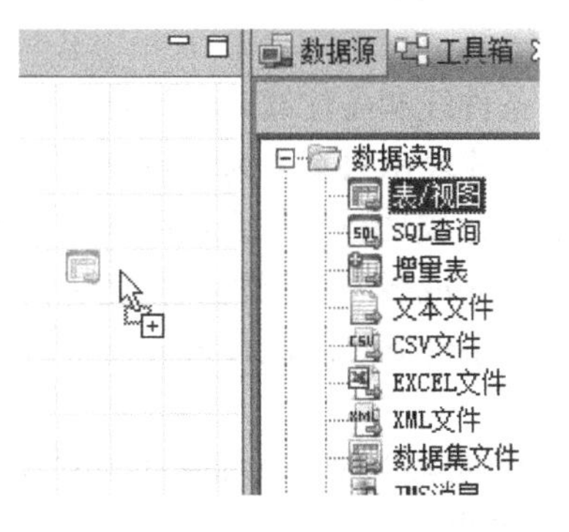

图 3-5　拖放节点

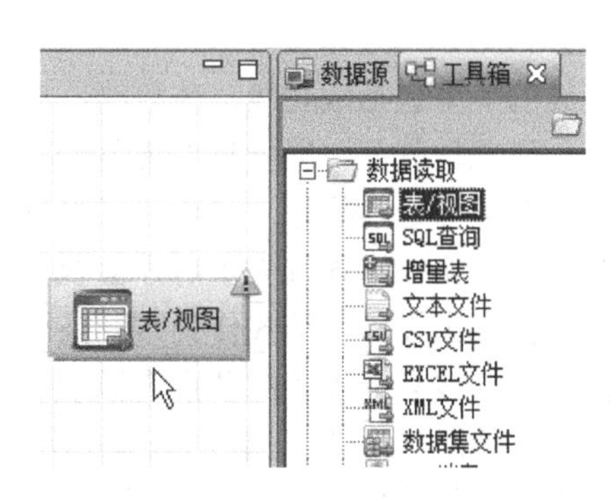

图 3-6　初始化节点

从数据源视图向流程设计器中拖放节点，对于转换，可以将数据源视图中已经建立好的数据源节点拖放到流程设计器中，生成的节点为配置好该数据源的源或目的节点。在拖放过程中，若按“Ctrl”键则生成的节点为数据源节点，若按“Alt”键则生成的节点为数据目的节点，默认生成的是数据源节点，如图 3-7、图 3-8 所示。

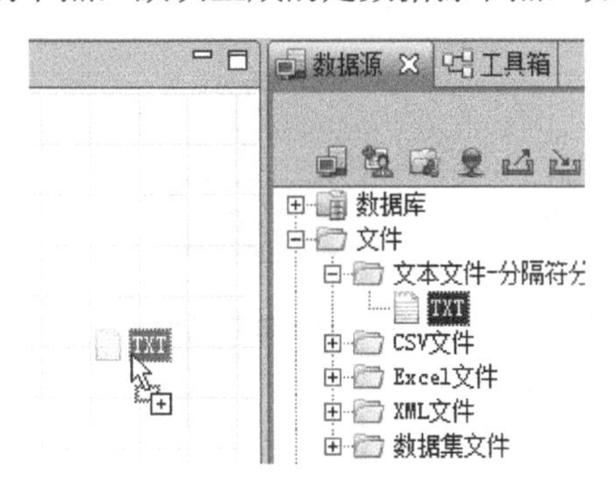

图 3-7　拖放（转换）过程

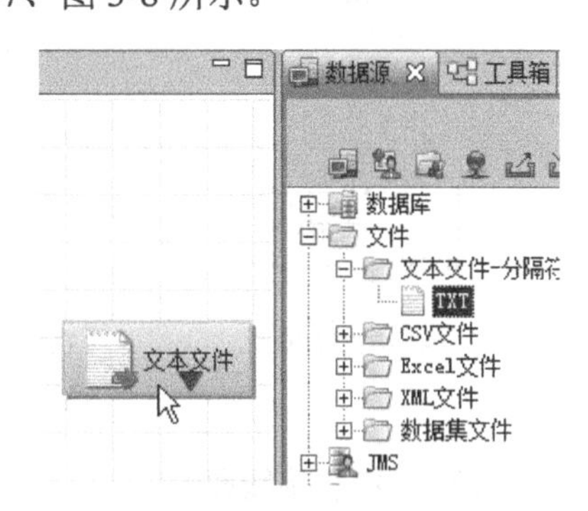

图 3-8　拖放（转换）

从工程视图向流程设计器中拖放节点，对于作业，可以将工程视图中已经建立好的作业或转换节点拖放到流程设计器中，以生成该作业或转换的引用节点，如图 3-9、图 3-10 所示。

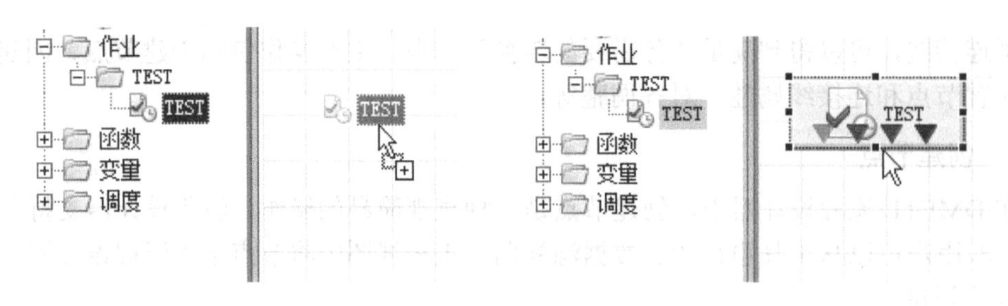

图 3-9 拖放（作业）过程　　　　图 3-10 拖放（作业）

2. 创建连接线

在 DMETL 中，转换和作业的流程是通过创建节点与节点之间的连接线来指定执行顺序的，通过创建连接线的方式组织流程既直观又简单，更便于用户操作、管理转换和作业的各个部分。

连接线的类型包括成功线、失败线、完成线、条件线和备注线，在设计图上的颜色分别为绿色、红色、蓝色、黑色和湖蓝色。其中，成功线表示只有当前节点执行成功时流程才会向下一个节点继续执行，完成线表示无论节点执行成功与否都会继续执行；失败线表示只有当前节点执行错误且失败时才会执行的分支；完成线表示流程执行完毕；条件线表示可以在连接线上设置表达式作为判断条件，只有当条件满足时流程才会向下一个节点继续执行；而备注线只能以备注节点为源节点连接。

节点下方的倒三角锚点，表示该节点所能引出的连接线类型，鼠标移动到节点下方即会显示这些锚点。不同的节点可支持的连接线不同，如数据源节点支持成功线和失败线，作业节点支持成功线、失败线、完成线、条件线，而连接节点仅支持连接线。单击鼠标左键选中节点中的锚点，再移动到目标节点即可创建该节点到目标节点的连接线，过程如图 3-11 所示。

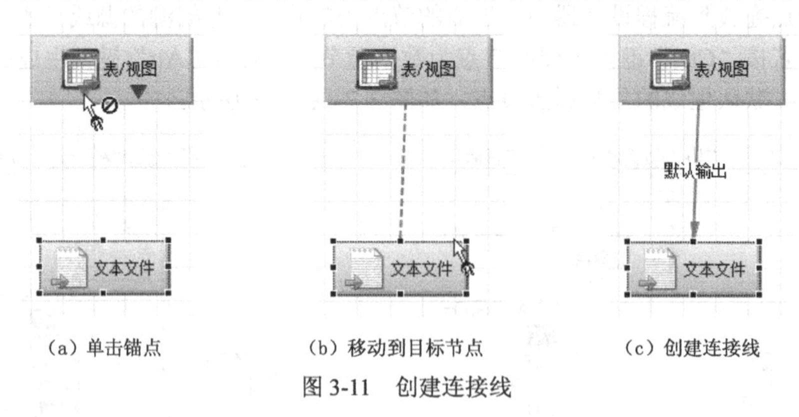

（a）单击锚点　（b）移动到目标节点　（c）创建连接线

图 3-11 创建连接线

3. 配置节点和连接线属性

双击流程中的节点即可打开该节点的属性对话框，设置节点的属性参数。对于转换中的节点，一是可以通过快捷菜单打开该节点的输出配置对话框，配置该节点的输出列信息；二是可以建立多个输出配置用于不同分支，双击转换中的连接线即可指定源节点上的输入配置。

4. 对齐调整

DMETL V4.0 提供了一些按钮来帮助用户对流程进行布局，布局按钮如图 3-12 所示。

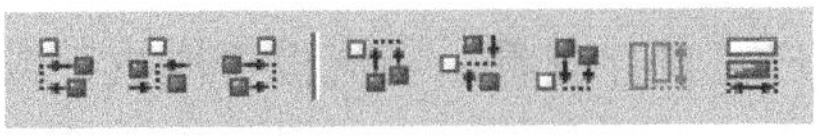

图 3-12　布局按钮

图 3-12 中的按钮包括垂直方向对齐按钮（左对齐、中间对齐、右对齐），水平方向对齐按钮（顶部对齐、中间对齐、底部对齐），调整组件的长度和宽度按钮（主选择的所选对象的匹配高度、主选择的所选对象的匹配宽度）。在具体使用时，先选中需要对齐调整的多个组件，再单击所要操作的对齐或调整的功能按钮。

3.2.2　运行

转换和作业流程设计完毕就可以进入运行环节，“运行”菜单项在转换或作业时会自动添加到菜单栏中，同时，其相应快捷按钮会添加在功能栏中。运行包括几个方面的功能：一是校验功能，用以检验流程配置的正确性，可以帮助用户发现流程的一些基本逻辑问题；二是执行功能，包括执行、顺序执行、暂停、继续执行、停止等控制执行过程的操作；三是调试功能，用以发现流程中存在的已知或未知的问题。具体来说，运行相关按钮功能说明如表 3-1 所示。

表 3-1　运行相关按钮功能说明

名　称	图　标	功能说明
校验		检验流程配置是否正确
执行		按流程及配置顺序执行各节点
顺序执行		按顺序执行，待前节点执行完成后再执行
暂停		暂停当前正在执行的流程
继续执行		在暂停处继续向下执行
停止		终止并取消执行当前流程
执行到		将配置参数恢复至最近一次保存的值
单步执行		按顺序向下执行下一个节点

需要注意的是，作业的执行方式均为顺序执行，即作业中当前节点执行完成后才能执行下一个节点。对于转换操作，选择“执行”操作时，各转换节点并行执行，以提高运行效率；选择“顺序执行”操作时，以顺序方式执行转换操作中的各节点，并保存节点运行时产生的中间数据结果，单击连接线图标即可查看中间结果，如图 3-13 所示。

图 3-13　连接线图标

对于产生的中间结果，DMETL V4.0 默认其是保存在元数据库中的，即以连接线的唯一 ID 结尾命名的表中，用户可自行查看。当流程再次执行或流程中的连接线被删除时，DMETL V4.0 会自动将连接线对应的存储中间结果的表删除。

在调试时，选中流程中的某个节点，选择“执行到”操作时，流程设计器会从开始节点或被暂停的节点执行到选中节点，并在选中的节点暂停。若执行的流程为转换，则在“执行到”操作过程中仍然以并行的方式执行过程中的各个节点，执行到选中节点完成，因此在“执行到”操作完成后只有最后选中的节点会保留执行产生的中间结果。选择“单步执行”操作时，流程设计器会在当前暂停的节点向下执行一个节点，即以顺序的方式向下执行一个节点，因此会保留节点执行产生的中间结果。

3.3 入门示例

前文已对设计器界面及基本操作进行了介绍，但 DMETL 对数据的抽取、转换、加载等操作都是在每个具体的 DMETL 工程中完成的，所以，本节将通过示例工程来帮助读者快速入门 DMETL。

3.3.1 示例说明

本节示例选用一个典型的 DMETL 使用场景，通过抽取、转换、加载将多张数据表的数据整合到一张目标表中，将对象的多张表整合得到目标表。具体来说，将示例库 BOOKSHOP 中的 EMPLOYEE、EMPLOYEE_DEPARTMENT、DEPARTMENT 及 PERSON 四张有关员工的表整合成一张完整的员工信息表（EMPLOYEEINFO），如图 3-14 所示。

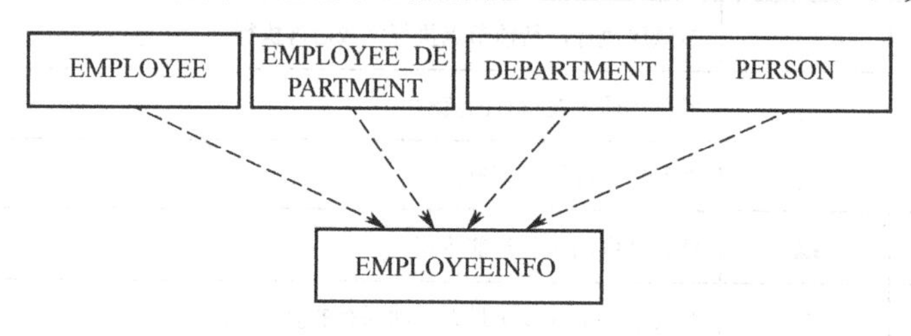

图 3-14 BOOKSHOP 示例

其中，EMPLOYEEINFO 表位于 DMETL _SAMPLE 库的 DMETL _SAMPLE 模式下，其结构如表 3-2 所示。

表 3-2 员工信息表结构

列	数据类型	是否为空	说 明
EMPLOYEEID	INT	非空	员工编号，主键
NATIONALNO	VARCHAR(18)	非空	身份证号码
EMPLOYEENAME	VARCHAR(50)	非空	员工姓名
SEX	VARCHAR(2)	可空	性别（男、女）
EMAIL	VARCHAR(50)	可空	电子邮件地址

（续表）

列	数据类型	是否为空	说　明
PHONE	VARCHAR(25)	可空	电话号码
LOGINID	VARCHAR(256)	可空	网络登录账号
DEPARTMENT	VARCHAR(50)	可空	所属部门
TITLE	VARCHAR(50)	可空	职位
BIRTHDATE	DATE	可空	出生日期
MARITALSTATUS	VARCHAR(4)	可空	未婚/已婚
PHOTO	IMAGE	可空	照片
HAIRDATE	DATE	可空	入职时间

将该表和原来的相关表进行比较可以分析出需要使用 DMETL V4.0 完成以下功能：

（1）从 EMPLOYEE_DEPARTMENT、DEPARTMENT 表获取员工所属部门。

（2）从 PERSON 表中获取员工姓名、性别、电子邮件地址、电话号码。

（3）性别字段中的“M”替换为“男”，“F”替换为“女”。

（4）婚姻状况（EMPLOYEE.MARITALSTATUS）中的“S”替换为“未婚”，“M”替换为“已婚”。

（5）手动或定期自动更新员工信息表。

入门示例采用 DMETL 常用功能进行说明，操作流程为创建数据源、创建工程、设计转换、设计作业和查看运行日志，如图 3-15 所示。操作流程中各步骤是按照先后顺序执行的，每个步骤在前一个步骤完成的基础上进行。

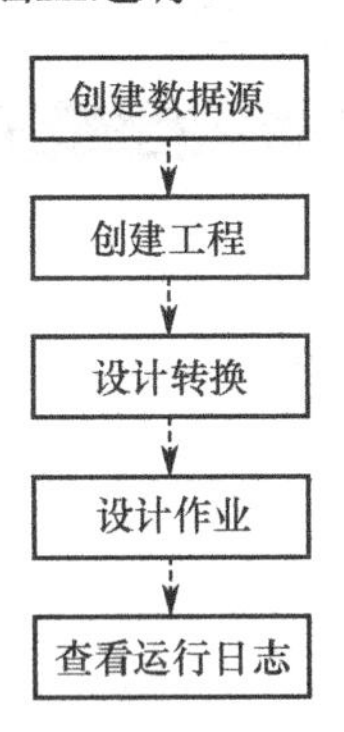

图 3-15　入门示例操作流程

创建数据源，是将已有的分布在不同数据库中的数据源在 DMETL 平台上建立关联；工程是 DMETL 用来管理数据抽取、转换、集成等操作的，实现创建工程就是管理一个 ETL 的过程；设计转换是数据处理的具体步骤；设计作业则是为了实现在一定周期和特定时间内执行数据 ETL 的任务；查看运行日志为用户提供监督整个数据流程的功能。下面将根据入门示例说明各个步骤的具体操作。

3.3.2　创建数据源

数据源对象表示需要 DMETL 在数据读取或写入时连接的外部数据存储。DMETL

V4.0 支持四种类型的数据源：数据库、JMS（Java Message Service）、HTTP、FTP。在本示例工程中，需要使用两个数据库数据源，它们是 BOOKSHOP 数据源和 DMETL_SAMPLE 数据源。BOOKSHOP 数据源中存储的是原始的员工信息，DMETL _SAMPLE 数据源中存储的是整合后的员工信息。以下分别说明创建这两个数据源的步骤。

1．创建 BOOKSHOP 数据源

切换到“数据源”选项卡，执行“数据库|新建数据库数据源”命令，“新建数据库数据源”选项如图 3-16 所示。

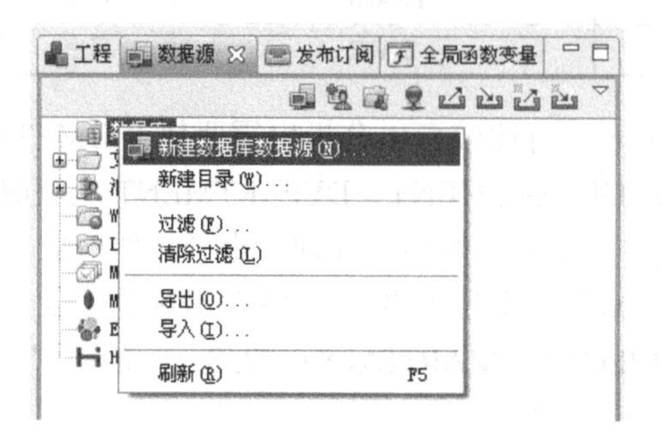

图 3-16 “新建数据库数据源”选项

进入“新建数据库数据源”界面，配置新建数据源（指向 BOOKSHOP 库），如图 3-17 所示。需要注意的是，默认密码为 SYSDBA，端口为 23456，刷新“默认数据库”列表，选择 BOOKSHOP 数据库，并为数据源命名。

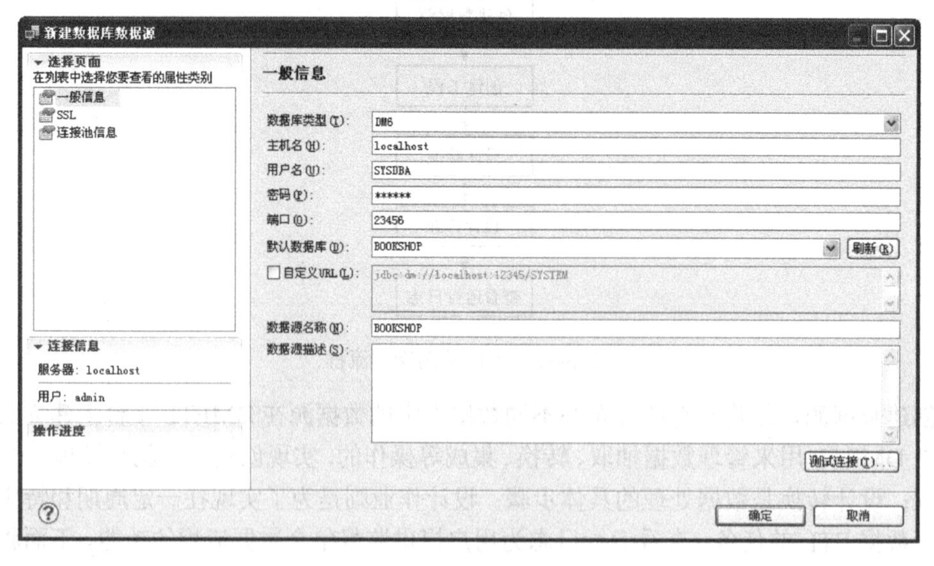

图 3-17 配置新建数据源

2．添加源表

在“DM6”数据库节点上单击鼠标右键后，在快捷键菜单上选择“添加表”选项，进入“添加表”界面，将 EMPLOYEE、EMPLOYEE_DEPARTMENT、DEPARTMENT 表，

以及 PERSON 表添加到系统中，如图 3-18～图 3-20 所示。

图 3-18　选择“添加表”选项

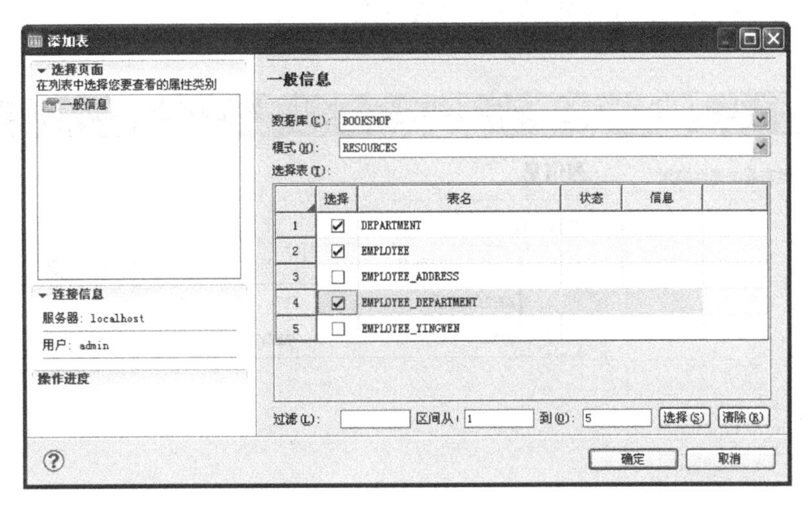

图 3-19　添加表 EMPLOYEE、EMPLOYEE_DEPARTMENT、DEPARTMENT

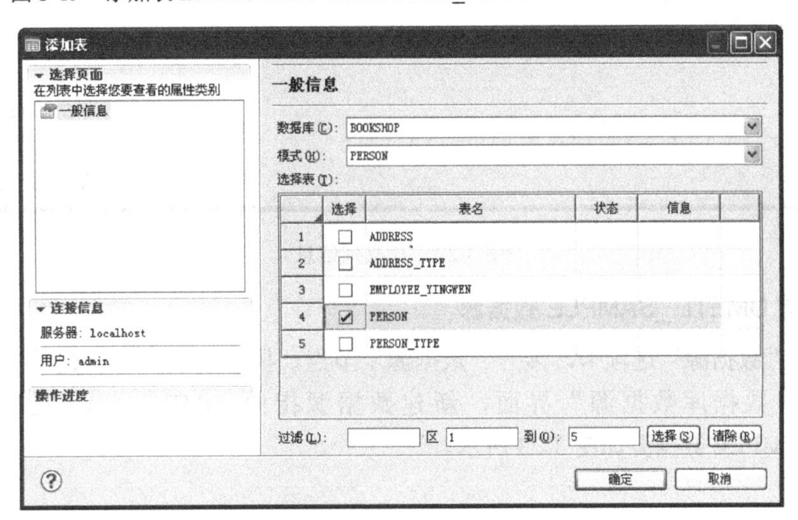

图 3-20　添加表 PERSON

3．添加 SQL 查询

执行“数据库|BOOKSHOP|SQL 查询|添加 SQL 查询”命令，输入 SQL 查询语句，如图 3-21 所示。

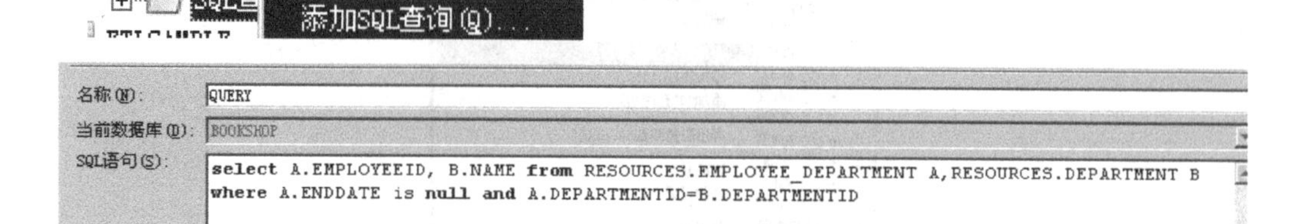

图 3-21　输入 SQL 查询语句

SQL 语句输入完毕后执行查询，单击“列信息”选项，在“列信息”区域单击“获取列信息”按钮，确定后完成 SQL 查询，如图 3-22 所示。

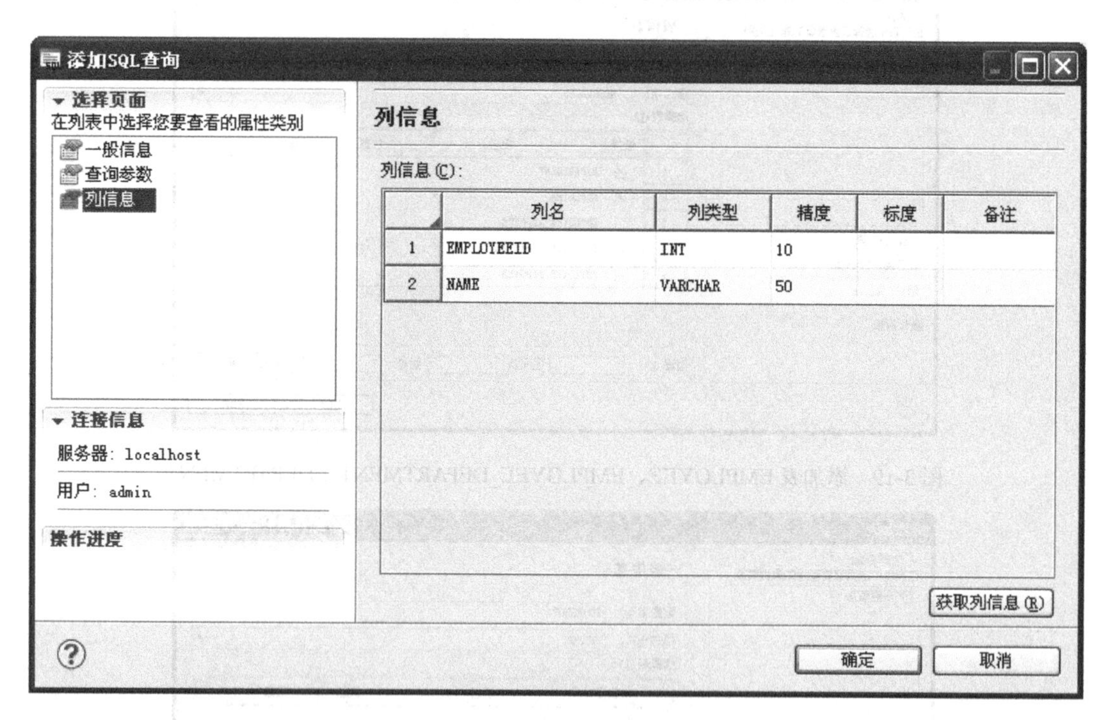

图 3-22　获取列信息

4．创建 DMETL _SAMPLE 数据源

切换到“数据源”选项卡，展开“数据源”节点，执行“数据库|新建数据源”命令，进入“新建数据库数据源”界面，新建数据源指向 DMETL_SAMPLE 库，创建 DMETL_SAMPLE 数据源如图 3-23 所示。

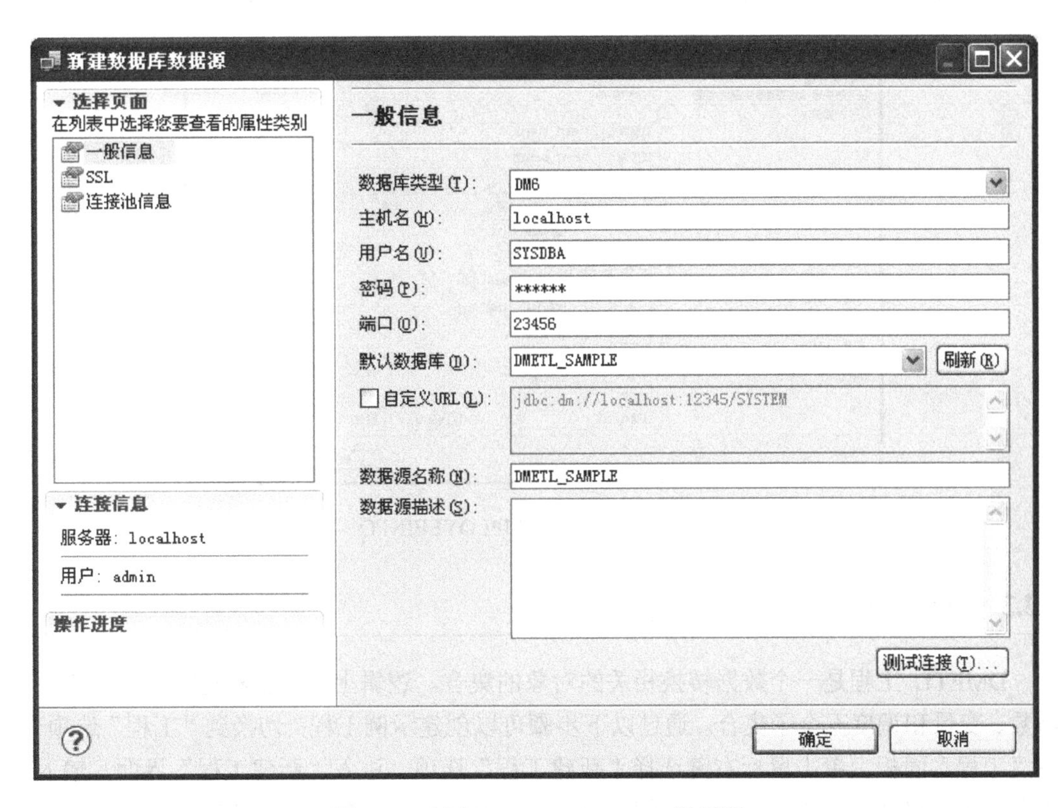

图 3-23　创建 DMETL _SAMPLE 数据源

5. 添加目的表

在“DMETL_SAMPLE”数据库节点上单击鼠标右键，在弹出的快捷菜单上选择“添加表”选项，进入“添加表”界面，将 EMPLOYEEINFO 表添加到系统中，如图 3-24、图 3-25 所示。

图 3-24　为 DMETL_SAMPLE 添加表

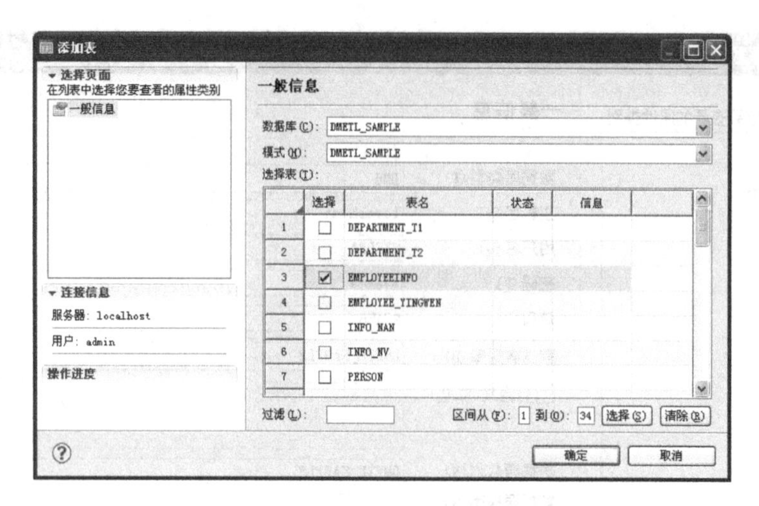

图 3-25　添加表 EMPLOYEEINFO

3.3.3　创建工程

DMETL 工程是一个数据转换相关的对象的集合。逻辑上一个工程包括转换、作业、函数、变量和调度五个子集合。通过以下步骤可以创建示例工程：切换到“工程”选项卡，在“工程”面板上单击鼠标右键选择“新建工程”选项，进入“新建工程”界面，输入工程名和工程描述后单击“确定”按钮完成工程创建，如图 3-26、图 3-27 所示。

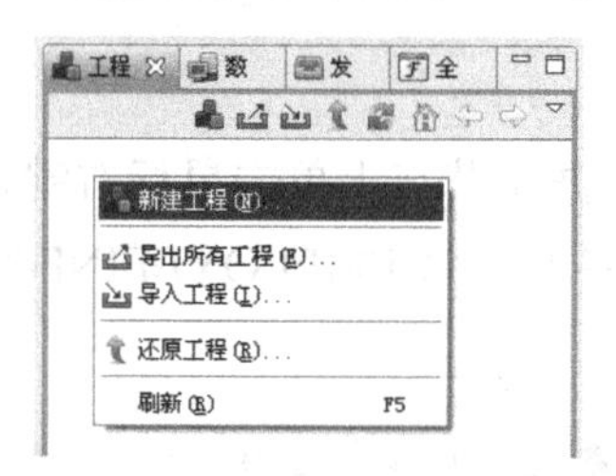

图 3-26　选择“新建工程”选项

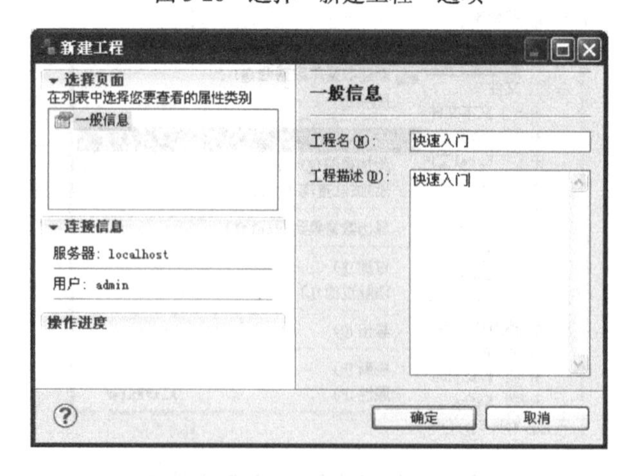

图 3-27　输入工程名和工程描述

3.3.4　设计转换

DMETL V4.0 通过转换来完成各种数据处理任务。转换通常包括三种类型的节点：数据源节点、数据转换节点、数据目的节点，各个节点之间通过连接线连接。节点的功能是处理（读取、转换和装载）数据，连接线的功能是传递数据，DMETL V4.0 中数据转换的过程可以看成数据通过连接线在不同的节点之间流动处理的过程，因此转换也被称作数据流。在本示例中，需要通过转换完成员工信息的整合，以下内容说明转换的创建过程。

1．创建转换

展开“快速入门”工程节点，在“转换”节点上单击鼠标右键选择“新建转换”选项，弹出新建转换对话框，输入转换名和转换描述后单击“确定”按钮完成转换的创建，如图 3-28、图 3-29 所示。

图 3-28　选择“新建转换”选项

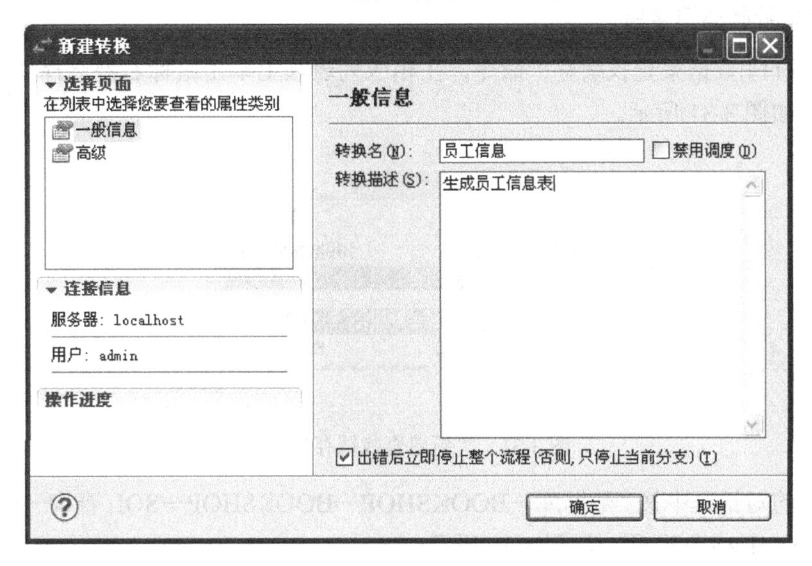

图 3-29　“新建转换”界面

2. 添加源表

在转换创建成功后系统会自动打开转换设计器。将“工具箱”面板中的“数据读取”工具的“表/视图”组件拖到流程设计器中，然后双击图标，可以进入“属性-表/视图”界面，单击“浏览”按钮找到 EMPLOYEE 表，在配置好各个属性后，单击“确定”按钮进行确认，添加源表如图 3-30 所示。

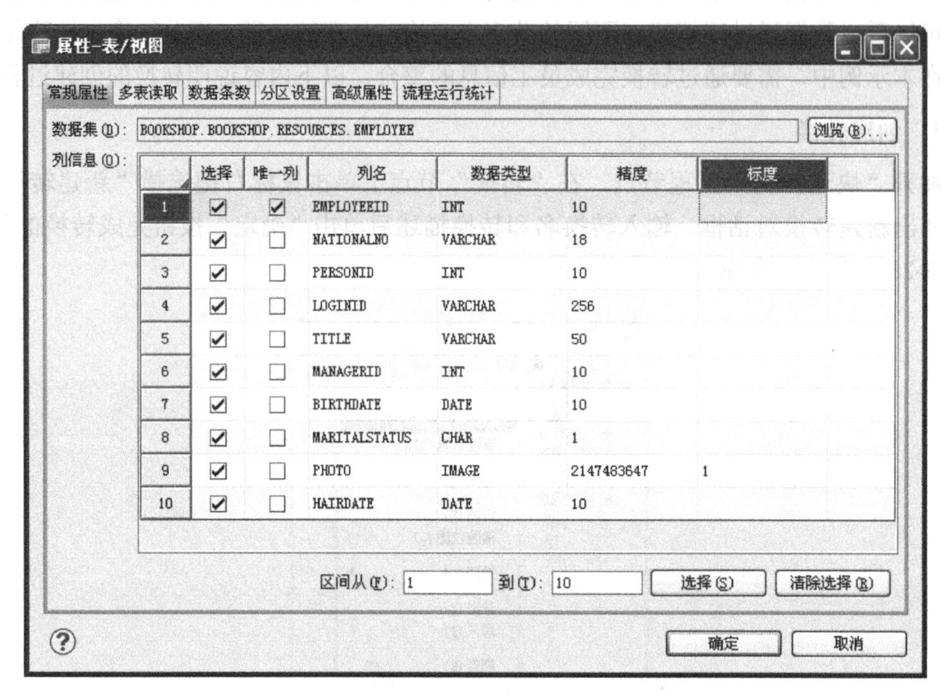

图 3-30　添加源表

3. 增加所属部门字段

执行“窗口|数据集查找缓存”命令，在相应列表项上单击鼠标右键选择“新建查找缓存”选项，如图 3-31 所示。

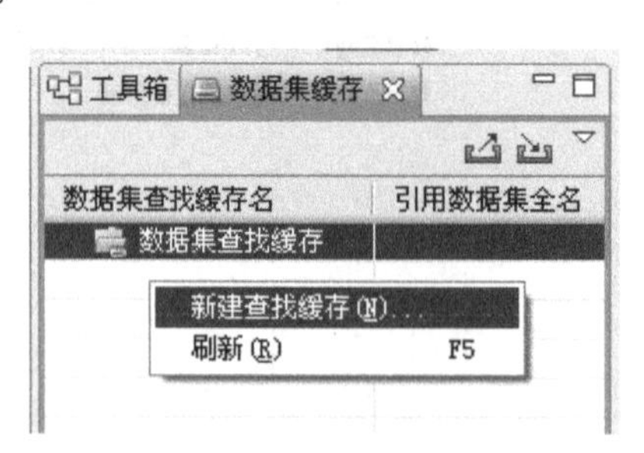

图 3-31　“新建查找缓存”选项

在弹出的对话框中按“数据库—BOOKSHOP—BOOKSHOP—SQL 查询—QUERY”的顺序选择“QUERY”选项，如图 3-32 所示。

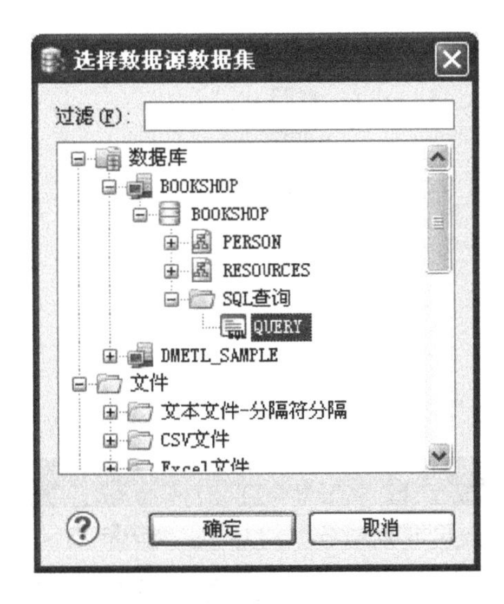

图 3-32　选择“QUERY”选项

确定后按照图 3-33 设置相关信息，勾选“查找列”与“输出列”复选框。

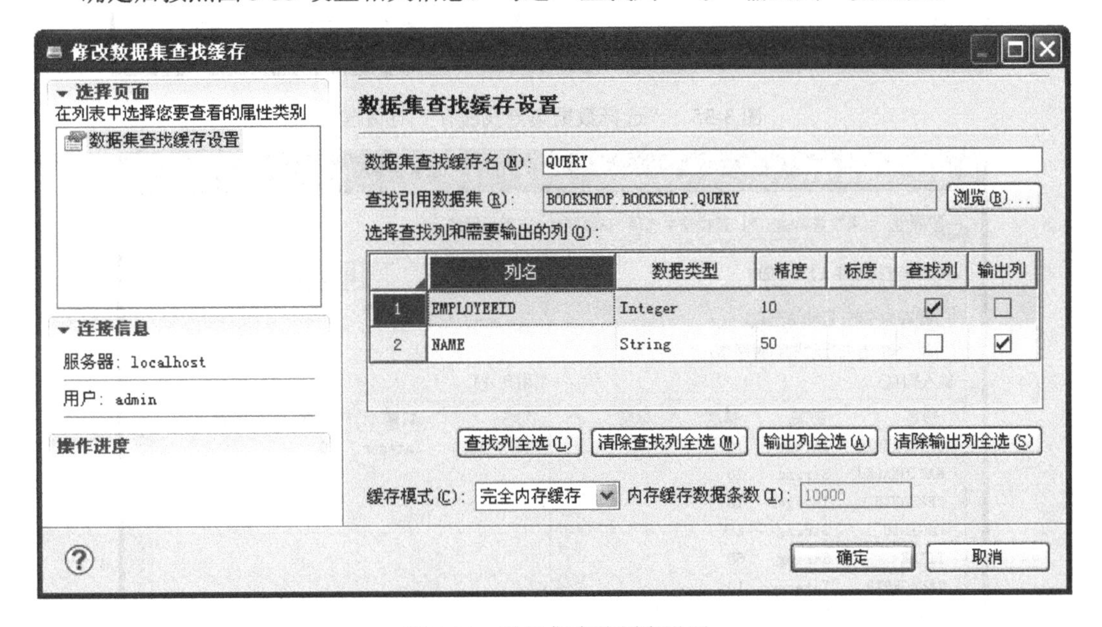

图 3-33　数据集查找缓存设置

将“工具箱”面板中“数据转换”工具的“数据集查找”组件拖放到流程设计器中，用连接线将流程设计器中的表数据源节点（表/视图）和数据集查找节点连接起来，数据转换流程图如图 3-34 所示。

双击“数据集查找”节点图标，进入数据集查找的属性配置界面，单击“浏览”按钮打开“选择数据集查找缓存”对话框，如图 3-35 所示，单击“确定”按钮。在图 3-36 显示的界面中单击“添加”按钮，将列信息添加到输入列与引用列中完成一般属性配置，并按图 3-37～图 3-39 依次配置各个属性，而后单击“确定”按钮。

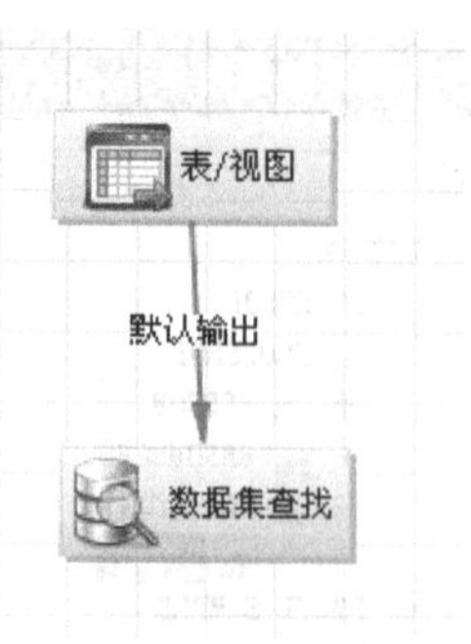

图 3-34　数据转换流程图

图 3-35　“选择数据集查找缓存”对话框

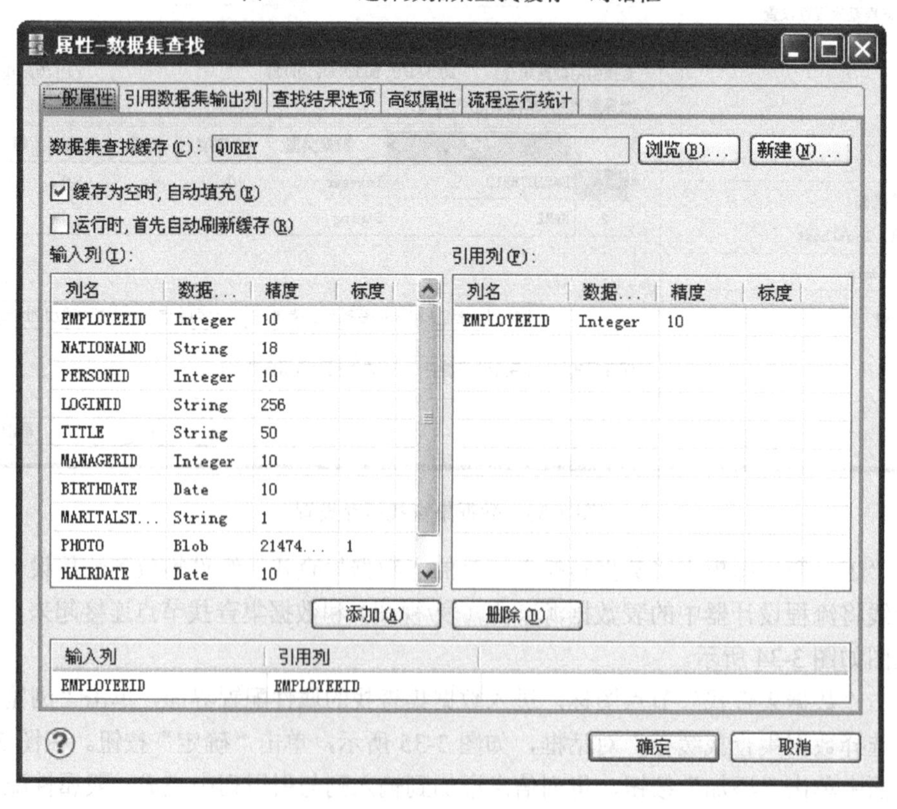

图 3-36　配置一般属性

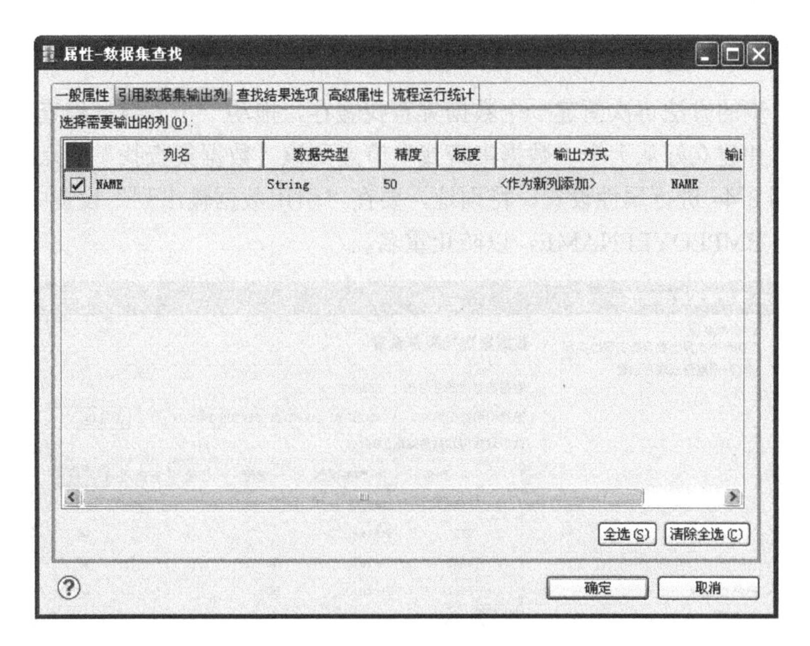

图 3-37 配置引用数据集输出列

图 3-38 配置查找结果选项

图 3-39 配置高级属性

4．添加姓名、性别、Email地址、电话号码字段

按照上一步的方法再次新建一个数据集查找缓存，拖动一个“数据集查找”组件到流程设计器中，并建立好从上个“数据集查找”节点到该“数据集查找”节点的连接，并按照图3-40～图3-44进行属性设置，特别地，要在“引用数据输出列”设置中将NAME输出名称修改为EMPLOYEENAME，以防止重名。

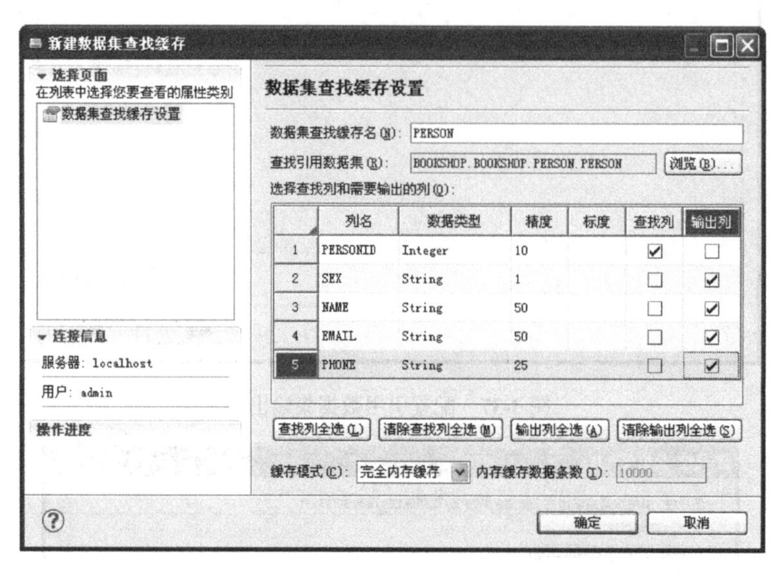

图3-40　添加字段

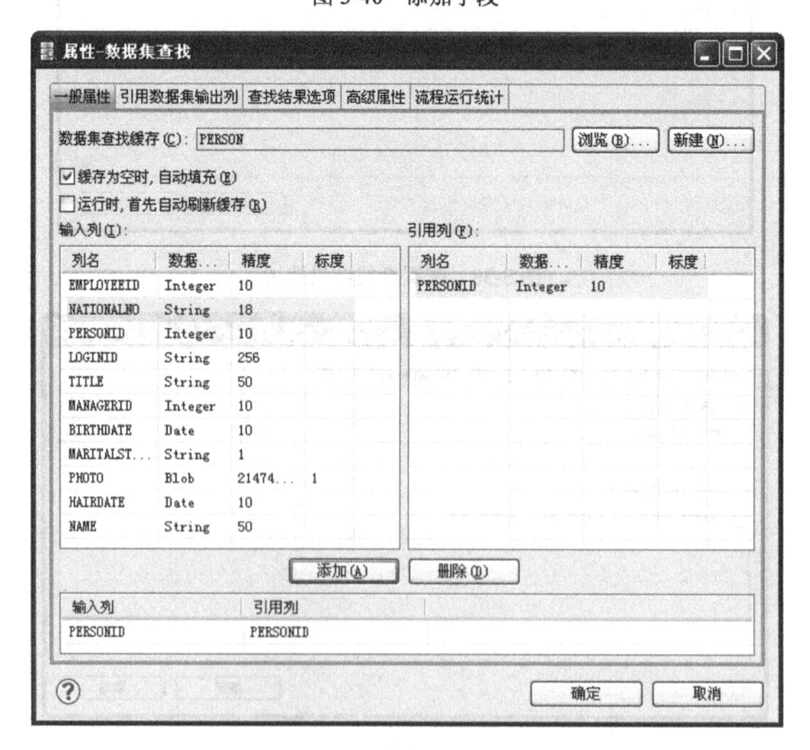

图3-41　设置被添加字段的一般属性

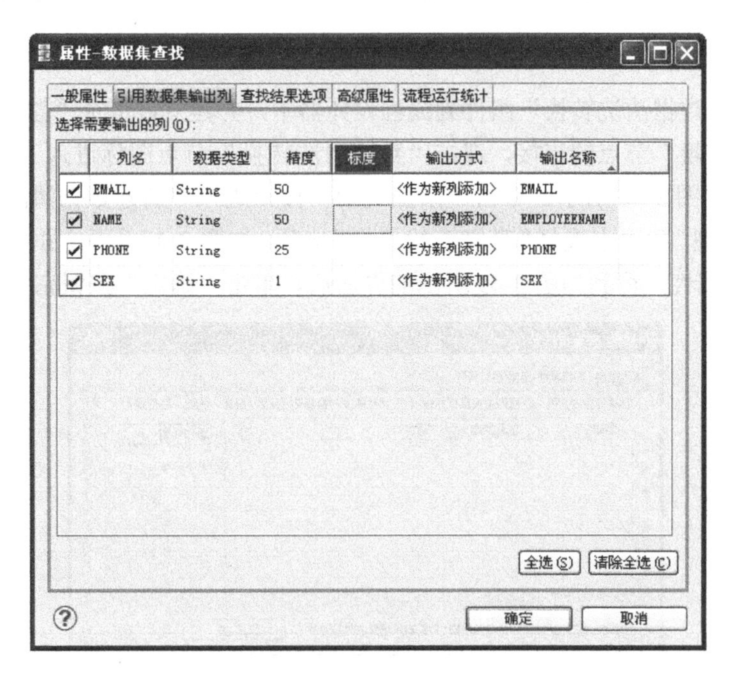

图 3-42　设置被添加字段的引用数据集输出列

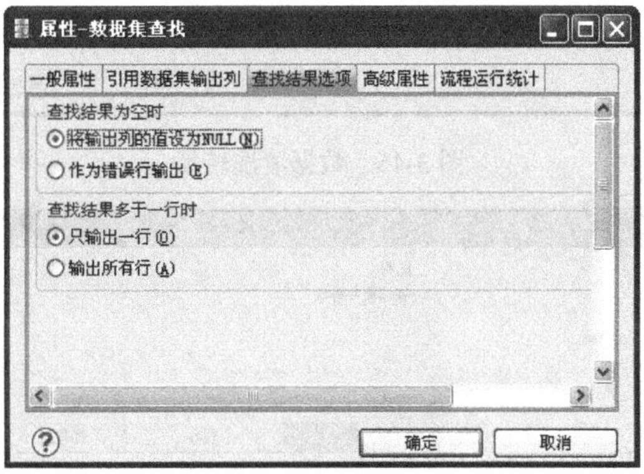

属性-数据集查找

一般属性 | 引用数据集输出列 | 查找结果选项 | 高级属性 | 流程运行统计

查找结果为空时

◉ 将输出列的值设为NULL(N)

○ 作为错误行输出(E)

查找结果多于一行时

◉ 只输出一行(O)

○ 输出所有行(A)

确定　取消

图 3-43　设置被添加字段的查找结果选项

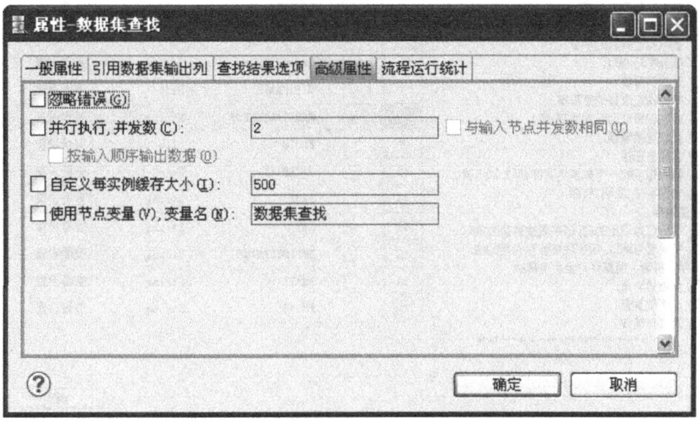

属性-数据集查找

一般属性 | 引用数据集输出列 | 查找结果选项 | 高级属性 | 流程运行统计

☐ 忽略错误(G)

☐ 并行执行,并发数(C): 2　☐ 与输入节点并发数相同(U)

☐ 按输入顺序输出数据(O)

☐ 自定义每实例缓存大小(I): 500

☐ 使用节点变量(V),变量名(N): 数据集查找

确定　取消

图 3-44　设置被添加字段的高级属性

5. 字段值替换

拖动一个“数据清洗转换”组件到流程设计器中，并建立好上个“数据集查找”节点到“数据清洗转换”节点的连接，双击“数据清洗转换”节点图标进入“属性-数据清洗转换”界面，如图 3-45 所示。单击“添加规则”按钮进入“新建数据清洗转换规则”界面，在“规则类型”列表中选择“高级查找替换”选项，如图 3-46 所示，并依次按图 3-46～图 3-48 设置好属性，得到如图 3-49 所示的界面后，单击“确定”按钮完成字段值替换。

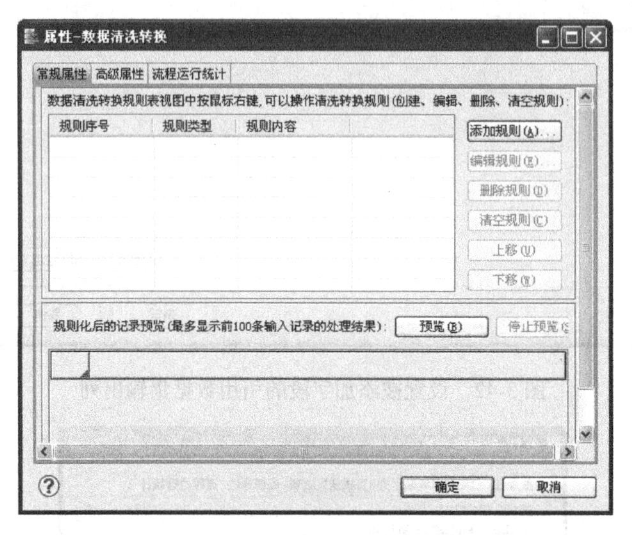

图 3-45　数据清洗转换

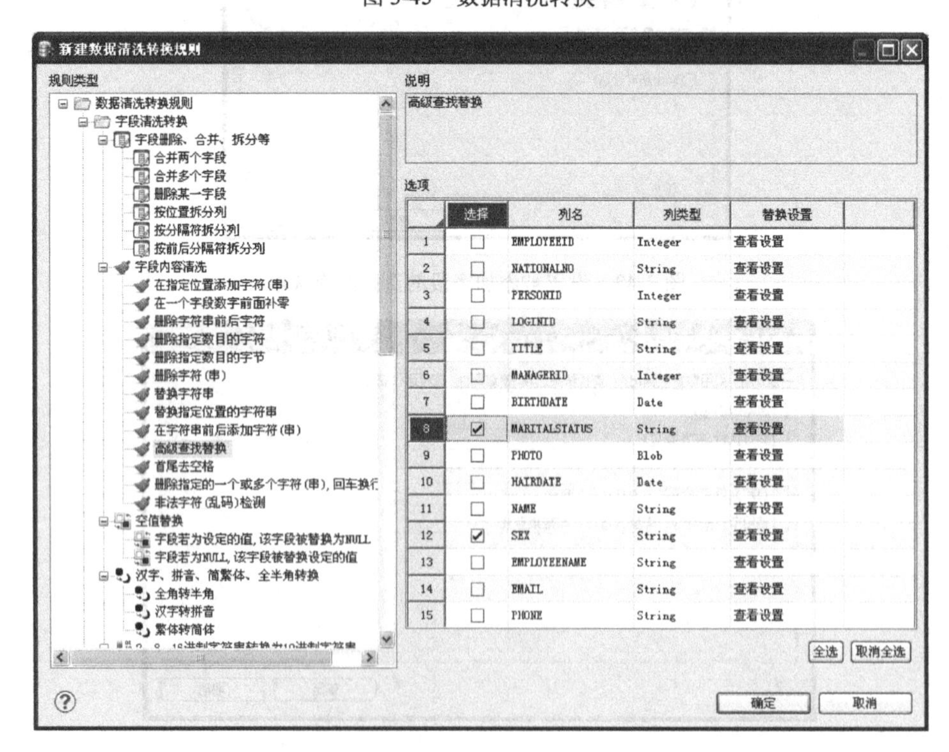

图 3-46　选择“高级查找替换”选项

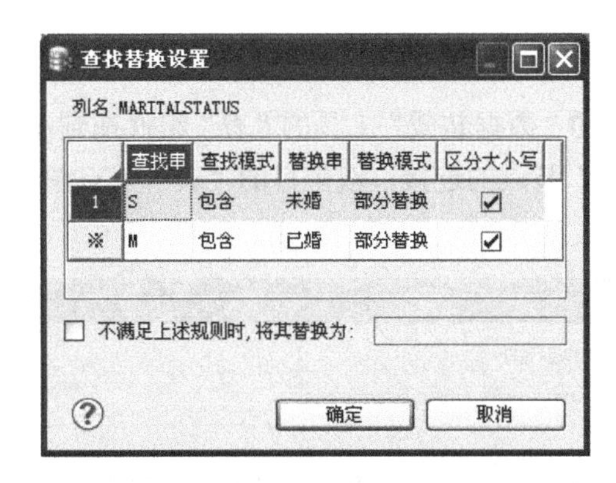

图 3-47　MARITALSTATUS 设置

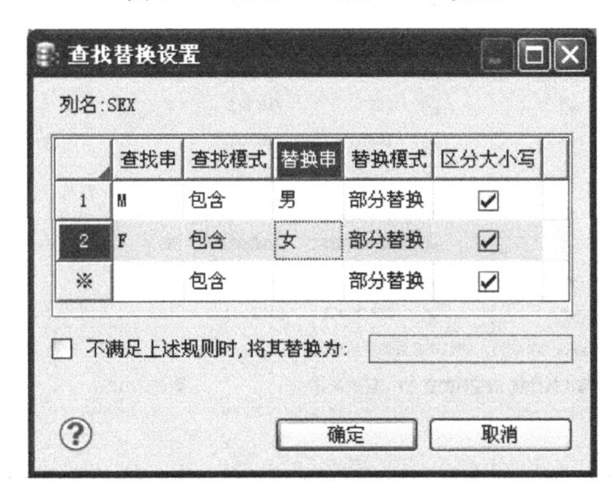

图 3-48　SEX 设置

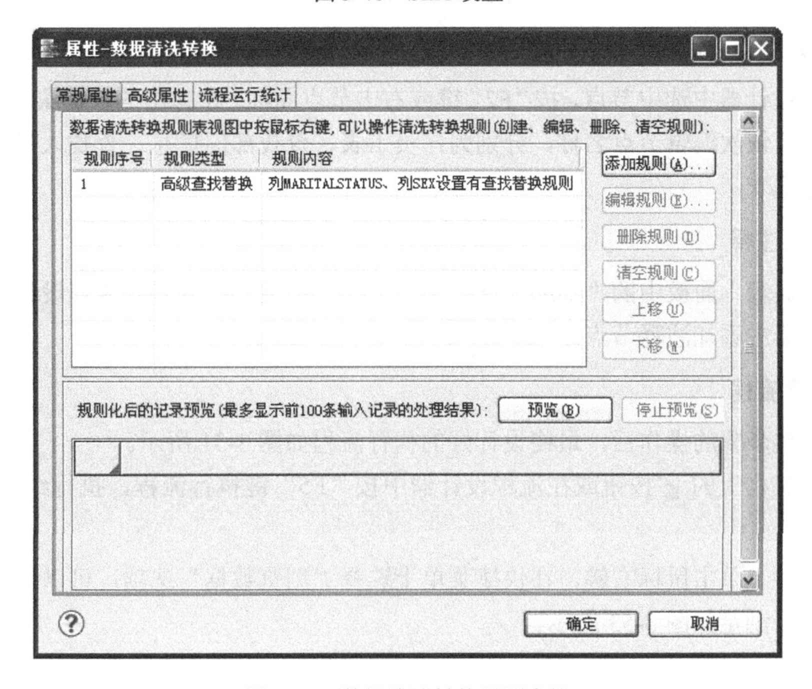

图 3-49　数据清洗转换设置完毕

6. 添加目的表

将“工具箱”面板中的“数据装载”工具的“表”组件拖到流程设计器中，建立好“数据清洗转换”节点到“表”节点的连接，双击目的“表”节点图标，并按照图 3-50 对各个属性值进行配置。

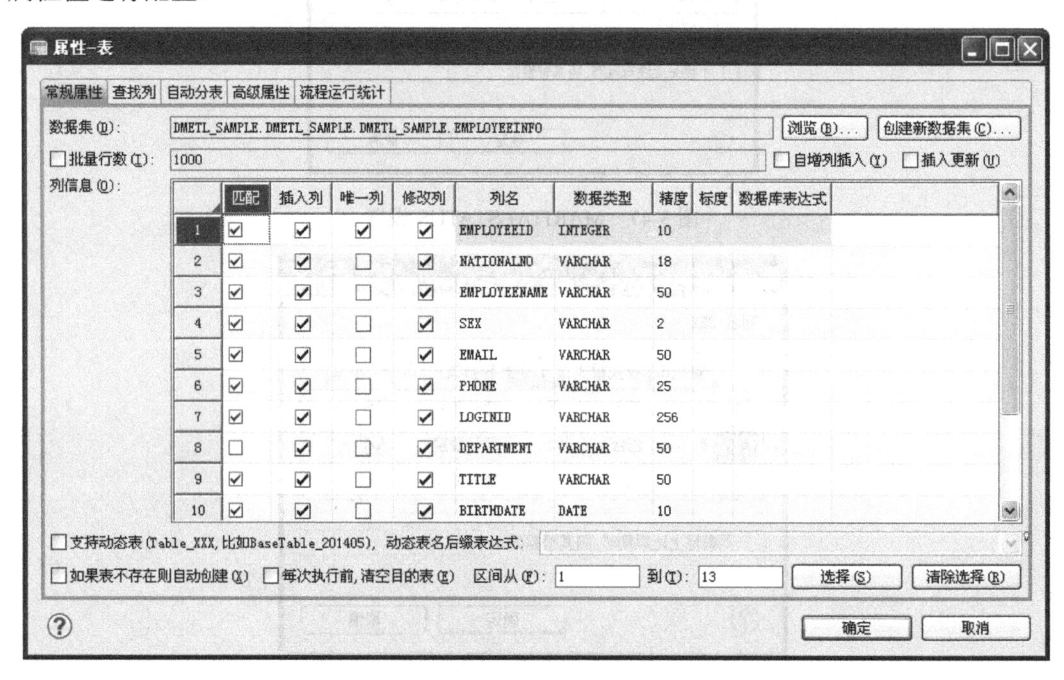

图 3-50　目的表配置

7. 修改节点名称

在流程设计器中选中节点，按“F2”键或右击节点图标，在弹出的快捷菜单上选择“重命名”选项，依次编辑节点名称，分别为：员工表、查找部门信息、查找人员信息、值替换和员工信息表。

8. 添加注释

将“工具箱”面板中的“辅助工具”节点下的“备注”组件拖到流程设计器中，可以向流程设计器中添加注释节点。

9. 执行流程

经过上述步骤的操作后，最终设计好的执行流程如图 3-51 所示。

单击工具栏上的 ▶ 按钮或在流程设计器中按“F5”键执行流程，执行结果如图 3-52 所示。

在表组件上单击鼠标右键，在快捷菜单上选择“浏览数据”选项，可以查看目的表中的数据，数据浏览如图 3-53 所示。

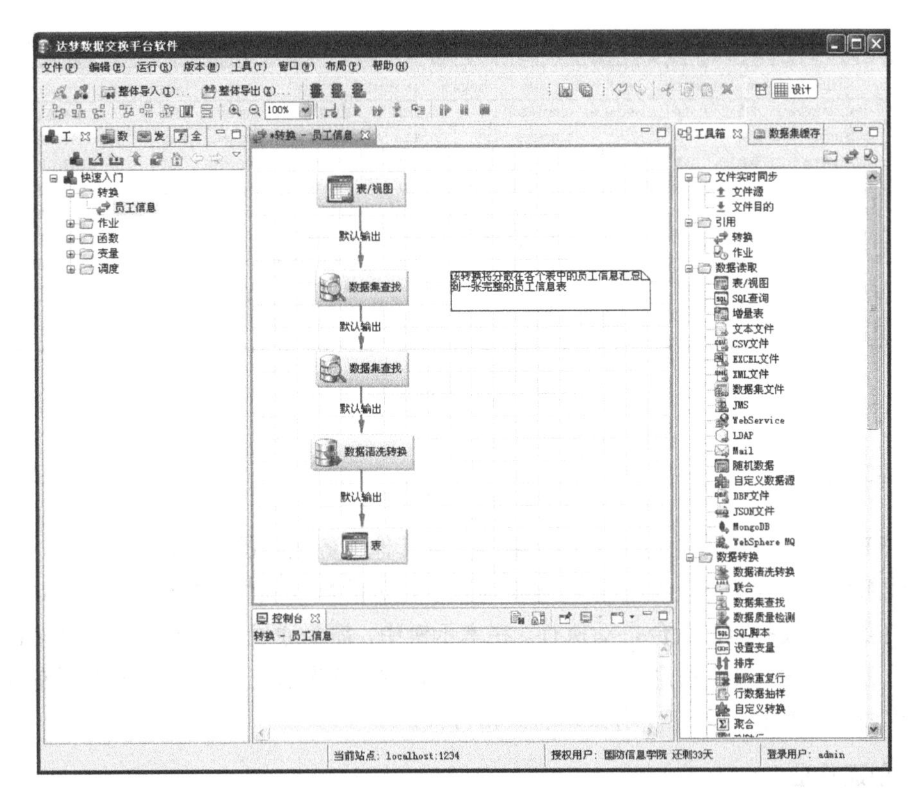

图 3-51　执行流程

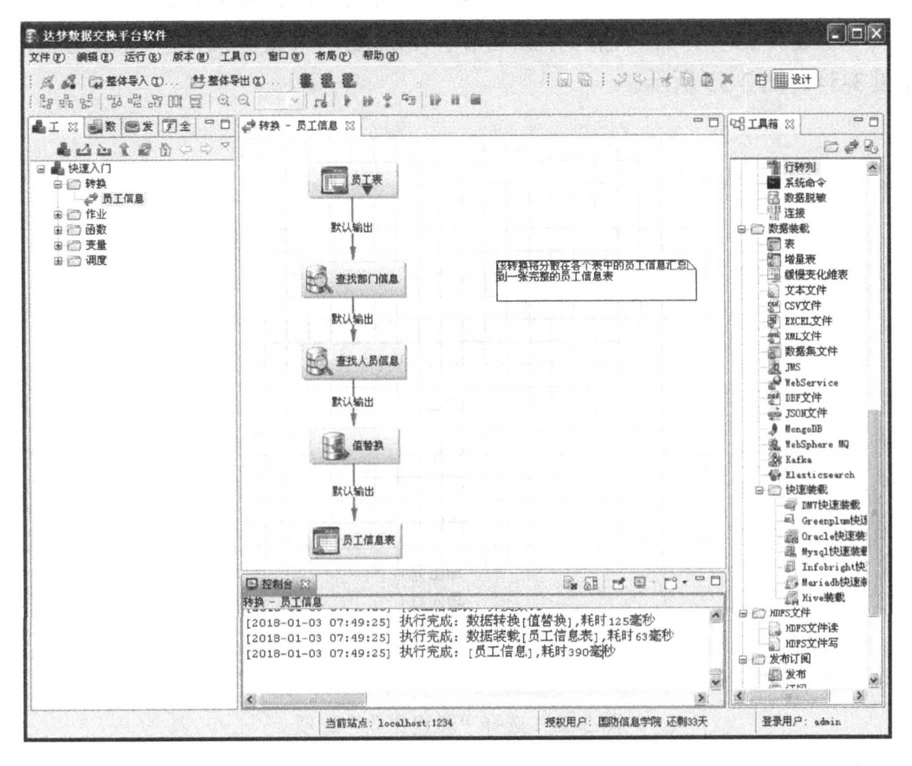

图 3-52　执行结果

浏览表数据 - EMPLOYEEINFO

	EMPLOYEEID	NATIONALNO	EMPLOYEENAME	SEX	EMAIL	PHONE	LOGINID	DEPARTMENT	TITLE	BIRTHDATE	MARITALSTATUS	PHOTO	HAIRDATE
1	1	420921197908051523	李丽	女	lily@sina.com	02788548562	L1	NULL	总经理	1979-08-05	未婚	<二进制数据>	2002-05-02
2	2	420921198008051523	王刚	男		02787584562	L2	NULL	销售经理	1980-08-05	未婚	<二进制数据>	2002-05-02
3	3	420921198408051523	李勇	男		02782585462	L3	NULL	采购经理	1981-08-05	未婚	<二进制数据>	2002-05-02
4	4	420921198208051523	郭艳	女		02787785462	L4	NULL	销售代表	1982-08-05	未婚	<二进制数据>	2002-05-02
5	5	420921198308051523	孙丽	女		13055173012	L5	NULL	销售代表	1983-08-05	未婚	<二进制数据>	2002-05-02
6	6	420921198408051523	黄非	男		13355173012	L6	NULL	采购代表	1984-08-05	未婚	<二进制数据>	2005-05-02
7	7	420921197708051523	王菲	女		13255173012	L7	NULL	人力资源部经理	1977-08-05	已婚	<二进制数据>	2002-05-02
8	8	420921198008071523	张平	男		13455173012	L8	NULL	系统管理员	1980-08-07	未婚	<二进制数据>	2004-05-02

上一页(P) 下一页(N) 设置每页显示行数(G) 100 行 第1页 刷新(R) 导出(O)...

图 3-53 数据浏览

3.3.5 设计作业

DMETL V4.0 中的作业功能可以控制转换及其他任务运行的时间和顺序。作业由节点和连接线组成。节点表示一个任务，连线则表示任务的执行顺序和条件。转换和作业都可以设置调度，由服务器在后台自动执行。在本示例中，需要通过作业来定期调度转换执行，以更新员工信息表。员工信息表的更新分为两个步骤，首先清空员工信息表中原有的数据，然后再生成新的数据。以下说明作业的创建过程。

1. 创建作业

展开“快速入门”工程节点，在“作业”节点上单击鼠标右键选择“新建作业”选项，进入“新建作业”界面，输入作业名和作业描述，单击“确定”按钮完成作业的创建，如图 3-54、图 3-55 所示。

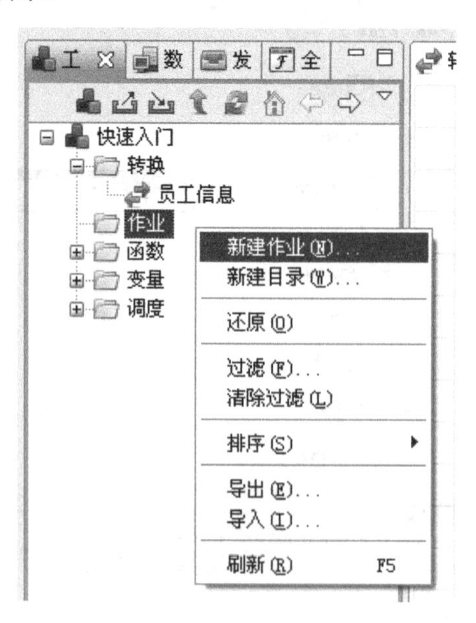

图 3-54 选择“新建作业”选项

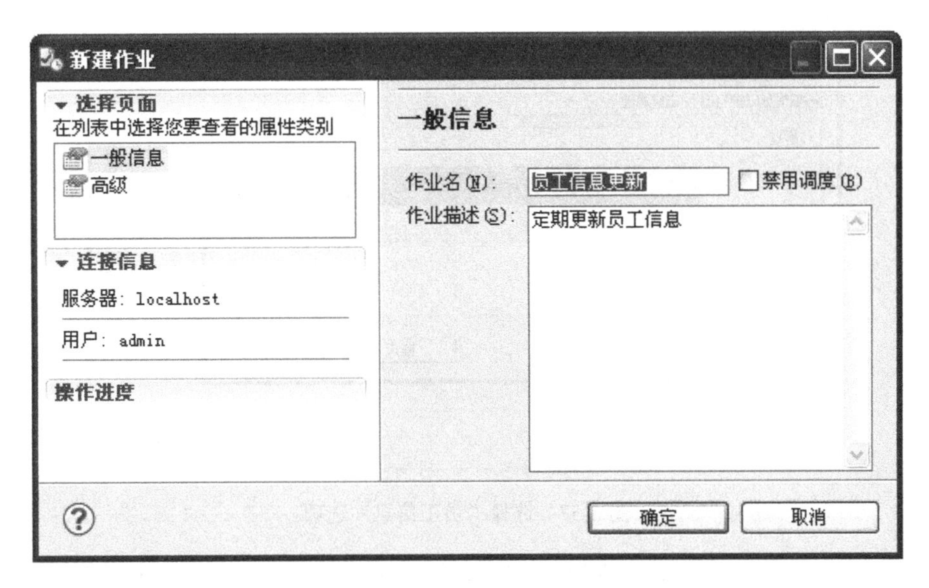

图 3-55　“新建作业”界面

2．添加作业步骤

将“工具箱”面板中“脚本”工具的“SQL”组件拖到流程设计器中，然后双击“SQL”节点图标，进入 SQL 节点的配置界面，按图 3-56 配置好各个属性后单击“确定”按钮完成 SQL 脚本配置。

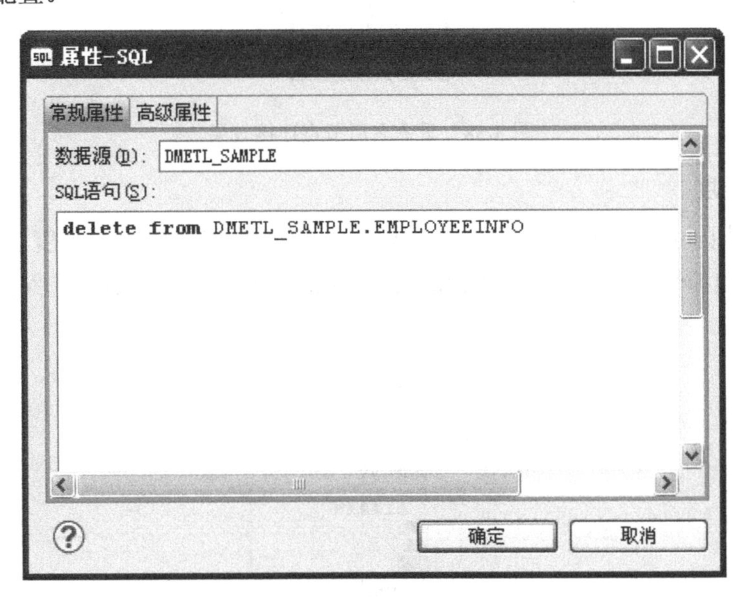

图 3-56　SQL 脚本配置

将“工具箱”面板中“引用”工具的“转换”组件拖放到设计器中，双击“转换”节点图标，进入“属性-转换”界面，单击“选择”按钮，在“选择对象”对话框中选择“员工信息”选项配置转换组件的属性，如图 3-57 所示。

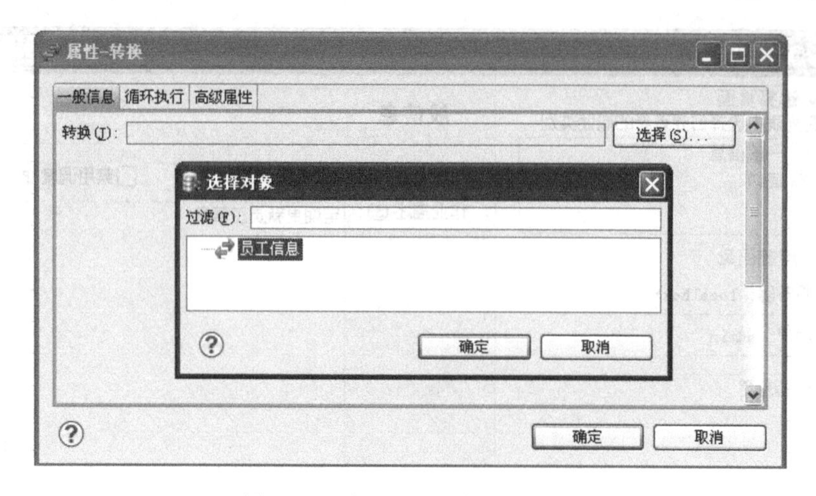

图 3-57　选择“员工信息”选项

使用成功线（灰色线）建立从 SQL 节点到转换节点的连接，并重命名各组件，重命名后节点连接效果如图 3-58 所示。

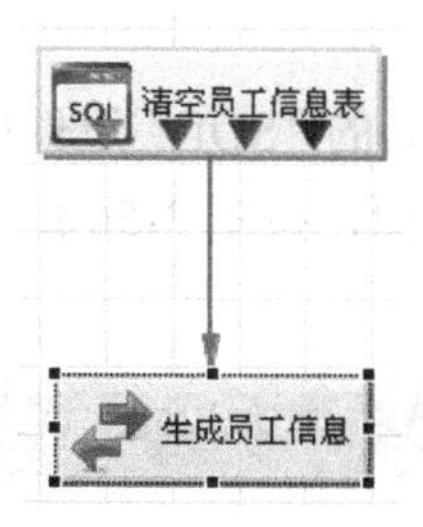

图 3-58　重命名后节点连接效果

3. 配置调度

调度主要用于定期执行作业。展开“快速入门”工程节点，在“调度”节点上单击鼠标右键，在弹出的快捷菜单上选择“新建调度”选项，进入“新建调度”界面，如图 3-59、图 3-60 所示。

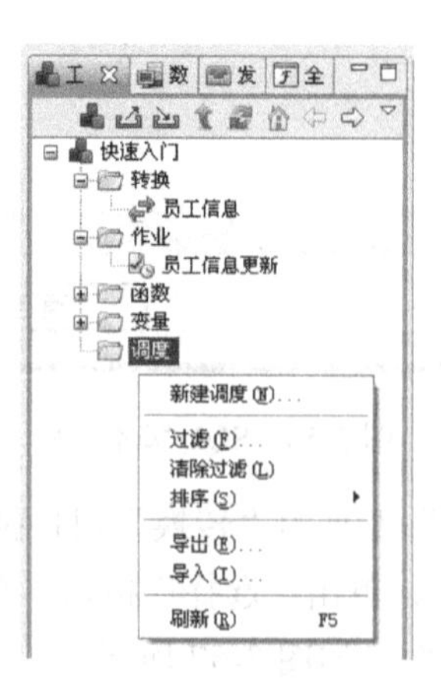

图 3-59　选择“新建调度”选项

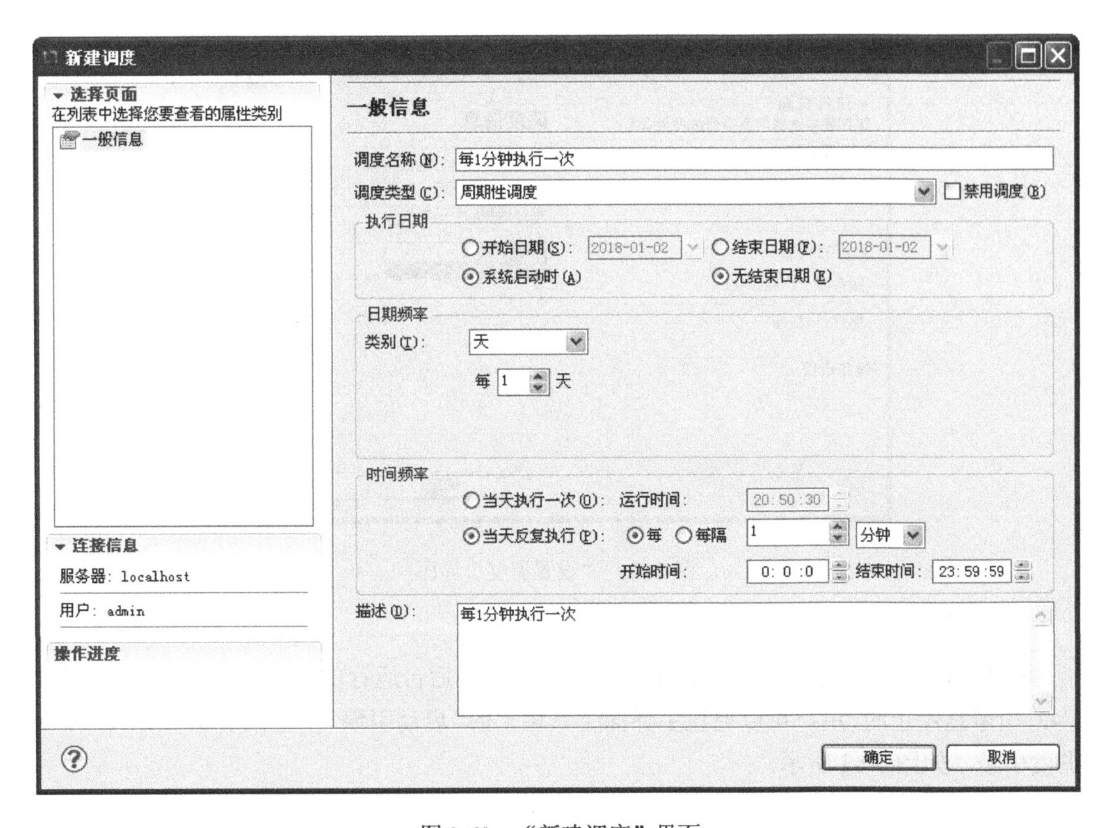

图 3-60　“新建调度”界面

在“工程”面板“作业”节点下的“员工信息更新”节点处，单击鼠标右键，在弹出的快捷菜单中选择“设置调度”选项，进入“设置调度”界面，选择所设置的调度，勾选“已启动”复选框，如图 3-61、图 3-62 所示。

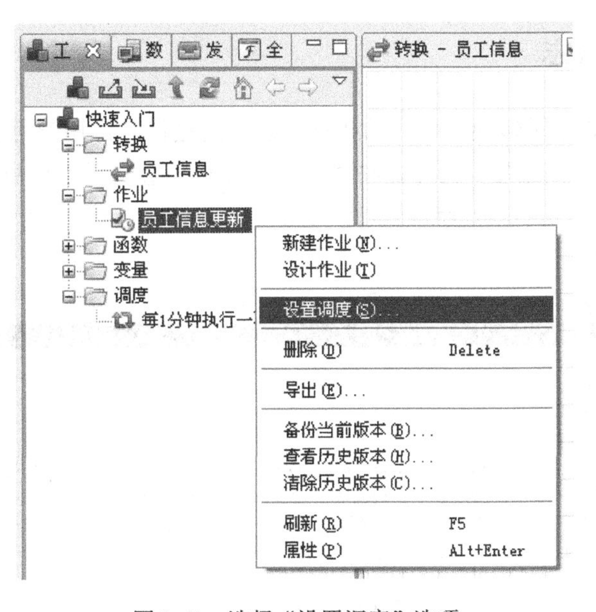

图 3-61　选择“设置调度”选项

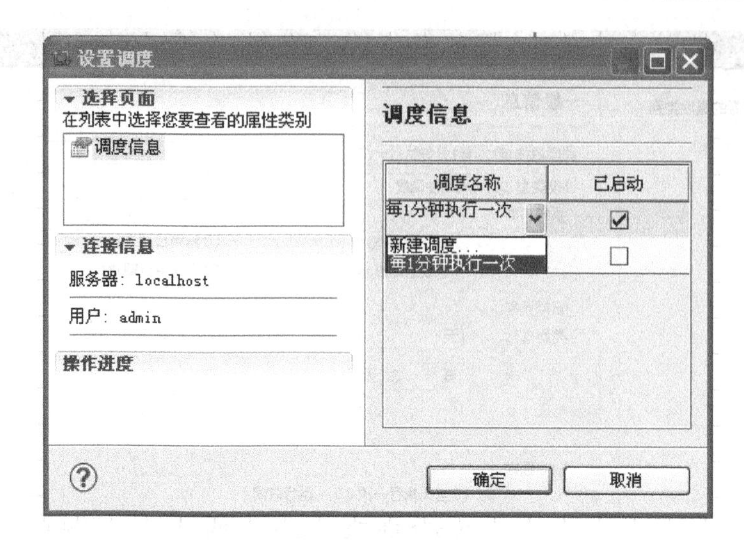

图 3-62 “设置调度”界面

4．启动 ETL 引擎

DMETL V4.0 中的调度是由 DMETL V4.0 引擎在后台运行的，在默认状态下 DMETL V4.0 引擎是停止的。用户可以通过主界面工具栏上的“启动引擎”按钮来启动 DMETL V4.0 调度引擎，如图 3-63 所示。

图 3-63 启动调度引擎

3.3.6 查看运行日志

DMETL V4.0 会记录转换或作业的执行日志，通过日志，用户可以查看转换或作业的执行状态。执行“窗口|监控”命令，在“监控”面板中查看日志信息，如图 3-64 所示。

⊟ 快速入门				
⊟ 转换				
⊟ 员工信息				
当前运行实例				
⊞ 历史运行实例				
⊟ 作业				
⊟ 员工信息更新				
当前运行实例				
⊟ 历史运行实例				
运行实例 (1338428350050)	运行成功	2012-05-31 09:39:00	2012-05-31 09:39:05	调度执行
运行实例 (1338428289585)	运行成功	2012-05-31 09:38:00	2012-05-31 09:38:05	调度执行
运行实例 (1338428229120)	运行成功	2012-05-31 09:37:00	2012-05-31 09:37:03	调度执行
运行实例 (1338428168655)	运行成功	2012-05-31 09:36:00	2012-05-31 09:36:04	调度执行

图 3-64 查看日志信息

基础篇

第 4 章 数据源管理

在达梦数据交换平台（DMETL）中，数据源对象表示 DMETL 在数据读取或写入时需要连接的外部数据存储。DMETL V4.0 支持数据库数据源、Java 消息服务应用程序接口（JMS）数据源、文件数据集（文本文件、Excel 文件、XML 文件、数据集文件等）及 Web Services 数据源的管理；支持对数据源及数据集的创建、修改、删除等操作；支持数据源、数据集元数据的整体导入/导出操作和单独数据源元数据的导入/导出操作。

4.1 关系型数据库

4.1.1 关系型数据库概述

1. 功能描述

数据库数据源，目前支持 Access（*.mdb，*.accdb）、DB2 V5、DB2 V9、DB2 V9.7、DM5、DM6、DM7、DM8、FoxPro（*.dbf）、Greenplum、Informix7.3、Informix10、MySQL3、MySQL4、MySQL5、Oracle8、Oracle9、Oracle10、Oracle11、SQL Server2000、SQL Server2005、SQL Server2008、Sybase11、Sybase12 及 Sybase15 等各类数据库。

当使用 Access（*.mdb，*.accdb）或 FoxPro（*.dbf）时，必须提供相应的开放数据库互连（Open Database Connective，ODBC）数据源名称；Oracle8、Oracle9、Oracle10 与 Oracle11 的数据库名与服务名相同；而 MySQL3、MySQL4 及 MySQL5 不存在模式的概念，所以在新建数据源的树状显示结构中没有模式名。

2. 选项配置说明

1）一般信息

数据源的一般信息如表 4-1 所示。

表 4-1　数据源的一般信息

选项名称	选项配置说明
数据库类型	选择数据库类型
主机名	输入数据库的主机名或者地址
用户名	输入数据库用户名
密码	输入数据库访问密码
端口号	输入数据库端口号
默认数据库	输入默认数据库
自定义 URL	手动填写数据库连接字符串信息
数据源名称	输入数据源的名称
数据源描述	输入数据源的描述信息

2）连接池信息

连接池信息如表 4-2 所示。

表 4-2　连接池信息

选项名称	选项配置说明
初始连接数	表示该数据库连接池创建时自动生成的连接数
保留连接数	表示该数据源的连接池内保留的连接数，若连接池的连接数超过该值，则当连接空闲时间超过连接保持时间时，该空闲连接将被关闭
最大连接数	表示连接池中最多可以创建的连接数。如果该值为 0，则表示不使用连接池，需要连接的时候直接创建连接。如果该值大于 0，当需要获取一个连接时，若连接池内有空闲连接，则直接取该连接；若无空闲连接，且总连接数尚未达到所设置的最大连接数，则创建新连接；若连接池连接数达到最大连接数，则需根据连接获取等待时间来等待连接池空闲，如果超出等待时间且仍无可用连接，则 DMETL 将报错
连接保持时间	表示当连接池中的连接数超过保留连接数时，一个空闲连接在被释放之前保留的时间。若此设置值为 0，则表示直接释放；若此设置值小于 0，则表示该连接不释放，即永远保留
连接获取等待时间	参考最大连接数的选项配置说明，如果连接池中的连接都在使用，且连接数达到最大连接数，则此时需根据连接获取等待时间等待连接池的连接：如果该值小于 0，则表示一直等待空闲连接的出现；如果等于 0，则表示直接报错返回；如果设置为其他值，则表示允许等待的时长，若等待时长超过该设置值，且仍无可用的空闲连接时，则报错
Socket 超时	使用 Socket 读取和写入数据的超时时间（SOCKET_TIMEOUT），一般在网络不稳定导致流程无法执行时使用
数据源测试语句	输入简短无误的 SQL 语句，用于测试数据库连接是否正常

4.1.2 添加表

1. 功能描述

从现有数据库数据源中选择数据处理过程所需要的表，提供点选择和区间选择方式。若重复选择，则只显示未添加的表，已添加的表不在界面中重复列出。

2. 选项配置说明

添加表选项配置说明如表 4-3 所示。

表 4-3 添加表选项配置说明

选项名称	选项配置说明
数据库	选择数据库的名称
模式	选择对应的模式
选择表	从现有列表中选择所需要的表
过滤	过滤出所要选择的表
区间	批量选择指定序号区间的表，其中选择和清除均为增量选择。所谓增量选择是指所选择的表格数量只会向上增加，如开始选择 1～4 区间，然后选择 2～3 区间，那么界面中展示的区间为 1～4 区间；若在此基础上继续选择 3～5 区间时，则界面展示区间为 1～5 区间

4.1.3 添加视图

1. 功能描述

从现有数据库数据源中选择数据处理过程中需要的视图，提供点选择和区间选择方式。如果重复选择，则只显示未添加的视图，已添加的视图将不在界面中重复列出。

2. 选项配置说明

添加视图选项配置说明如表 4-4 所示。

表 4-4 添加视图选项配置说明

选项名称	选项配置说明
数据库	选择数据库的名称
模式	选择对应的模式
选择视图	从现有列表中选择所需视图
过滤	过滤出所要选择的视图
区间	批量选择指定序号区间的视图，方式为增量选择，具体规则可参考 5.2.1 节的输出配置说明

4.1.4　添加 SQL 查询

1．功能描述

通过设置 SQL 语句来获取一个结果集。SQL 语句可通过参数传递的方式动态设置条件的值；SQL 语句获取的结果集列信息也可以显示出来。

2．选项配置说明

添加 SQL 查询选项配置说明如表 4-5 所示。

表 4-5　添加 SQL 查询选项配置说明

选项名称	选项配置说明
名称	输入名称
当前数据库	选择当前数据库
SQL 语句	输入要执行的 SQL 语句，如果条件值需要以参数方式进行动态设置，则变量值需要使用问号进行代替
描述	输入描述信息
查询参数	填写参数类型和对应的默认值，可以自动获取参数信息
列信息	浏览当前 SQL 结果集的列信息

3．示例描述

某图书产品表（product）的结构如图 4-1 所示，要求查询出指定作者的图书信息，如作者名为“鲁迅”的图书信息。其步骤是：先新建 SQL 查询，进入“添加 SQL 查询”界面在“一般信息”属性设置区域输入 SQL 语句，如图 4-2 所示；然后选择“查询参数”选项，在“查询参数”属性设置区域单击“自动获取”按钮，会自动获取参数，可根据实际情况选择不同的数据类型，并在“值”列输入过滤条件值，如“鲁迅”，设查询参数如图 4-3 所示；最后选择“列信息”选项，单击“获取列信息”按钮，可以获取查询结果集的列信息，如图 4-4 所示。

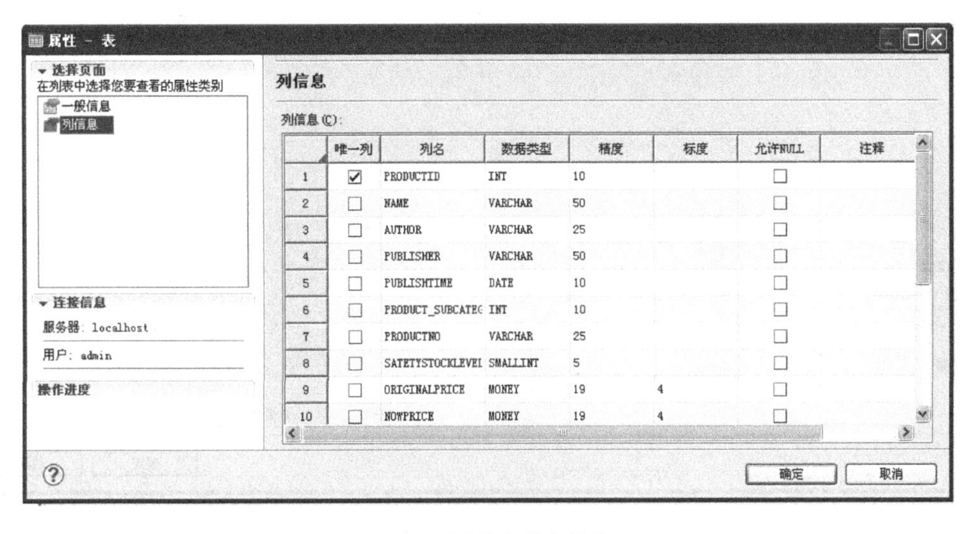

图 4-1　图书产品表结构

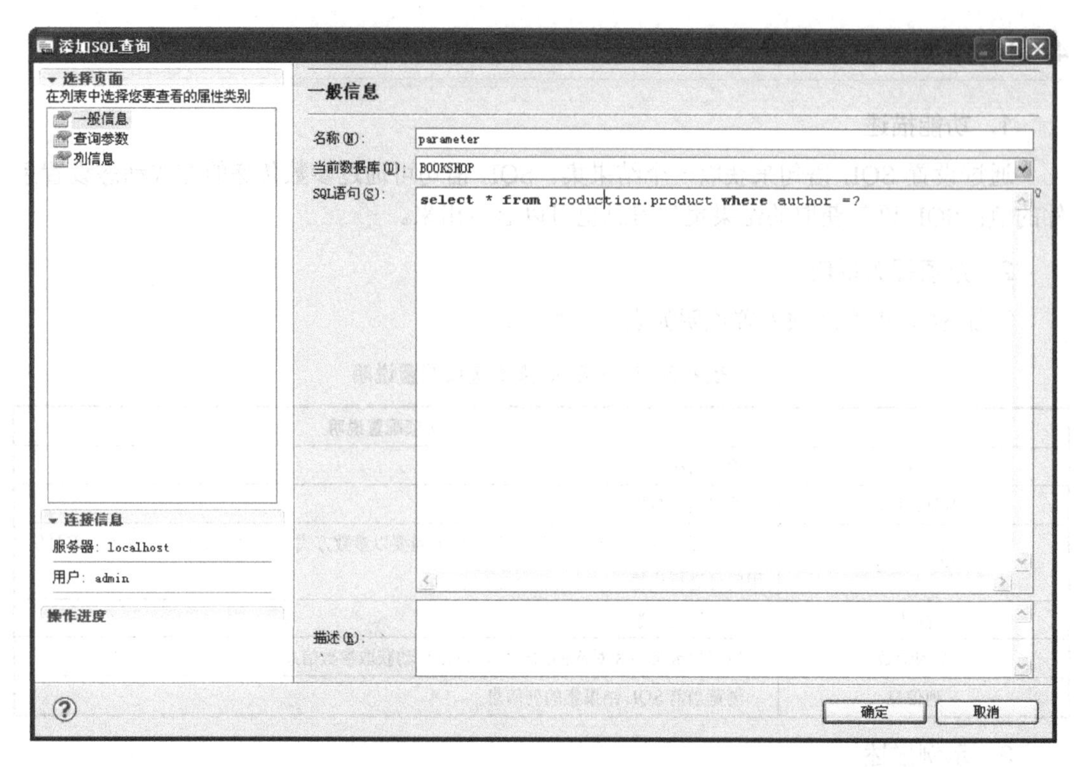

图 4-2 “添加 SQL 查询”界面

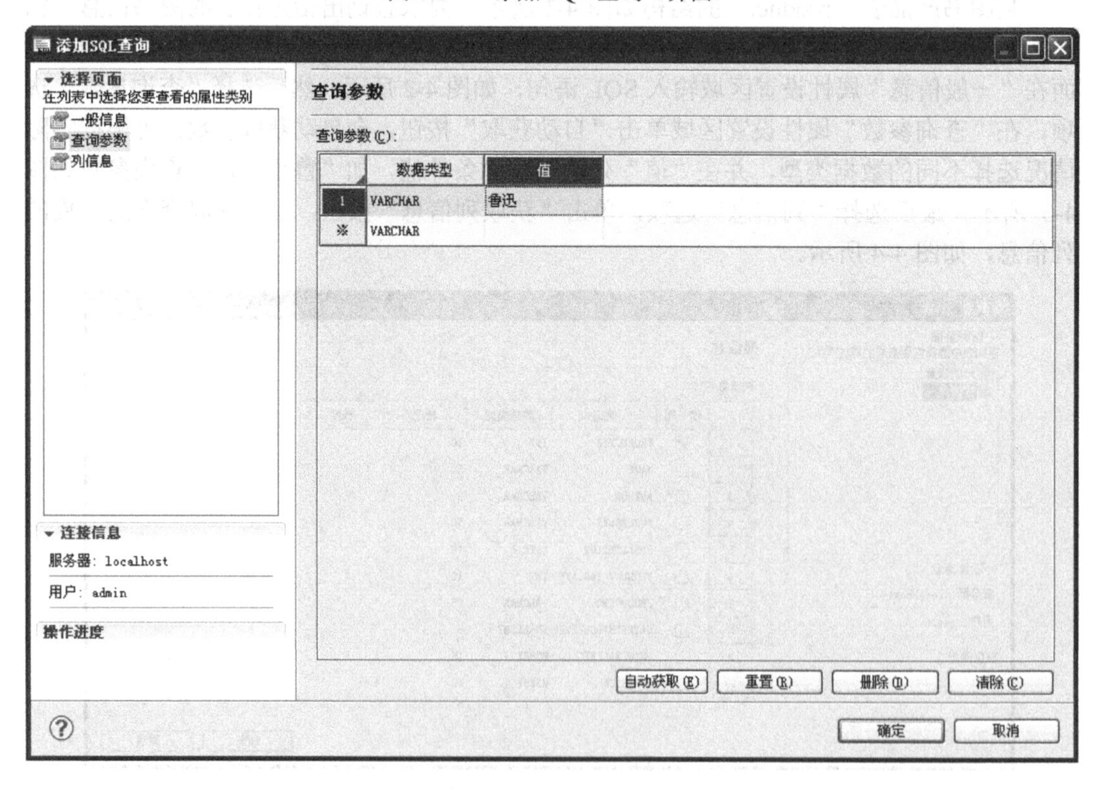

图 4-3 设置查询参数

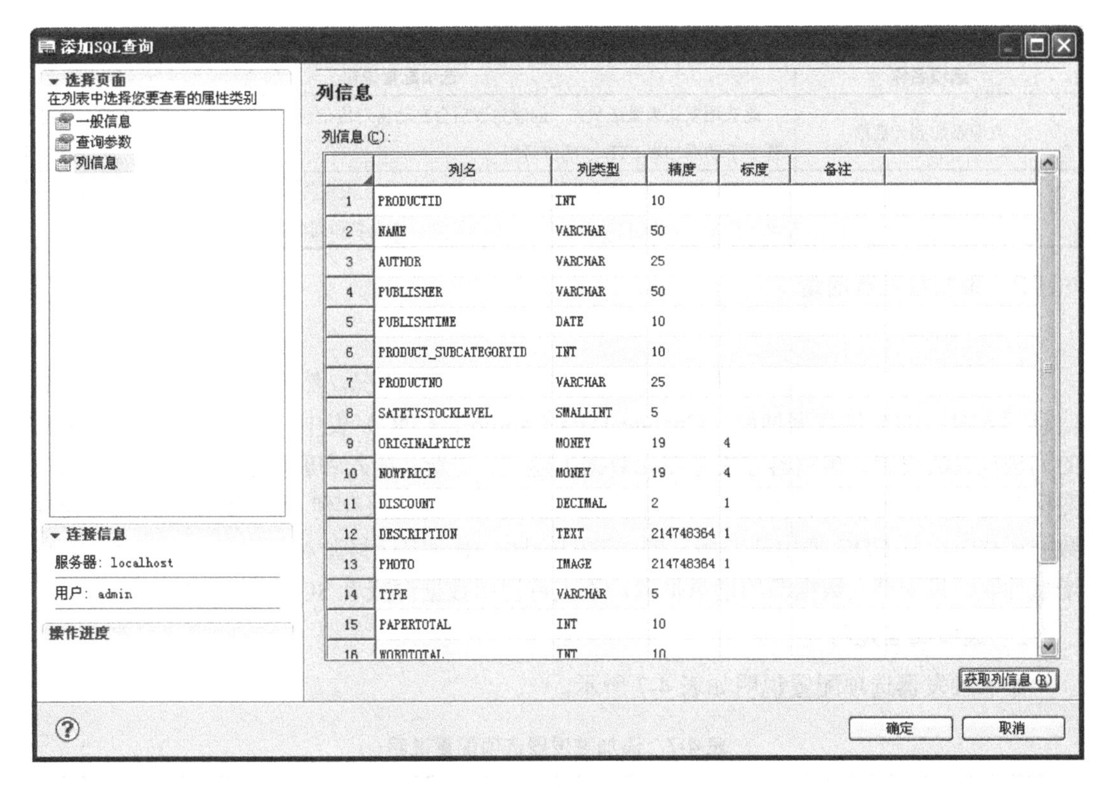

图 4-4　查询结果集的列信息

4.1.5　表

1. 建表

1）功能描述

选择数据源下某个数据库中的一张或多张表，通过快捷菜单可以创建以该表为模板、表结构相同的表，表名称可以修改。可以选择当前数据源或其他数据源，创建后可以立即将表信息加入 ETL 元数据库中。

如果有主键、外键、索引、约束等，那么创建后的表会保留原表的主键和索引，而外键和约束不会自动创建。

2）选项配置说明

建表选项配置说明如表 4-6 所示。

表 4-6　建表选项配置说明

选项名称	选项配置说明
数据源	选择表所在数据源
数据库	选择表所在的数据库
模式	选择表所在的模式
所有对象	显示创建表的状态信息，目的表名可以手动修改

（续表）

选项名称	选项配置说明
立即添加到元数据	此选项默认为激活状态，创建完表后会自动将对应信息添加到 ETL 元数据库中。否则需要手动添加表 ETL 才能访问到
保持对象名大小写	如果勾选该项，则创建表时表名和列名都会加上限定符（Oracle 是双引号，SQL Server 是中括号，MySQL 是单引号）；如果不选，则表名和列名都会变成大写，且不加限定符

2. 添加触发器增量

1）功能描述

通过在原表上建立触发器来实时跟踪表中数据的变化情况，然后将产生的数据和操作信息写入对应的增量数据抽取（Change Data Capture，CDC）表中。可以对具体需要跟踪的列进行灵活设置。触发器方式是在元数据上建立、更新、插入和删除触发器，当数据发生变化时通过触发器自动将变化后的数据及变化前的唯一列值保存到 CDC 表中。在进行增量数据迁移时，从 CDC 表中获取增、删、改的信息，来确定迁移源对象记录。对于触发器的增量抽取，只支持表数据源的增量抽取，不支持视图数据源或者 SQL 数据源的增量抽取。

2）选项配置说明

添加触发器选项配置说明如表 4-7 所示。

表 4-7　添加触发器选项配置说明

选项名称	选项配置说明
CDC 表数据库	选择 CDC 表所在数据库
CDC 表模式	选择 CDC 表所在模式
CDC 表	输入 CDC 表名，可自动生成，也可手动修改。此表用于记录主表的数据变化情况
CDC 表 ID 列	输入 CDC 表 ID，可自动生成，也可手动修改
CDC 表操作列	输入 CDC 表操作列，可自动生成，也可手动修改。此列用于记录对应的操作类型（增加、删除、更改）
触发器	输入在表上建立的触发器名称，可自动生成，也可根据实际需要进行修改。触发器内容由系统自动生成
双向复制	仅在源表和目的表之间需要双向同步的特殊情况下使用，如果不使用双向复制，则不勾选。双向同步即源表的任何更新可以同步到目的表，目的表的任何更新也可以同步到源表，不存在循环复制更新。源表到目的表存在一个转换，目的表到源表也存在一个转换；这两个转换的数据源节点的触发器均为增量更新，都需要设置双向复制。如果 ETL 使用双向同步，DMETL 中需要同步的对象所在数据源的数据库连接用户，必须是专用的，不能与任何其他的应用程序共用一个数据库连接用户。这样能保证 DMETL 对目的表进行的操作不会触发目的表对应的触发器，而外界应用程序对目的表的任何操作都会触发目的表上的触发器，从而达到双向同步的目的，同时避免了 DMETL 复制造成的循环更新。因此，若使用双向同步，必须创建一个 DMETL 专用数据库用户，且在源表的抽取方式中选择“双向复制”方式
列信息	显示 CDC 表的列信息，其中 CDC 列为需要跟踪的列。默认为跟踪所有列。除基本列信息外还有以下列： （1）检查列：被监测的列，列数据发生变化就触发增量； （2）UO：列修改前的数据，保存了除 BLOB 和 CLOB 列外的数据信息

3. 添加 MD5 增量

1）功能描述

单向散列算法也称信息–摘要算法（Message-Digest Algorithm 5，MD5），是将变化前后的数据进行 MD5 散列处理，然后比对 MD5 的散列值是否相同。如果相同，则表示该行数据没有变化；否则，数据发生了变化，就需将变化后的数据保存在 CDC 表的同步表中，因而会产生 CDC 表和 MD5 同步表。通过比较源表该记录的唯一列及其 MD5 列值与 MD5 同步表中的唯一列及其 MD5 列值，决定源表中该记录是否迁移。

如果源表中存在某条记录，而 MD5 同步表中不存在，说明源表上新增了某条记录，则将记录直接迁移到目的对象，并把该记录的 MD5 值及唯一列值插入 MD5 同步表中；如果源表和 MD5 同步表中某记录的唯一列都存在，但对应的 MD5 值不同，说明源表中该记录被修改，则同时更新 MD5 同步表和目的对象中的该记录；如果 MD5 同步表中存在某列，但源表中不存在，说明源表中该记录被删除，则需要将 MD5 同步表中的该记录和目的对象中的该记录同时删除。

2）选项配置说明

添加 MD5 增量选项配置说明如表 4-8 所示。

表 4-8　添加 MD5 增量选项配置说明

选项名称	选项配置说明
CDC 表数据库	选择 CDC 表所在数据库
CDC 表模式	选择 CDC 表所在模式
CDC 表	输入 CDC 表名，自动生成，也可以手动修改。此表用于记录主表的数据变化情况
CDC 表 ID 列	输入 CDC 表 ID，自动生成，也可以手动修改
CDC 表操作列	输入 CDC 表操作列，自动生成，也可以手动修改。此列用于记录对应的操作类型（增加、删除、更改）
MD5 表数据库	选择 MD5 表所在数据库
MD5 表模式	选择 MD5 表所在模式
MD5 表	输入 MD5 表名，自动生成，也可以手动修改。记录主表数据库行及对应 MD5 值
列信息	显示 CDC 表的列信息，其中 CDC 列为需要跟踪的变化列。默认跟踪所有列。除基本列信息外还有以下列： （1）检查列：被监测的列，列数据发生变化时就触发增量。 （2）UO：列修改前的数据，保存了除 BLOB 和 CLOB 列外的数据信息。 （3）定位：能够确定一条记录的列，一般为主键或者唯一约束

4. 添加影子表增量

1）功能描述

以当前表为模板创建一张同结构的影子表（Shadow 表）和一张 CDC 表。其中 CDC 表会在原表基础上增加 ID 和 OPT 列（操作类型列），通过和 Shadow 表进行对比可以获取主表变动情况。然后再将变化情况插入 CDC 表中。一般 Shadow 表用来跟踪数据量较小的表。

2）选项配置说明

添加影子表增量选项配置说明如表 4-9 所示。

表 4-9　添加影子表增量选项配置说明

选项名称	选项配置说明
CDC 表数据库	选择 CDC 表所在数据库
CDC 表模式	选择 CDC 表所在模式
CDC 表	输入 CDC 表名，可以自动生成，也可以手动修改。此表用于记录主表的数据变化情况
CDC 表 ID 列	输入 CDC 表 ID，可以自动生成，也可以手动修改
CDC 表操作列	输入 CDC 表操作列，可以自动生成，也可以手动修改。此列用于记录对应的操作类型（增加、删除、更改）
Shadow 表数据库	选择 Shadow 表所在数据库
Shadow 表模式	选择 Shadow 表所在模式
Shadow 表	输入 Shadow 表名，可以自动生成，也可以手动修改。此表结构与主表结构一致，存储主表中某一时间的全部数据。用于对比后续主表数据的变化情况
列信息	显示 CDC 表的列信息，其中 CDC 列为需要跟踪的变化列。默认为跟踪所有列。除基本列信息外还有以下列： （1）检查列：被监测的列，列信息发生变化就触发增量 （2）UO：列修改前的数据，保存了除 BLOB 和 CLOB 列外的数据信息 （3）定位：能够确定一条记录的列，一般为主键或者唯一约束

5. 添加时间戳增量

1）功能描述

时间戳（Timestamp）增量抽取方式，是通过一条记录修改或生成的时间戳值来决定是否迁移数据的。当修改源表某条记录后，该条记录的时间戳必然变大；源表中增加一条记录时，会生成一个时间戳与之对应。时间戳增量抽取方式是在后台创建一个时间戳同步表，在每次进行增量抽取时，会把源表记录的唯一列和时间戳与时间戳表中的唯一列和时间戳进行比较，来判断是否记录到 CDC 表中。

对于时间戳的增量抽取，可参考 MD5 增量抽取方式。不同之处在于时间戳抽取需要选择时间戳列，因而对于时间戳的增量抽取，存在某些特殊的处理方式，并且待迁移的源对象中必须存在一个时间戳字段。对于部分数据库，如 SQL Server、Sybase，它们的时间戳字段是二进制的，且这种字段是自动设置的，当增加或修改一条记录，该记录的时间戳字段会自动设置或更新，不用外界干预进行增加记录或修改设置。对于其他不支持自动设置时间戳的数据库，若采用时间戳增量抽取方式，则需要在记录被增加或修改的时候，由外界来修改记录的时间戳字段，将其设置为最新的时间戳。总而言之，如果采取时间戳的增量抽取方式，则必须在源对象的记录里面存在一个可以记录最新时间戳状态的字段。时间戳增量抽取方式的其他设置选项，与 MD5 增量抽取方式基本一致。

2）选项配置说明

添加时间戳增量选项配置说明如表 4-10 所示。

表 4-10 添加时间戳增量选项配置说明

选项名称	选项配置说明
CDC 表数据库	选择 CDC 表所在数据库
CDC 表模式	选择 CDC 表所在模式
CDC 表	输入 CDC 表名，可自动生成，也可以手动修改。此表用于记录主表的数据变化情况
CDC 表 ID 列	输入 CDC 表 ID，可自动生成，也可以手动修改
CDC 表操作列	输入 CDC 表操作列，可自动生成，也可以手动修改。此列用于记录对应的操作类型（增加、删除、修改）
Timestamp 表数据库	选择 Timestamp 表所在数据库
Timestamp 表模式	选择 Timestamp 表所在模式
Timestamp 表	输入 Timestamp 表名，自动生成，也可以手动修改。记录主表数据库行及对应 Timestamp 的值
Timestamp 列	时间戳表中存放记录时间戳值的列。尽可能使用数据库已经支持的时间戳类型，也支持整型、时间、日期等数据类型，不支持字符串列作为时间戳列
列信息	显示 CDC 表的列信息，其中 CDC 列为设置所需跟踪的变化列。默认为跟踪所有列。除基本列信息外还有以下列： （1）UO：列修改前的数据，保存了除 BLOB 和 CLOB 列外的数据信息。 （2）定位：能够确定一条记录的列，一般为主键、唯一约束或者时间戳

6. 添加 Oracle CDC 增量

1）功能描述

Oracle CDC 增量抽取方式，是通过 Oracle 内建的“变化数据捕获”（增量数据抽取，Changed Data Catpure，CDC）功能，获得 Oracle 数据库中某张表上的变化数据，从而实现增量数据的抽取。

Oracle CDC 功能提供了两种抽取方式：同步方式和异步 HotLog 方式（简称 HotLog 方式）。使用同步方式，需要首先创建同步变化集，然后在基表上添加 Oracle CDC 增量，选择 Sync 变化源。使用 HotLog 方式，则需要首先创建 HotLog 变化集，然后在基表上添加 Oracle CDC 增量时选择 HotLog 变化源。

Oracle CDC 增量抽取方式的增量数据是由 Oracle DBMS 自动抽取到 CDC 表中的。使用同步方式时，增量数据是实时抽取的；使用 HotLog 方式时，增量数据的抽取则有一定的延迟。另外在创建 HotLog 变化集时，会尝试对数据源用户存储过程进行授权：DBMS_STREAMS_AUTH.GRANT_ADMIN_PRIVILEGE。查看执行日志判断授权是否成功，若授权失败，则需手动重新对该存储过程进行授权。

2）创建变化集选项配置说明

在 Oracle 数据源上创建变化集时可以选择进行下列相关操作，选项配置说明如表 4-11 所示。

表 4-11　创建变化集选项配置说明

选项名称	选项配置说明
创建 Oracle CDC 变化集/创建 Sync 变化集	创建同步变化集
创建 Oracle CDC 变化集/创建 HotLog 变化集	创建异步 HotLog 变化集
删除 Oracle CDC 变化集/删除 Sync 变化集	删除同步变化集
删除 Oracle CDC 变化集/删除 HotLog 变化集	删除异步 HotLog 变化集
使用权限正确的用户连接/用户名	执行变化集操作时使用的临时连接用户名
使用权限正确的用户连接/用户口令	执行变化集操作时使用的临时连接用户口令

3）选项配置说明

添加 Oracle CDC 增量只能对一张表进行相关操作，选择 Oracle 数据源下的某张表，右击表名可以在弹出的快捷菜单上选择“添加 Oracle CDC 增量”选项，进入相应界面进行设置，相应选项配置说明如表 4-12 所示。

表 4-12　添加 Oracle CDC 增量选项配置说明

选项名称	选项配置说明
变化源	选择相应的变化源，SYNC_SOURCE 变化源代表同步方式，HOTLOG_SOURCE 变化源代表 HotLog 异步方式
CDC 表模式	选择 CDC 表所在模式
CDC 表	输入 CDC 表名，自动生成，也可以手动修改。此表用于记录主表的数据变化情况
列信息	显示 CDC 表的列信息

7. 添加 DMHS 增量

1）功能描述

通过 DM 异构同步（DMHS）来实现对表的变化数据的捕获，捕获的变化数据写入对应的 CDC 表中。DM 异构同步会通过触发器自动将变化后的数据及变化前的值保存到配置的 CDC 表中。在进行增量数据迁移时，从 CDC 表中获取增、删、改的信息，来确定迁移源对象记录。DMHS 的增量抽取，只支持表数据源的增量抽取，不支持视图数据源或 SQL 数据源的增量抽取。

对于 DMHS 增量抽取，在 DMELT 中只需要在数据源上创建 DMHS 增量，并且初始化 CDC 表即可，其余的操作都是通过 DMHS 完成的。值得注意的是，DMETL 上创建的 CDC 表和数据源不在同一个服务器上，CDC 表所在的数据库要选择的是 DMHS 接收端所配置的目的库，即在源表上进行增量数据抽取时所选 CDC 表的数据源是 DMHS 的目的表。

2）选项配置说明

添加 DMHS 增量选项配置说明如表 4-13 所示。

表 4-13　添加 DMHS 增量选项配置说明

选项名称	选项配置说明
CDC 表数据库	选择 CDC 表所在数据库数据源。DMHS CDC 表可以与其基表不在一个数据源中
CDC 表数据库	选择 CDC 表所在数据库

（续表）

选项名称	选项配置说明
CDC 表模式	选择 CDC 表所在模式
CDC 表	输入 CDC 表名，可以自动生成，也可以手动修改。此表用于记录主表的数据变化情况
CDC 表 ID 列	输入 CDC 表 ID，可以自动生成，也可以手动修改
CDC 表 OPT 列	输入 CDC 表操作列，可以自动生成，也可以手动修改。此列用于记录对应的操作类型（增加、删除、修改）
列信息	显示 CDC 表的列信息

4.2　文本文件

4.2.1　文本文件描述

DMETL 具有访问文本文件数据的功能，可以将固定格式的文本文件以表的形式进行解析并提供给 DMETL 引擎进行处理。DMETL 提供字符集、行分隔符、列分隔符及文本限定符等多种设置选项，方便对文本文件进行拆分，同时还提供对文件编码字符集和行分隔符的检测功能。

4.2.2　文本文件选项配置说明

文本文件一般信息选项配置说明如表 4-14 所示。

表 4-14　文本文件一般信息选项配置说明

选项名称	选项配置说明
文件路径	选择指定的文本文件路径
压缩类型	选择文本文件的压缩类型，有 zip、tar、tar.gz、gz、snappy 及自动等
字符集	选择文本字符集，也可以单击“编码检测”按钮进行检测
行分隔符	设置行分隔符选项
检测行分隔符	检测文件行分隔符
列分隔符	设置列分隔符，提供逗号、分号等多种选项，也可以自定义
文本限定符	用来限定文本为整体字段，下文有详细描述
名称	输入数据源名称
描述	输入数据源描述
第一行为列名	当选择此选项时，会将第一行解析为列名，数据从第二行开始解析
预览	浏览所选文件内容
列信息	浏览解析出来的列信息

4.2.3　文本文件详细说明

列信息中获取到的精度为默认精度，这是可以修改的。修改精度、标度不会改变文本文件数据源的内容，所有的转换、作业均使用文本文件中的实际内容。精度、标度只有在创建表的时候才会被使用。如果需要修改文本文件内容的长度，可以使用转换中的规则。

文件格式说明：

（1）当字段中包含列分隔符时，该字段必须用文本限定符括起来；

（2）当字段中包含换行符时，该字段必须用文本限定符括起来；

（3）当字段前后包含有空格时，该字段必须用文本限定符括起来；

（4）字段中的文本限定符用两个双引号表示；

（5）如果字段中有文本限定符，则该字段必须用双引号括起来。

4.3 CSV 文件

4.3.1 CSV 文件描述

DMETL 具有访问 CSV 文件数据的功能，可以将固定格式的 CSV 文件以表的形式进行解析，然后提供给 DMETL 引擎进行处理。DMETL 提供字符集等配置选项，并且提供文件编码的字符集检测功能。

4.3.2 CSV 文件选项配置说明

CSV 文件一般信息选项配置说明如表 4-15 所示。

表 4-15 CSV 文件一般信息选项配置说明

选项名称	选项配置说明
文件路径	选择指定的 CSV 文件
压缩类型	选择 CSV 文件的压缩类型，有 zip、tar、tar.gz、gz、snappy 及自动等
字符集	选择 CSV 字符集，也可以单击“编码检测”按钮进行检测
第一行为列名	当选择此选项时，会将第一行解析为列名，从第二行开始解析数据
名称	输入数据源名称
描述	输入数据源描述
列信息	浏览解析出的列信息

4.4 Excel 文件

4.4.1 Excel 文件描述

DMETL 具有访问 Excel 文件数据的功能，可以解析固定格式或者任意格式的 Excel 文件。固定格式 Excel 文件是指简单 Excel 表格，其与关系型数据库中的表相似，且列信息可从文件中获取。解析任意格式 Excel 文件时，列信息须由用户指定，此时系统将 Excel 文件的每一行数据依次读出，并填充到用户定义的列中，若填充数据超出用户定义的列，则超出部分会被丢弃；若填充数据少于用户定义的列，则空出部分赋 null 值。

4.4.2　Excel 文件选项配置说明

Excel 文件一般信息选项配置说明如表 4-16 所示。

表 4-16　Excel 文件一般信息选项配置说明

选项名称	选项配置说明
文件路径	指定 Excel 文件路径，一般用于获取列信息、浏览数据，可以为空
Sheet 页序号	逗号分隔的数字，表示需要处理的 Sheet 页序号，如 1,2,6-10 等
第一非空行为列名	当选择此选项时，会将第一非空行解析为列名，数据从第二行开始解析
跳过空行	用于选择是否输出 Excel 文件中的空行
跳过起始空列	用于选择是否输出 Excel 文件中实际数据之前的空列
名称	输入数据源名称
描述	输入数据源描述
列信息	定义列信息，支持从数据源或者从示例 Excel 文件中加载列信息，用户也可以手动编辑列信息
全部使用字符串类型	当选择此选项，从 Excel 文件或者数据源中加载列信息时，数据类型都自动变为字符串类型
根据格式设置列类型	当选择此选项，从 Excel 文件或者数据源中加载列信息时，数据类型与 Excel 中的类型自动匹配
从数据源加载	当选择此选项时，数据类型会变为数据源中数据表的列类型

4.5　XML 文件

4.5.1　XML 文件描述

XML 文件组件可以将一个指定的 XML 文件作为 DMETL 流程里面的数据源使用，此 XML 数据源可以作为 XML 数据读取组件的数据集使用。

4.5.2　XML 文件选项配置说明

XML 文件一般信息选项配置说明如表 4-17 所示。

表 4-17　XML 文件一般信息选项配置说明

选项名称	选项配置说明
文件路径	XML 文件的绝对路径
客户端认证	勾选此复选框时，需要选择相应的 pfx 或 p12 文件，并输入证书密码
证书密码	选择客户端认证，需要输入相关的证书密码，可单击测试链接来验证证书文件和密码的正确性
字符集	选择 XML 文件的编码格式，可以单击“检测编码”按钮自动获取对应的编码格式
行位置	行数据输出的位置。行位置按照/bookstore/book 格式（参考示例）进行设置，否则在执行转换的时候会报错

（续表）

选项名称	选项配置说明
名称	此数据源的名称，由用户自定义
描述	此数据源的描述，由用户自定义
列信息	列的名称和类型，从 XML 文件中获取

4.5.3 XML 文件示例描述

某源文件 test.XML 的文件内容如图 4-5 所示。

```
<?xml version="1.0" encoding="ISO-8859-1"?>
<!-- Edited with XML Spy v2007 (http://www.altova.com) -->
<bookstore>
<book category="COOKING">
  <title lang="en">Everyday Italian</title>
  <author>Giada De Laurentiis</author>
  <year>2005</year>
  <price>30.00</price>
</book>
<book category="CHILDREN">
  <title lang="en">Harry Potter</title>
  <author>J K. Rowling</author>
  <year>2005</year>
  <price>29.99</price>
</book>
<book category="WEB">
  <title lang="en">Learning XML</title>
  <author>Erik T. Ray</author>
  <year>2003</year>
  <price>39.95</price>
</book>
</bookstore>
```

图 4-5　test.XML 文件内容

在“添加 XML 文件”界面的“一般信息”设置区域中，配置相关内容（不勾选“客户端认证”复选框），如图 4-6 所示。

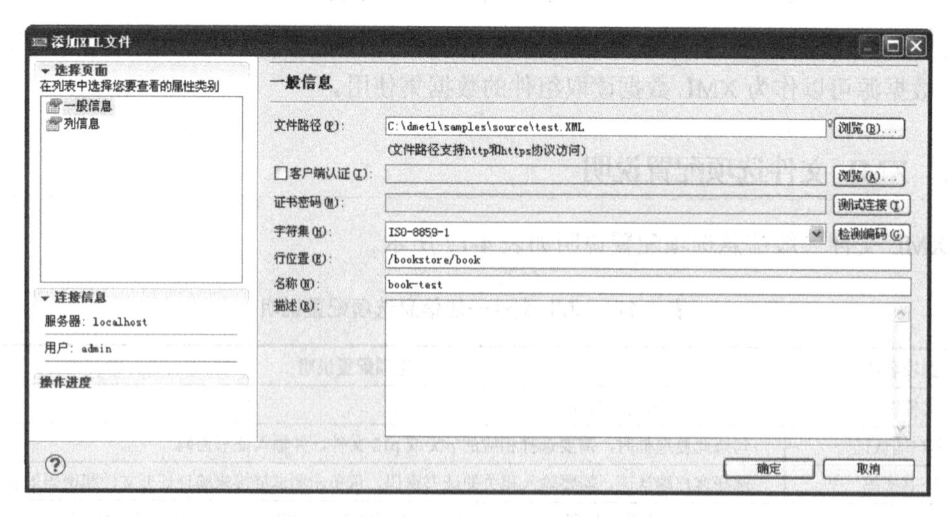

图 4-6　在“添加 XML 文件”界面设置一般信息

行位置根据 XML 文件格式填写，如“/bookstore/book”。进入“列信息”设置区域，单击“刷新列信息”按钮即可得到详细列信息，其中“精度”值是可修改的，如图 4-7 所示。

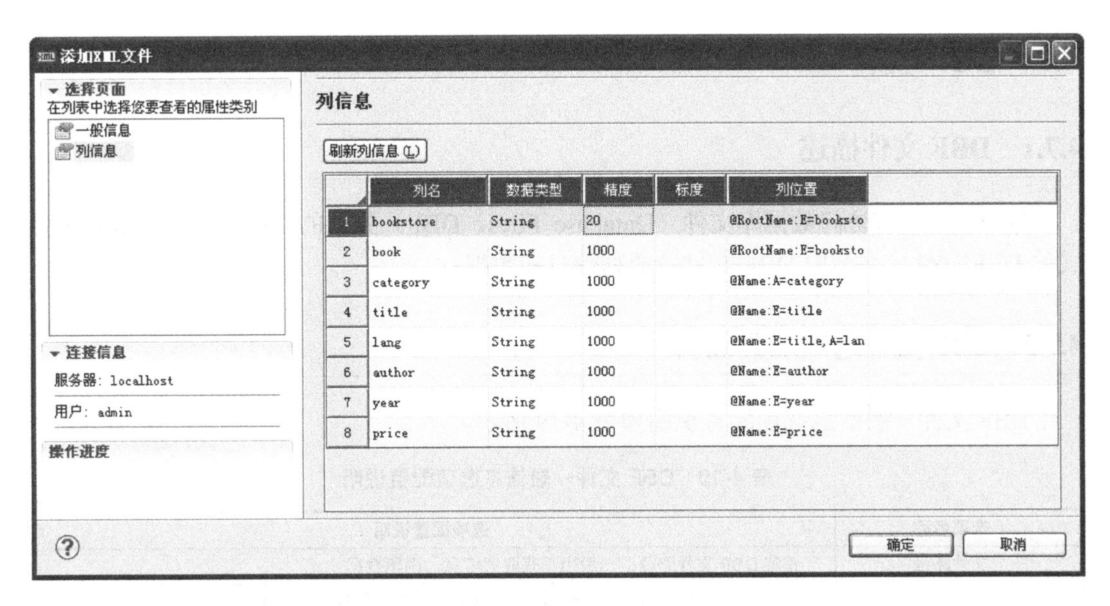

图 4-7　在“添加 XML 文件”界面设置列信息

4.6　数据集文件

4.6.1　数据集文件描述

数据集文件又称 DDS 文件，是 DMETL Data Set 的缩写。DDS 是 DMETL V4.0 独有的文件格式，支持数据压缩。DDS 文件能够保存转换过程中得到的完整列信息和消息记录信息。

4.6.2　数据集文件选项配置说明

数据集文件的一般信息选项配置说明如表 4-18 所示。

表 4-18　数据集文件的一般信息选项配置说明

选项名称	选项配置说明
文件路径	DDS 文件的绝对路径
压缩文件	数据集文件文件头的一个标识，表明文件内容是否被压缩，但不论是否被压缩，都属于 DDS 文件
字符集	数据集文件头的一个标识，表明文件内容中字符串所使用的字符集
数据条数	数据集文件内容中含有的数据记录的条数
名称	此数据源的名称，由用户自定义
描述	此数据源的描述，由用户自定义
列信息	列的名称和类型，从 DDS 文件中获取

4.7 DBF 文件

4.7.1 DBF 文件描述

DMETL 具有访问数据库文件（Database Files，DBF）数据的功能，可以解析固定格式的 DBF 文件，并读取 DBF 文件中的列信息和数据。

4.7.2 DBF 文件选项配置说明

DBF 文件一般信息选项配置说明如表 4-19 所示。

表 4-19 DBF 文件一般信息选项配置说明

选项名称	选项配置说明
文件路径	指定 DBF 文件路径，一般用于获取列信息，浏览数据
字符集	文件内部编码使用的字符集，用户根据具体文件具体选择。如果配置错误，则读取的数据可能为乱码
DBF 数据集	输入数据源的名称，可由用户自行定义
描述	用于对 DBF 数据源进行描述，可由用户自行定义
列信息	定义列信息，支持从数据源或者从示例 DBF 文件中加载列信息，用户也可以手动编辑列信息

4.8 JSON 文件

4.8.1 JSON 文件描述

DMETL 具有访问 JSON 文件数据的功能，可以解析 JSON 文件，并读取 JSON 文件中的列信息和数据。

4.8.2 JSON 文件选项配置说明

JSON 文件一般信息选项配置说明如表 4-20 所示。

表 4-20 JSON 文件一般信息选项配置说明

选项名称	选项配置说明
文件路径	指定 JSON 文件路径，一般用于获取列信息，浏览数据
字符集	文件内部编码使用的字符集，用户根据具体文件具体选择，如果错误则读取的数据可能为乱码
检测编码	使用 DMETL 自动检测编码，检测结果可能与实际编码格式不一致
名称	给所创建的数据源命名
描述	对所建的数据源进行描述
列信息	定义列信息，支持从 JSON 文件中加载列信息，用户也可以手动编辑列信息
列路径	JSON 文件中某个 Key 出现的位置。$表示根节点，[ ]表示文档中的列表；[ ]中的整数表示列表中的索引；[ ]中的*表示将这个列表扩展成一个数组。由于一个文档只能进行一次扩展，因此*只能出现在文档中的一个列表中

4.8.3　JSON 文件示例描述

JSON 源文件如下：

```
{
"curriculum":"Mathematics",
"teacher":{"firstName":"Isaac","lastName":"Asimov"},
"students":[
    {"firstName":"Brett","lastName":"Mclaughlin","email":"Brett@gmail.com"},
    {"firstName":"Jason","lastName":"Hunter","email":"Jason@hotmail.com"},
    {"firstName":"Elliotte","lastName":"Harold","email":"Eliotte@yahoo.com"}
]
}
```

添加 JSON 文件时的一般信息设置如图 4-8 所示。

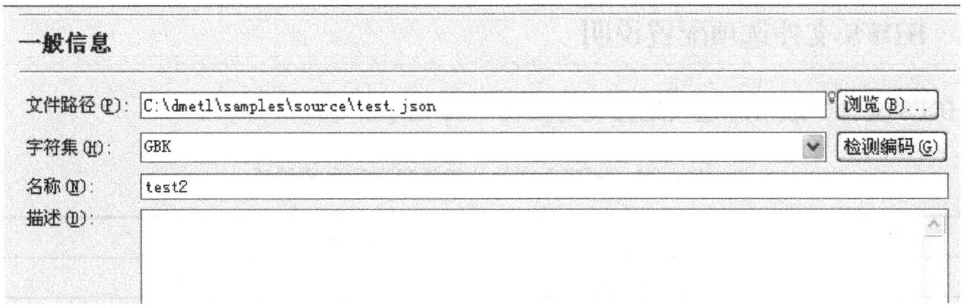

一般信息

文件路径(P)：C:\dmetl\samples\source\test.json　浏览(B)...

字符集(H)：GBK　检测编码(G)

名称(N)：test2

描述(D)：

图 4-8　添加 JSON 文件时的一般信息设置

在“列信息”设置区域，单击“获取列信息”按钮得到全部列信息，为避免列名重复，将第一组列名 firstName 和 lastName 手动改为 teacher_firstName 和 teacher_lastName，如图 4-9 所示。

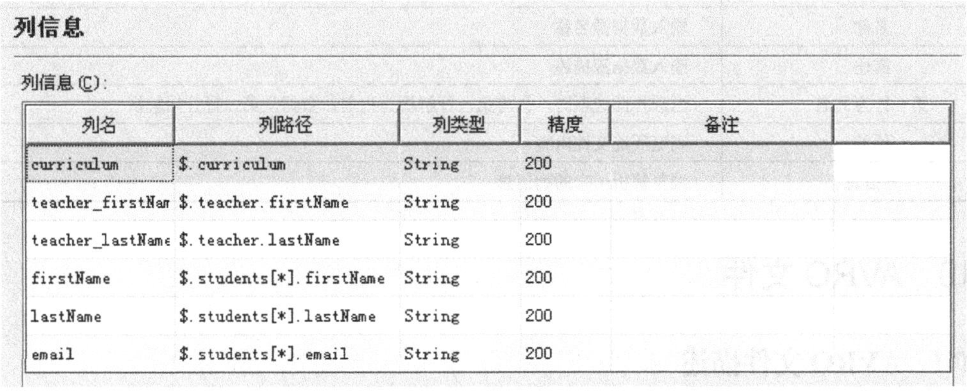

列信息

列信息(C)：

列名	列路径	列类型	精度	备注
curriculum	$.curriculum	String	200	
teacher_firstNam	$.teacher.firstName	String	200	
teacher_lastName	$.teacher.lastName	String	200	
firstName	$.students[*].firstName	String	200	
lastName	$.students[*].lastName	String	200	
email	$.students[*].email	String	200	

图 4-9　添加 JSON 文件时的列信息设置

一般信息和列信息设置完成后，便可以浏览该数据集了，如图 4-10 所示。

	curriculum	teacher_firs	teacher_last	firstName	lastName	email
1	Mathematics	Isaac	Asimov	Brett	Mclaughlin	Brett@gmail.
2	Mathematics	Isaac	Asimov	Jason	Hunter	Jason@hotmai
3	Mathematics	Isaac	Asimov	Elliotte	Harold	Eliotte@yaho

图 4-10　浏览数据集

4.9　HDFS 文件

4.9.1　HDFS 文件描述

DMETL 具有访问分布式文件系统（HDFS）文件数据的功能，可以解析固定格式的 HDFS 文件，以及读取 HDFS 文件中的列信息和数据。

4.9.2　HDFS 文件选项配置说明

HDFS 文件一般信息选项配置说明如表 4-21 所示。

表 4-21　HDFS 文件一般信息选项配置说明

选项名称	选项配置说明
文件路径	指定 HDFS 文件路径，一般用于获取列信息、浏览数据
压缩类型	选择 HDFS 文件的压缩类型，有 zip、tar、tar.gz、gz、snappy 等
字符集	选择文本字符集，也可以单击“编码检测”按钮进行检测
行分隔符	设置行分隔符，提供逗号、分号等多种选项，也可自定义
检测行分隔符	检测文件行分隔符
列分隔符	设置列分隔符，提供逗号、分号等多种选项，也可自定义
文本限定符	用来限定文本为整体字段
名称	输入数据源名称
描述	输入数据源描述
第一行为列名	当选择此选项时，会将第一行解析为列名；数据从第二行开始解析
预览	浏览所选文件内容
列信息	浏览解析出来的列信息

4.10　AVRO 文件

4.10.1　AVRO 文件描述

DMETL 具有访问数据序列化系统（AVRO）文件数据的功能，可以解析固定格式 AVRO 文件，以及读取 AVRO 文件中的列信息和数据。

4.10.2 AVRO 文件选项配置说明

AVRO 文件一般信息选项配置说明如表 4-22 所示。

表 4-22 AVRO 文件一般信息选项配置说明

选项名称	选项配置说明
数据文件路径	指定 AVRO 数据文件路径，一般用于获取列信息、浏览数据
模式文件路径	指定 AVRO 模式文件路径，一般用于获取数据的模式信息
AVRO 文件格式	选择文件格式，可选文件头附带格式信息、JSON 编码、Binary 编码三者之一
名称	给所创建的数据源命名
描述	对所建的数据源进行描述
列信息	浏览解析出来的列信息

4.11 JMS 文件

4.11.1 JMS 文件描述

Java 消息服务（Java Message Service，JMS）数据源定义了连接 JMS 服务器的信息。

4.11.2 JMS 文件选项配置说明

JMS 文件一般信息选项配置说明如表 4-23 所示。

表 4-23 JMS 文件一般信息选项配置说明

选项名称	选项配置说明
JNDI 配置文件路径	使用 Java 命名与目录接口（Java Naming and Directory Interface，JDNI）来配置 JMS 服务器，此处填入该服务器对应的 JNDI 配置文件的路径
连接工厂名	输入 JMS 服务器连接工厂名。例如，OpenJMS 的默认连接工厂名是 ConnectionFactory
用户名	输入连接用户名
密码	输入连接密码
名称	输入数据源名称
描述	输入数据源描述

4.11.3 JMS 文件示例描述

添加 JMS 文件时的一般信息设置如图 4-11 所示。

一般信息

JNDI配置文件路径(P): C:\dmetl\samples\source\JMS的ini文件\jndi.properties 浏览(B)...

连接工厂名(F): ConnectionFactory

用户名(U):

密码(S):

名称(N): JMS发布_SOURCE

描述(R):

测试连接(T)...

图 4-11　添加 JMS 文件时的一般信息设置

jndi.properties 文件如下：

```
# JNDI configuration file used by the JMS examples
# java.naming.provider.url
#     Environment property for specifying configuration information for the
#     name service provider to use. The value of the property should contain
#     a URL string.
#     See Context.PROVIDER_URL
#
java.naming.provider.url=tcp://localhost:3035
# java.naming.factory.initial
#     Environment property for specifying the initial context factory to use.
#     The value of the property should be the fully qualified class name
#     of the factory class that will create an initial context.
#     See Context.INITIAL_CONTEXT_FACTORY
#
java.naming.factory.initial=org.exolab.jms.jndi.InitialContextFactory
#
# java.naming.security.principal
#
#     Environment property for specifying the identity of the principal for
#     authenticating the caller to the name service.
#
#     See Context.SECURITY_PRINCIPAL
#
java.naming.security.principal=admin
# java.naming.security.credentials
#     Environment property for specifying the credentials of the principal for
#     authenticating the caller to the service.
#     See Context.SECURITY_CREDENTIALS
java.naming.security.credentials=openjms
```

4.12　WebSphere MQ

4.12.1　WebSphere MQ 描述

WebSphere MQ 数据源定义了连接 WebSphere MQ 服务器的信息。

4.12.2　WebSphere MQ 选项配置说明

WebSphere MQ 文件一般信息选项配置说明如表 4-24 所示。

表 4-24　WebSphere MQ 文件一般信息选项配置说明

选项名称	选项配置说明
WMQ 服务器 IP 地址	设置 WebSphere MQ 数据源服务器的 IP 地址
WMQ 侦听器端口	设置 WebSphere MQ 数据源侦听器端口
队列管理器名	设置 WebSphere MQ 数据源队列管理器名
服务器连接通道名	设置 WebSphere MQ 数据源服务器连接通道名
编码字符集标识	输入数据源编码字符集
用户 ID	设置 WebSphere MQ 数据源用户 ID
密码	设置 WebSphere MQ 数据源密码
名称	给所创建的数据源命名
描述	对所建的数据源进行描述

4.13　Kafka

4.13.1　Kafka 描述

Kafka 数据源定义了连接 Kafka 服务器的信息。

4.13.2　Kafka 选项配置说明

Kafka 文件一般信息选项配置说明如表 4-25 所示。

表 4-25　Kafka 文件一般信息选项配置说明

选项名称	选项配置说明
服务器	设置 Kafka 数据源服务器
用户名	设置 Kafka 数据源用户名
密码	设置 Kafka 数据源密码
名称	给所创建的数据源命名
描述	对所建的数据源进行描述

4.14 WebService

4.14.1 WebService 描述

将 WebService 站点作为 DMETL 的数据源使用。

4.14.2 WebService 选项配置说明

WebService 文件一般信息选项配置说明如表 4-26 所示。

表 4-26 WebService 文件一般信息选项配置说明

选项名称	选项配置说明
数据源名称	设置此数据源的名称，由用户自定义
URL 地址	设置此 WebService 站点的 URL 地址
http 登录名	输入登录的用户名
http 登录密码	输入登录的密码
数据源描述	输入对此数据源的说明，由用户自定义

4.15 LDAP

4.15.1 LDAP 描述

轻型目录访问协议（LDAP）数据源定义了连接 LDAP 服务器的信息。

4.15.2 LDAP 选项配置说明

LDAP 文件一般信息选项配置说明如表 4-27 所示。

表 4-27 LDAP 文件一般信息选项配置说明

选项名称	选项配置说明
LDAP 地址	指定要访问的 LDAP 服务器的地址
安全	可以选择 None、SIMPLE 和 SSL 三种方式。通常使用的是 SIMPLE 连接方式。若要对用户密码进行操作，则需选择 None 或 SSL 连接方式
登录名	按 DN 规范书写，假设域名为 major.com，以 Administrator 用户登录，则登录名为 cn=Administrator, cn=users, dc=major, dc=com
登录密码	设置用户登录密码
端口	None 和 SSL 方式的默认端口为 636，SIMPLE 方式的默认端口为 389
数据源名称	为所创建的数据源命名
数据源描述	对所建的数据源进行描述

4.15.3　LDAP 示例描述

新建 LDAP 数据源时的一般信息设置如图 4-12 所示。

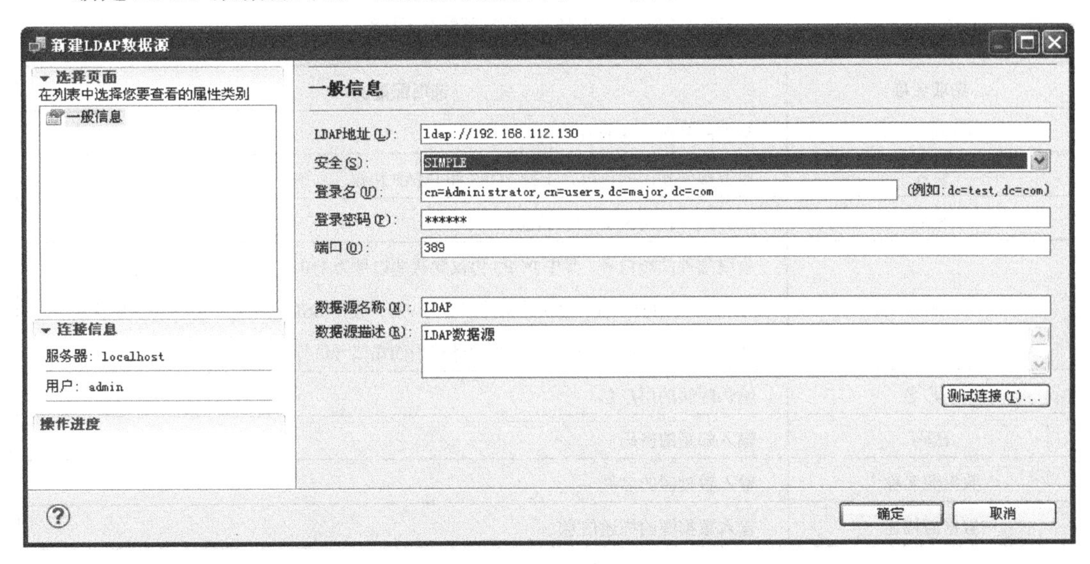

图 4-12　新建 LDAP 数据源时的一般信息设置

4.15.4　添加 LDAP DN 数据集

1．功能描述

从 LDAP 数据源中根据所添加的 DN 名称来加载 LDAP 数据源中的数据。

2．选项配置说明

添加 LDAP DN 数据集一般信息选项配置说明如表 4-28 所示。

表 4-28　LDAP DN 数据集选项配置说明

选项名称	选项配置说明
数据集名称	所添加 DN 数据集的名称
DN 名称	LDAP 数据源中的 DN 名称
列信息	通过 DN 名称获取 LDAP 数据源中的列信息

4.16　Mail 数据源

4.16.1　Mail 数据源描述

Mail 数据源定义了连接 Mail 服务器的信息。

4.16.2 Mail 数据源选项配置说明

Mail 数据源选项配置说明如表 4-29 所示。

表 4-29 Mail 数据源选项配置说明

选项名称	选项配置说明
邮件服务器	设置邮件服务器的 IP 地址
协议	收取邮件使用的协议，支持 POP3 和 IMAP 协议
SSL	选择是否使用 SSL 协议传输邮件
端口	收取邮件的端口号，其中 POP3 协议默认端口号为 110；IMAP 协议默认端口号为 143；使用 SSL 传输的 POP3 协议默认端口号为 995；使用 SSL 传输的 IMAP 协议默认端口号为 993，具体数值应根据收取邮件服务使用的端口号进行填写
用户名	输入邮箱的用户名
密码	输入邮箱的密码
数据源名称	输入数据源的名称
数据源描述	输入数据源的描述信息

4.16.3 Mail 数据源示例描述

新建 Mail 数据源时的一般信息设置如图 4-13 所示。

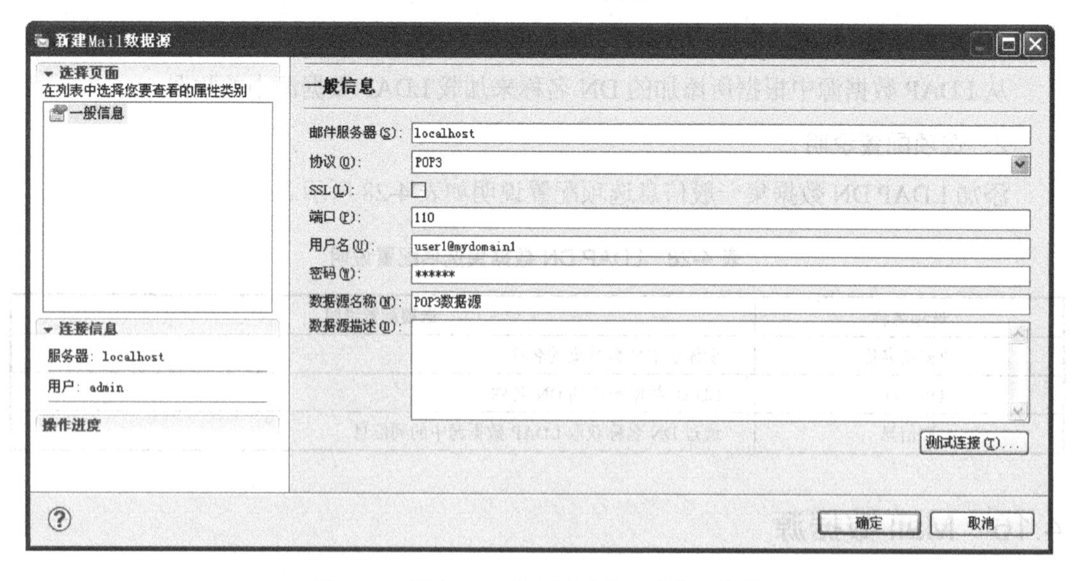

图 4-13 新建 Mail 数据源时的一般信息设置

4.16.4　添加 Mail 数据集

1. 功能描述

从现有的 Mail 数据源中选择待处理的邮件文件夹，然后根据发送者和主题进行过滤，获得邮件数据集。

2. 选项配置说明

添加 Mail 数据集选项配置说明如表 4-30 所示。

表 4-30　添加 Mail 数据集选项配置说明

选项名称	选项配置说明
文件夹	可以通过刷新的方式自动获取服务器上的邮件文件夹，也可以手动输入
指定唯一发送者	输入邮件发送者
指定唯一主题	设置邮件的主题
名称	输入数据集的名称
描述	输入数据集的描述信息
列信息	显示 Mail 数据集列信息，可以自动加载默认的列信息，用户可以根据具体情况修改列名，默认提供一个装载附件的列，并可增加附件个数

3. 示例描述

添加 Mail 数据集时的一般信息设置如图 4-14 所示。

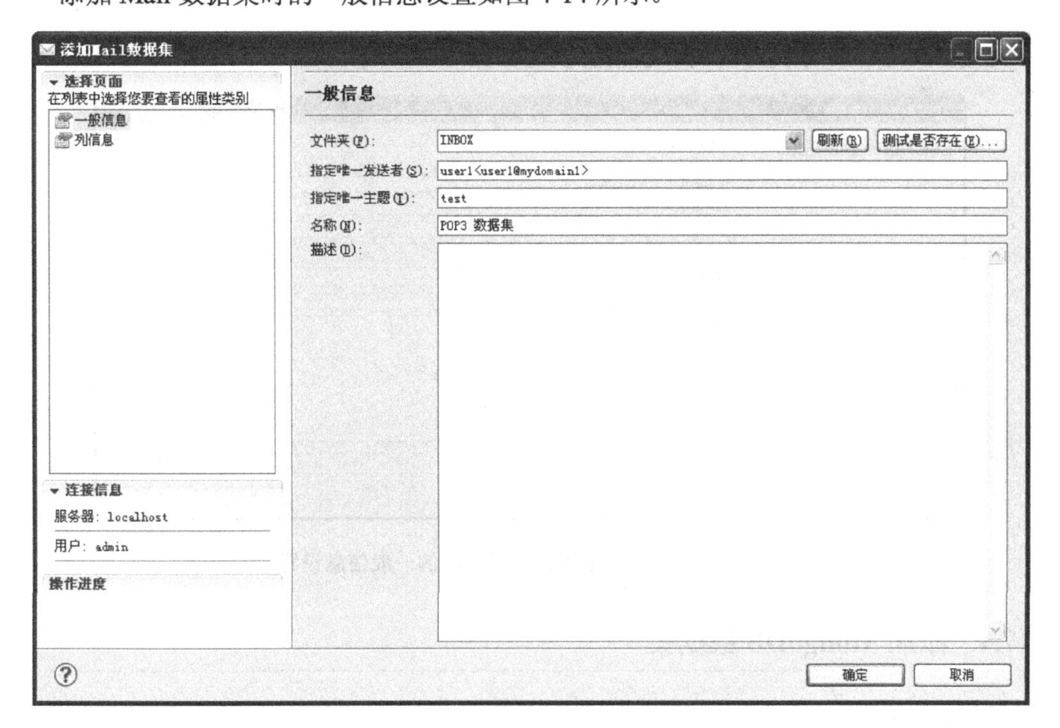

图 4-14　添加 Mail 数据集时的一般信息设置

4.17 MongoDB 数据源

4.17.1 MongoDB 数据源描述

MongoDB 数据源定义了连接 MongoDB 数据服务器的信息。

4.17.2 MongoDB 数据源选项配置说明

MongoDB 数据源选项配置说明如表 4-31 所示。

表 4-31 MongoDB 数据源选项配置说明

选项名称	选项配置说明
主机名	输入 MongoDB 数据库的主机名或者地址
用户名	输入 MongoDB 数据库用户名
密码	输入 MongoDB 数据库访问密码
端口	输入 MongoDB 数据库端口号
数据库	输入默认数据库
数据源名称	输入数据源的名称
数据源描述	对所建的数据源进行描述

4.17.3 MongoDB 数据源示例描述

创建 MongoDB 数据源时的一般信息设置如图 4-15 所示。

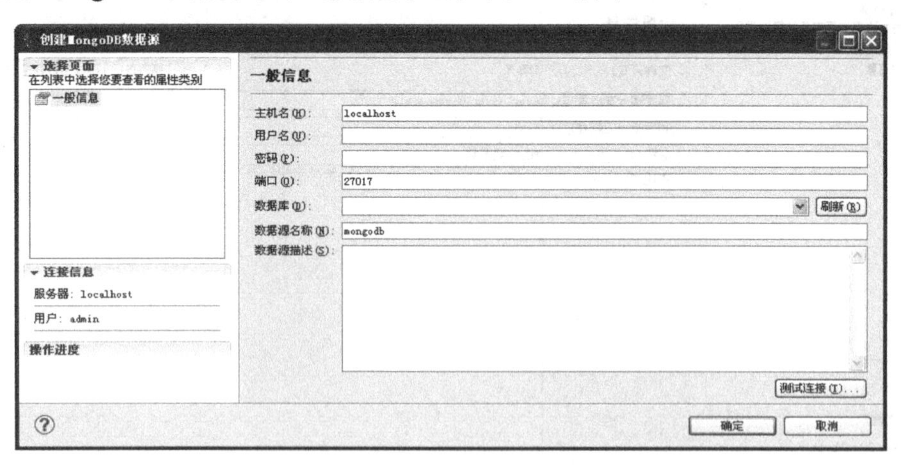

图 4-15 创建 MongoDB 数据源时的一般信息设置

4.17.4 添加 MongoDB 数据集

1．功能描述

从 MongoDB 数据源中添加需要的集合，生成 MongoDB 数据集。

2. 选项配置说明

添加 MongoDB 数据集选项配置说明如表 4-32 所示。

表 4-32　添加 MongoDB 数据集选项配置说明

选项名称	选项配置说明
集合	从现有列表中选择所需要的 MongoDB 集合
刷新	刷新集合下拉列表中的 MongoDB 集合
名称	输入数据集的名称
描述	对 MongoDB 数据集进行描述
列信息	从 MongoDB 指定集合中获取列信息。统计指定集合的前 100 行文档中出现的所有 Key，合并生成列信息

3. 示例描述

添加 MongoDB 集合时的一般信息设置如图 4-16 所示。

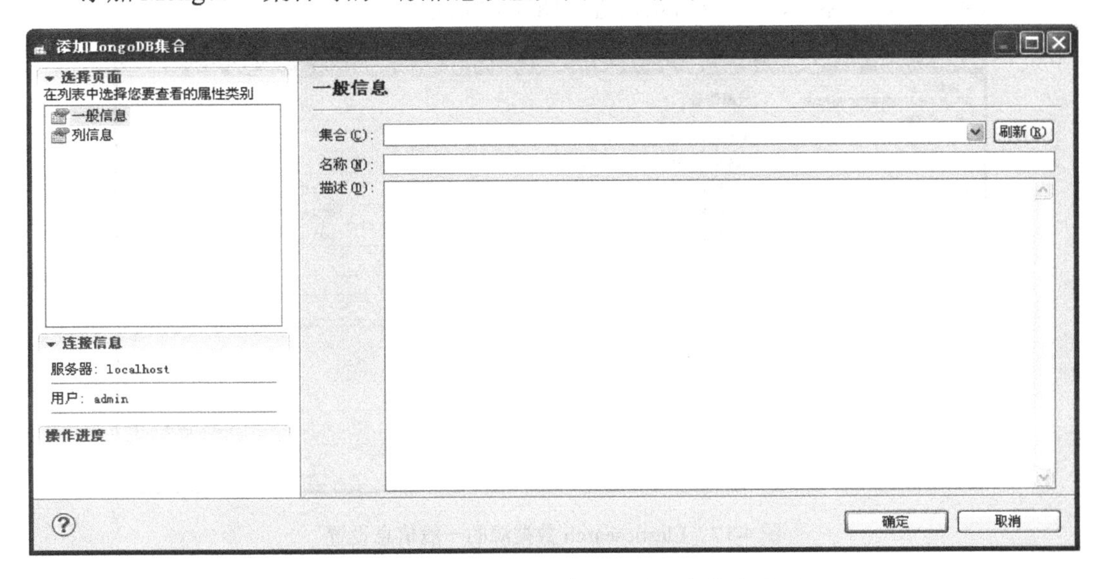

图 4-16　添加 MongoDB 集合时的一般信息设置

4.18　Elasticsearch 数据源

4.18.1　Elasticsearch 数据源描述

Elasticsearch 数据源定义了连接 Elasticsearch 数据服务器的信息。

4.18.2　Elasticsearch 数据源选项配置说明

Elasticsearch 数据源选项配置说明如表 4-33 所示。

表 4-33　Elasticsearch 数据源选项配置说明

选项名称	选项配置说明
Es 版本	指定数据源版本，有 elasticsearch-1.4.4 和 elasticsearch-2.3.2 两个版本
Es 集群名称	输入 Elasticsearch 数据源集群名称
Es 集群地址 1/2/3	输入 Elasticsearch 数据源集群地址，可以填入多个地址
端口	输入每个 Elasticsearch 数据源地址对应的端口
使用嗅探集群节点功能	选择是否使用嗅探集群节点功能自动获取集群地址和端口
索引库	指定 Elasticsearch 数据源索引库
数据源名称	输入数据源的名称
数据源描述	输入数据源的描述信息

4.18.3　Elasticsearch 数据源示例描述

Elasticsearch 数据源的一般信息设置如图 4-17 所示。

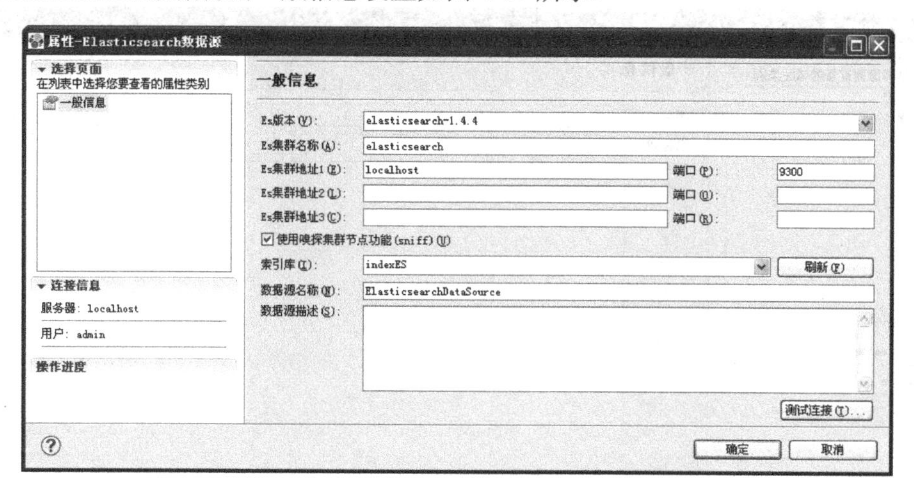

图 4-17　Elasticsearch 数据源的一般信息设置

4.18.4　添加 Elasticsearch 类型

1. 功能描述

从 Elasticsearch 数据源中添加需要的数据类型，生成数据集。

2. 选项配置说明

添加 Elasticsearch 数据集选项配置说明如表 4-34 所示。

表 4-34　添加 Elasticsearch 数据集选项配置说明

选项名称	选项配置说明
集合	从现有列表中选择所需要的 Elasticsearch 集合
刷新	刷新集合下拉列表中 Elasticsearch 集合

（续表）

选项名称	选项配置说明
名称	输入数据集名称
描述	对 Elasticsearch 数据集进行描述
列信息	从 Elasticsearch 指定集合中获取列信息

3. 示例描述

添加 Elasticsearch 类型时的一般信息设置如图 4-18 所示。

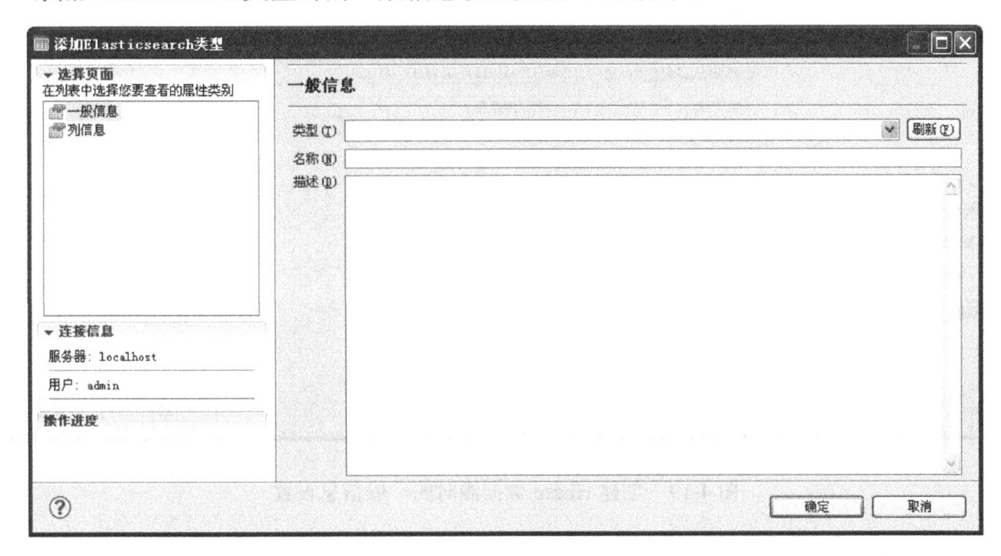

图 4-18 添加 Elasticsearch 类型时的一般信息设置

4.19 Hbase 数据源

4.19.1 Hbase 数据源描述

Hbase 数据源定义了连接 Hbase 数据库的信息。

4.19.2 Hbase 数据源选项配置说明

Hbase 数据源选项配置说明如表 4-35 示。

表 4-35 Hbase 数据源选项配置说明

选项名称	选项配置说明
数据源名称	定义新建的数据源的名称
Hbase 版本	配置 Hbase 版本，目前支持 Hbase0.98 与 Hbase1.0 及以上版本
选择 Hbase 配置文件	浏览选择 Hbase 配置文件
描述	对所建的数据源进行描述

4.19.3 Hbase 数据源示例描述

创建 Hbase 数据源时的一般信息设置如图 4-19 所示。

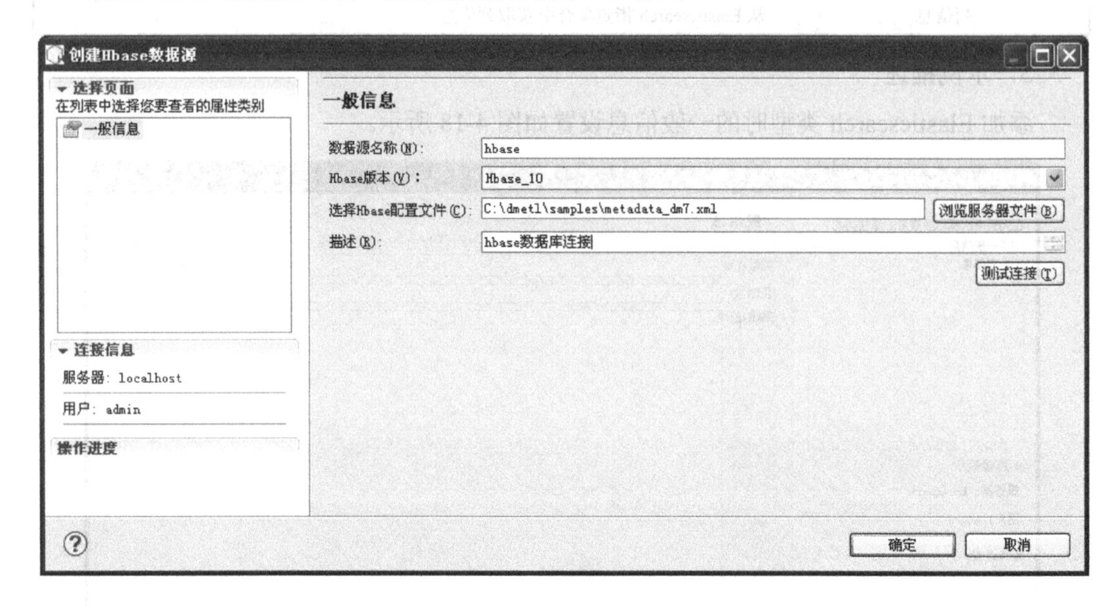

图 4-19　创建 Hbase 数据源时的一般信息设置

4.19.4 添加 Hbase 表

1. 功能描述

从 Hbase 数据源中添加一张表作为数据集的映射表，自定义配置 Hbase 表中的数据映射为关系数据表中的字段。

2. 选项配置说明

添加 Hbase 表选项配置说明如表 4-36 所示。

表 4-36　添加 Hbase 表选项配置说明

选项名称	选项配置说明
选择表	选择一张 Hbase 表作为数据集的映射表
数据集名称	设置数据集的名称
数据集列名	将 Hbase 表数据映射为关系型数据库的数据集后所指定的列名
行键	Hbase 表中的行键数据作为数据集中的主键列输出
列簇	设置 Hbase 表的列簇
限定符	Hbase 表中的 qualifier 属性映射为数据集的列名
数据类型	设置存入 Hbase 表中数据的类型

3．示例描述

添加 Hbase 表时的一般信息设置如图 4-20 所示。

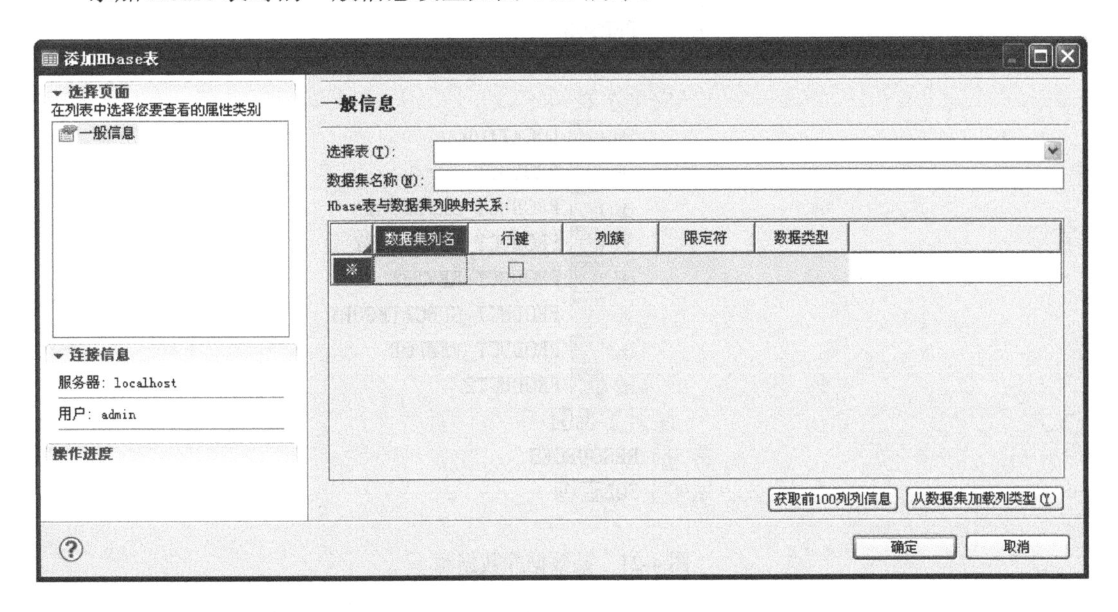

图 4-20　添加 Hbase 表时的一般信息设置

4.20　导出元数据

4.20.1　导出元数据描述

将数据库数据源的元数据信息导出到 Excel 文档中。

4.20.2　导出元数据选项配置说明

导出元数据选项配置说明如表 4-37 所示。

表 4-37　导出元数据选项配置说明

选项名称	选项配置说明
文件名	设置所导出的 Excel 文件的目标路径

4.20.3　导出元数据示例描述

某数据库数据源如图 4-21 所示。

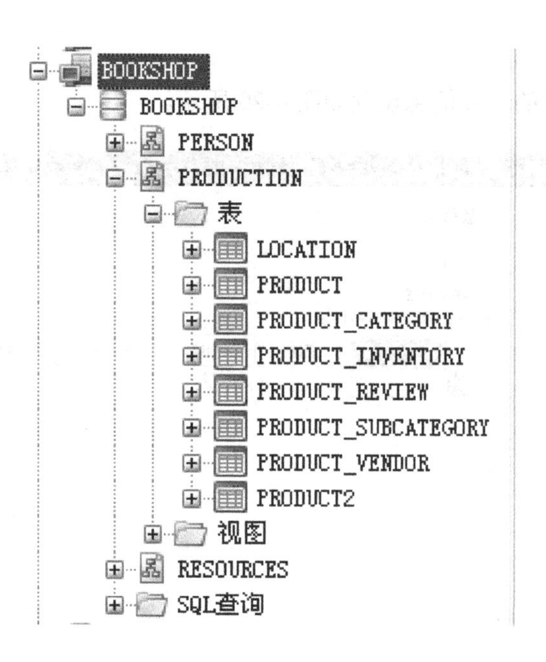

图 4-21　某数据库数据源

右击数据源名称，在弹出的快捷菜单中选择“导出数据源元数据到 Excel”选项，进入“导出数据源元数据”界面，然后浏览选择文件名，如图 4-22 所示。

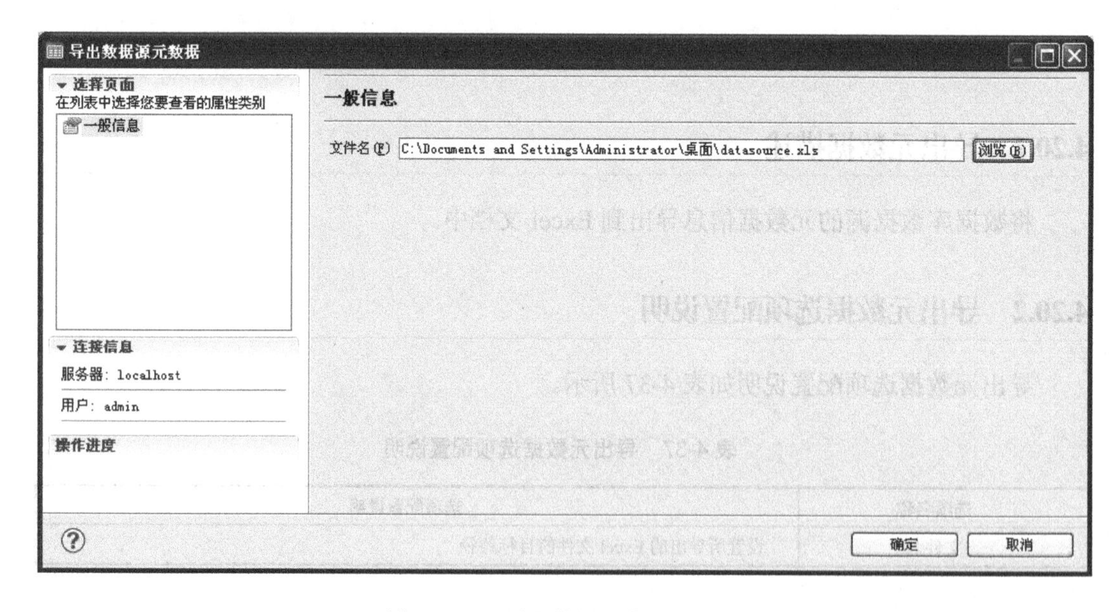

图 4-22　“导出数据源数据”界面

单击“确定”按钮后，就可以将数据源的元数据导出到 Excel 文件中了。

打开导出的 Excel 文件，如图 4-23 所示。

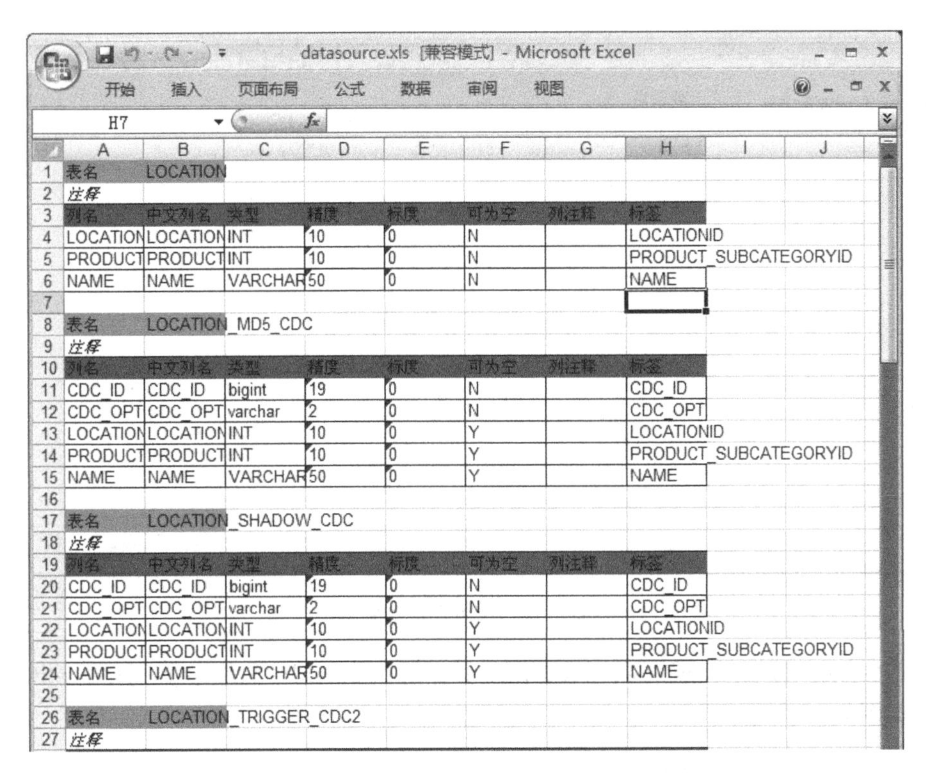

图 4-23 导出数据源数据到 Excel 文件的结果显示

4.21 导出数据

4.21.1 导出数据描述

将数据库的数据源数据导出到 XML 文档中。

4.21.2 导出数据选项配置说明

导出数据选项配置说明如表 4-38 所示。

表 4-38 导出数据选项配置说明

选项名称	选项配置说明
文件名	设置所导出 XML 文件的目标路径

4.21.3 导出数据示例描述

某数据库数据源如图 4-21 所示。

右击数据源名称，在弹出的快捷菜单中选择“导出”选项，进入“导出”界面，浏览选择文件路径，如图 4-24 所示。

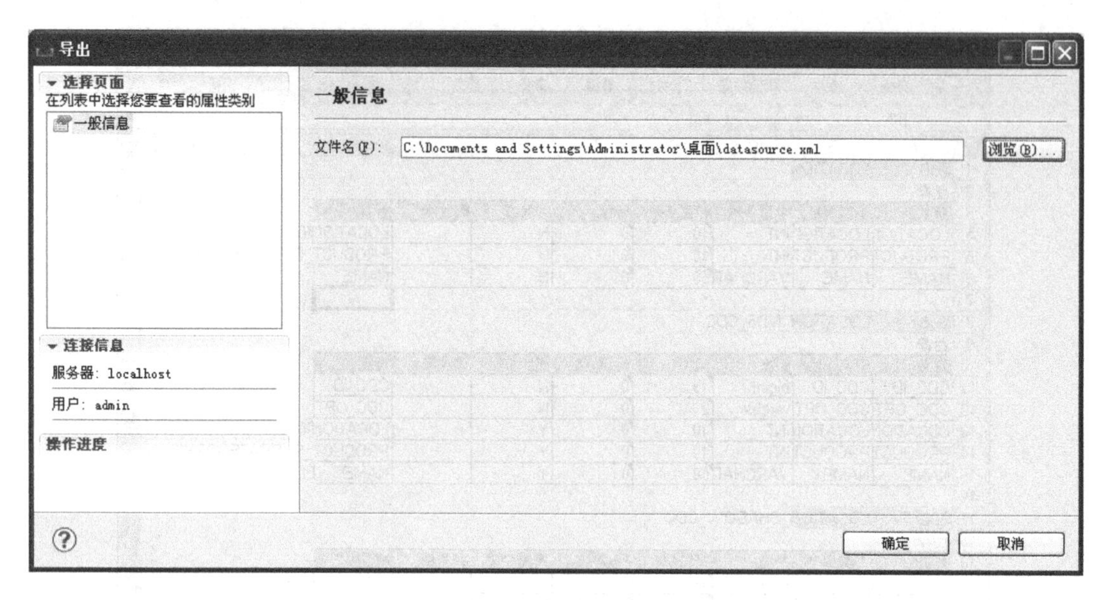

图 4-24　导出数据源数据

单击“确定”按钮后，就可以将数据源的数据导出到 XML 文件中了，打开导出的 XML 文件，如图 4-25 所示。

```
- <DataSourcesImpExp id="0">
  - <dataSourceImpExpBeans>
    - <DataSourceImpExp id="0">
      - <dataSourceBean id="1358488169066" name="BOOKSHOP" type="1"
          createUser="1" createTime="2017-11-13 16:03:15.752 CST" dirId="0">
          <param class="DatabaseDataSourceParam" id="1358488169067"
            dbType="DM6" dbUrl="jdbc:dm://localhost:12345/SYSTEM"
            dbHost="localhost" dbPort="23456" dbName="BOOKSHOP" dbServer=""
            dbUserName="BOOKSHOP"
            dbPassword="0x132744B3028B8261B415BC2BF36ADEF2"
            dbTestStatement="select 1" corePoolSize="0" initPoolSize="1"
            maxPoolSize="50" keepAliveTime="60" waitConnectionTime="180"
            socketTimeout="0" customUrl="false" sslDir="" sslPsd="" />
        </dataSourceBean>
      </DataSourceImpExp>
    </dataSourceImpExpBeans>
  - <dataSetImpExpBeans>
    - <DataSetImpExp id="0">
      - <dataSetBean id="1358488223962" dataSourceId="1358488169066"
          name="DEPARTMENT" dataSetType="1" catalogName="BOOKSHOP"
          schemaName="RESOURCES" tableName="DEPARTMENT" dirId="0">
        - <columns>
          - <Column id="1358488227992" name="DEPARTMENTID" columnId="0"
              typeName="INT" type="4" precision="10" scale="0" nullable="false"
              identity="true" seed="1" increment="1"
              columnLabel="DEPARTMENTID" columnNote="">
              <dataType>Integer</dataType>
            </Column>
          - <Column id="1358488227993" name="NAME" columnId="1"
              typeName="VARCHAR" type="12" precision="50" scale="0"
              nullable="false" identity="false" seed="-2147483648" increment="-
              2147483648" columnLabel="NAME" columnNote="">
```


图 4-25　导出数据源数据到 XML 文件的结果显示

5

第5章 转换

达梦数据交换平台（DMETL）中的转换代表一个数据处理流程，是由数据读取节点、数据装载节点、数据转换节点及正确线、错误线组成的。一个可以执行的转换必须包含一个以上的节点。转换的起点和终点可以为任何节点。

5.1 转换概述

5.1.1 转换功能描述

转换中的连接线用于连接不同节点，连接线的方向表示数据流向。连接线分为正确线和错误线，其中正确线表示能被节点正确处理的数据的流向；错误线表示不能被节点正确处理的数据的流向。错误线上的数据应该是未经处理的原始输入数据，其列信息包括所有输入列，并可以增加说明错误类型和错误消息的列。

转换中的节点是数据处理的功能实体，用户可以随时打开相应节点的属性配置窗口以对属性进行修改和保存。一个节点配置信息的读取和显示并不依赖其他节点（不需要连接输入节点也可打开相应节点的配置窗口）。配置信息可以随时保存，如果配置信息有误或不完整，则提示用户相关情况，但不阻止用户保存配置信息。在进行节点配置时，与数据库相关的信息都是从DMETL元数据库中获取的，不需要连接数据源。

转换一旦开始执行，数据就连续地从一个节点流动到另外一个节点，所有数据处理完毕后，转换才停止执行，因此转换也被称为数据流。

5.1.2 转换选项配置说明

新建或者修改转换可以设置以下内容。

1. 一般信息

转换一般信息选项配置说明如表 5-1 所示。

表 5-1 转换一般信息选项配置说明

选项名称	选项配置说明
转换名	转换名称，同一目录下不能重名
禁用调度	选择是否禁用调度
创建人	该转换的创建人，仅在修改时可见
创建时间	该转换的创建时间，仅在修改时可见
转换描述	转换的描述信息
出错后立即停止整个流程	如果选择该选项，则在流程执行过程中，一个节点报错后，整个流程即停止执行；否则，只有出错节点的输出节点及其所在的分支节点会停止执行，其他分支节点可以继续执行

2. 高级

转换高级选项配置说明如表 5-2 所示。

表 5-2 转换高级选项配置说明

选项名称	选项配置说明
存储中间结果集	如果选择该选项，则转换执行时，每个节点的输出数据会保存到指定数据源的结果集中。用户可以在转换中查看这些数据
自定义缓存配置	如果选择该选项，则用户可以指定转换中每个节点的默认输入缓存的大小
缓存数据条数	指定每个节点输入缓存的默认数据条数；如果不指定，系统会根据每条数据记录的长度和可用内存计算一个合适的值

5.2 转换通用配置

描述转换节点的属性中，有许多是通用的，即两个及以上的节点都有的属性，这些属性的配置在每个节点中的意义是相同的，因此在这里统一说明。

5.2.1 输出配置

1. 功能描述

通过输出配置，用户可以修改每个节点的默认输出，如对数据进行过滤、增加或删除输出列、修改输出列的顺序及派生新列等。

转换中每个节点可以有多个输出配置，每个输出配置又可以关联多个输出连接。关联到同一个输出配置上的输出连接所输出的数据是相同的。

通过在转换节点的快捷菜单中选择“输出配置”选项或者双击连接线，可以打开输出配置窗口。

2．选项配置说明

输出配置选项配置说明如表 5-3 所示。

表 5-3　输出配置选项配置说明

选项名称	选项配置说明
选择输出配置	显示所有输出配置的名称，名称不能重复，可以通过按钮添加、删除或者重命名输出配置，选择不同的输出
当前输出配置	配置输出列，输出列表格中列的意义如下。 （1）列名：输出列的名称，一个输出配置中不能有重复的列名。 （2）数据类型：选择列的数据类型，如果实际数据的类型与选择不一致，则系统会自动转换，如果转换失败会报错。 （3）值类型：选择该列数据值的生成方式，有以下选项。 列映射，该列数据的值从指定的默认输出列中获取； 表达式，列值为指定表达式的计算结果； SQL，列值为 SQL 语句执行结果； 序列，列值由一个序列生成； 固定值，列值为用户指定的固定值； 错误信息，在配置错误输出时有效，内容为错误信息。 （4）值：编辑列值，根据不同的值类型，显示不同的编辑器。 （5）格式：日期时间或者数字格式字符串，用于字符串类型时间、日期时间及数字类型时间之间的相互转换，只对日期时间和数字类型时间有效，详细说明参见附录。 （6）中文名：当前列的中文名称，用户可自定义输入。 （7）描述：当前列的描述信息，用户可自定义输入
添加	增加一列
删除	删除所选列
清除	清除列信息
默认配置	将输出列恢复到系统默认的状态
重置	将输出列恢复到打开配置窗口时的初始状态
上移	将当前选择的列上移一行
下移	将当前选择的列下移一行
批量修改列名	当数据集中要修改的列名和列类型非常多且一一修改不方便时，批量修改列名可以在配置数据源输出列信息时与已知数据源的列信息进行匹配，修改输出列名和列类型为已知数据集中的列名和列类型
导入	将保存在 Excel 文件 Sheet 页中的输出配置导入当前的输出配置中
导出	将当前的输出配置导出到 Excel 文件的一个 Sheet 页中
前过滤	条件表达式。根据组件的默认输出，计算表达式的值。如果结果为 True，则保留当前数据行；如果结果为 False，则过滤当前数据行。例如：当表达式为“COL1 > 0”时，则只输出默认输出列 COL1 中值大于 0 的数据行，而小于或等于 0 的数据行会被过滤掉
后过滤	条件表达式。根据组件的当前输出，计算表达式的值。如果结果为 True，则保留当前数据行；如果结果为 False，则过滤当前数据行。后过滤与前过滤的区别是表达式中可以引用输出配置中派生的列
强制处理	选择是否在任何输出连接下都进行处理
顺序发送	如果输出配置上连接了多个输出线，则将输出数据顺序发送到每个输出连接上，如第一项数据发送到输出 1，第二项数据发送到输出 2，即每个输出不会有相同的数据。如果不选择该选项，则第一项和第二项数据都会发送到输出 1 和输出 2，即每个输出上都会输出所有的数据

3. 示例描述

转换示例的名称为“表数据源输出配置演示”，其功能是对 BOOKSHOP 库 PRODUCTION 模式下的产品评价表 PRODUCT_REVIEW 中刘青和桑泽恩的评价数据分别进行输出，流程如图 5-1 所示。

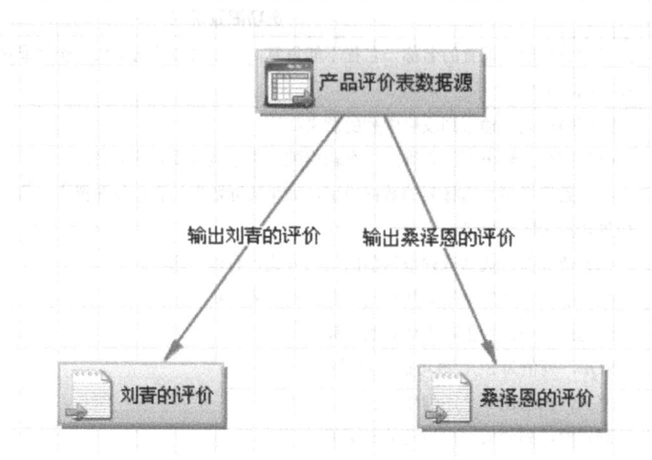

图 5-1 转换示例“表数据源输出配置演示”的流程

对源表节点进行输出配置，如图 5-2 所示。

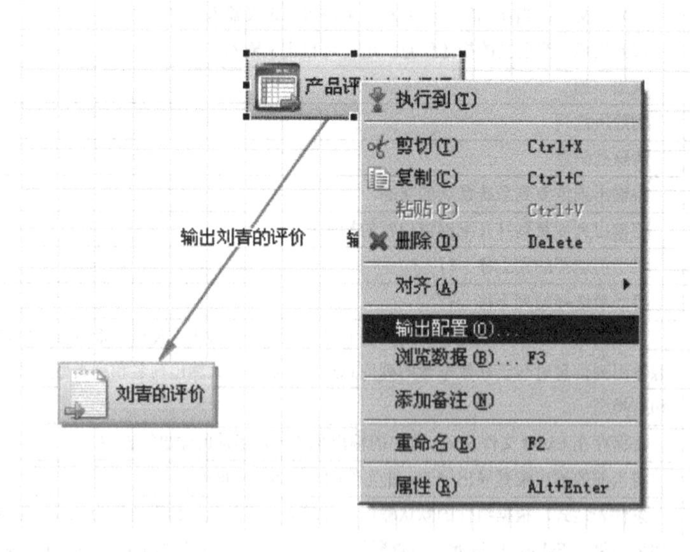

图 5-2 进行输出配置

“输出配置–表/视图”界面如图 5-3 所示。

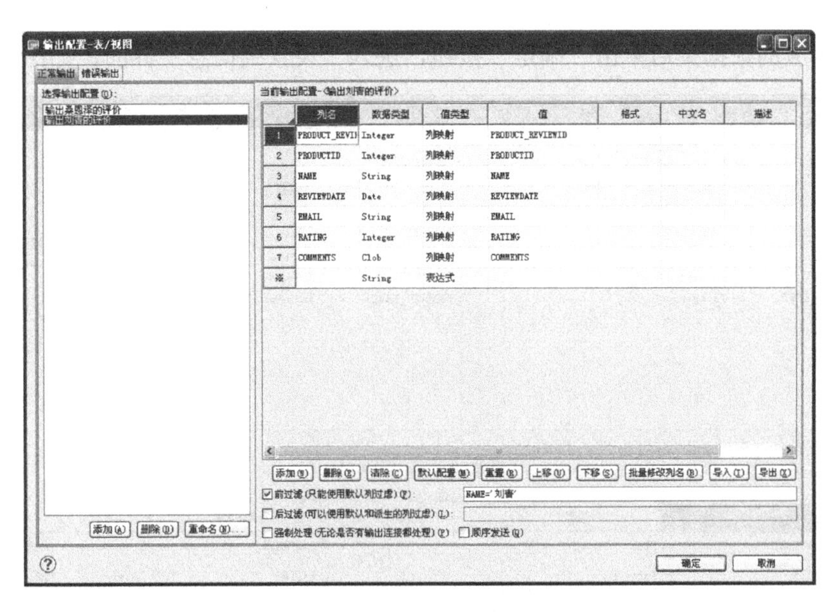

图 5-3 “输出配置-表/视图”界面

单击“批量修改列名”按钮（或按“Alt + B”组合键），弹出“请选择需要映射的数据集”对话框，如图 5-4 所示。

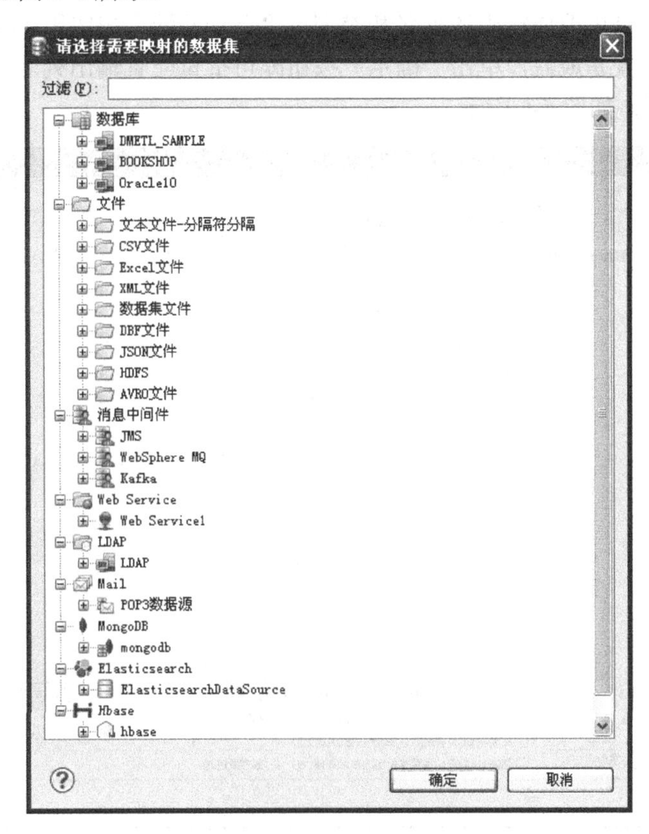

图 5-4 “请选择需要映射的数据集”对话框

选择相应的数据集后单击“确定”按钮，进入“设置列信息”界面，如图 5-5 所示。

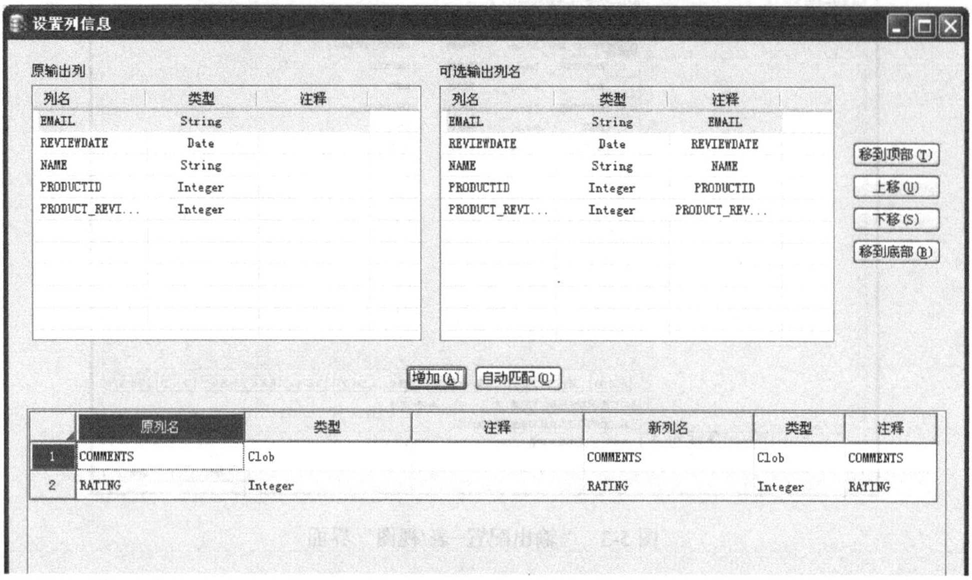

图 5-5 “设置列信息”界面

在该界面中可以更改要输出的列名和类型，“自动匹配”按钮用于表示是否使用新列名对应的类型，配置完成后，单击“确定”按钮即可批量配置输出列名，并回到“输出配置-表/视图”界面，如图 5-6 所示。

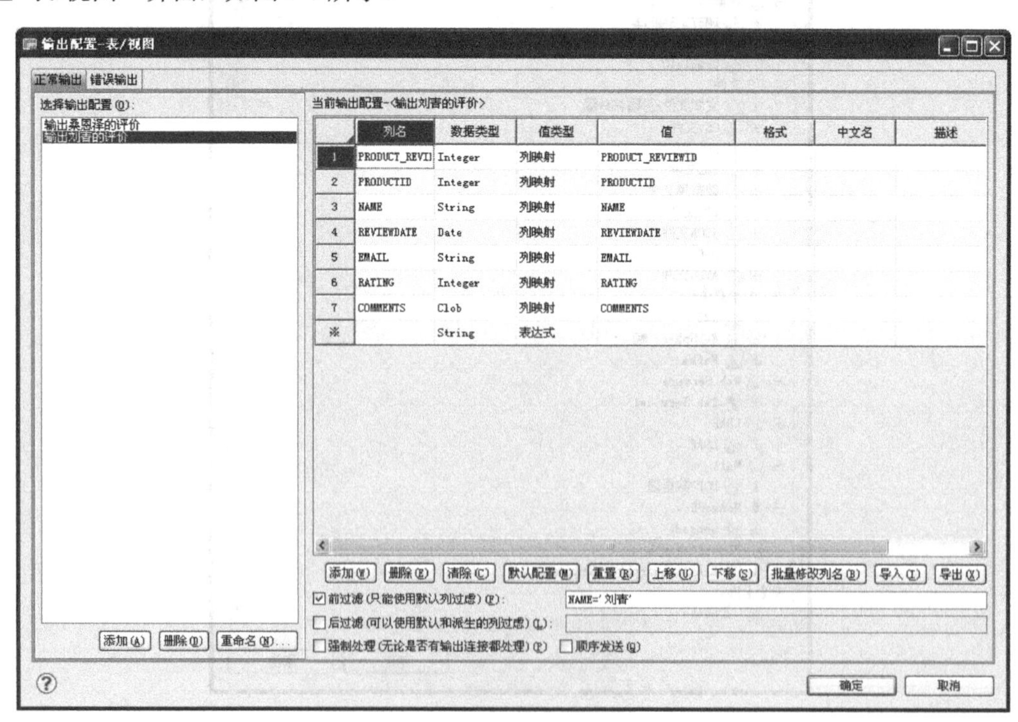

图 5-6 回到“输出配置-表/视图”界面

同时，还可以对输出配置进行导入、导出操作。单击“导出”按钮（或按“Alt + X”组合键），弹出“导出输出配置到 Excel”对话框，如图 5-7 所示。

图 5-7　“导出输出配置到 Excel”对话框

再单击“浏览”按钮选择 Excel 文件，就可以将当前的输出配置导出到 Excel 文件中。

如果要将 Excel 文件中的输出配置导入 DMETL 的输出配置中，则单击“导入”按钮（或按“Alt + I”组合键），弹出“从 Excel 中导入输出配置”对话框，如图 5-8 所示。

从Excel中导入输出配置
文件名(F):
浏览(B)
Sheet页序号(S):
(1表示第一页，必须为非负整数，默认导入第1页)
确定
取消

图 5-8　“从 Excel 中导入输出配置”对话框

单击“浏览”按钮选择要导入的 Excel 文件，输入要导入的 Sheet 页序号（从 1 开始，1 表示第一页），单击“确定”按钮就可以将 Excel 文件中保存的输出配置信息导入 DMETL 的输出配置中。

5.2.2　高级属性配置

1．功能描述

转换组件高级属性用于配置组件数据缓存大小、并发及错误处理选项。

2．选项配置说明

转换高级属性选项配置说明如表 5-4 所示。

表 5-4　转换高级属性选项配置说明

选项名称	选项配置说明
抛出异常	如果数据转换出错，节点停止执行，抛出异常信息。 该选项仅适用于表目的组件
忽略错误	当数据转换出错时，提供是否忽略错误的选项。如果单击选择该选项单选按钮，当转换出错时，则节点会继续执行，同时错误数据会被发送到错误输出；否则，节点会停止执行，当前的错误数据会被发送到错误输出
并行执行，并发数	选择是否并行执行。如果勾选，则可以输入并发数。在多 CPU 情况下并行执行可以提高数据转换的性能，每多一个并行执行任务意味着多一个线程

（续表）

选项名称	选项配置说明
按输入顺序输出数据	并发执行时，数据输出的顺序会被打乱，如需保证输出顺序，可以勾选该选项复选框，此时可能会对性能造成一定影响
自定义每实例缓存大小	指定组件的输入数据的缓存大小。如果并发执行，则总缓存大小等于每实例缓存大小乘以实例数。不指定该项时，系统会根据数据长度和可用内存大小，自动计算缓存大小
使用节点变量，变量名	勾选后组件名称默认为节点变量和变量名，如表/视图
自动重连	当到数据源的连接断开时，不立即报错，而是尝试重连。某些数据库（如 Oracle）在网络不稳定时，数据源连接池参数的 Socket 超时选项必须大于 0，否则可能无法检测到连接断开，导致流程挂死
重连次数	设置尝试重连的次数
重连间隔	设置每次重连的间隔，不包括重连本身所消耗的时间
数据库停机或者连接失败时，将数据写入磁盘缓存	在装载数据的过程中，如果由于数据库停机或者网络中断导致数据无法写入，则先将文件写入磁盘，待数据库或者网络恢复后再写入数据库，以防止数据丢失，一般用于接收流式数据。 该选项仅适用于表目的组件
如果执行不成功或者被停止,则回滚所有数据修改	选择该选项后，只有在流程执行成功时，数据才会提交，其他情况下，如执行失败或者手动停止，则回滚所有数据修改；不选择该选项时，默认会每批数据提交一次。 该选项仅适用于表目的组件

3．示例描述

转换示例名称为“表数据源数据条数和高级属性演示”，其功能是当在表目的节点设置时选中了“忽略错误”单选按钮时，分别进行正确输出和错误输出，其中正确输出是没有超过字段长度的数据，错误输出是超过字段长度的数据，流程如图 5-9 所示。

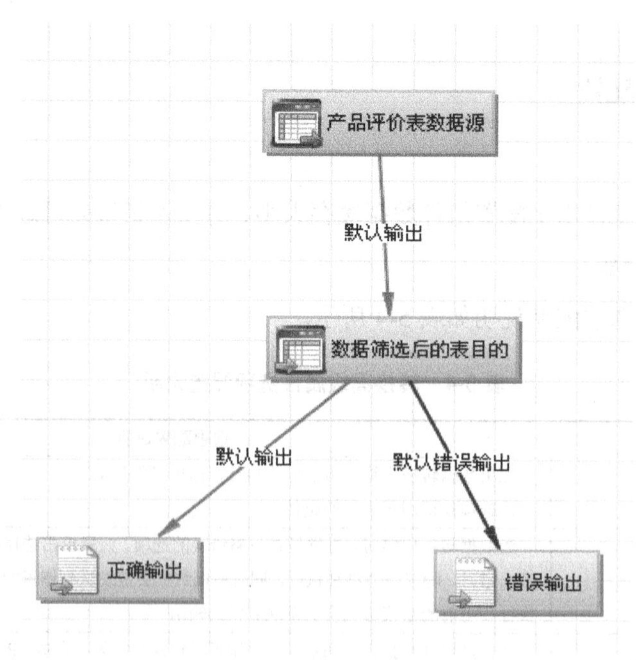

图 5-9　转换示例“表数据源数据条数和高级属性演示”流程

“数据筛选后的表目的”节点高级属性设置如图 5-10 所示。

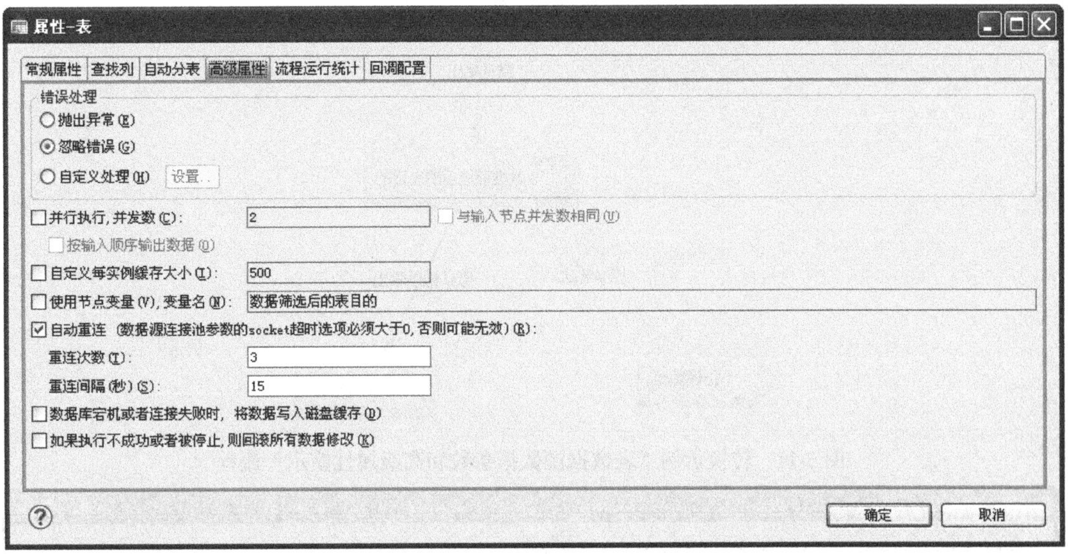

图 5-10　“数据筛选后的表目的”节点高级属性设置

5.2.3　数据条数

1．功能描述

该属性用于限制数据读取组件输出的数据条数。

2．选项配置说明

转换数据条数选项配置说明如表 5-5 所示。

表 5-5　转换数据条数选项配置说明

选项名称	选项配置说明
跳过前 *n* 行数据	如果选择该选项，则在读取数据时，前 *n* 行记录会被忽略
最多读取 *m* 行数据	如果选择该选项，则在输出数据时，最多输出 *m* 行数据

3．示例描述

转换示例名称为“表数据源数据条数和高级属性演示”，其功能是对 BOOKSHOP 库 PRODUCTION 模式下的产品评价表 PRODUCT_REVIEW 输出数据记录的条数进行设置，流程如图 5-11 所示。

数据源表数据条数设置如图 5-12 所示。

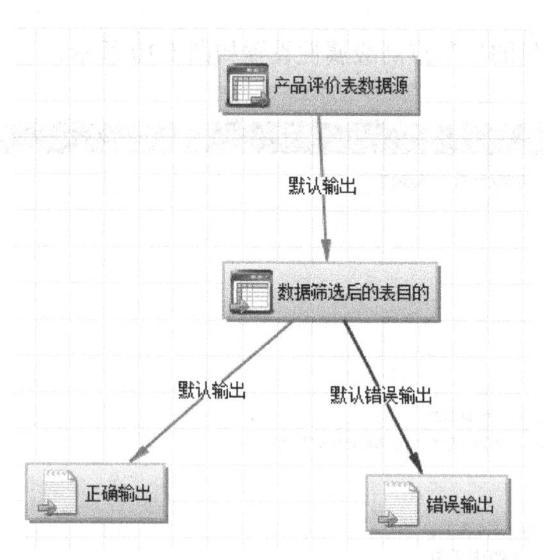

图 5-11 转换示例“表数据源数据条数和高级属性演示”流程

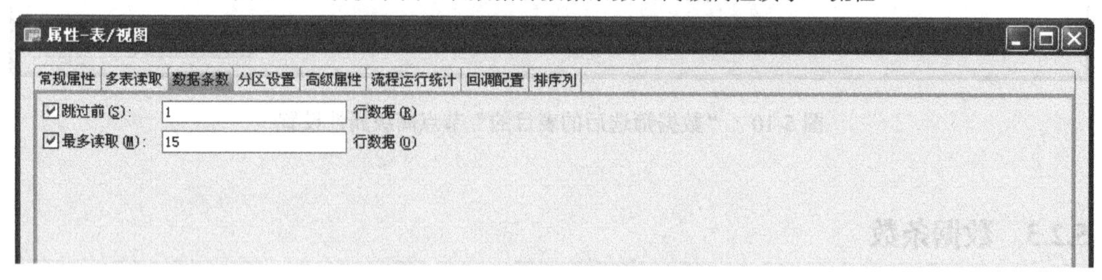

图 5-12 数据源表数据条数设置

5.2.4 文件切分

1. 功能描述

文件切分属性用于指定写入文件时切分文件的方式。

2. 选项配置说明

文件切分选项配置说明如表 5-6 所示。

表 5-6 文件切分选项配置说明

选项名称	选项配置说明
不切分	不切分文件，所有的数据写到同一个文件中
每写入 *N* 行分割文件	按行数切分，每 *N* 行一个文件，文件命名模式为<原文件名_*M*>，其中 *M* 为文件数，如 FileName_1.txt、FileName_2.txt 等，以此类推
按列值切分	根据指定列的值切分，每个值一个文件，文件命名模式为<原文件名_列值>，如 FileName_武汉.txt、FileName_上海.txt 等，以此类推
切分列	选择切分列
最大文件数	按列切分时，指定最多划分时的文件个数，如果文件数超过指定值，则生成一个<原文件名_other>的文件用于保存其他数据

3．示例描述

转换示例名称为“文件切分演示”，其功能是对目的文本进行切分，每写入 100 行数据分割一个文件，其中源表是 BOOKSHOP 库 PERSON 模式下的人员信息表 PERSON，目的文本文件的文件切分设置如图 5-13 所示。

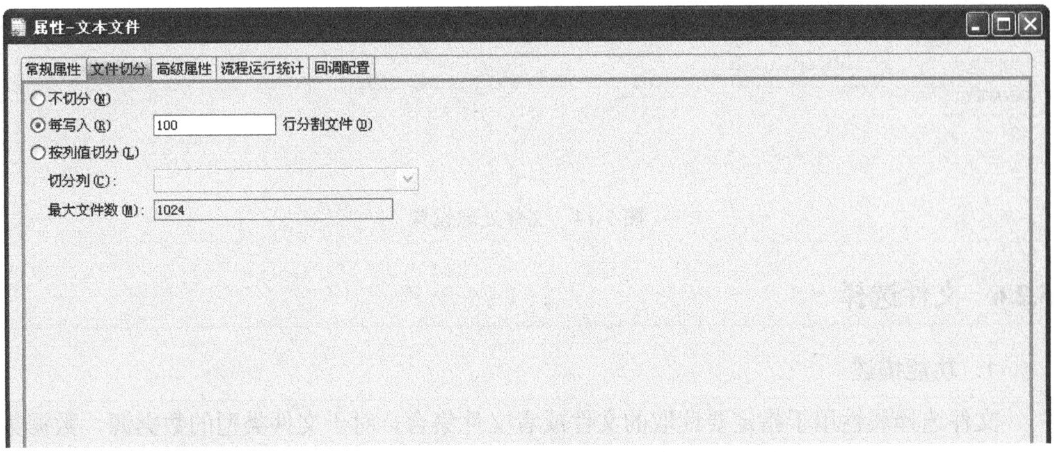

图 5-13　文件切分设置

5.2.5　文件处理

1．功能描述

文件处理属性可以指定当文件读取成功或者失败时，对文件进行的后续操作。

2．选项配置说明

文件处理选项配置说明如表 5-7 所示。

表 5-7　文件处理选项配置说明

选项名称	选项配置说明
文件解析成功后	选择文件读取成功后进行的操作，支持移动文件、复制文件、删除文件、文件名增加前缀、文件名增加后缀
文件解析失败后	选择文件读取失败后进行的操作，支持移动文件、复制文件、删除文件、文件名增加前缀、文件名增加后缀
目标目录	当选择移动或者复制文件操作时，表示移动或者复制文件的目标目录
前/后缀	当选择文件名增加前缀/后缀操作时，用于指定前缀或者后缀名

3．示例描述

如图 5-14 的文件处理设置所示：当文件解析成功后，复制文件到指定目标目录；当文件解析失败后，移动文件到指定目标目录。

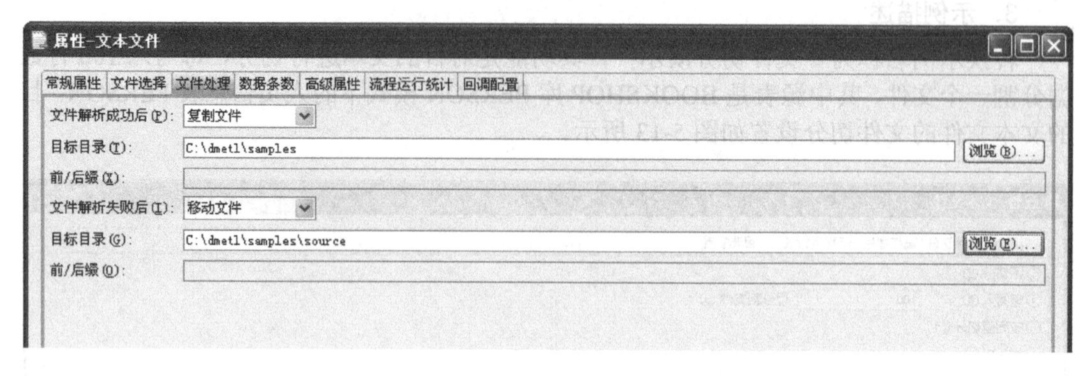

图 5-14　文件处理设置

5.2.6　文件选择

1．功能描述

文件选择属性用于指定要读取的文件或者文件集合。对于文件类型的数据源，数据集中的文件路径只是为了制定文件格式和列信息方便而设定的，当用户在流程中选择了文件数据集后，还可以在文件选择属性设置时修改文件路径，或者定义文件集（用于一次处理多个文件），只要新选择的文件与定义文件集中的文件格式是相同的即可。

2．选项配置说明

文件选择属性中，关于使用文件的选项配置说明如表 5-8 所示。

表 5-8　使用文件选项配置说明

选项名称	选项配置说明
使用单个文件	指定需要读取的文件，默认值为数据集对应的文件
使用文件集	当需要一次读取多个文件时，可以配置该选项，然后定义一个或者多个文件集。文件集的定义选项配置说明如表 5-9 所示

表 5-9　文件集的定义选项配置说明

选项名称	选项配置说明
目录	文件的根目录，文件集中的文件都来自该目录
包括子目录	确认文件集是否需要包含子目录
自动过滤旧文件	如果选择该选项，则每次执行时，系统会自动记录下已经处理的文件，下次执行时会过滤已经处理的文件，只选择新增加的文件
排序方式	文件集里文件的排序方式。无：不排序；按名称：按文件名排序；按修改时间：按照文件的修改时间排序
排序类型	选择按名称或者修改时间以升序/降序排列

（续表）

选项名称	选项配置说明
过滤器设置	如果需要过滤文件，则可以设置一些过滤规则，如下所示： （1）匹配文件名：根据文件名过滤文件，支持使用通配符 *（代表一个或者多个字符）和 ?（代表一个字符），如 DM*.txt 会选择所有以 DM 开头的文件名且后缀名为 txt 的文件。匹配时，如果是 Windows 操作系统，则不区分大小写；如果是 Linux 操作系统，则区分大小写。 （2）修改时间大于：选择文件的修改时间大于指定值的文件。 （3）修改时间小于：选择文件的修改时间小于指定值的文件。 （4）修改时间等于：选择修改时间等于指定值的文件。 （5）自定义规则：使用表达式过滤，当表达式值为 True 时，选择文件，否则文件被过滤。表达式中可以引用以下变量。 fileName：文件名，字符串类型，不包含路径，但包含扩展名； filePath：文件的完整路径，字符串类型； modifiedTime：文件修改时间，日期时间类型（java.util.Date）； fileLength：文件大小，长整数类型（java.lang.Long）。 例如，当自定义过滤规则为 fileName.length()>10 && fileLength>0 时，选择指定目录下所有文件名长度大于 10 且文件长度大于 0 的文件

3．示例描述

文件选择设置如图 5-15 所示，新建文件集参数设置如图 5-16 所示。

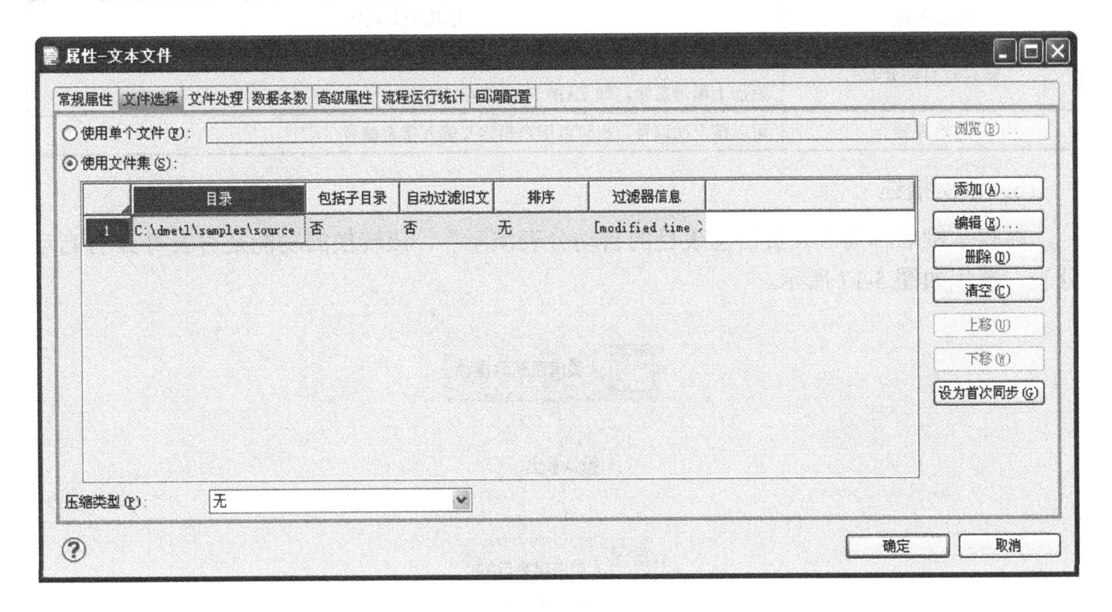

图 5-15　文件选择设置

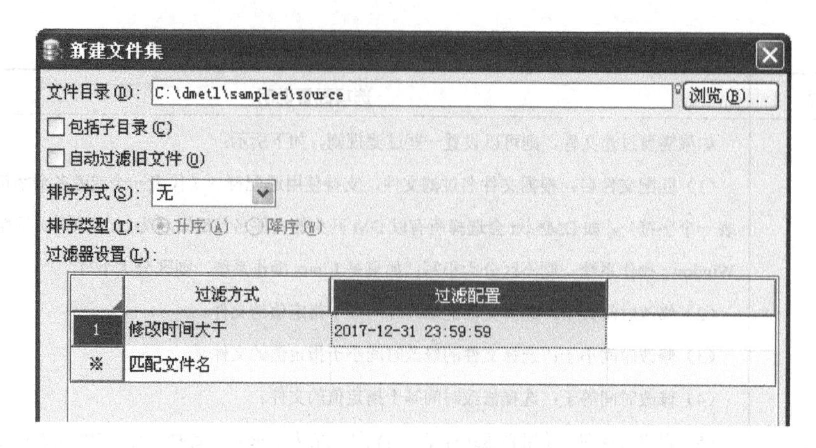

图 5-16　新建文件集参数设置

5.2.7　自动分表

1. 功能描述

自动分表属性用于指定分表规则。

2. 选项配置说明

自动分表选项配置说明如表 5-10 所示。

表 5-10　自动分表选项配置说明

选项名称	选项配置说明
每 *N* 行自动分表	当向目的表数据插入 *N* 行数据后分表。分表的结构与原表相同，分表名称为原表名后加上编号后缀，如 TABLE_2、TABLE_3
起始表号	可以接上次编号，也可以用户自定义输入指定编号

3. 示例描述

转换示例名称为“人员信息表目的自动分表演示”，该转换的功能是对表每 *N* 行自动分表，流程如图 5-17 所示。

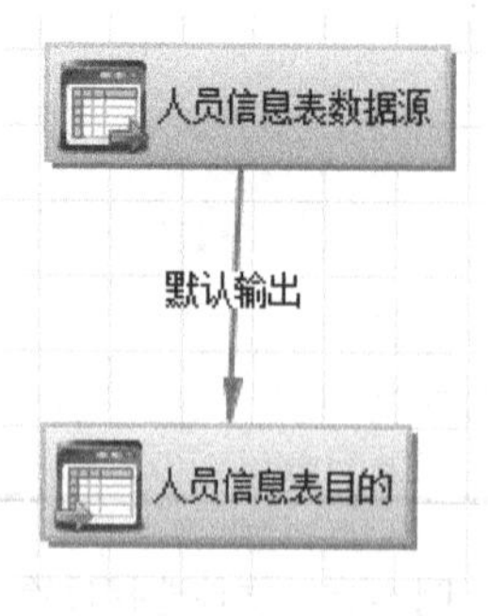

图 5-17　转换示例“人员信息表目的自动分表演示”流程

目的表自动分表设置如图 5-18 所示。

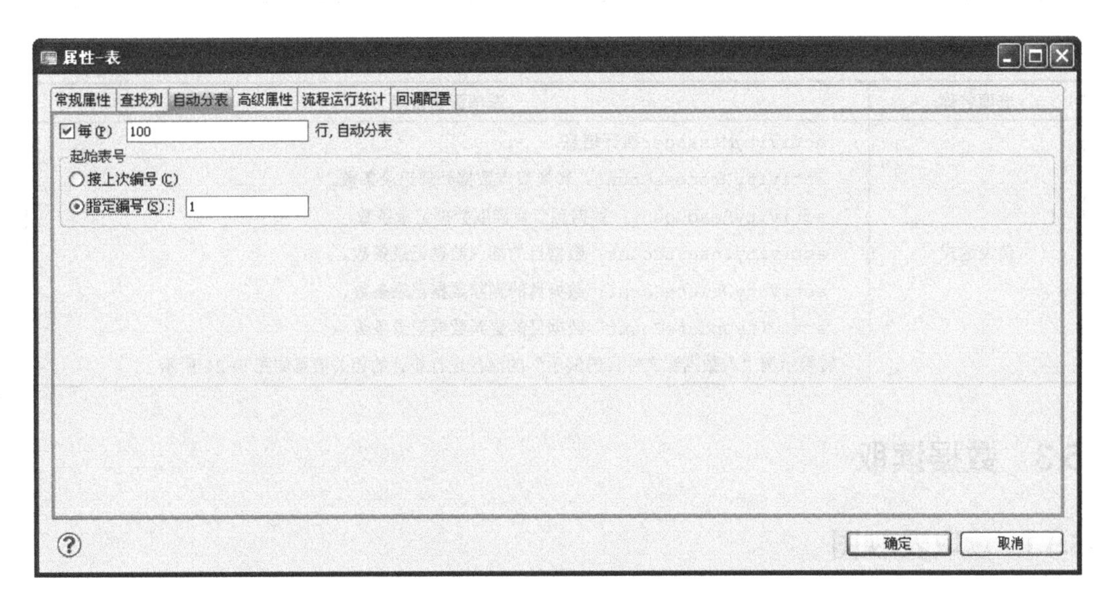

图 5-18　目的表自动分表设置

5.2.8　流程运行统计

1. 功能描述

流程运行统计是将流程运行节点的部分基本信息存储在流程变量中，用户可以指定一张统计表，将表中字段匹配对应的流程变量。当流程运行结束时，可以在用户的统计表中查询该节点当前运行流程的详细运行信息，便于记录维护用户 DMETL。

2. 选项配置说明

流程运行统计选项配置说明如表 5-11 所示。

表 5-11　流程运行统计选项配置说明

选项名称	选项配置说明
流程运行统计	选择是否开启流程运行统计功能。若开启，则该节点的部分信息会写入 DMETL 的流程变量中
统计目的表	用户指定一张数据表，用于记录统计信息
字段名	指定统计表中字段与统计变量的对应关系，当流程节点运行结束时，该统计变量的值会作为该字段的输入
值表达式	选择与对应字段匹配的变量，目前 DMETL 的统计变量功能主要提供了以下变量： executeId：流程当前执行 Id，可以作为统计表的主键。 activityResult：流程节点运行结果。 activityEndTime:流程节点运行结束时间。 activityFlowId:流程 Id。 activityFlowName:流程名。 activityId:当前统计节点 Id。 activityName:当前节点名。 activityErrorCount:错误数据记录条数。

（续表）

选项名称	选项配置说明
值表达式	activityMessage:执行信息。 activityProcessCount：转换节点数据处理记录条数。 activityReadCount：数据源节点读取数据记录条数。 activityInsertCount：数据目的插入数据记录条数。 activityDeleteCount：数据目的删除数据记录条数。 activityUpdateCount：数据目的更新数据记录条数。 转换示例“表数据源文件目的演示”的流程运行统计的相关信息如图 5-21 所示

5.3 数据读取

5.3.1 读取表/视图

1. 功能描述

提供对已建立好的数据库数据源中表和视图数据的读取功能，并且能够实现数据读取列选择功能。

2. 选项配置说明

表/视图选项配置说明如表 5-12 所示。

表 5-12 表/视图选项配置说明

选项名称	选项配置说明
数据集	从现有数据源选项中选择对应的表或视图
列信息	浏览选择表或视图的列信息，提供读取列过滤功能
多表读取	通过配置表过滤器读取多个表。表过滤器支持多种过滤方式，每种过滤方式里面有一个匹配信息，过滤方式之间为“OR”的关系。匹配的模式有两种。 （1）匹配表名：有*、?、%三种模糊匹配，*和%模糊匹配零个或多个字符，?仅匹配一个字符；如果不带*、?、%三种符号，则仅以相等形式进行匹配判断。 （2）自定义规则：一个表达式，内嵌一个“tableName”变量，赋值表名，可以在表达式里面使用，如果表达式的值返回为 True，表示符合条件，否则过滤掉。 只有选择了“启用多表读取”选项，才会进行多表读取，否则只会读取在数据集选项卡中选择的表。 注意：通过表过滤器选择的表（列名、列类型）必须与基表中的列信息一致，否则会报错

3. 示例描述

转换示例名称为“表数据源文件目的演示”，其功能是读取 BOOKSHOP 库中 PRODUCTION 模式下产品评价表 PRODUCT_REVIEW 的数据。首先在数据集中添加 BOOKSHOP 库中 PRODUCTION 模式的下产品评价表 PRODUCT_REVIEW，如图 5-19 所示。

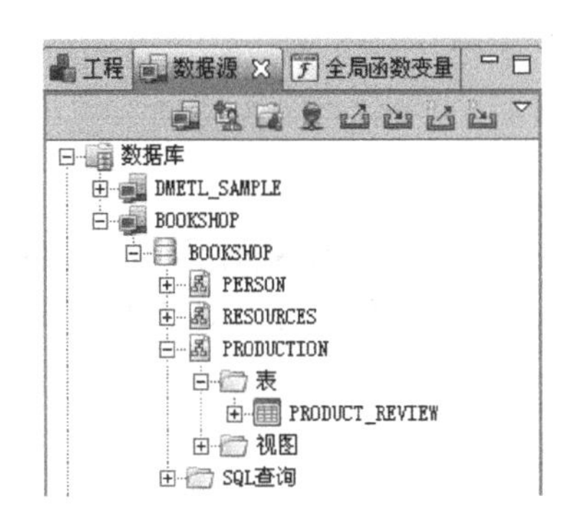

图 5-19　添加产品评价表 PRODUCT_REVIEW

转换示例流程如图 5-20 所示。

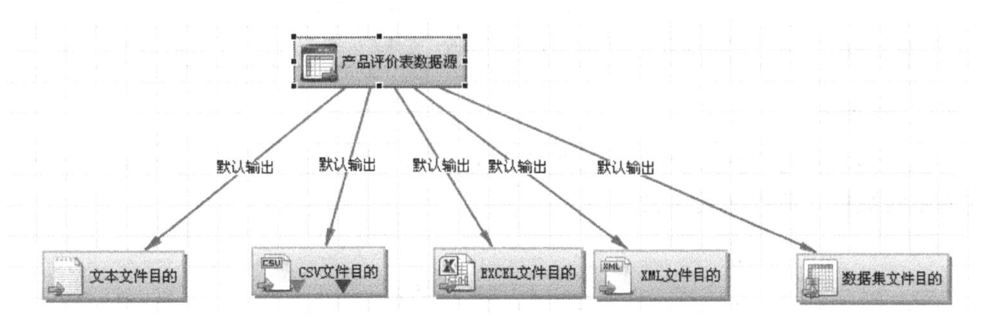

图 5-20　转换示例“表数据源文件目的演示”流程

此处以表为例进行说明，双击“产品评价表数据源”节点图标，对数据源信息可以进行相关设置，流程运行统计的相关信息如图 5-21 所示。

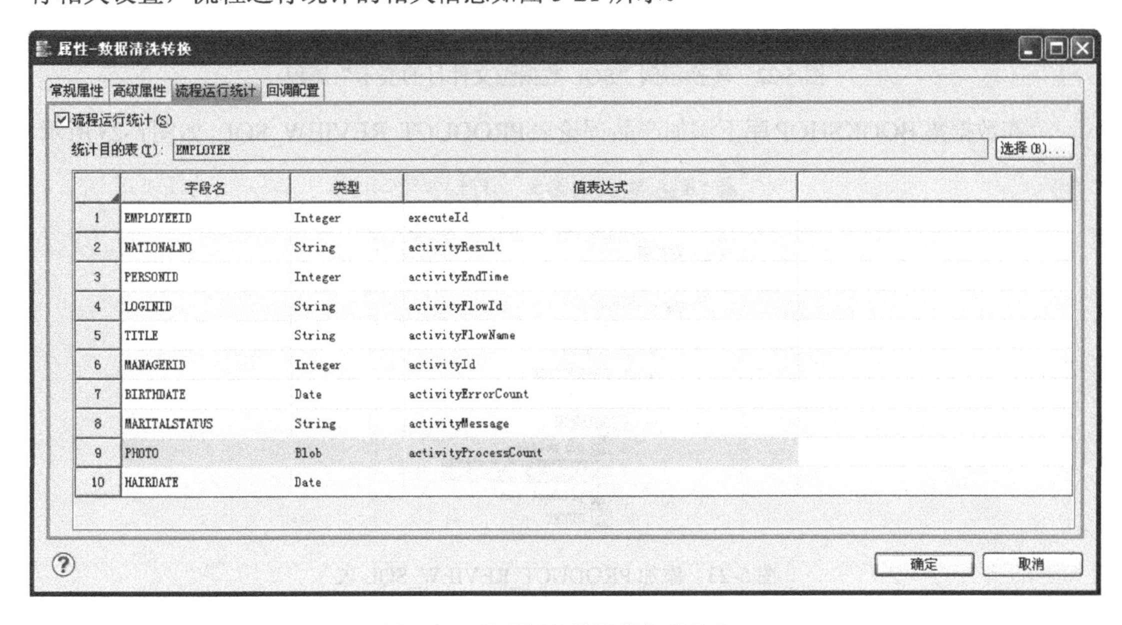

图 5-21　流程运行统计的相关信息

5.3.2 SQL 查询

1. 功能描述

对于已建立好的数据库数据源中添加的 SQL 语句，提供 SQL 查询结果集读取功能，并且提供对数据读取列、查询参数、缓存及并发等选项的设置功能。

2. 选项配置说明

SQL 查询选项配置说明如表 5-13 所示。

表 5-13 SQL 查询选项配置说明

选项名称	选项配置说明
数据集	从现有数据源选项选择对应的表或视图
列信息	浏览选择表或视图的列信息，提供列过滤功能
查询参数	可以对查询参数的值进行修改，支持表达式

3. 示例描述

转换示例名称为“SQL 数据源文件目的演示”，其功能是读取通过 SQL 查询获取的数据库中的数据，流程如图 5-22 所示。

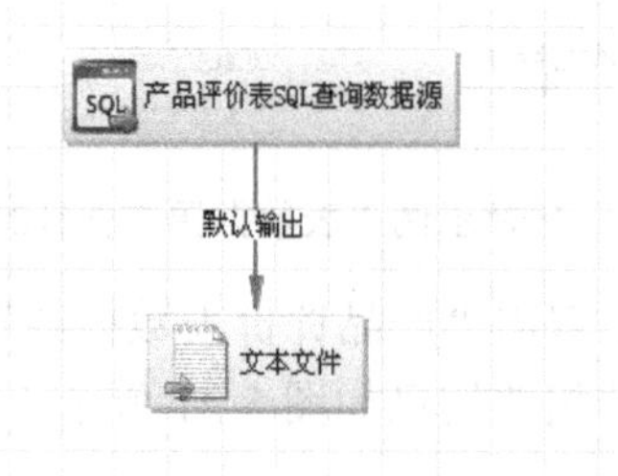

图 5-22 转换示例“SQL 数据源文件目的演示”流程

在数据集 BOOKSHOP 库下添加产品评论表 PRODUCT_REVIEW_SQL，如图 5-23 所示。

图 5-23 添加 PRODUCT_REVIEW_SQL 表

其中 SQL 语句、查询参数、列信息的配置如图 5-24～图 5-26 所示。

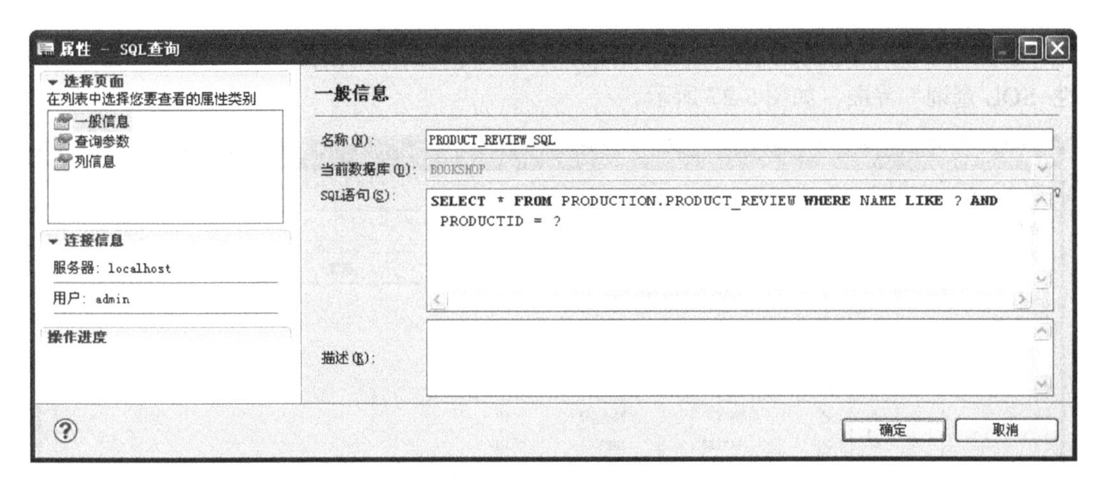

图 5-24　SQL 语句配置

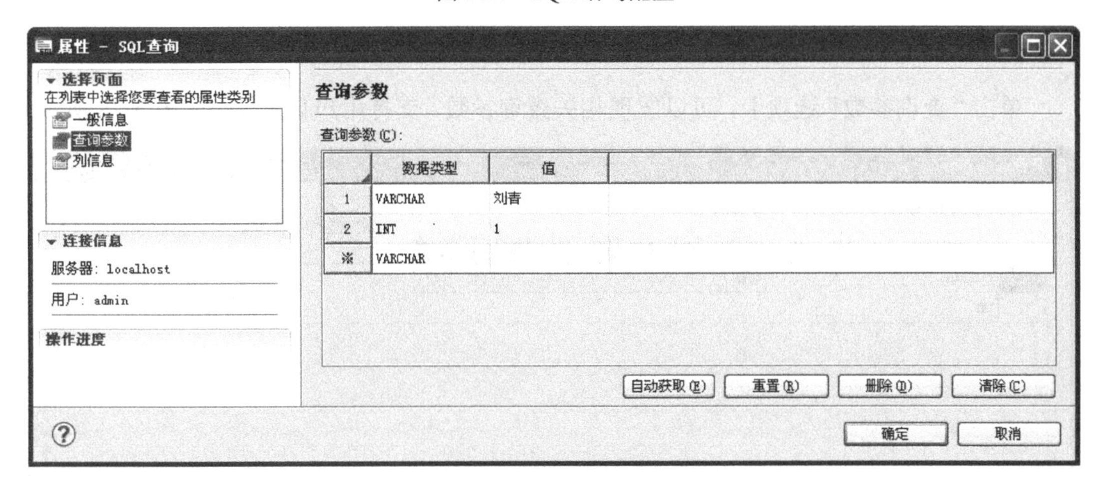

图 5-25　查询参数配置

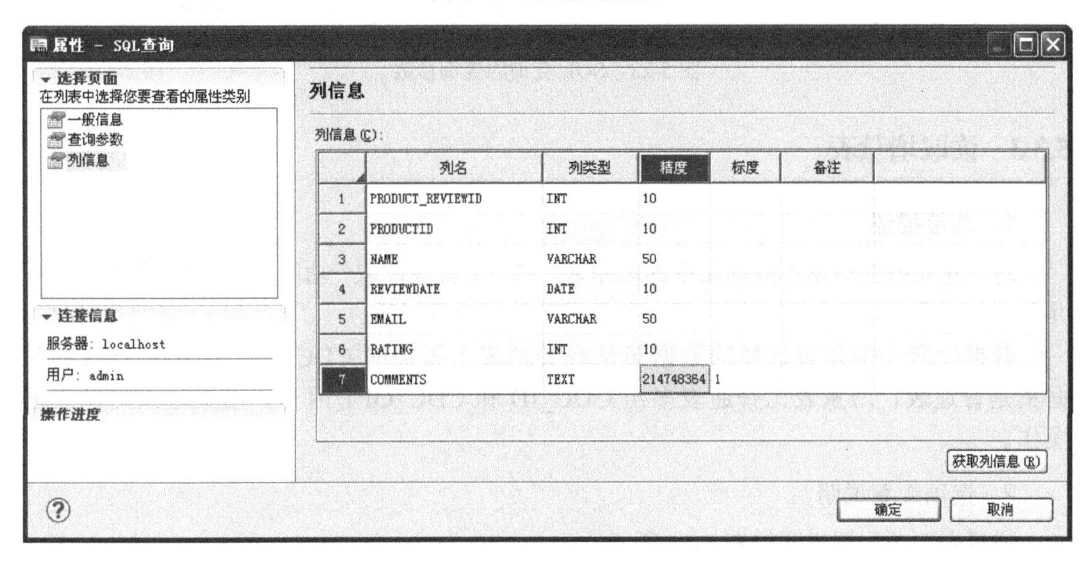

图 5-26　列信息配置

在如图 5-22 所示的流程中双击“产品评价表 SQL 查询数据源”节点图标，进入“属性-SQL 查询”界面，如图 5-27 所示。

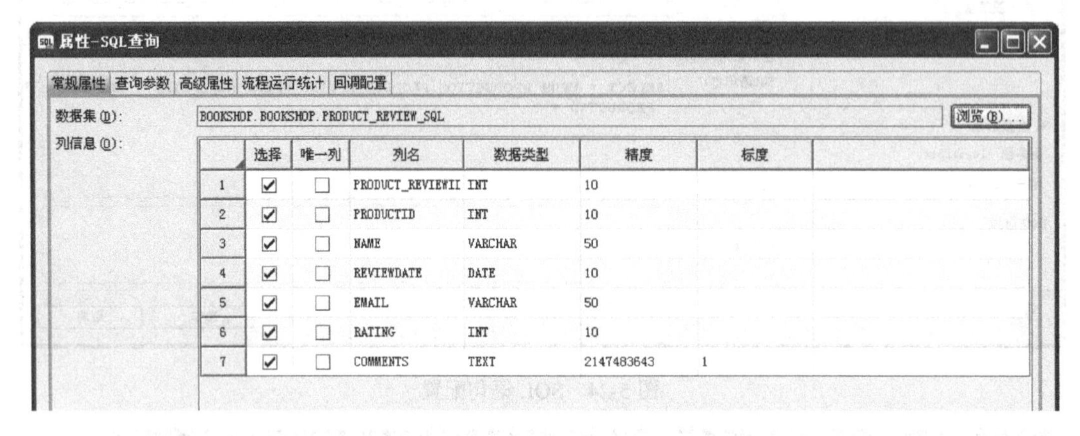

图 5-27 “属性-SQL 查询”界面

单击“查询参数”选项卡，可以发现相关查询参数，支持用户自定义，如图 5-28 所示。

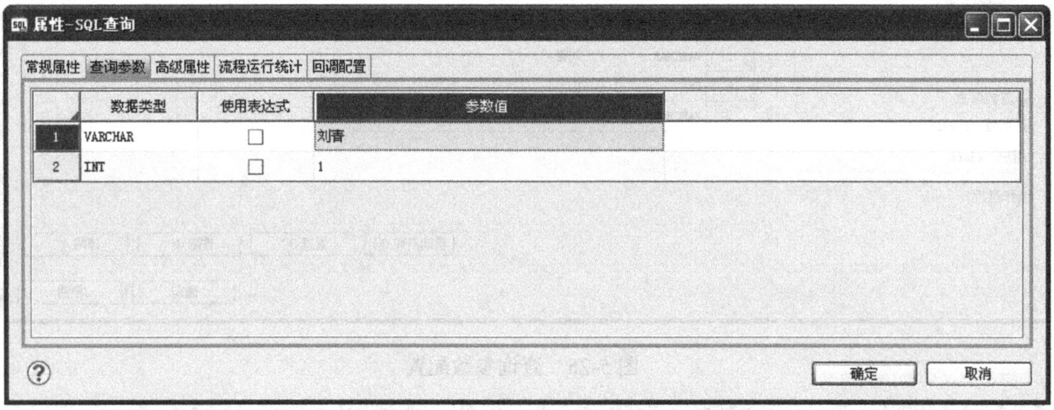

图 5-28 SQL 查询的查询参数

5.3.3 读取增量表

1. 功能描述

对已建立好的数据库数据源中的增量表，其“增量表读取”功能可以对数据进行读取，并且可以对数据读取的列、行、缓存及并发等选项进行设置。

数据读取中增量表选择的数据集是在普通表上添加的 CDC 表，表/视图选择的数据集是普通表，增量表比普通表多出 CDC_ID 和 CDC_OPT 两列，用来记录对源表的操作。

2. 选项配置说明

增量表选项配置说明如表 5-14 所示。

表 5-14　增量表选项配置说明

选项名称	选项配置说明
数据集	从现有数据源选项选择对应的表或视图
首次同步时同步基表数据	设置完成后首次同步时，直接将基表中数据同步到目的表中，这样可以先将基础数据保持一致，然后再进行增量同步
设为首次同步	将当前同步设为首次同步
列信息	浏览选择表或视图的列信息，提供列过滤功能

3．示例描述

转换示例名称为“部门信息增量表演示”，以 MD5 增量表为例，其功能是对源表进行插入、更新、删除，目的表也会相应地更改，流程如图 5-29 所示。

在数据集 DMETL_SAMPLE 库下添加表 DEPARTMENT_T1，其中表结构和数据与 BOOKSHOP 库 RESOURCES 模式下 DEPARTMENT 表一致，在表 DEPARTMENT_T1 处添加 MD5 增量表，如图 5-30 所示。

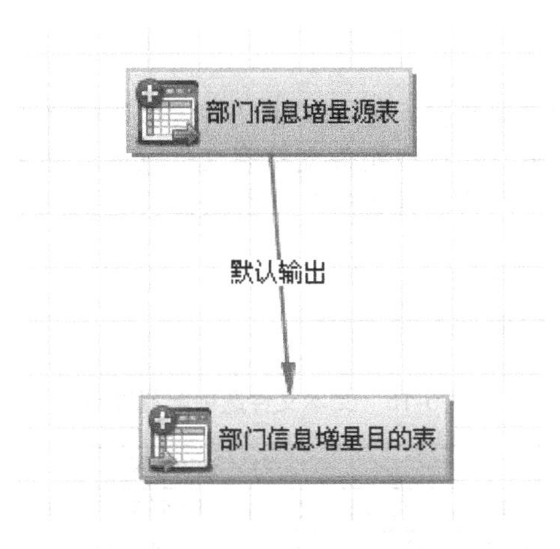

图 5-29　转换示例“部门信息增量表演示”流程

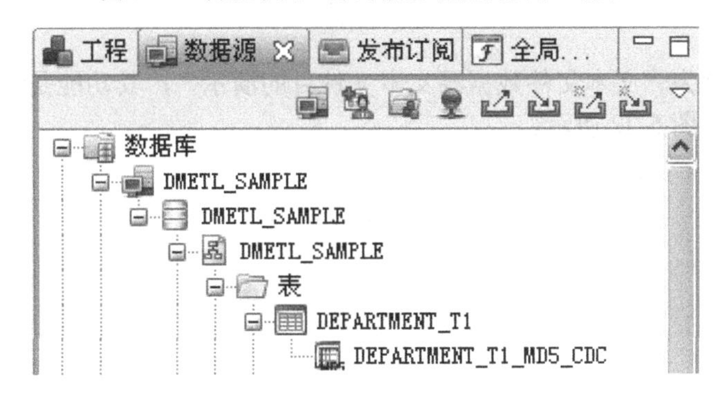

图 5-30　添加 MD5 增量表

双击如图 5-29 所示流程中的“部门信息增量源表”节点图标，进入“属性-增量表”界面，浏览选择 MD5 增量表，如图 5-31 所示。

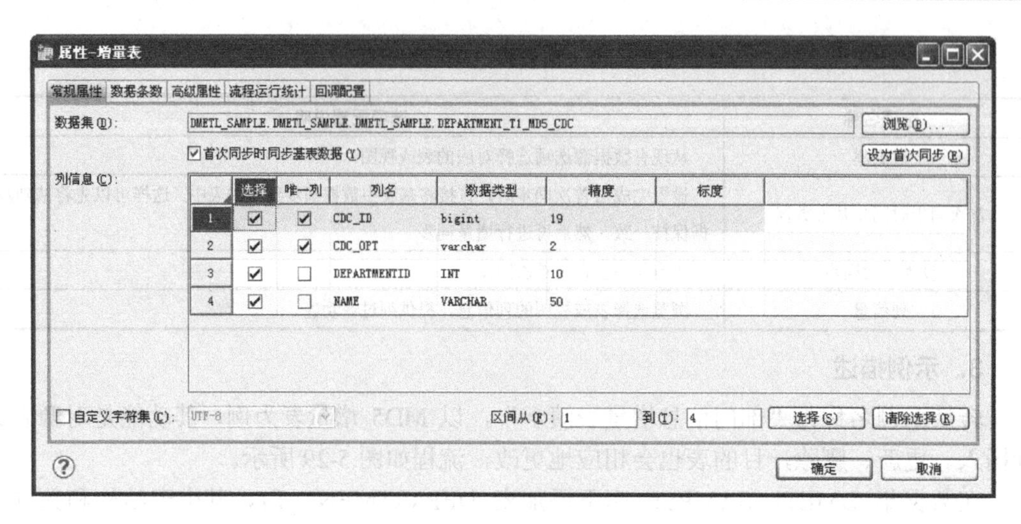

图 5-31 “属性-增量表”界面

5.3.4 读取文本文件

1. 功能描述

从文本文件数据集中读取数据。使用文本文件读取组件之前，必须先在数据源视图中添加文本文件数据集。文本文件读取组件支持多文件读取、增量文件读取和分段读取，相关设置通过单击“文件选择”“文件处理”“高级属性”选项卡进入相应界面进行配置。

2. 选项配置说明

文本文件选项配置说明如表 5-15 所示。

表 5-15 文本文件选项配置说明

选项名称	选项配置说明
数据集	选择一个文本文件数据集，可在文件选择界面查看和修改默认文件路径
选择	在表格中勾选需要输出的列，也可以使用区间选择功能批量选择或取消选择输出列

3. 示例描述

转换示例名称为“文本文件数据源文本文件目的演示”，其功能是读取文本文件数据源的数据，流程如图 5-32 所示。

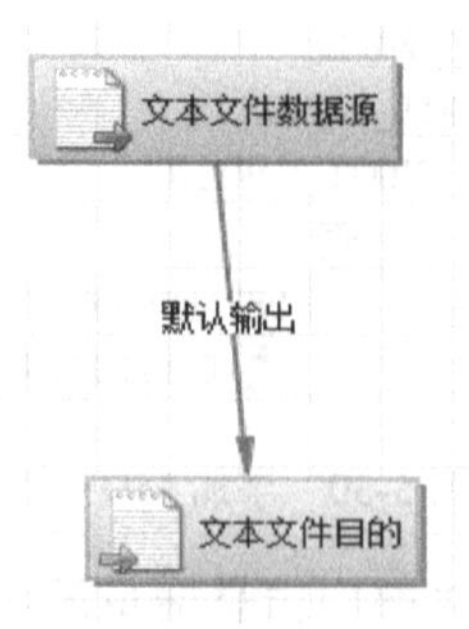

图 5-32 转换示例“文本文件数据源文本文件目的演示”流程

在“文本文件-分隔符分隔”文件目录下添加文本文件数据源，如图 5-33 所示。

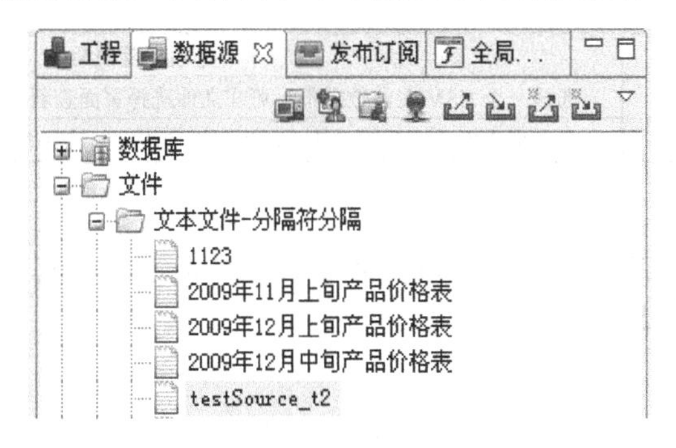

图 5-33　添加文本文件数据源

双击如图 5-32 所示流程中的“文本文件数据源”节点图标，进入“属性-文本文件”界面，浏览选择“testSource_t2”数据集，如图 5-34 所示。

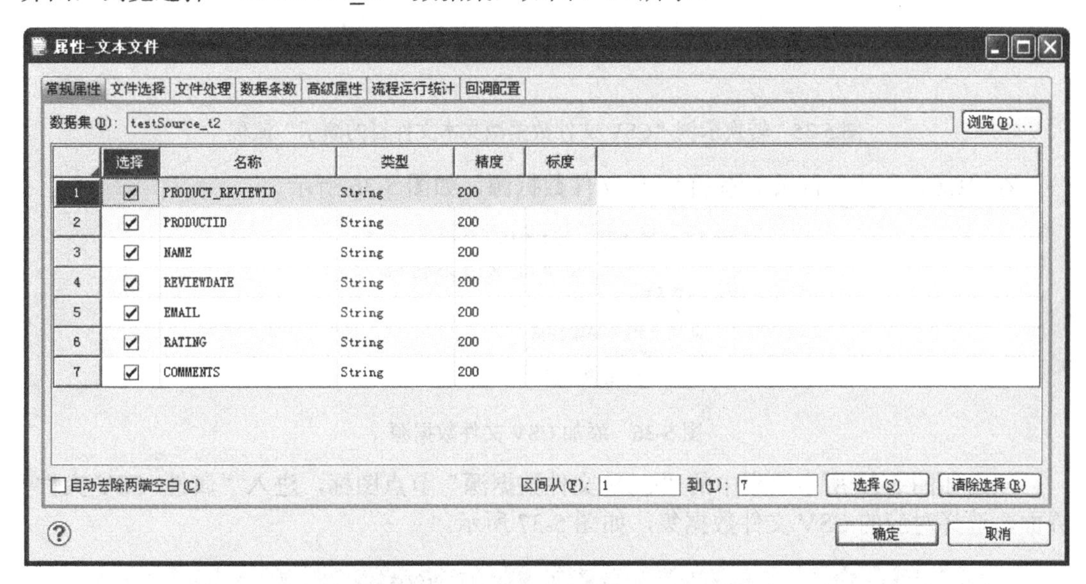

图 5-34　“属性-文本文件”界面

5.3.5　读取 CSV 文件

1. 功能描述

从 CSV 文件数据集中读取数据。使用 CSV 文件读取组件之前，必须先在数据源视图中添加 CSV 文件数据集。CSV 文件读取组件支持多文件读取、增量文件读取和并发分段读取，相关设置通过单击“文件选择”“文件处理”“高级属性”选项卡进入相应界面进行配置。

2. 选项配置说明

CSV 文件选项配置说明如表 5-16 所示。

表 5-16　CSV 文件选项配置说明

选项名称	选项配置说明
数据集	选择一个 CSV 文件数据集，可在文件选择页面查看和修改默认文件路径
选择	在表格中勾选需要输出的列，也可以使用区间选择功能批量选择或取消选择输出列

3. 示例描述

转换示例名称为“CSV 文件数据源文本文件目的演示”，其功能是读取 CSV 文件数据源的数据，流程如图 5-35 所示。

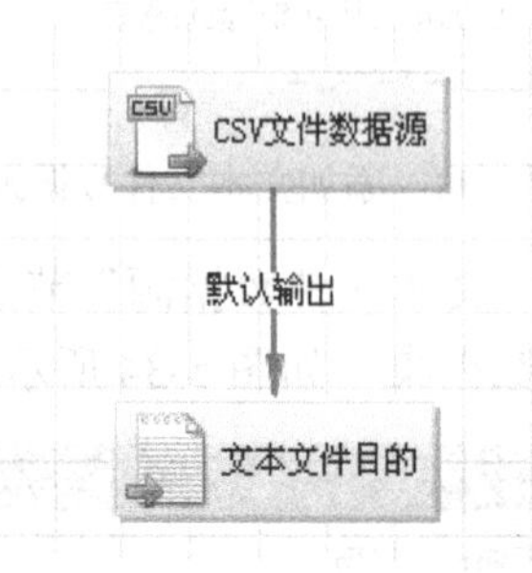

图 5-35　转换示例“CSV 文件数据源文本文件目的演示”流程

在“CSV 文件”目录下添加 CSV 文件数据源，如图 5-36 所示。

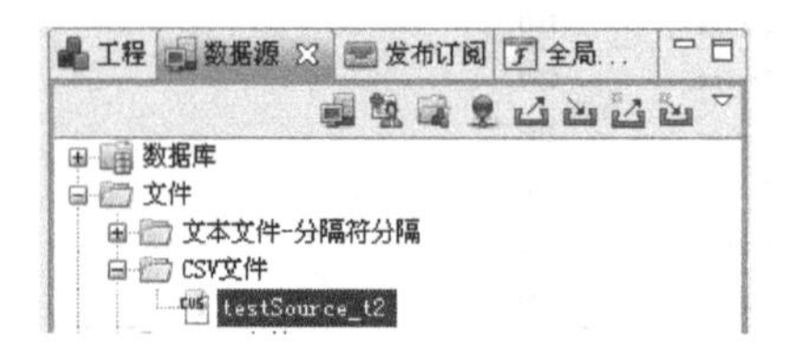

图 5-36　添加 CSV 文件数据源

双击如图 5-35 所示流程中的“CSV 文件数据源”节点图标，进入“属性–CSV 文件”界面，选择对应的 CSV 文件数据集，如图 5-37 所示。

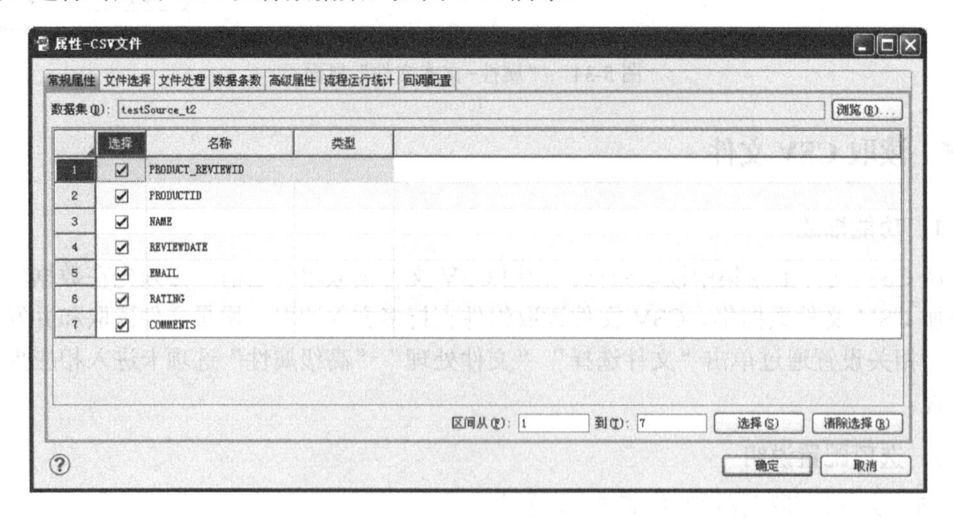

图 5-37　“属性–CSV 文件”界面

5.3.6　读取 Excel 文件

1．功能描述

从 Excel 文件中读取数据。

2．选项配置说明

Excel 文件选项配置说明如表 5-17 所示。

表 5-17　Excel 文件选项配置说明

选项名称	选项配置说明
数据集	选择一个 Excel 数据集，可在文件选择页面查看和修改默认文件路径
列信息	在表格中勾选需要输出的列，也可以使用区间选择功能批量选择或取消选择输出列

3．示例描述

转换示例名称为“Excel 文件数据源文本文件目的演示”，其功能是读取 Excel 文件数据源的数据，流程如图 5-38 所示。

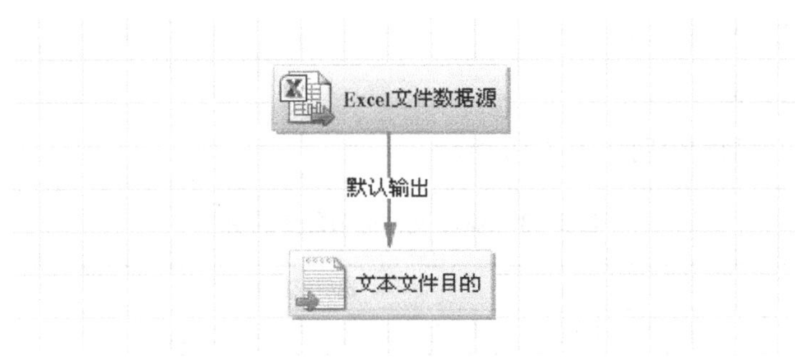

图 5-38　转换示例“Excel 文件数据源文本文件目的演示”流程

在“Excel 文件”目录下添加 Excel 文件数据源，如图 5-39 所示。

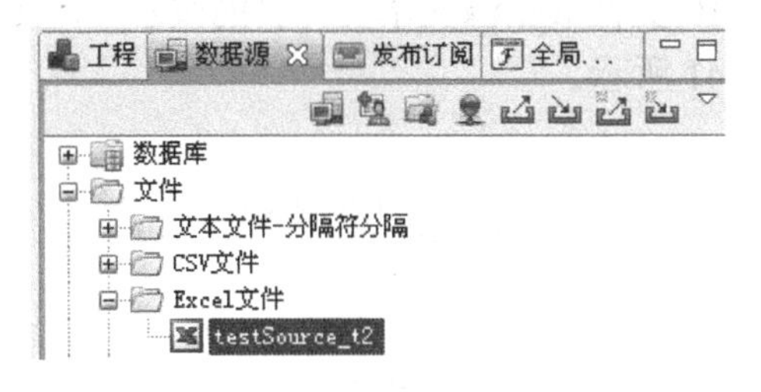

图 5-39　添加 Excel 文件数据源

双击如图 5-38 所示流程中的“Excel 文件数据源”节点图标，进入“属性−Excel 文件”界面，如图 5-40 所示。

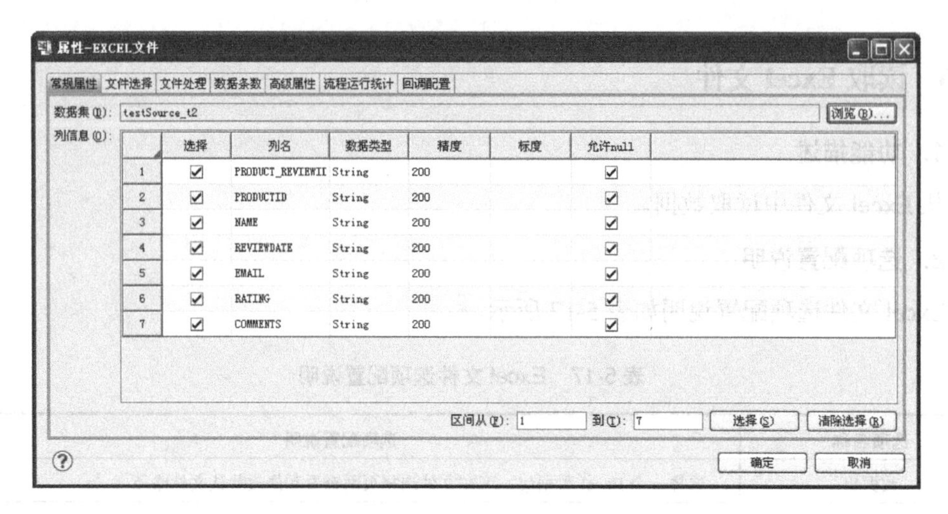

图 5-40 “属性-Excel 文件”界面

5.3.7 读取 XML 文件

1．功能描述

读取 XML 文件中的数据。

2．选项配置说明

XML 文件选项配置说明如表 5-18 所示。

表 5-18 XML 文件选项配置说明

选项名称	选项配置说明
数据集	选择一个 XML 数据集，可在文件选择页面查看和修改默认文件路径
列选择	在表格中勾选需要输出的列，也可以使用区间选择功能批量选择或取消选择输出列

3．示例描述

转换示例名称为“XML 文件数据源文本文件目的演示”，其功能是读取 XML 文件数据源的数据，流程如图 5-41 所示。

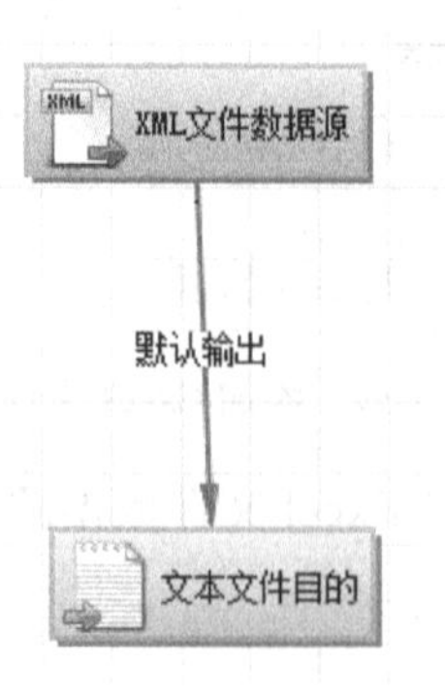

图 5-41 转换示例“XML 文件数据源文本文件目的演示”流程

添加 XML 文件数据源，如图 5-42 所示。

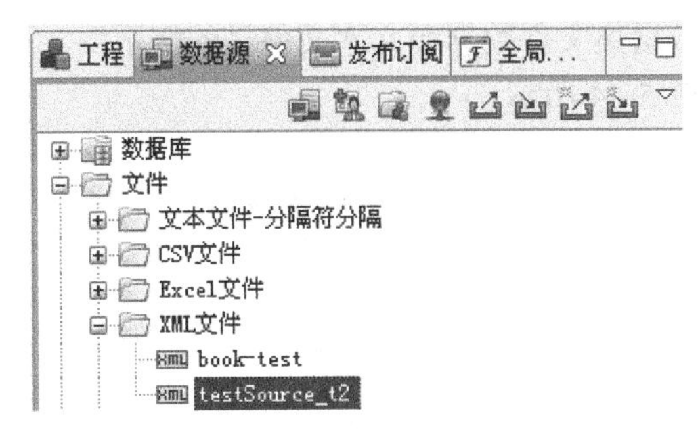

图 5-42 添加 XML 文件数据源

双击如图 5-41 所示流程中的“XML 文件数据源”节点图标，进入“属性-XML 文件”界面，选择相应的 XML 数据集，如图 5-43 所示。

属性-XML文件

常规属性 | 文件选择 | 文件处理 | 数据条数 | 高级属性 | 流程运行统计 | 回调配置

数据集(D): testSource_t2 选择(B)...

	选择	名称	类型	精度	标度	列位置
1	☑	PRODUCT_REVIEWID	String	1000		@Name:E=PRODUCT_REVIEWID
2	☑	PRODUCTID	String	1000		@Name:E=PRODUCTID
3	☑	NAME	String	1000		@Name:E=NAME
4	☑	REVIEWDATE	String	1000		@Name:E=REVIEWDATE
5	☑	EMAIL	String	1000		@Name:E=EMAIL
6	☑	RATING	String	1000		@Name:E=RATING
7	☑	COMMENTS	String	1000		@Name:E=COMMENTS

图 5-43 “属性-XML 文件”界面

5.3.8 读取数据集文件

1. 功能说明

从数据集文件中读取数据。数据集文件又称 DDS 文件，是 DMETL Data Set 的缩写。DDS 是 DMETL V4.0 独有的文件格式，支持数据压缩。DDS 文件保存转换过程中得到的完整列信息和消息记录信息。

2. 选项配置说明

数据集文件选项配置说明如表 5-19 所示。

表 5-19 数据集文件选项配置说明

选项名称	选项配置说明
数据集	选择一个 DDS 数据集，可在文件选择页面查看和修改默认文件路径
压缩文件	数据集文件文件头的一个标识，表明文件内容是否被压缩，但无论是否被压缩，都属于 DDS 文件
字符集	数据集文件文件头的一个标识，表明文件内容中字符串所使用的字符集
选择	在表格中勾选需要输出的列，也可以使用区间选择功能批量选择或取消选择输出列

3. 示例描述

转换示例名称为“数据集文件数据源文本文件目的演示”，其功能是读取数据集文件数据源的数据，流程如图 5-44 所示。

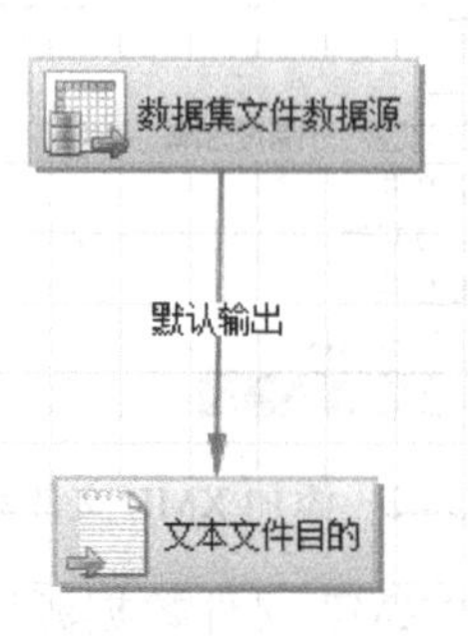

图 5-44　转换示例“数据集文件数据源文本文件目的演示”流程

在“数据集文件”目录下添加“testSource_t2”数据集文件数据源，如图 5-45 所示。

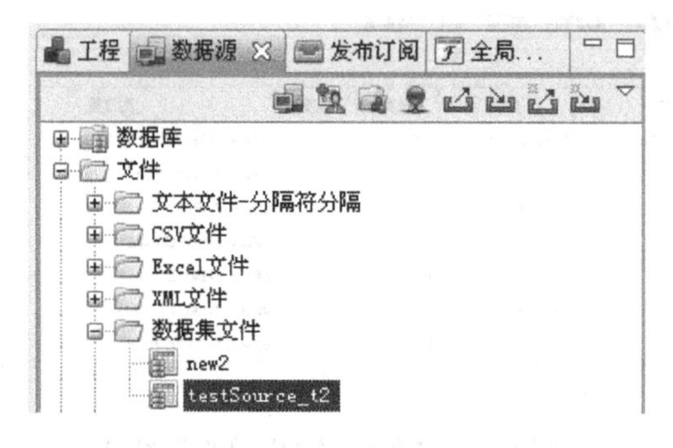

图 5-45　添加数据集文件数据源

双击如图 5-44 所示流程中的“数据集文件数据源”节点图标，进入“属性-数据集文件”界面，选择对应的数据集文件，如图 5-46 所示。

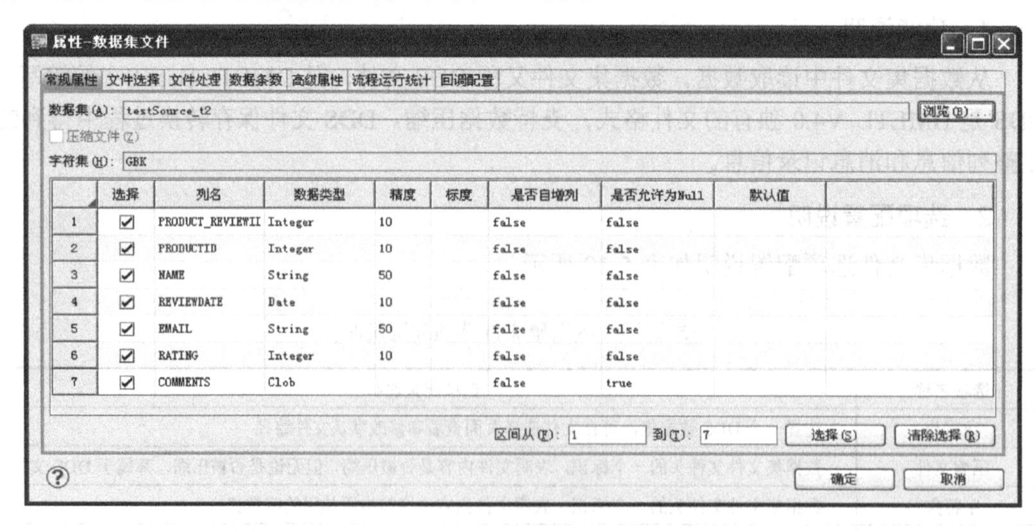

图 5-46　“属性-数据集文件”界面

5.3.9 读取 JMS 数据

1．功能描述

Java 消息服务（Java Message Service，JMS）数据读取，是从 JMS 服务器读取数据的过程。

2．选项配置说明

JMS 选项配置说明如表 5-20 所示。

表 5-20 JMS 选项配置说明

选项名称	选项配置说明
数据集	选择一个 JMS 数据集，可在文件选择页面查看和修改默认文件路径
超时时间	如果超出该时间没有收到新的消息时，则结束，时间单位为 s，取 0 时表示永远等待
加密	选择加密类型，有不加密、简单加密和标准加密（DES 加密），其中简单加密和 DES 加密需要输入密码
持久订阅	选择是否持久订阅，如果持久订阅则需要输入持久订阅标志
自动创建不存在的主题或队列	如果没有勾选，则在无此主题或队列的时候会报错，即无法找到此主题或队列
选择	在表格中勾选需要输出的列，也可以使用区间选择功能批量选择或取消选择输出列

3．示例描述

转换示例名称为“JMS 到表目的演示”，其功能是读取 JMS 数据源的数据。添加 JMS 数据源如图 5-47 所示。

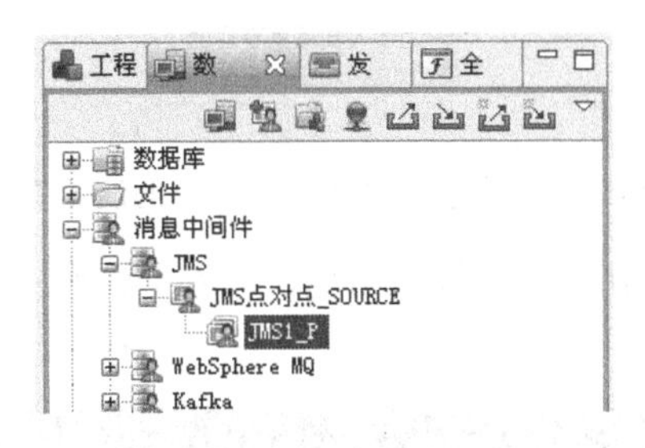

图 5-47 添加 JMS 数据源

JMS 数据源和 JMS 数据集相关属性配置界面如图 5-48、图 5-49 所示。

图 5-48 JMS 数据源相关属性配置界面

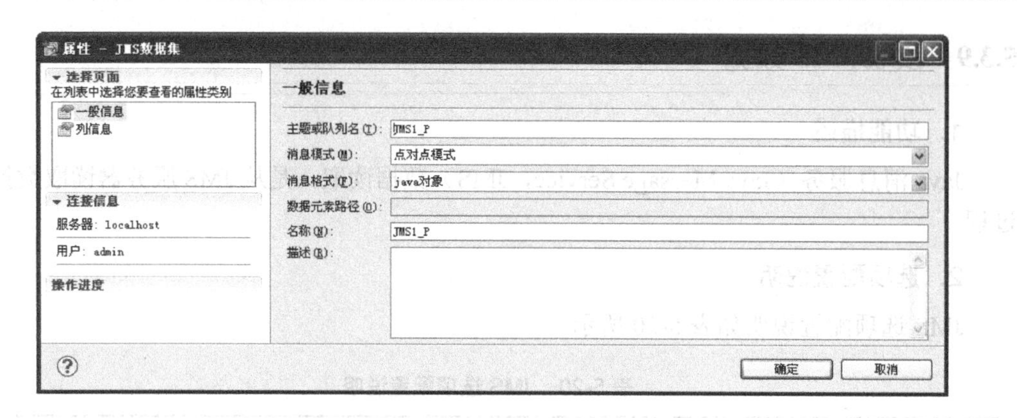

图 5-49　JMS 数据集相关属性配置界面

转换示例“JMS 到表目的演示”流程如图 5-50 所示。

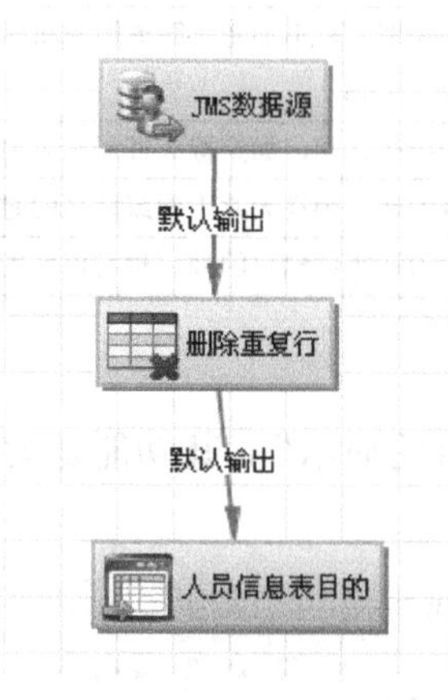

图 5-50　转换示例“JMS 到表目的演示”流程

双击流程图中的“JMS 数据源”节点图标，进入“属性-JMS”界面，选择相应的 JMS 数据集，如图 5-51 所示。

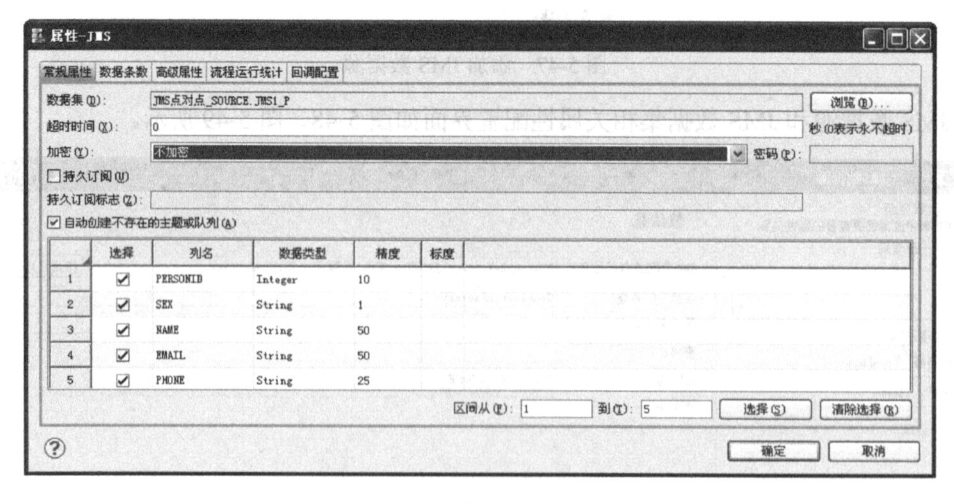

图 5-51　“属性-JMS”界面

5.3.10　读取 WebService 数据

1．功能描述

从 WebService 数据源中读取数据。

2．选项配置说明

WebService 选项配置说明如表 5-21 所示。

表 5-21　WebService 选项配置说明

选项名称	选项配置说明
WebService 数据集	选择 WebService 数据集，WebService 是一种远程方法调用技术
WebService 方法	选择读取数据的 WebService 方法
方法参数	输入 WebService 方法的输入参数和输出参数

3．示例描述

转换示例名称为“WebService 数据源文本目的演示”，其流程如图 5-52 所示。功能是读取 WebService 数据源的数据。新建 WebService 数据源（见图 5-53），添加 WebService 数据集（见图 5-54）。

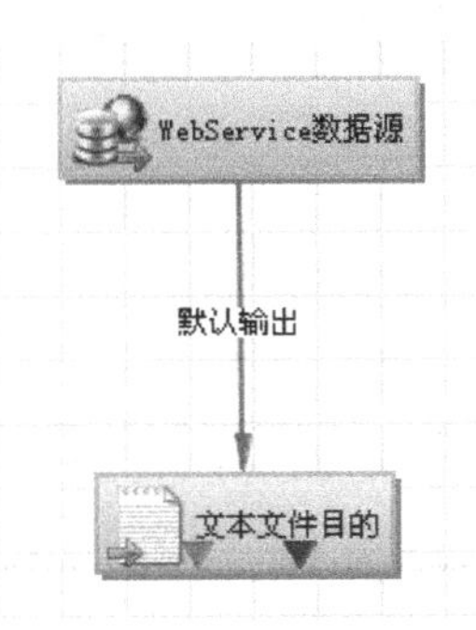

图 5-52　转换示例“WebService 数据源文本目的演示”流程

图 5-53　新建 WebService 数据源

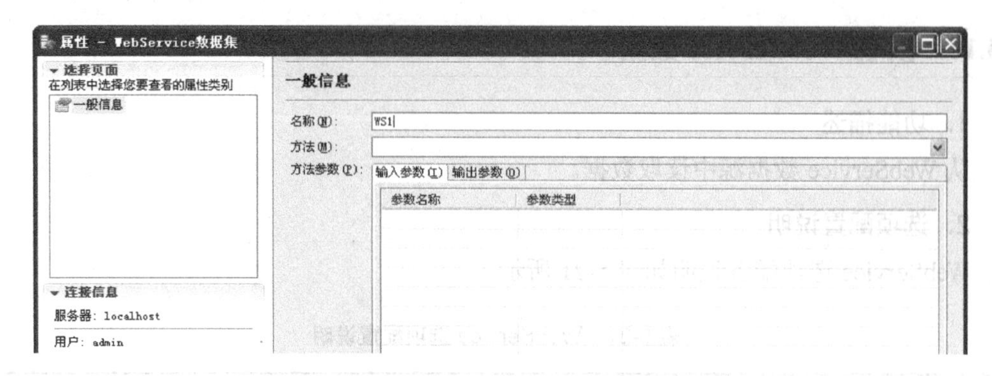

图 5-54　添加 WebService 数据集

双击如图 5-52 所示流程图中的"WebService 数据源"节点图标，进入"属性-WebService"界面，如图 5-55 所示。

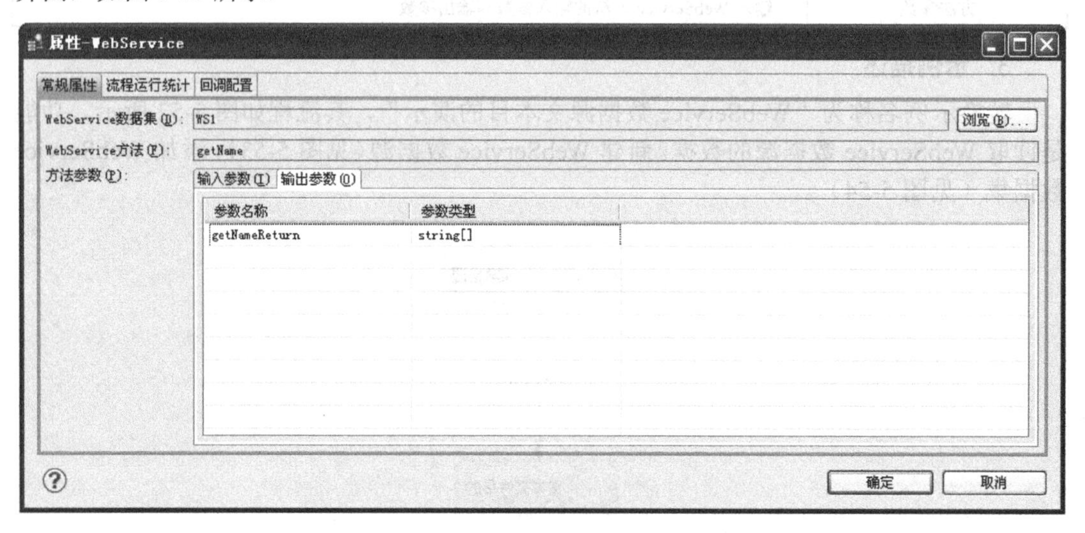

图 5-55　"属性-WebService"界面

5.3.11　读取 LDAP 数据

1．功能描述

从 LDAP 数据库中读取数据。

2．选项配置说明

LDAP 选项配置说明如表 5-22 所示。

表 5-22　LDAP 选项配置说明

选项名称	选项配置说明
数据集	选择 LDAP 数据源中的数据集
DN	该数据集所对应的标识名 DN，可以修改
列信息	选择需要读取的列

5.3.12 读取 Mail 数据

1. 功能描述

Mail 数据作为数据源，是从邮件服务器中读取的数据。

2. 选项配置说明

Mail 选项配置说明如表 5-23 所示。

表 5-23 Mail 选项配置说明

选项名称	选项配置说明
数据集	选择 Mail 数据源中的数据集
读取方式	根据选择协议的不同可以选取不同的收取邮件的方式，POP3 协议下有收取全部邮件和收取新邮件两种方式，IMAP 协议下有所有、新、旧、已读、未读、垃圾箱、非垃圾箱、草稿、非草稿、已回复、未回复这几种读取方式
收取附件	选择是否输出邮件附件
收取后删除服务器邮件备份	选择是否在收取邮件后删除服务器上的备份邮件
列选择	选择需要读取的列

3. 示例描述

转换示例名称为“Mail 到表目的演示”，其功能是读取“Mail”目录下 POP3 数据源的数据。首先新建“Mail”目录下的 POP3 数据源，再添加 POP3 数据集，如图 5-56 所示。

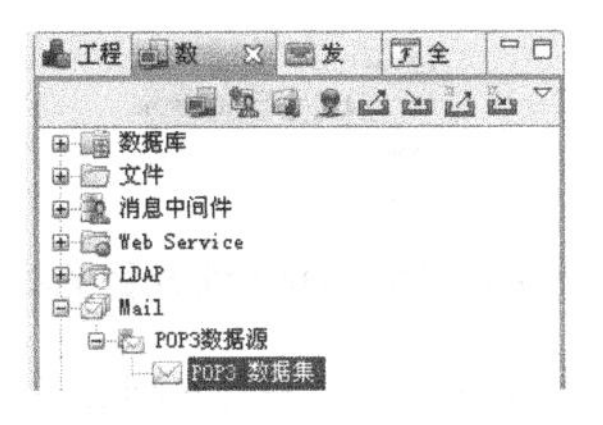

图 5-56 “Mail”目录下的 POP3 数据集

右击数据源列表中的“Mail”选项，在弹出的快捷菜单中选择“新建 POP3 数据源”选项，进入“属性-Mail 数据源”界面，录入相关信息后确定即可，如图 5-57 所示。

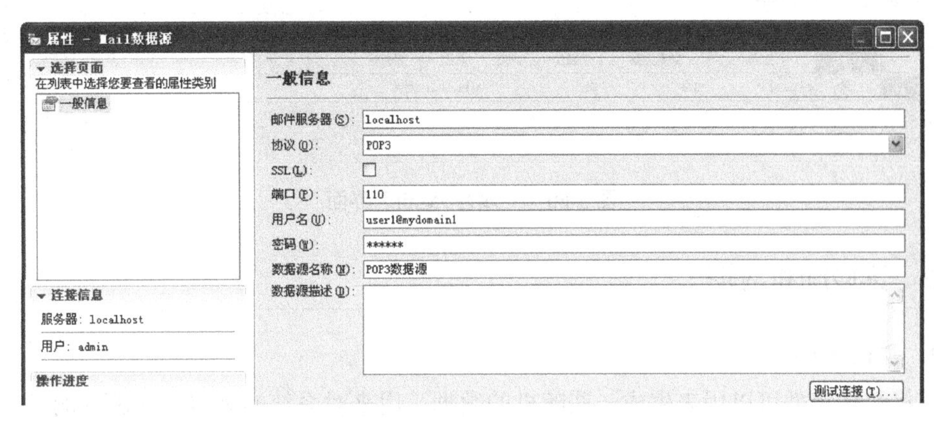

图 5-57 “属性-Mail 数据源”界面

在数据源列表中，通过“POP3 数据源”选项添加 POP3 数据集，录入相关信息，“添加 Mail 数据集”界面如图 5-58 所示。

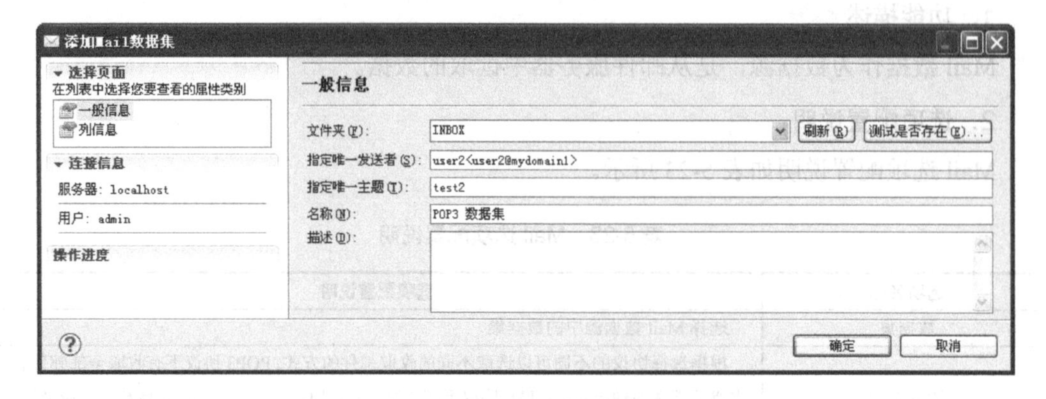

图 5-58 “添加 Mail 数据集”界面

转换示例“Mail 到表目的演示”流程如图 5-59 所示。

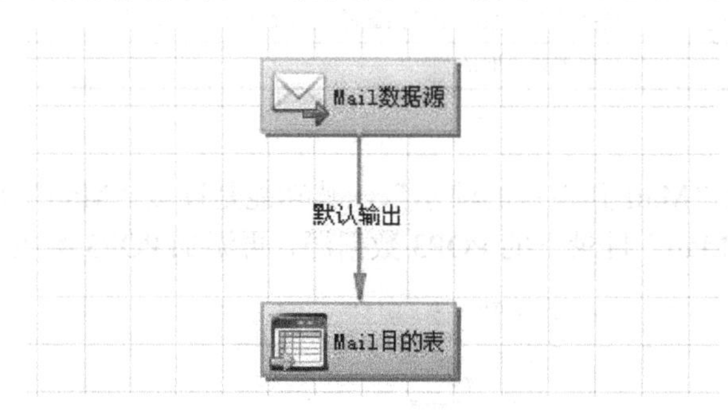

图 5-59 转换示例“Mail 到表目的演示”流程

双击“Mail 数据源”节点图标，进入“属性-Mail”界面，如图 5-60 所示。

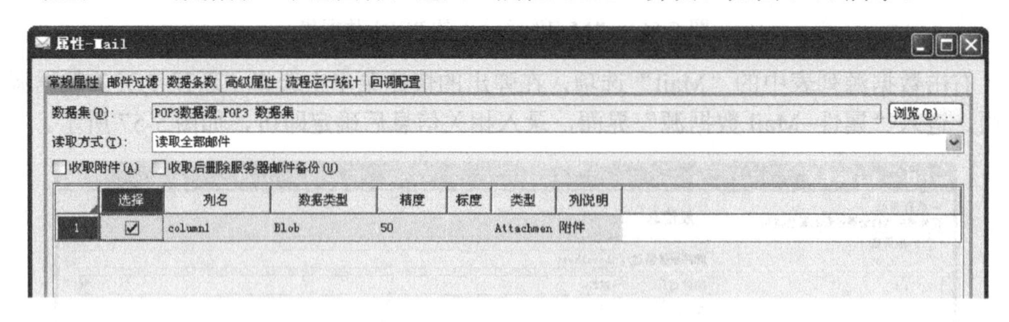

图 5-60 “属性-Mail”界面

5.3.13 读取随机数据

1. 功能描述

随机数据组件可以用来生成一些随机的数据，用来对系统的某些组件进行测试。可以指定要生成数据的类型，也可以指定生成数据的行数。

2. 选项配置说明

随机数据选项配置说明如表 5-24 所示。

表 5-24　随机数据选项配置说明

选项名称	选项配置说明
从数据源加载列信息	通过指定数据源中的表来生成列
列信息	生成列的类型、名称及选择是否为唯一列。勾选唯一列，则该列不允许有重复值；不勾选，则该列允许有重复值
数据行数	指定数据的行数

3. 示例描述

转换示例名称为“随机数据演示”，其功能是读取随机数据源的数据，其流程如图 5-61 所示。

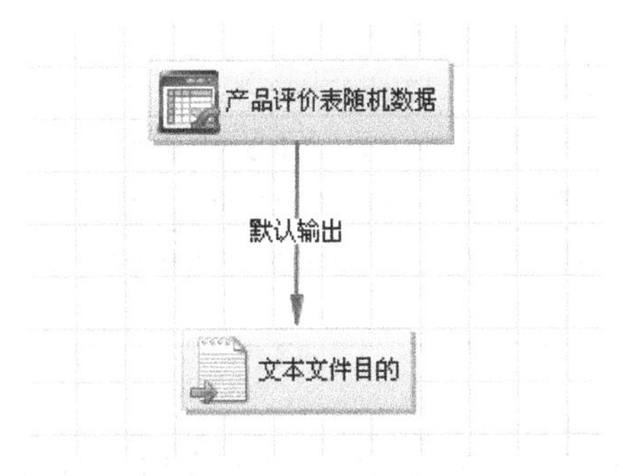

图 5-61　转换示例“随机数据演示”流程

双击“产品评价表随机数据”节点图标，进入“属性-随机数据”界面，单击“从数据源加载列信息”按钮获取列信息，找到 BOOKSHOP 库 PRODUCTION 模式下的产品评价表 PRODUCT_REVIEW 并勾选相应复选框，如图 5-62 所示。

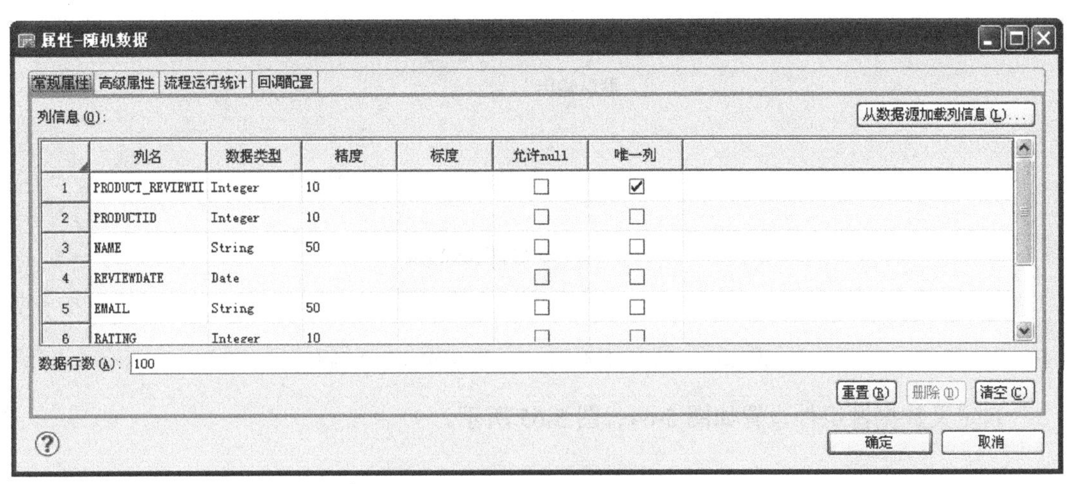

图 5-62　“属性-随机数据”界面

5.3.14 读取自定义数据源

1．功能描述

通过自定义数据源组件，可以调用用户编写的数据读入处理类，从而可以不局限于前面描述的几种数据读取方法，自行进行数据读入处理。

2．选项配置说明

自定义数据源选项配置说明如表 5-25 所示。

表 5-25 自定义数据源选项配置说明

选项名称	选项配置说明
类路径	指定自定义转换类及其所使用的第三方库所在的路径，单击“添加文件”或“添加目录”按钮，会将选择的文件路径或目录路径以追加的方式写入“类路径”文本框中，并以分号隔开。“类路径”文本框支持表达式输入
数据读取类名	用于填写用户自定义数据读取类的类名
自定义属性	单击“获取属性列表”按钮，会获取转换类中用户定义的属性列表，以及属性的类型和缺省值，其中属性值一列是可输入的，用户可以修改属性的初始值
输出列信息	单击“从数据源加载列信息”按钮，可以直接使用数据源数据集的列作为输出，也可以添加输出列

3．示例描述

转换示例名称为“自定义数据源演示”，其流程如图 5-63 所示。

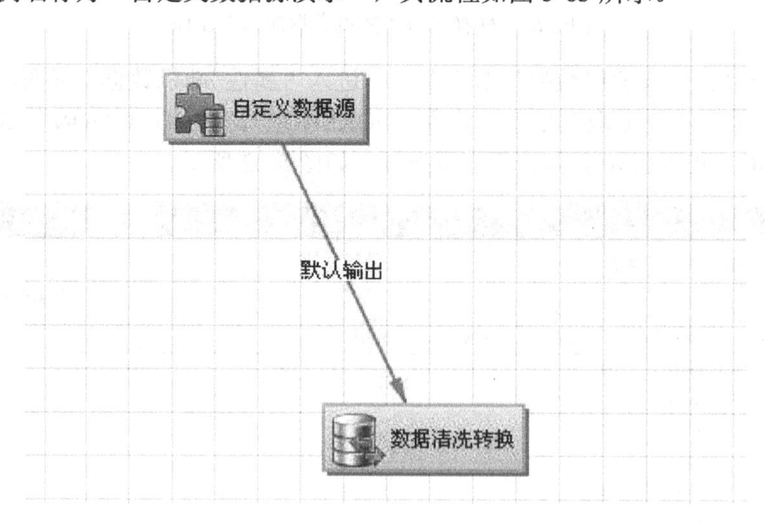

图 5-63 转换示例“自定义数据源演示”流程

自定义数据源组件设置如图 5-64、图 5-65 所示。

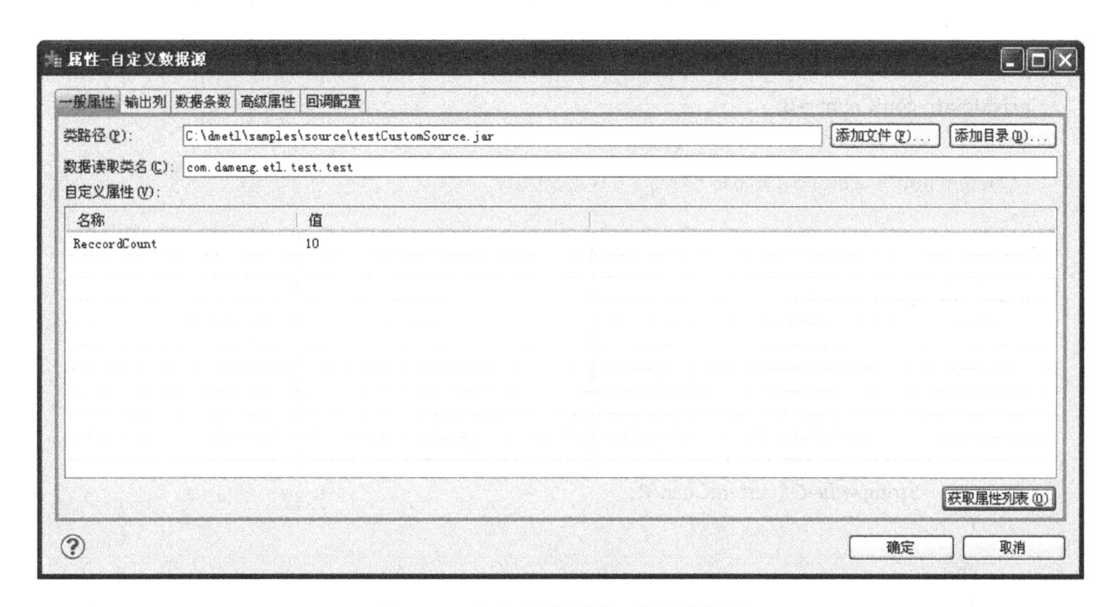

图 5-64　自定义数据源一般属性设置

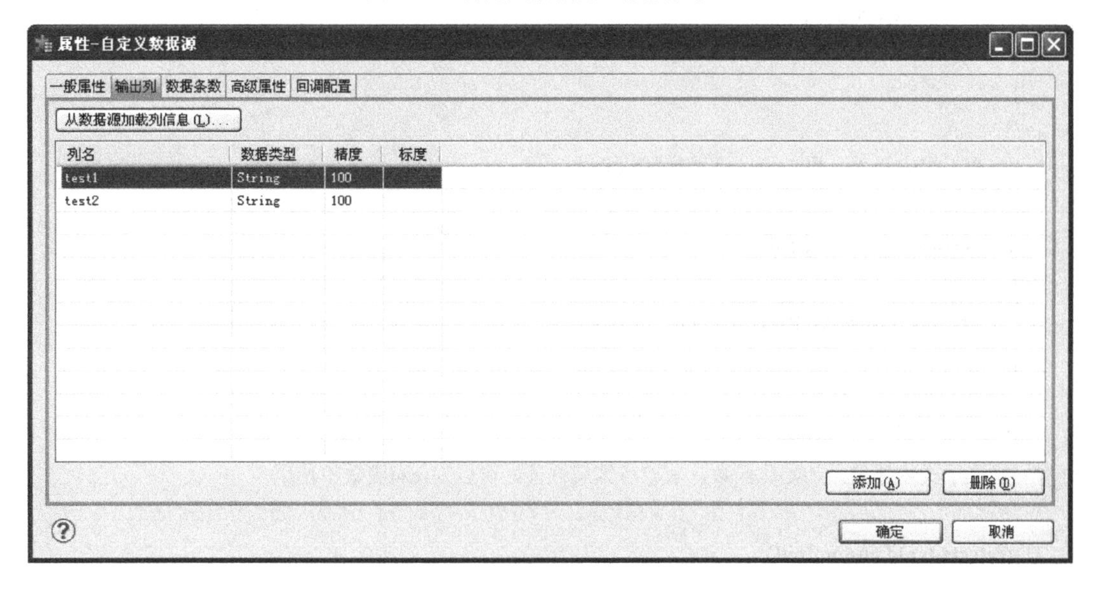

图 5-65 自定义数据源输出列设置

testCustomSource.jar 文件功能是：根据界面设置的读取记录总数参数值，返回相应数量的记录作为数据读取。代码如下：

```
package com.dameng.etl.Test;

import    com.dameng.etl.engine.activity.dataflow.processor.
CustomDataFlowSourceProcessor;

publicclassTestextends CustomDataFlowSourceProcessor
{
```

```
privateintcurrentCount = 0;
privateintrecordCount = 0;
/*
 * "return null" means no data can be read, it is necessary.
 */
@Override
protected Object[] read()
{
        if (currentCount++ <recordCount)
        {
                returnnew String[] {"String11:" + String.valueOf(currentCount), "String12:" +
                String.valueOf(currentCount)};
        }
        else
        {
                returnnull;
        }
}
/*
 * 在子类中覆盖，添加自定义转换默认参数
 */
publicvoid registerProperties()
{
        registerProperty("ReccordCount", "10");
}


/*
 * 在子类中覆盖，初始化函数，获取参数属性值，可以在read函数中使用
 */
protectedvoid customInit()
{
        recordCount = Integer.parseInt(getProperty("ReccordCount"));
}
@Override
publicvoid dispose()
{
        super.dispose();
        //add your own some dispose codes
}
}
```

5.3.15　读取 DBF 文件

1．功能描述

从 DBF 文件中读取数据。

2．选项配置说明

DBF 文件选项配置说明如表 5-26 所示。

表 5-26　DBF 文件选项配置说明

选项名称	选项配置说明
数据集	选择一个 DBF 文件数据集，可在文件选择界面查看和修改默认文件路径
列信息	选择需要读取的列

5.3.16　读取 JSON 文件

1．功能描述

从 JSON 文件中读取数据。

2．选项配置说明

JSON 文件选项配置说明如表 5-27 所示。

表 5-27　JSON 文件选项配置说明

选项名称	选项配置说明
数据集	选择一个 JSON 文件数据集，可在文件选择界面查看和修改默认文件路径
列信息	选择需要读取的列

3．示例描述

转换示例名称为“JSON 文件数据源文本文件目的演示”，其功能是读取 JSON 文件数据源的数据，首先新建 JSON 文件数据源，添加 JSON 文件，“属性-JSON 文件”界面如图 5-66 所示。

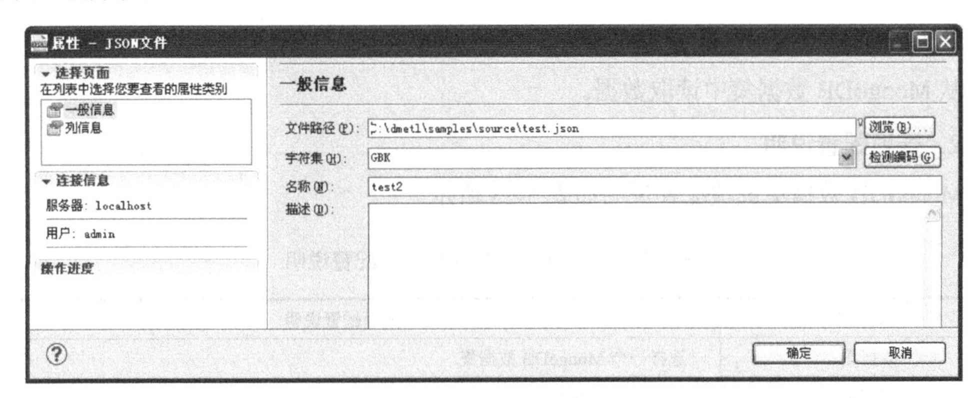

图 5-66　“属性-JSON 文件”界面

转换示例“JSON 文件数据源文本文件目的演示”的流程如图 5-67 所示。

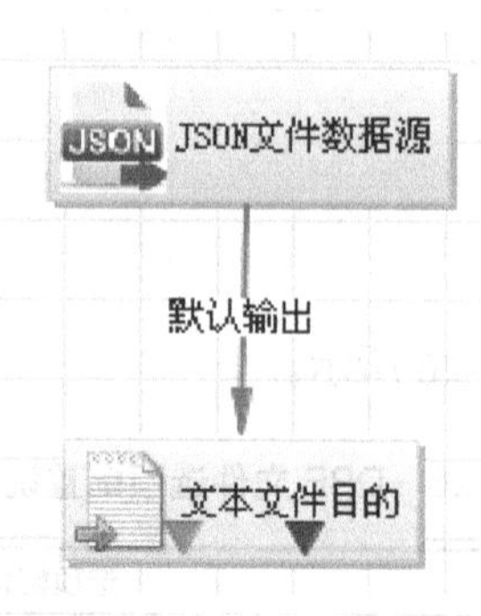

图 5-67　转换示例“JSON 文件数据源文本文件目的演示”流程

在流程图中，双击“JSON 文件数据源”节点图标，进入“属性-JSON 文件”界面，选择相应的 JSON 文件数据源，如图 5-68 所示。

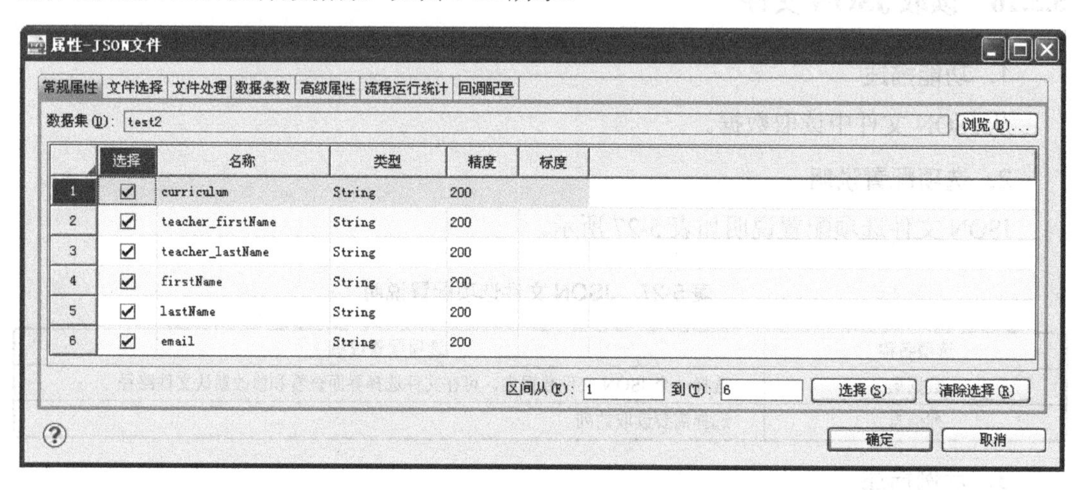

图 5-68　“属性-JSON 文件”界面

5.3.17　读取 MongoDB 数据

1．功能描述

从 MongoDB 数据集中读取数据。

2．选项配置说明

MongoDB 数据集选项配置说明如表 5-28 所示。

表 5-28　MongoDB 数据集选项配置说明

选项名称	选项配置说明
数据集	选择一个 MongoDB 数据集
列信息	选择需要读取的列

5.3.18 读取 WebSphere MQ 数据

1. 功能描述

从 WebSphere MQ 数据集中读取数据。

2. 选项配置说明

WebSphere MQ 数据集选项配置说明如表 5-29 所示。

表 5-29 WebSphere MQ 数据集选项配置说明

选项名称	选项配置说明
数据集	选择一个 WebSphere MQ 数据集
文本编码字符集标识	WebSphere MQ 数据集文本的字符编码标识，1318 代表 GBK，1208 代表 UTF
文本编码	WebSphere MQ 数据集文本的字符编码
超时时间	如果超出该时间没有收到新的消息则结束，时间单位为秒，取 0 表示永不超时
加密	选择加密方式，有不加密、简单加密和 DES 加密三种，后两种需要输入密码
列信息	选择需要读取的列

5.3.19 读取网络输入数据

1. 功能描述

从网络输入读取数据。

2. 选项配置说明

网络输入选项配置说明如表 5-30 所示。

表 5-30 网络输入选项配置说明

选项名称	选项配置说明
标识符	网络输入的标识符，用户可自定义
设为首次运行	将本次读取设置为首次运行
加密口令	选择是否需要输入加密口令
从数据源加载列信息	通过指定数据源中的表来生成列
列信息	显示读取的列

5.4 数据转换

5.4.1 数据清洗转换

1. 功能描述

数据清洗转换提供基于规则的数据转换和清洗功能。通过该组件，用户可以一次性应用多个转换规则并按照顺序生效。转换规则是可以扩展的，规则属性的设置是图形化的，不需要用户写函数或者脚本。数据清洗转换过程中，如碰到异常数据，会从错误线输出。提供基于规则的预览功能，预览输入数据经过一系列规则（一个或多个）处理后的结果。用户可以调整已编辑的多个清洗转换规则顺序，不过当使用了字段删除、合并、拆分类的规则时，需注意后面的规则不要引用被删除、合并、拆分后不存在的字段。

2. 系统缺省支持规则

DMETL V4.0 系统缺省支持规则如下。

（1）合并两个字段。

功能：将两个字段的内容进行合并，第二个字段合并到第一个字段，可以直接合并，也可以通过连接符合并，示例如下。

处理前：c1　　c2

aa　　Bb

　　　CC

null　DD

规则：合并字段 c1 和 c2，连接符为*。

处理后：c1_c2

aa*Bb

*CC

*DD

（2）删除某一字段。

功能：删除指定的字段，示例如下。

处理前：c1　　c2

aa　　Bb

　　　CC

null　DD

规则：删除 c1 列。

处理后：c2

Bb

CC

DD

（3）按位置拆分列。

功能：将一个字段的内容在指定位置进行拆分，拆分后原字段分为两个字段，示例如下。

处理前：c1　　c2

aa　　Bb

　　　CC

null　DD

规则：对字段 c1 拆分，拆分位置为 1。

处理后：c1_1　　c1_2　　c2

a　　a　　Bb

		CC
null	null	DD

（4）按分隔符拆分列。

功能：将一个字段的内容在分隔符处进行拆分，拆分后，原字段分为两个字段或多个字段。在指定位置的分隔符处拆分会拆成两个字段；在任意位置的分隔符处拆分，需要设置分割出来的字段数，示例如下。

处理前：

c1	c2
A*a	Bb
	CC
null	DD

规则：拆分 c1 列，分隔符为*，拆成 2 列。

处理后：

c1_1	c1_2	c2
A	a	Bb
		CC
null	null	DD

（5）按前后分隔符拆分列。

功能：将一个字段的前、后分隔符进行匹配，提取分隔符之间的内容，拆分后，原字段分为一个字段或多个字段。当无法匹配指定前、后分隔符时，字段为空，示例如下。

处理前：

c1
A{1}B{2}C
null

规则：前分隔符为{，后分隔符为}，拆分成 2 列。

处理后：

c1_1	c1_2
1	2

（6）在指定位置添加字符（串）。

功能：在某一个字段或所有字段的指定位置处添加内容，添加操作在原字段上进行，示例如下。

处理前：

c1	c2
Aa	Bb
	CC
null	DD

规则：在字段 c1 的开头添加内容 aaa。

处理后：

c1	c2
aaaAa	Bb
aaa	CC
null	DD

（7）字段的数字前面补零。

功能：如果字段包含数字，则在数字前面补零，字段中每一串连续的数字之前都要补零，直到设定的长度（如果该串数字的长度等于或超过了设定的长度，则不对该串数字做处理），示例如下。

处理前：c1　　c2

12　　BB

　　　CC

null　DD

规则：对字段 c1 进行处理，补零后长度为 4。

处理后：c1　　c2

0012　BB

　　　CC

null　DD

（8）删除字符串前后的字符。

功能：删除某一字段或所有字段上指定子字符串前后的若干字符，删除操作在原字段上进行，示例如下。

处理前：c1　　c2

AaBbCc　BB

　　　CC

null　DD

规则：选择字段 c1，搜索子字符串 b，子字符串前删除字符数为 1。

处理后：c1　　c2

AabCc　BB

　　　CC

null　DD

（9）删除指定数目的字符。

功能：删除某一字段或所有字段上指定位置处的若干字符，删除操作在原字段上进行，示例如下。

处理前：c1　　c2

AaBbCc　BB

　　　CC

null　DD

规则：选择字段 c1，删除字符数为 2，从头开始删除。

处理后：c1　　c2

BbCc　BB

　　　CC

null　DD

（10）删除字符（串）。

功能：删除某一字段或所有字段中的指定子字符串，删除操作在原字段上进行，示例如下。

处理前：c1　　c2

AaBbCc　BB

　　　CC

null　DD

规则：选择字段 c1，子字符串为 B，在任意位置都可以删除。

处理后：

c1	c2
AabCc	BB
	CC
null	DD

（11）替换字符串。

功能：将某一字段或所有字段中指定位置处的子字符串替换成新的字符串，替换操作在原字段上进行，示例如下。

处理前：

c1	c2
AaBbCc	BB
	CC
null	DD

规则：选择字段 c1，子字符串为 b，位置任意，新字符串为 d。

处理后：

c1	c2
AaBdCc	BB
	CC
null	DD

（12）在字符串前后添加字符（串）。

功能：在某一字段或所有字段的指定子字符串的前后添加内容，添加操作在原字段上进行，示例如下。

处理前：

c1	c2
AaBbCc	BB
	CC
null	DD

规则：选择字段 c1，添加内容 Dd，位置在子字符串 Cc 后，跳过字符数为 0。

处理后：

c1	c2
AaBbCcDd	BB
	CC
null	DD

（13）高级查找替换。

功能：同“查找替换”组件。

（14）首尾去空格。

功能：首尾去空格，示例如下。

处理前：

c1	c2
AaBbCc	BB
	CC
null	DD

其中，字段 c1 中 AaBbCc 前有空格。

规则：选择字段 c1，去除 c1 列的首尾空格。

处理后： c1　　c2

AaBbCc　BB

　　CC

null　DD

字段 c1 中 AaBbCc 开头的空格被去除了。

（15）删除指定的一个或多个字符（串）。

功能：删除指定的一个或多个字符(串)，示例如下。

处理前： cl　　c2

AaBbCc　BB

　　CC

null　DD

规则：选择字段 c1，待删除字符为 Bb。

处理后： c1　　c2

AaCc　BB

　　CC

null　DD

（16）非法字符（乱码）检测。

功能：检查字段中是否存在用指定字符集无法显示的字符（乱码），示例如下。

处理前：c1　　c2

丗擻偹　BB

　　CC

null　DD

规则：字符集为 GB2312，选择字段 c1，替换非法字符为 A。

处理后：c1　　c2

AAA　BB

　　CC

null　DD

（17）字段若为设定的值，该字段被替换为 null。

功能：被选择的字段若等于指定的值，则该字段被替换为 null，示例如下。

处理前：c1　　c2

AaBbCc　BB

　　CC

null　DD

规则：选择字段 c1，指定值为 AaBbCc。

处理后：c1　　c2

null　BB

　　CC

null　DD

（18）字段若为 null，则该字段被替换为设定的值。

功能：被选择的字段若为 null，则该字段被替换为指定的值，示例如下。

处理前：

c1	c2
AaBbCc	BB
	CC
null	DD

规则：选择字段 c1，指定值为 Aaaa。

处理后：

c1	c2
AaBbCc	BB
	CC
Aaaa	DD

（19）全角转换为半角。

功能：全角转换为半角，示例如下。

处理前：

c1	c2
AaBbCc	BB
	CC
null	DD
Ｍ２０１０	EE

规则：选择字段 c1，转换后的字段作为新列添加。

处理后：

c1	c1_BAN_JIAO	c2
AaBbCc	AaBbCc	BB
		CC
null	null	DD
Ｍ２０１０	M2010	EE

（20）汉字转换为拼音。

功能：汉字转换为拼音，如下所示。

处理前：

c1	c2
AaBbCc	BB
	CC
null	DD
达梦	EE

规则：选择字段 c1，转换后的字段作为新列添加。

处理后：

c1	c1_PINYIN	c2
AaBbCc	AaBbCc	BB
		CC
null	null	DD
达梦	dameng	EE

（21）繁体转换为简体。

功能：繁体转换为简体，示例如下。

处理前：

c1	c2
AaBbCc	BB
	CC
null	DD
達夢數據庫	EE

规则：选择字段 c1，转换后的字段作为新列添加。

处理后：

c1	c1_JIAN_TI	c2
AaBbCc	AaBbCc	BB
		CC
null	null	DD
達夢數據庫	达梦数据库	EE

（22）十六进制字符串转换为十进制字符串。

功能：十六进制字符串转换为十进制字符串，示例如下。

处理前：

c1	c2
0XA2	BB
	CC
null	DD

规则：选择字段 c1，转换后的字段作为新列添加。

处理后：

c1	c1_TO10	c2
0XA2	162	BB
		CC
null	null	DD

（23）八进制字符串转换为十进制字符串。

功能：八进制字符串转换为十进制字符串，示例如下。

处理前：

c1	c2
012	BB
	CC
null	DD

规则：选择字段 c1，转换后的字段作为新列添加。

处理后：

c1	c1_TO10	c2
012	10	BB
		CC
null	null	DD

（24）二进制字符串转换为十进制字符串。

功能：二进制字符串转换为十进制字符串，示例如下。

处理前：

c1	c2
0111	BB
	CC
null	DD

规则：选择字段 c1，转换后的字段作为新列添加。

处理后：

c1	c1_TO10	c2
0111	7	BB
		CC
null	null	DD

（25）去掉字符串中的汉字。

功能：去掉字符串中的汉字，示例如下。

处理前：

c1	c2
达梦 dameng	BB
	CC
null	DD

规则：选中字段 c1，转换后的字段作为新列添加。

处理后：

c1	c1_ChineseDelete	c2
达梦 dameng	dameng	BB
		CC
null	null	DD

（26）仅保留字符串中的汉字。

功能：仅保留字符串中的汉字，示例如下。

处理前：

c1	c2
达梦 dameng	BB
	CC
null	DD

规则：选择字段 c1，转换后的字段作为新列添加。

处理后：

c1	c1_RESERVE_CHINESE	c2
达梦 dameng	达梦	BB
		CC
null	null	DD

（27）去掉字符串中的数字。

功能：去掉字符串中的数字，示例如下。

处理前：

c1	c2
达梦 11	BB
	CC
null	DD

规则：选择字段 c1，转换后的字段作为新列添加。

处理后：

c1	c1_DigitDelete	c2
达梦 11	达梦	BB
		CC
null	null	DD

（28）仅保留字符串中的数字。

功能：仅保留字符串中的数字，示例如下。

处理前：

c1	c2
达梦 11	BB
	CC
null	DD

规则：选择字段 c1，转换后的字段作为新列添加。

处理后：

c1	c1_RESERVE_DIGIT	c2
达梦 11	11	BB
		CC
null	null	DD

（29）去掉字符串中的字母。

功能：去掉字符串中的字母，示例如下。

处理前：

c1	c2
达梦 dameng	BB
	CC
null	DD

规则：选择字段 c1，转换后的字段作为新列添加。

处理后：

c1	c1_LETTER_DELETE	c2
达梦 dameng	达梦	BB
		CC
null	null	DD

（30）仅保留字符串中的字母。

功能：仅保留字符串中的字母，示例如下。

处理前：

c1	c2
达梦 dameng	BB
	CC
null	DD

规则：选择字段 c1，转换后的字段作为新列添加。

处理后：

c1	c1_RESERVED_LETTER	c2
达梦 dameng	dameng	BB
		CC
null	null	DD

（31）汉字数字转换为阿拉伯数字。

功能：汉字数字转为阿拉伯数字，示例如下。

处理前：

c1	c2
一二三	BB
	CC
null	DD

规则：选择字段 c1，转换后的字段作为新列添加。

处理后：

c1	c1_DIGITAL	c2
一二三	123	BB
		CC
null	null	DD

（32）日期、时间、日期时间字符串格式转换处理。

功能：对日期、时间、日期时间字符串的格式进行转换处理，示例如下。

处理前：

c1	c2
20130218	BB
	CC
null	DD

规则：选择字段 c1，转换日期格式，转换前为 yyyyMMdd，转换后为 yyyy-MM-dd。

处理后：

c1	c2
2013-02-18	BB
	CC
null	DD

（33）长度筛选。

功能：按字段内容长度来对记录进行筛选。null 值保留不参与筛选；空串长度是 0，要参与筛选，示例如下。

处理前：

c1	c2
20130218	BB
	CC
null	DD

规则：选择字段 c1，内容长度等于 8。

处理后：

c1	c2
20130218	BB
null	DD

（34）内容筛选。

功能：按字段内容大小（比较时按字典顺序）对记录进行筛选，null 值保留不参与筛选，空串要参与筛选，示例如下。

处理前：

c1	c2
20130218	BB
	CC
null	DD

规则：选择字段 c1，字段内容等于 20130218。

处理后：

c1	c2
20130218	BB
null	DD

（35）包含筛选。

功能：按字段内容是否包含特定子字符串来对记录进行筛选，示例如下。

处理前：c1　　　　　　c2
　　　　20130218　　　　BB
　　　　　　　　　　　　CC
　　　　null　　　　　　DD

规则：选择字段 c1，特定子字符串为 2013，位置任意。

处理后：c1　　　　　　c2
　　　　20130218　　　　BB
　　　　null　　　　　　DD

3. 示例描述

转换示例名称为“数据清洗转换演示”，其功能是对 BOOKSHOP 库 RESOURCES 模式下的 EMPLOYEE 表进行数据清洗转换，其流程如图 5-69 所示。

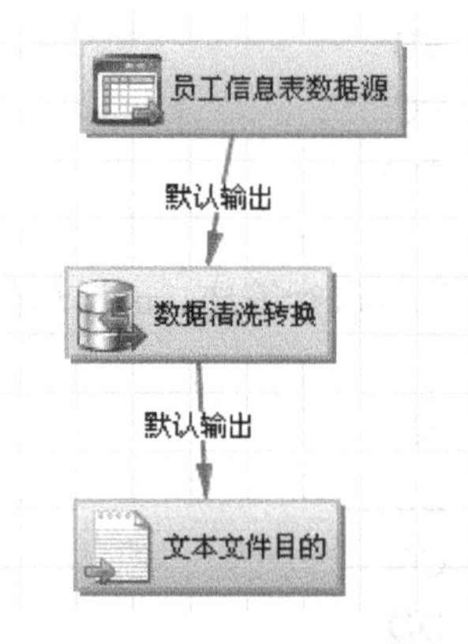

图 5-69　转换示例“数据清洗转换演示”流程

通过“员工信息表数据源”数据节点添加数据集，即在 DMETL_SAMPLE 用户 DMETL_SAMPLE 模式下添加 EMPLOYEEINFO 表，“浏览表数据-EMPLOYEEINFO”界面如图 5-70 所示。

浏览表数据 – EMPLOYEEINFO

	EMPLOYEEID	NATIONALNO	EMPLOYEENAME	SEX	EMAIL	PHONE	LOGINID	DEPARTMENT	TITLE	BIRTHDATE	MA
1	1	420921197908(	李丽	女	lily@sina.cor	02788548562	L1	NULL	总经理	1979-08-05	未
2	2	420921198008(	王刚	男		02787584562	L2	NULL	销售经理	1980-08-05	未
3	3	420921198408(	李勇	男		02782585462	L3	NULL	采购经理	1981-08-05	未
4	4	420921198208(	郭艳	女		02787785462	L4	NULL	销售代表	1982-08-05	未
5	5	420921198308(	孙丽	女		13055173012	L5	NULL	销售代表	1983-08-05	未
6	6	420921198408(	黄非	男		13355173012	L6	NULL	采购代表	1984-08-05	未
7	7	420921197708(	王菲	女		13255173012	L7	NULL	人力资源部经:	1977-08-05	已
8	8	420921198008(	张平	男		13455173012	L8	NULL	系统管理员	1980-08-07	未

上一页(P)　下一页(N)　设置每页显示行数(G)　100　行 第1页　刷新(R)　导出(O)...

图 5-70　“浏览表数据-EMPLOYEEINFO”界面

双击流程图中的“数据清洗转换”节点图标，进入“属性-数据清洗转换”界面，配置相关规则，如图 5-71 所示。

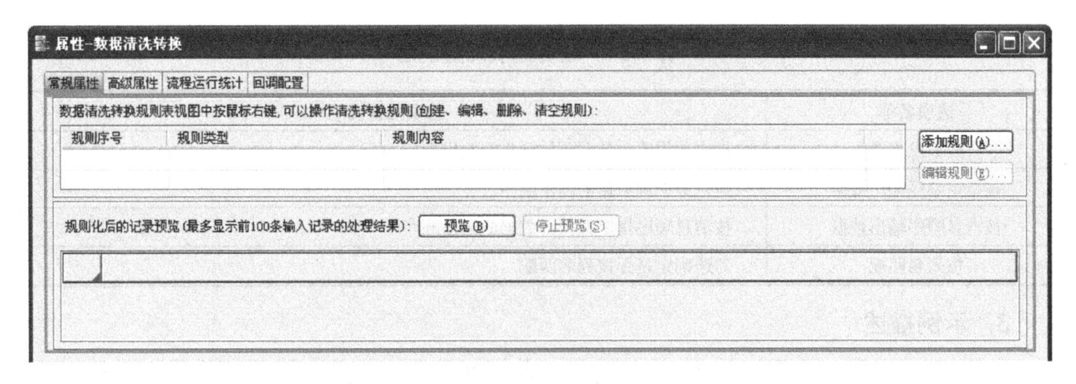

图 5-71　“属性-数据清洗转换配置”界面

在配置过程中，可添加部分数据清洗转换规则，预览效果如图 5-72 所示。

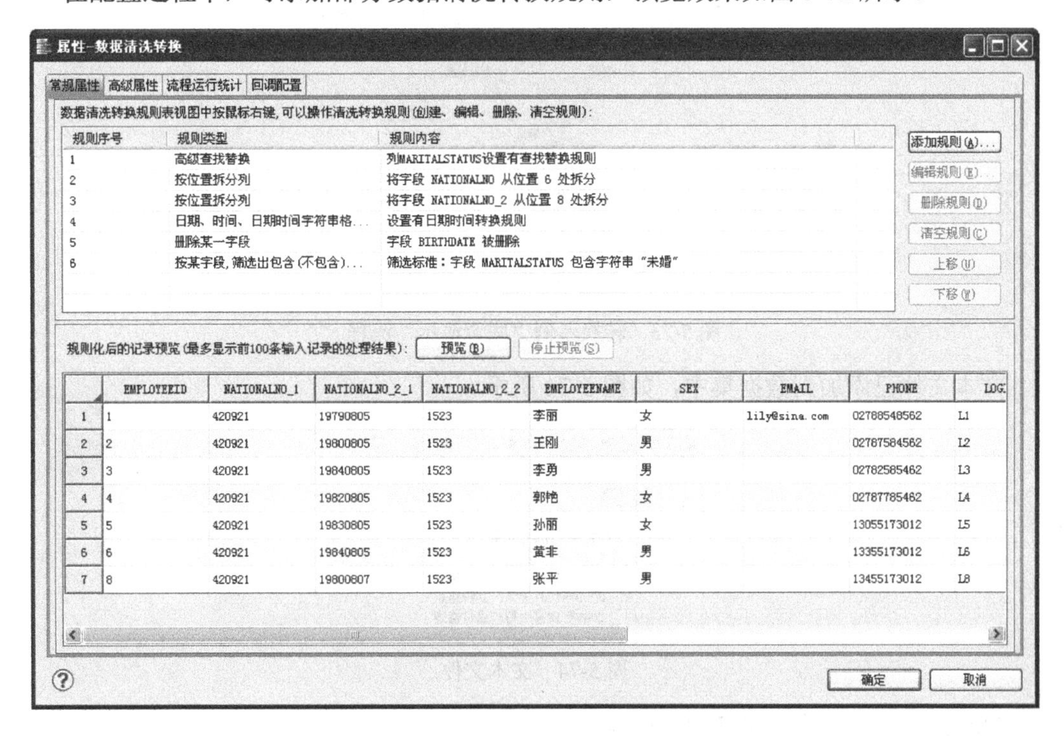

图 5-72　数据清洗转换规则配置及效果预览

5.4.2　联合

1．功能描述

联合组件将多个输入路由的数据集进行合并后输出，可以设置输入路由的数据集的合并顺序及合并后数据集使用的列信息。联合组件至少需要两个或更多输入，并且多个输入的列数目和列类型必须一致。

2．选项配置说明

联合选项配置说明如表 5-31 所示。

表 5-31　联合选项配置说明

选项名称	选项配置说明
列信息来源	指定使用哪个数据源的列作为输出列
按指定顺序输出数据	指定数据源数据的输出顺序
按消息顺序输出数据	按消息顺序指定数据源数据的输出顺序
按列名匹配	勾选确定是否按列名匹配

3．示例描述

转换示例名称为“联合演示”，其功能是将“2009 年 11 月上旬产品价格表”和“2009 年 12 月上旬产品价格表”进行联合，得到一个总结果，其流程如图 5-73 所示。

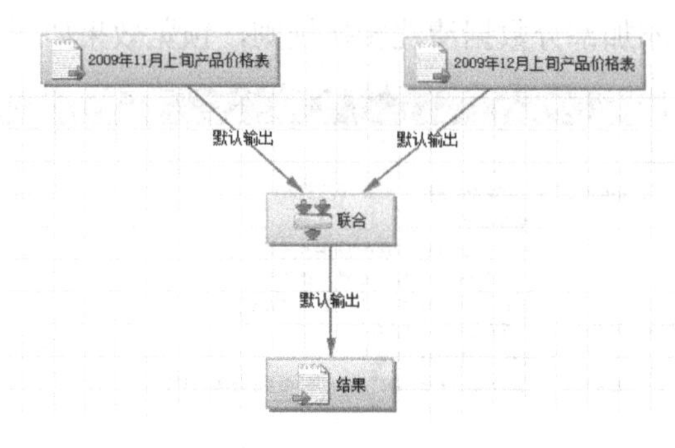

图 5-73　转换示例“联合演示”流程

文本文件已添加到数据集中，如图 5-74 所示。

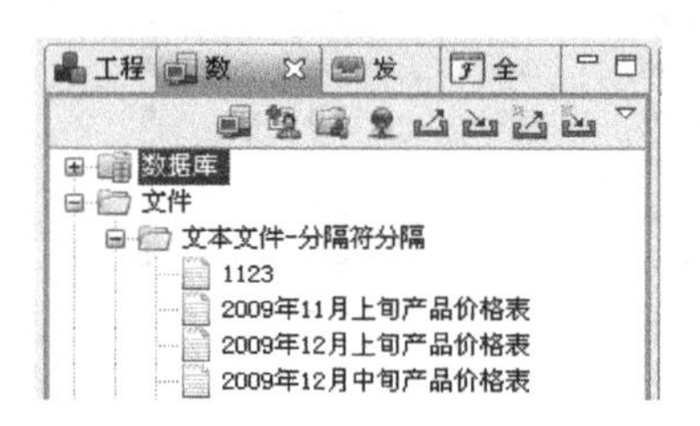

图 5-74　文本文件

“属性-联合”界面如图 5-75 所示。

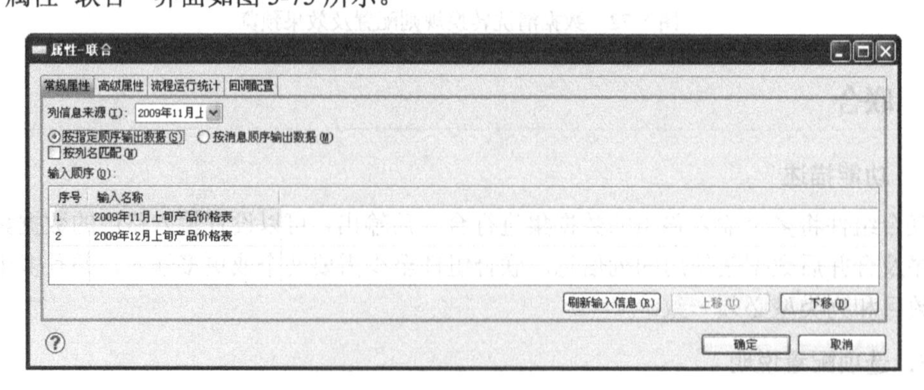

图 5-75　“属性-联合”界面

5.4.3　数据集查找

1．功能描述

数据集查找组件使用输入的数据，在引用查找缓存中查找匹配的数据行，查找结果可以作为新列输出或者替换输入列数据输出。如果设置了查找结果为空时当前行作为错误行输出，则查找结果为空的数据会在错误输出列表内显示。

2．选项配置说明

数据集查找选项配置说明如表 5-32 所示。

表 5-32　数据集查找选项配置说明

选项名称	选项配置说明
数据集查找缓存	选择数据集缓存视图中定义的数据集查找缓存
查找列	在新建或加载已缓存数据集后出现，查找列是输入列和引用列的映射，用于输入数据和引用数据进行等值比较。输入列和引用列必须是类型兼容的。引用数据集的查找引用列在数据集查找缓存中已经定义好，引用列必须选择到所有查找缓存的引用列
输出列	在设置“引用数据集输出列”属性时，数据集查找缓存的输出列可以作为新列输出或者替换输入列数据输出
查找结果为空时	在设置“查找结果选项”属性时，组件在数据集查找缓存中查找引用列的值等于输入列的值的数据行，如果查找结果为空，可以选择将对应列的值设为 null 或者将当前行作为错误数据输出到错误输出列表
查找结果多于一行时	在设置“查找结果选项”属性时，如果查找结果多于一行数据，则可以选择只输出一行，或者输出所有行

3．示例描述

转换示例名称为“数据集查找演示”，其功能是通过查找 BOOKSHOP 库中 PRODUCTION 模式下的 PRODUCT 表，在 PRODUCT_REVIEW 表中增加作者和出版社的信息，其流程如图 5-76 所示。

图 5-76　转换示例“数据集查找演示”流程

双击流程图中的“查找产品信息”节点图标，在相应界面单击“浏览”按钮，选择 BOOKSHOP 库中 BOOKSHOP 模式下的表 PRODUCT，勾选相应的“查找列”和“输出列”复选框，如图 5-77 所示。

图 5-77　勾选相应的“查找列”和“输出列”复选框

单击“确定”按钮后，进入“属性-数据集查找”界面，如图 5-78 所示。

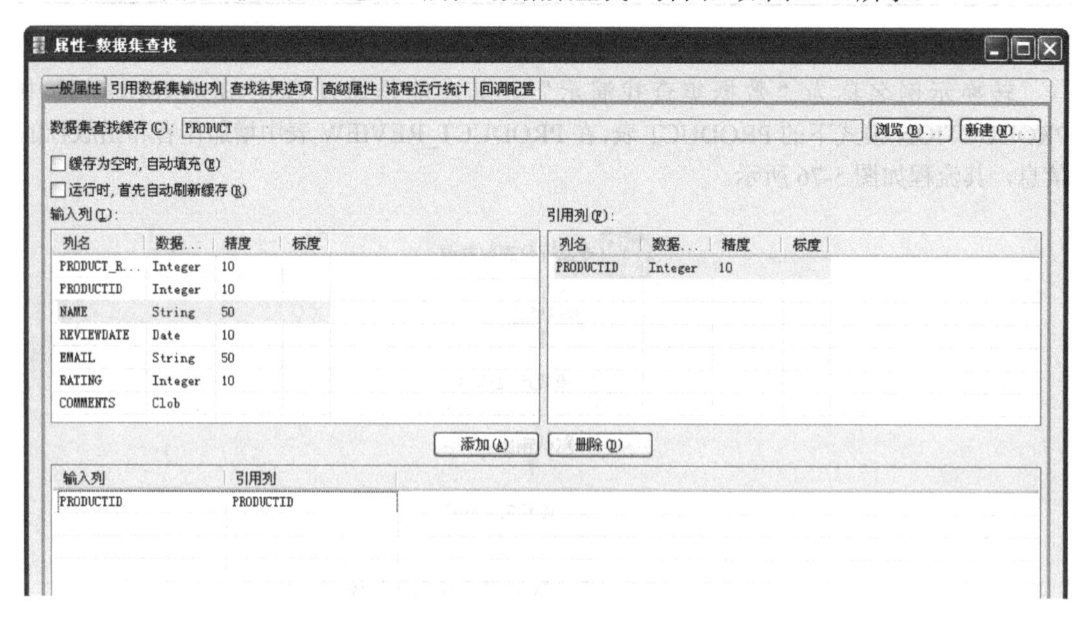

图 5-78　“属性-数据集查找”界面

在引用数据输出列表中勾选输出列前的复选框，如图 5-79 所示。

属性-数据集查找
一般属性 引用数据集输出列 查找结果选项 高级属性 流程运行统计 回调配置
选择需要输出的列 (O):
列名 数据类型 精度 标度 输出方式 输出名称
AUTHOR String 25 <作为新列添加> AUTHOR
PUBLISHER String 50 <作为新列添加> PUBLISHER

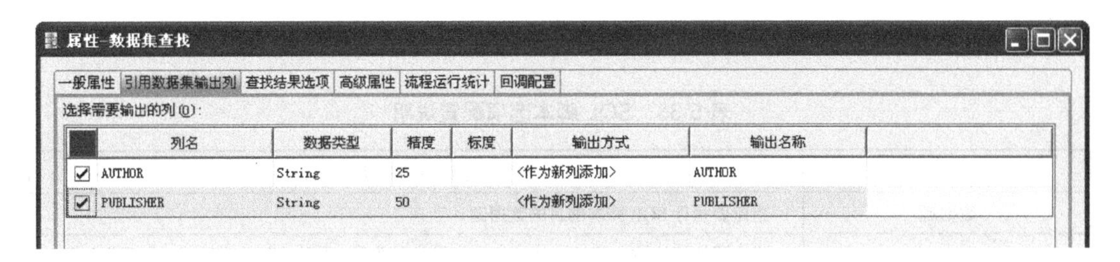

图 5-79　勾选输出列前的复选框

其他设置如图 5-80、图 5-81 所示。

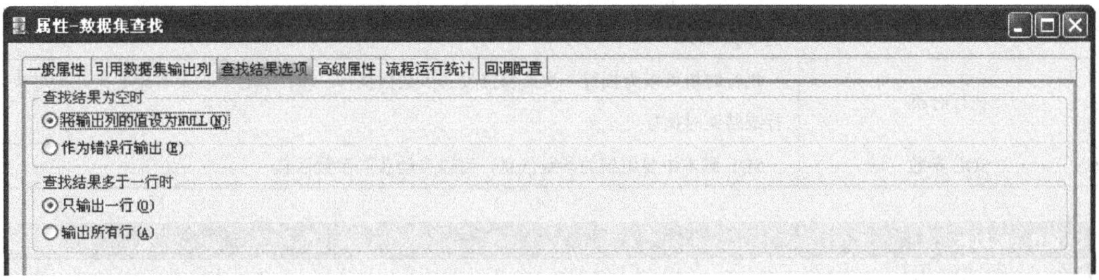

属性-数据集查找
一般属性 引用数据集输出列 查找结果选项 高级属性 流程运行统计 回调配置
查找结果为空时
将输出列的值设为NULL (N)
作为错误行输出 (E)
查找结果多于一行时
只输出一行 (O)
输出所有行 (A)

图 5-80　查找结果选项设置

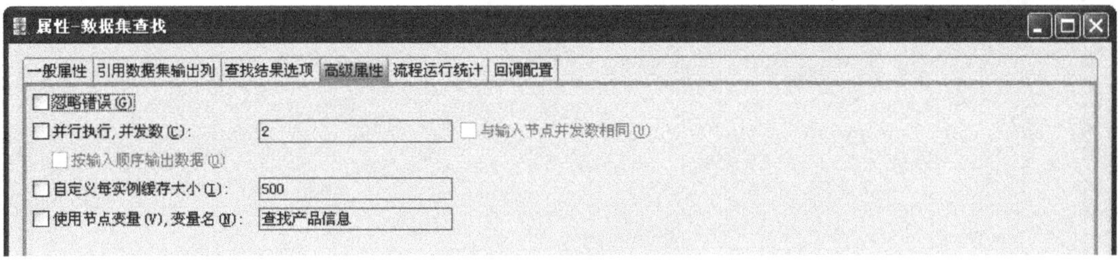

属性-数据集查找
一般属性 引用数据集输出列 查找结果选项 高级属性 流程运行统计 回调配置
忽略错误 (G)
并行执行, 并发数 (C):
2
与输入节点并发数相同 (U)
按输入顺序输出数据 (O)
自定义每实例缓存大小 (I):
500
使用节点变量 (V), 变量名 (N):
查找产品信息

图 5-81　高级属性设置

5.4.4　数据质量检测

参见《DMETL 数据质量检测使用指南》。

5.4.5　SQL 脚本

1．功能描述

SQL 脚本组件可以让数据流在指定的数据库数据源上执行一段 SQL 脚本。

2．选项配置说明

SQL 脚本选项配置说明如表 5-33 所示。

3．示例描述

转换示例名称为“SQL 脚本演示”，其功能是通过 SQL 脚本将 DMETL_SAMPLE 模式下表 PERSON_SQL 中“NAME”值为“李丽”的数据删除，相应设置如图 5-82、

图 5-83 所示。

表 5-33　SQL 脚本选项配置说明

选项名称	选项配置说明
数据源	指定要执行 SQL 脚本的目的数据源
SQL 语句	指定要执行的 SQL 脚本。SQL 脚本可以带参数且参数值可以为表达式，由系统在执行过程中根据输入数据动态计算。如果执行方式为每接收一条数据执行一次，参数可以用列名引用输入数据的值。SQL 脚本本身也可以带有条件表达式，必须用“${” “}”来加以限制，由系统在执行过程中对“${” “}”里面的表达式进行计算，获取去除表达式后的 SQL 脚本
执行时机	执行时机可以为执行一次或每接收一条数据执行一次；执行一次又可设置为开始时执行或结束时执行
SQL 参数	SQL 脚本中要用到的参数信息，可以自动获取参数信息

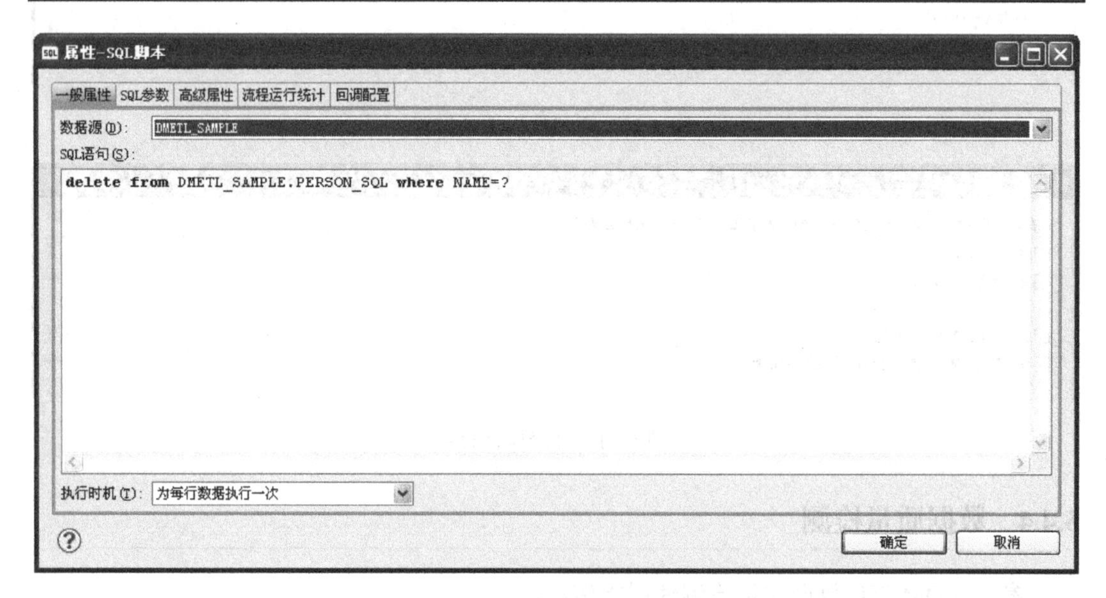

图 5-82　SQL 脚本一般属性设置

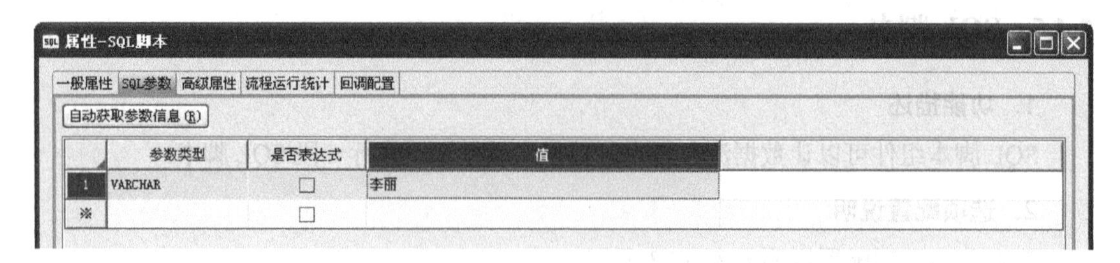

图 5-83　SQL 脚本 SQL 参数设置

5.4.6　设置变量

1．功能描述

设置变量组件可以对转换中的变量用表达式赋值，或者用 SQL 语句的返回值赋值。如果 SQL 语句为查询语句，则返回结果集的第一行第一列；若 SQL 语句为更新语句或者删除语句，则返回影响的行数。

2．选项配置说明

设置变量选项配置说明如表 5-34 所示。

表 5-34　设置变量选项配置说明

选项名称	选项配置说明
变量名	指定待修改变量名，必须选择工程中已定义的变量
使用 SQL	指定是否使用 SQL 语句的返回值对变量赋值
变量值（表达式）	输入指定变量的赋值表达式
变量值（SQL 语句）	输入用来对变量赋值的 SQL 语句

3．示例描述

转换示例名称为“设置变量演示”，其功能是通过表达式或 SQL 语句获取变量值，并赋给变量，流程如图 5-84 所示。

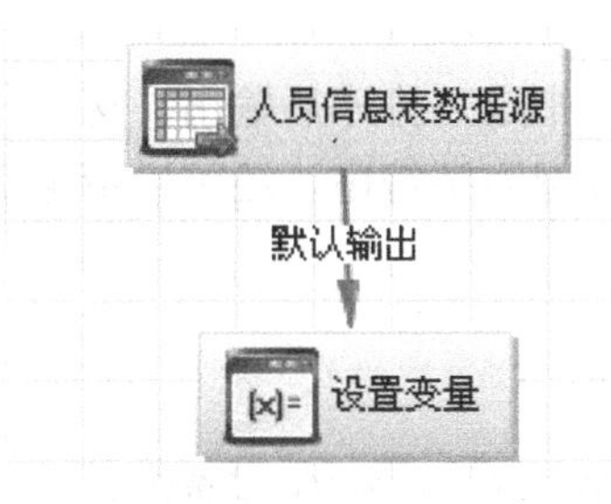

图 5-84　转换示例“设置变量演示”流程

首先新建工程变量，右击变量名称，在弹出的快捷菜单中选择“新建变量”选项，进入“属性-用户变量”界面，设置变量名为 SZBL1，变量值表达式为 0，如图 5-85 所示。

图 5-85　“属性-用户变量”界面

在流程图中，单击“设置变量”节点图标，进入“属性-设置变量”界面，进行一般信息设置，如图 5-86 所示。

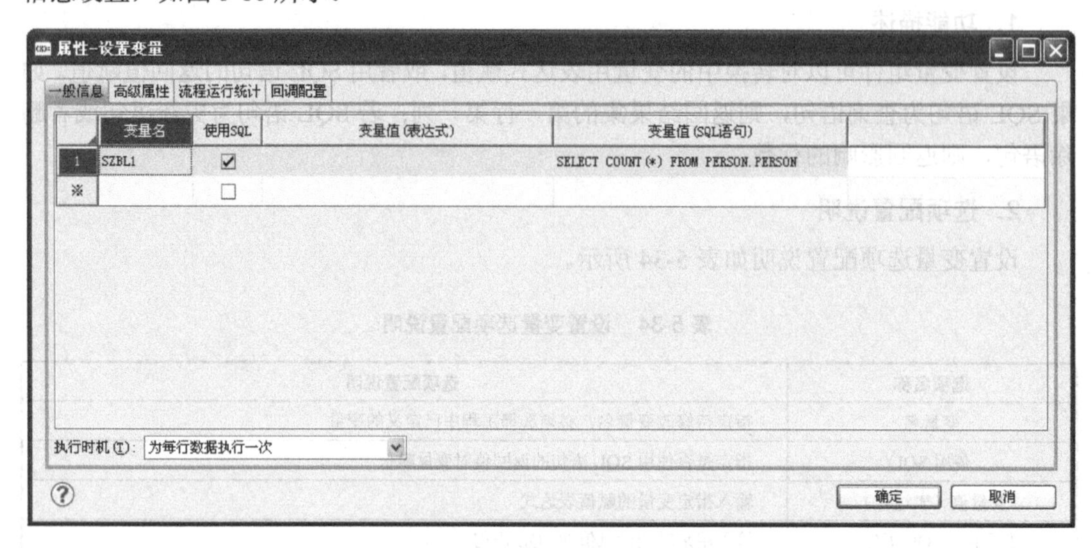

图 5-86 “属性-设置变量”界面

5.4.7 排序

1. 功能描述

排序组件可以将输入数据按照指定列排序后输出。支持升序、降序两种排序方式及过滤重复行。如果参与排序的数据类型为字符串，还可以指定字符串比较选项。

2. 选项配置说明

排序选项配置说明如表 5-35 所示。

表 5-35 排序选项配置说明

选项名称	选项配置说明
排序方式	支持升序、降序两种排序方式
排序顺序	按指定的顺序按列进行排序
区分大小写	字符串比较是否忽略大小写
忽略起始空格	字符串比较是否忽略开始的空格
忽略末尾空格	字符串比较是否忽略末尾的空格
区分 null 和空串	字符串比较是否忽略 null 和空串的比较。如果区分，null 的序号值要小于空串的
删除重复行	是否删除重复的行
排序缓冲区最大容量	可在内存中排序的最大记录数

3. 示例描述

转换示例名称为“排序演示”，其功能是对 BOOKSHOP 库 RESOURCES 模式下雇员信息表 EMPLOYEE 中的数据按出生日期升序方式进行排序，流程如图 5-87 所示。

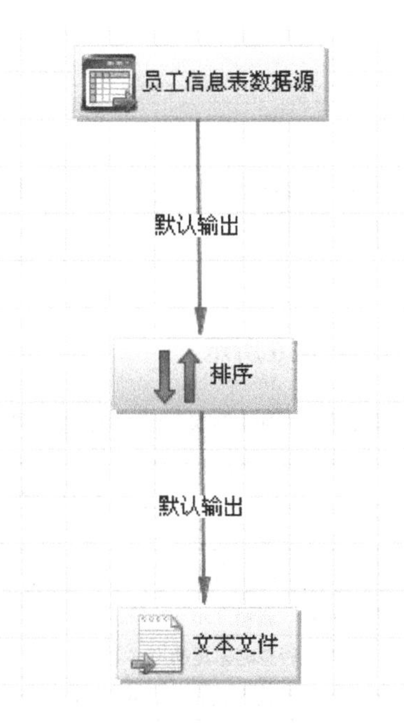

图 5-87　转换示例“排序演示”流程

在“属性–排序”界面进行相应设置，如图 5-88 所示。

属性–排序

常规属性　高级属性　流程运行统计　回调配置

排序列(S):

	选择	列名	类型	精度	标度	排序方式	排序顺序	区分大小写	忽略起始空格	忽略末尾空格	区分NULL和空串
1	☐	EMPLOYEEID	INT	10		升序	0	☐	☐	☐	☐
2	☐	NATIONALNO	VARCHAR	18		升序	1	☐	☐	☐	☐
3	☐	PERSONID	INT	10		升序	2	☐	☐	☐	☐
4	☐	LOGINID	VARCHAR	256		升序	3	☐	☐	☐	☐
5	☐	TITLE	VARCHAR	50		升序	4	☐	☐	☐	☐
6	☐	MANAGERID	INT	10		升序	5	☐	☐	☐	☐
7	☑	BIRTHDATE	DATE	10		升序	6	☐	☐	☐	☐
8	☐	MARITALSTATUS	CHAR	1		升序	7	☐	☐	☐	☐
9	☐	PHOTO	IMAGE	214748364	1	升序	8	☐	☐	☐	☐
10	☐	HAIRDATE	DATE	10		升序	9	☐	☐	☐	☐

☐删除重复行(R)

排序缓冲区最大容量(B): 5000 行

确定　取消

图 5-88　“属性–排序”界面

5.4.8 删除重复行

1. 功能描述

从按照指定列排序的数据流中删除重复的数据行，将最后一条重复记录正常输出，重复的数据行被发送到错误输出路由上。

2. 选项配置说明

删除重复行选项配置说明如表 5-36 所示。

表 5-36 删除重复行选项配置说明

选项名称	选项配置说明
列名	选择需要进行比较的列
区分大小写	字符串比较是否忽略大小写
忽略起始空格	字符串比较是否忽略开始的空格
忽略末尾空格	字符串比较是否忽略末尾的空格
区分 null 和空串	字符串比较是否忽略 null 和空串的比较。如果忽略，null 的序号值要小于空串的
输入数据有序	重复行中比较列有序时勾选，无序时勾选会报错
输入数据无序 （比较时，使用缓存）	重复行中比较列无序时勾选

3. 示例描述

转换示例名称为“删除重复行演示”，其功能是对 BOOKSHOP 库 PRODUCTION 模式下的已售产品评论表 PRODUCT_REVIEW 的数据进行删除重复行操作，把 PRODUCTID 设置为比较列，流程如图 5-89 所示。

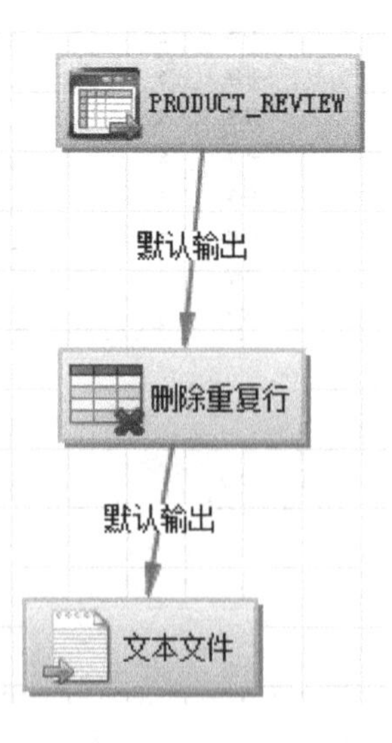

图 5-89 转换示例“删除重复行演示”流程

在“属性-删除重复行”界面进行相应设置，如图 5-90 所示。

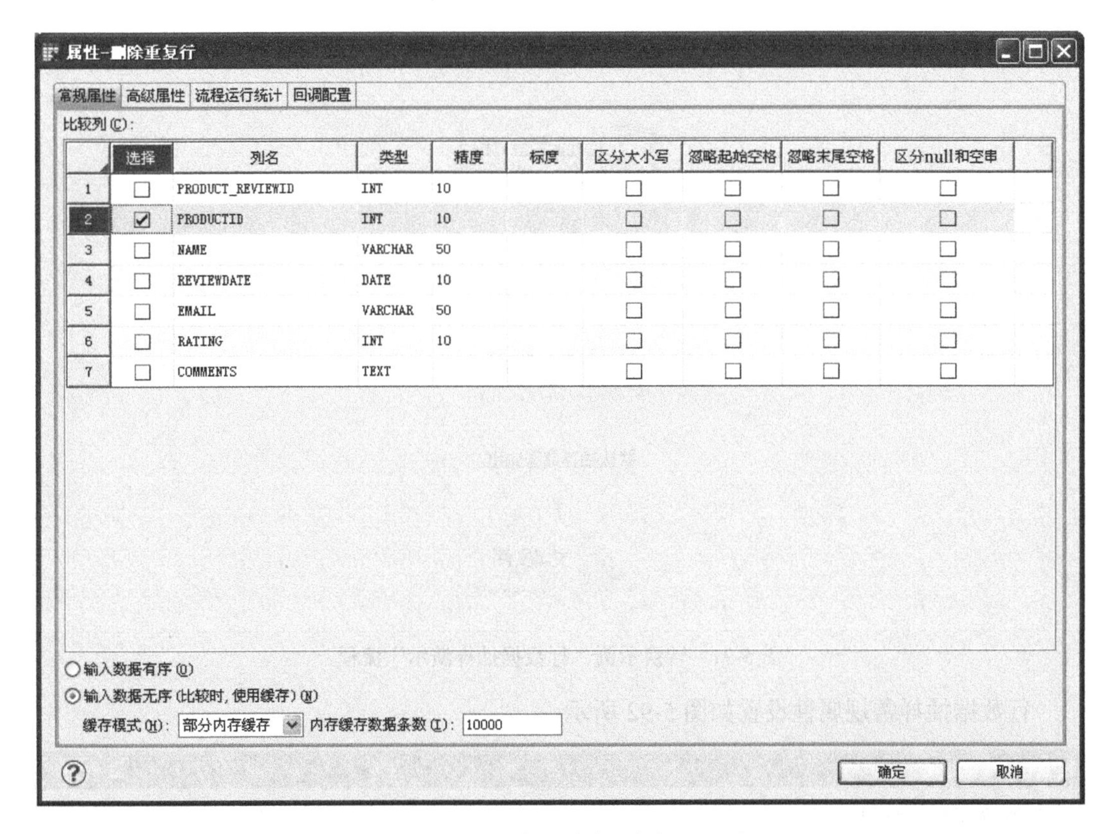

图 5-90　“属性-删除重复行”界面

5.4.9　行数据抽样

1．功能描述

从输入数据随机抽取指定行数的数据到输出数据中，同时还可以设定一个随机种子，能够重复随机得到相同的抽取数据。

2．选项配置说明

行数据抽样选项配置说明如表 5-37 所示。

表 5-37　行数据抽样选项配置说明

选项名称	选项配置说明
抽样行数	设置从输入数据中抽取的行数
使用以下随机种子	随机种子能够使相同的输入数据在每次抽取相同的行数时保持结果一致，勾选后需要输入随机种子，对于不同的随即种子，随机抽取的结果也将不同

3．示例描述

转换示例名称为“行数据抽样演示”，其功能是对 BOOKSHOP 库 PRODUCTION 模式下的已售产品评论表中的数据进行行数据抽样，随机抽取其中的 5 行数据到目的源，流程如图 5-91 所示。

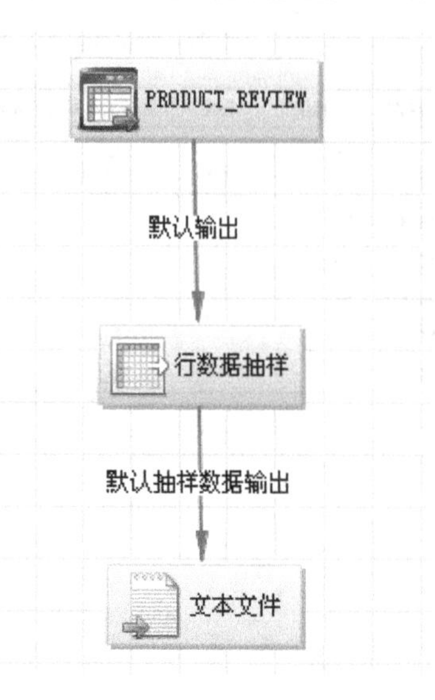

图 5-91　转换示例“行数据抽样演示”流程

行数据抽样常规属性设置如图 5-92 所示。

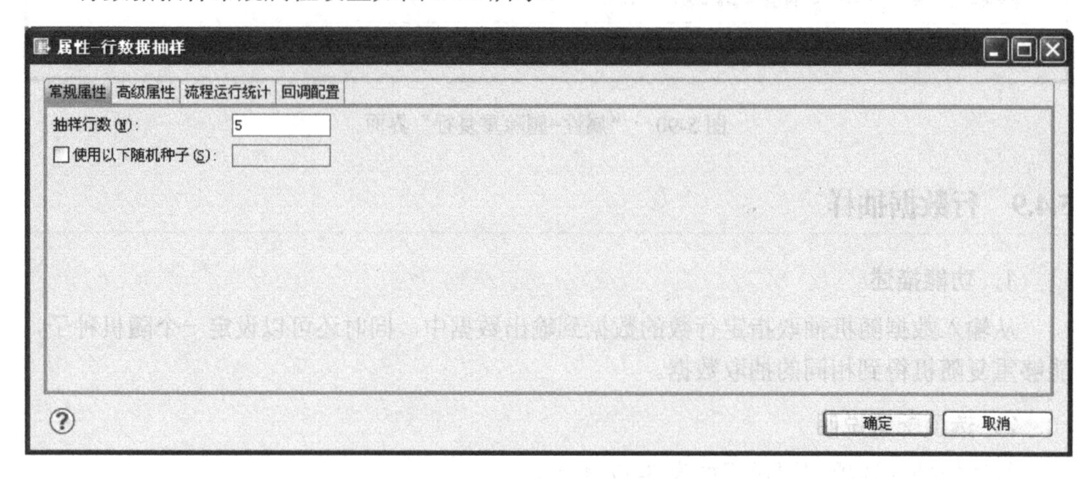

图 5-92　行数据抽样常规属性设置

5.4.10　自定义转换

1．功能描述

通过自定义转换组件，可以调用用户编写的数据转换类对数据进行处理，完成复杂的或用户特殊要求的转换。

2．选项配置说明

自定义转换选项配置说明如表 5-38 所示。

表 5-38　自定义转换选项配置说明

选项名称	选项配置说明
类路径	指定自定义转换类及其所使用的第三方库所在的路径，单击“添加文件”或“添加目录”按钮，会将选择的文件路径或目录路径以追加的方式写入“类路径名”文本框中，并以分号隔开。类路径文本框支持表达式输入
转换类名	用于填写用户自定义转换类的全名
自定义属性	单击“获取属性列表”按钮，会获取转换类中用户定义的属性列表，以及属性的类型和缺省值，其中属性值一列为可输入，用户可以修改属性的初始值
输出列	单击“从上一个节点获取列信息”按钮，可以直接使用从上一个节点输出的数据的列信息，也可以手动添加、删除输出列

3．示例描述

参见联机帮助中的《自定义转换使用指南》典型示例。

5.4.11　聚合

1．功能描述

聚合组件将聚合函数应用到列，与 SQL 语句的 Group By 功能类似。聚合改变输出列的信息，输出列由分组列和聚合列构成，可指定分组列是否输出。聚合转换的输入必须是按照分组列排序了的数据，否则聚合执行结果可能不正确。

2．选项配置说明

聚合选项配置说明如表 5-39 所示。

表 5-39　聚合选项配置说明

选项名称	选项配置说明
分组列	设置需要分组的列，数据将按照分组列被分组。可以设置是否把分组列输出
聚合列	对指定的输出列进行聚合，包括列名、聚合类型等。 使用大数，指的是 Count 结果使用的数据类型是 long 类型，否则使用 int 类型。支持的聚合操作有： Count，组中记录的行数； Count Distinct，组中重复的记录只当成一行计算行数； Sum，对组中数据求和； Average，对组中数据求均值； Maximum，对组中数据求最大值； Minimum，对组中数据求最小值； Concatenate string，对组中数据进行字符串连接； First value，对组中数据取第一个值； Last value，对组中数据取最后一个值； First non-null value，对组中数据取第一个不为 null 的值； Last non-null value，对组中数据取最后一个不为 null 的值
计算行数时，包括值为 null 的行	计算行数时，确认是否包括值为 null 的行

（续表）

选项名称	选项配置说明
输入的数据按照分组列有序	输入的数据按照分组列有序时单击选择，无序时选择会报错
输入的数据按照分组列无序	输入的数据按照分组列无序时单击选择

3. 示例描述

转换示例名称为“聚合演示”，其功能是对示列数据文件“2009 年 12 月中旬产品价格表”中的数据进行聚合处理，数据按日期列进行分组，以价格为聚合列，计算每日产品最高价、最低价、总价和均价等信息，流程如图 5-93 所示。

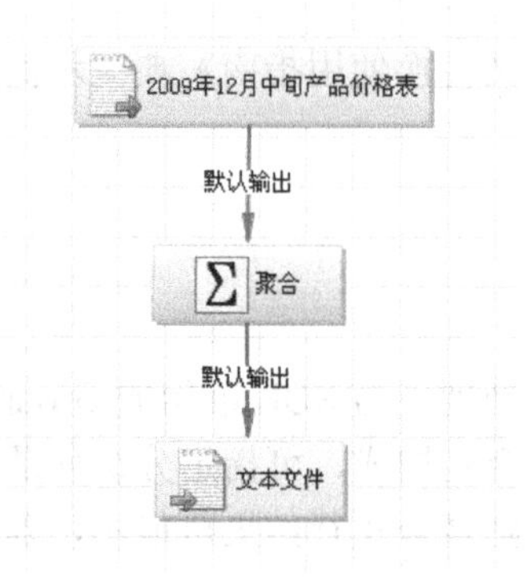

图 5-93　转换示例“聚合演示”流程

聚合属性相关设置如图 5-94 所示。

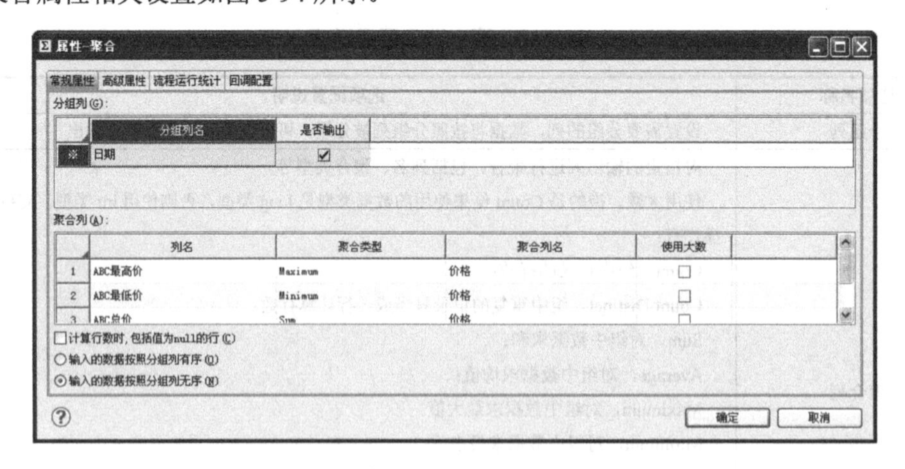

图 5-94　聚合属性相关设置

5.4.12　列转行

1. 功能描述

列转行组件能将来自单个记录中多列的值转换为单列中具有同样值的多条记录。

2. 选项配置说明

列转行选项配置说明如表 5-40 所示。

表 5-40 列转行选项配置说明

选项名称	选项配置说明
旋转列	指定需要转换成行的列，需要指定列名和对应的值
目标列名	指定旋转列在目标表中对应的列名
值列名	转换成行后，行中的值所对应的列名

3. 示例描述

对示例数据文件“2009 年 12 月上旬产品价格表”中的数据进行列转行转换，如表 5-41、表 5-42 所示。

表 5-41 2009 年 12 月上旬产品价格表

日 期	产 品 A	产 品 B	产 品 C
2009-12-1	$10.01	$14.57	$6.18
2009-12-2	$5.23	$13.25	$7.82

表 5-42 列转行后 2009 年 12 月上旬产品价格表

日 期	产 品	价 格
2009-12-1	产品 A	$10.01
2009-12-1	产品 B	$14.57
2009-12-1	产品 C	$6.18
2009-12-2	产品 A	$5.23
2009-12-2	产品 B	$13.25
2009-12-2	产品 C	$7.82

该转换示例可以通过设置实现，列转行设置如图 5-95 所示。

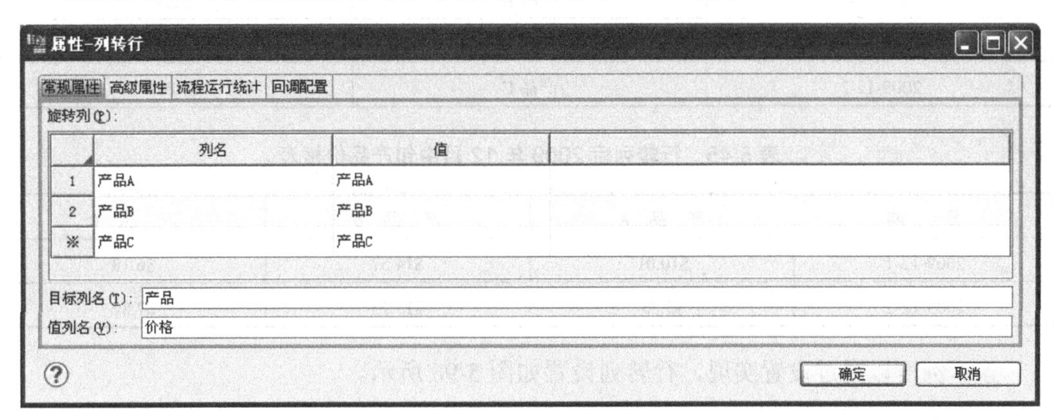

图 5-95 列转行设置

5.4.13 行转列

1. 功能描述

行转列组件将多条记录中一列的多个值转换为单条记录中多个列的值。需要注意的是，数据源在转换前应根据键列组合，如果未排序，则必须使用缓存才能实现，否则会出现错误。

2. 选项配置说明

行转列选项配置说明如表 5-43 所示。

表 5-43 行转列选项配置说明

选项名称	选项配置说明
旋转列	指定输入数据中需要将其值转换成列的列
键列	用于划分输入数据，键列值相同且连续输入数据被转换为一行数据输出；如果使用缓存，则该列必须是数据集缓存的查找列
目标列	输出转换后的目标列、值来源列和旋转列值

3. 示例描述

对示例数据文件“2009 年 12 月中旬产品价格表”中的数据（该数据已经根据键列日期排序，可不使用缓存）进行行转列转换，如表 5-44、表 5-45 所示。

表 5-44 2009 年 12 月中旬产品价格表

日 期	产 品	价 格
2009-12-1	产品 A	$10.01
2009-12-1	产品 B	$14.57
2009-12-1	产品 C	$6.18
2009-12-2	产品 A	$5.23
2009-12-2	产品 B	$13.25
2009-12-2	产品 C	$7.82

表 5-45 行转列后 2009 年 12 月中旬产品价格表

日 期	产 品 A	产 品 B	产 品 C
2009-12-1	$10.01	$14.57	$6.18
2009-12-2	$5.23	$13.25	$7.82

该示例可以通过设置实现，行转列设置如图 5-96 所示。

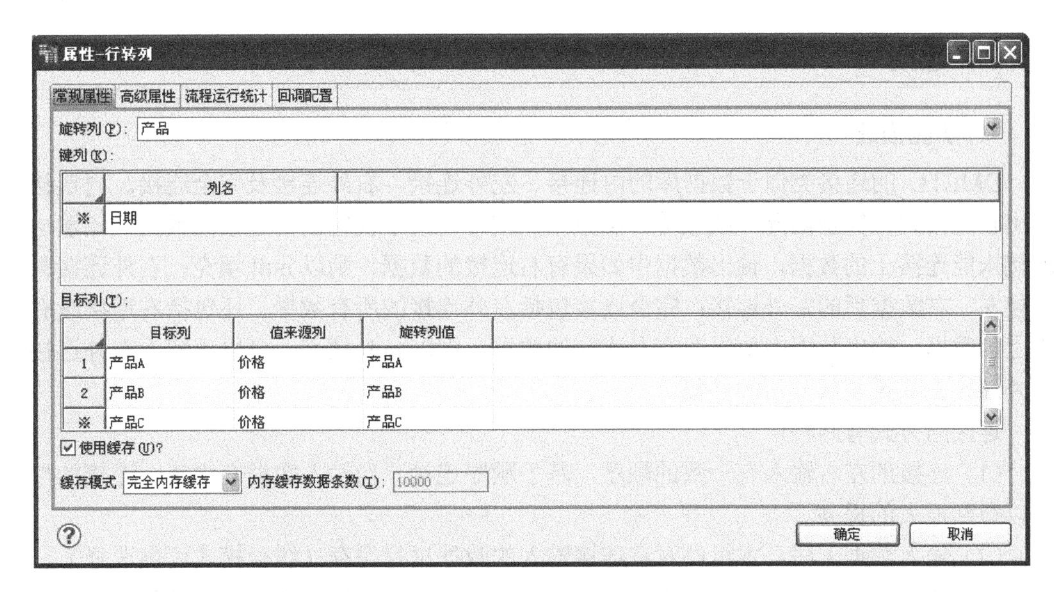

图 5-96　行转列设置

5.4.14　系统命令

1．功能描述

可以使用系统命令组件进行数据转换。

2．选项配置说明

系统命令选项配置说明如表 5-46 所示。

表 5-46　系统命令选项配置说明

选项名称	选项配置说明
工作目录	选择工作目录
操作系统命令	输入操作系统命令
环境变量	配置需要使用的环境变量，包括变量名和变量值
执行时机	选择执行时机，执行时机有开始时、结束时、为每行数据执行一次

5.4.15　数据脱敏

1．功能描述

数据脱敏类似于数据清洗转换，需要配置数据脱敏规则。数据脱敏规则按脱敏方法可划分为替换、掩码、截断、数值取整、日期时间取整、数值随机、字符串随机、日期随机、转换为空值、加密、重排；按数据类别可划分为姓名、电话号码、身份证号、银行卡号、URL、Email、IP 等。

2．示例描述

参考 5.4.1 节的数据清洗转换示例的描述。

5.4.16 连接

1. 功能描述

DMETL 的连接类似于数据库的内连接、左外连接、右外连接及完全连接。内连接只输出在连接列上完全匹配（或相等）的数据；左外连接不仅输出内连接的数据，还输出左连接未能连接上的数据，输出数据中如果有右连接的数据，则以 null 填充；右外连接则是交换左、右数据后的左外连接；完全连接包括左外连接的所有数据，还包括右连接没有连接上的数据，输出数据中如果存在左连接的数据，则以 null 填充，可以理解为左外连接与右外连接去除重复部分后的并集。

连接的方式有两种：

（1）连接的左右输入有一致的顺序，基于顺序连接。当输入数据有序时，连接的性能可以得到很大的提高。

（2）输入数据无序。本组件对右连接输入的数据进行缓存（缓存模式可供选择），左连接输入的数据记录逐条在缓存中进行匹配。一般选择输入数据较少的一端作为右连接，保证缓存填充的数据较小，提高基于缓存的连接效率。

2. 选项配置说明

连接选项配置说明如表 5-47 所示。

表 5-47 连接选项配置说明

选项名称	选项配置说明
左、右输入	在左外连接及基于缓存的连接中，可以通过交换左、右输入来完成或提高连接效率
连接类型	内连接、左外连接、完全连接。右外连接可以通过交换左、右数据变成左外连接来实现
输入数据有序	用于有序的连接，可选择升序或降序，要求左、右输入数据基于同一种顺序
输入数据无序（比较时，使用缓存）	可以基于 ETL 服务器内存配置情况，配置缓存的模式包括缓存输入、缓存模式和缓存数据记录条数，右连接输入的数据会被缓存
连接列配置	对左、右输入数据进行匹配比较列，可以一列或多列
输出列配置	该组件输出数据的列，全部或部分为左、右输入的列

5.5 数据装载

5.5.1 表装载

1. 功能描述

表数据装载功能是将输入的数据装载到一个指定的数据集中，表数据装载组件的输入列应该与数据集的列名匹配。输入数据中的列如果在目的数据集中没有匹配的列，则该列的数据会被丢弃。如果在表数据装载时不勾选“修改列”复选框，则不允许对该列进行修改，默认是勾选的，表明可以对该列进行修改。目的表支持表达式功能，目的表会根据数据的类型执行插入、删除和更新操作。目的表可以存在一个错误输出，如果目的表处理存在错误，如关键字重复等错误，那么可以在目的表配置一个错误输出，错误信息会输出到这个错误输出连接的目的表或其他目的文件，可以对错误信息予以记载、分析。

2. 选项配置说明

表装载选项配置说明如表 5-48 所示。

表 5-48 表装载选项配置说明

选项名称	选项配置说明
数据集	选择所使用的数据集
创建新数据集	直接创建一个新的数据集用于数据装载
批量行数	批量行数表示记录不是一条一条插入目的表的，而是一次尽可能装载该设置值数量的记录
列信息	查看相匹配的目的表的列信息。插入列：插入部分列，若勾选“插入列”复选框则该列插入，若不勾选则该列不插入。修改列：更新部分列，若勾选“修改列”复选框则该列更新；若不勾选修改列则该列不更新。数据库表达式：目的表插入或者更新时，使用数据库表达式代替实际数据值，如可以使用数据库中的序列 seq. nextval
允许自增列插入	如果表视图中某列为自增列，则“允许自增列插入”复选框应勾选。此时，该自增列以源数据集中的列值为准，且不在目的表中自动设置增量值；反之，如果不勾选，会在目的表自动对该自增列进行值的设置
插入更新	此选项与查找列选项组合使用，当此选项被激活时，会先根据查找列来判读要插入的数据是否已存在，如果存在则进行更新操作，否则进行插入操作
如果不存在则自动创建	如果数据集在实际数据库或者文件中不存在，则自动进行创建
自动分区	当表中数据达到指定数据量时，会进行分区操作，再创建一张新表进行插入操作，新表名为原表名后加数字编号

3. 示例描述

转换示例名称为“表数据源表目的演示”，其功能是将 BOOKSHOP 库 PRODUCTION 模式下的产品评价表 PRODUCT_REVIEW 中的数据装载进 DMETL_SAMPLE 数据库 DMETL_SAMPLE 模式下的表 PRODUCT_REVIEW 中。首先在数据集中添加目的表 PRODUCT_REVIEW，如图 5-97 所示。

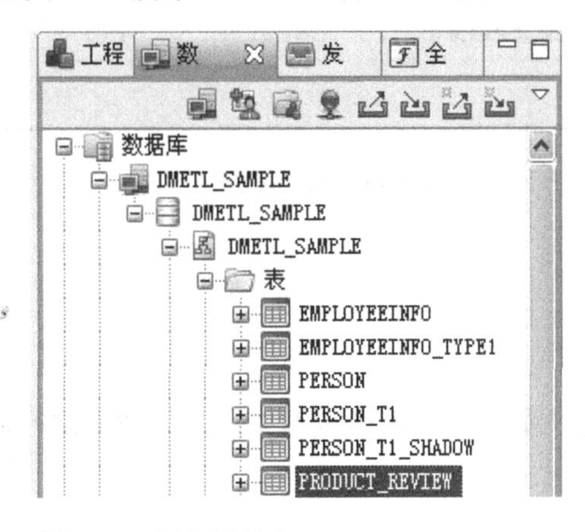

图 5-97 添加目的表 PRODUCT_REVIEW

转换示例流程如图 5-98 所示。

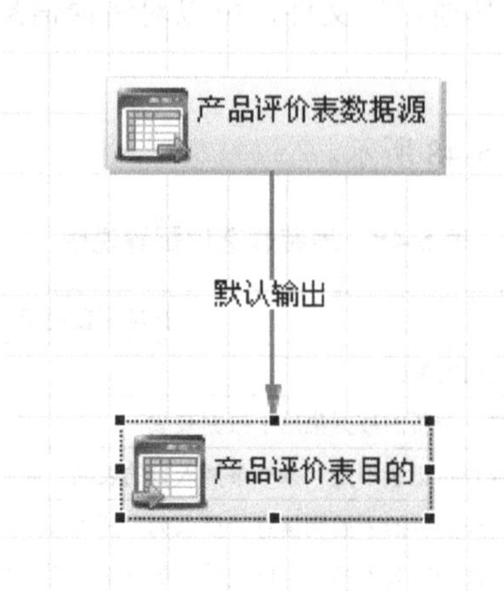

图 5-98　转换示例“表数据源表目的演示”流程

双击“产品评价表目的”节点图标，进入相应界面可以看到数据装载目的表相应信息，如图 5-99 所示。

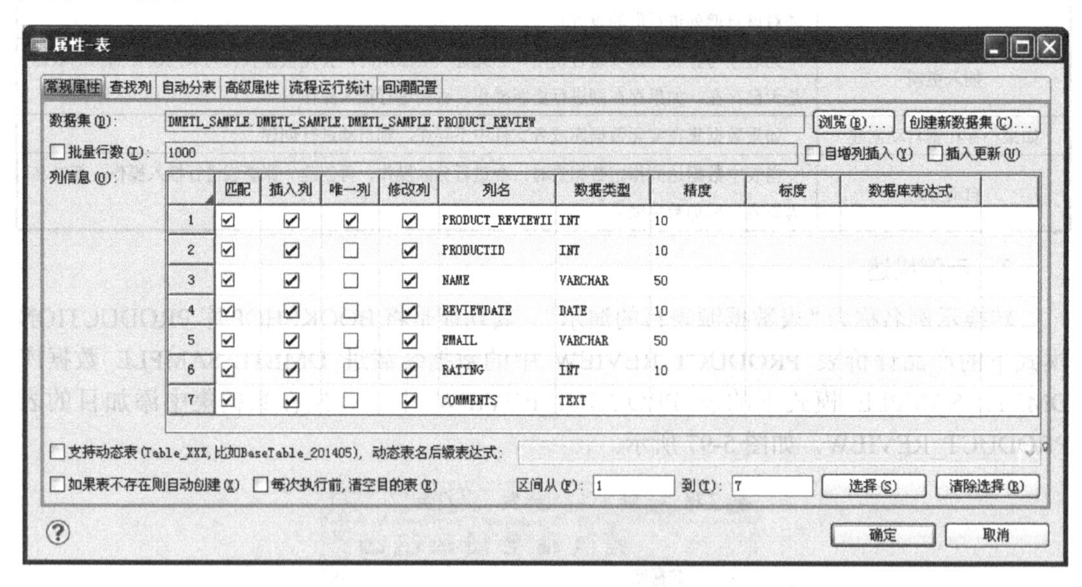

图 5-99　数据装载目的表

5.5.2　增量表装载

1．功能描述

增量表装载是对已建立好的数据库数据源中增量表数据进行装载的功能。

2．选项配置说明

增量表装载选项配置说明如表 5-49 所示。

表 5-49 增量表装载选项配置说明

选项名称	选项配置说明
数据集	从现有数据源选项选择对应的表或者视图
批量行数	表示记录不是一条一条插入目的表的，而是一次尽可能地装载该设置值的记录
操作列	选择增量表操作列
设为首次同步	将当前同步设为首次同步
列信息	浏览选择表或者视图的列信息，提供列过滤功能。插入列：插入部分列，如勾选该复选框，则该列插入；否则该列不插入。修改列：更新部分列，如勾选修改列复选框，则该列更新；否则该列不更新。数据库表达式：增量目的表插入或者更新时，使用数据库表达式代替实际的数据值，如可以使用数据库中的序列 seq. nextval 代替实际插入的数据值

3. 示例描述

转换示例名称为“增量表演示”。其功能是当源表进行增、删、改操作后，目的表也相应变化。本示例中，增量目的表是“部门信息增量目的表”节点。增量源 CDC 表为 DMETL_SAMPLE 数据库 DMETL_ SAMPLE 模式下的 DEPARTMENT_T1_MD5_CDC，增量目的表 DMETL_SAMPLE 数据库 DMETL_SAMPLE 模式下的 DEPARTMENT_T2，如图 5-100 所示。

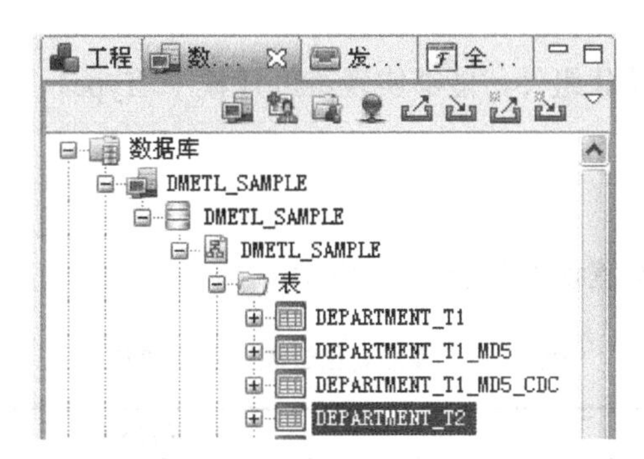

图 5-100 增量目的表数据源

转换示例流程如图 5-101 所示。

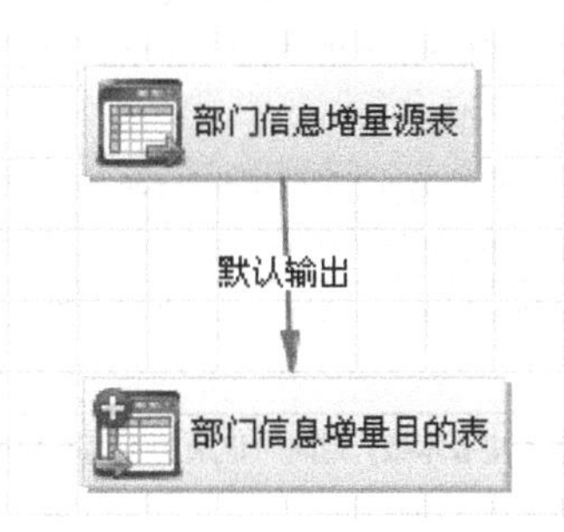

图 5-101 转换示例“增量表演示”流程

双击“部门信息”增量目的表节点图标，进入相应界面进行常规属性设置，如图 5-102 所示。

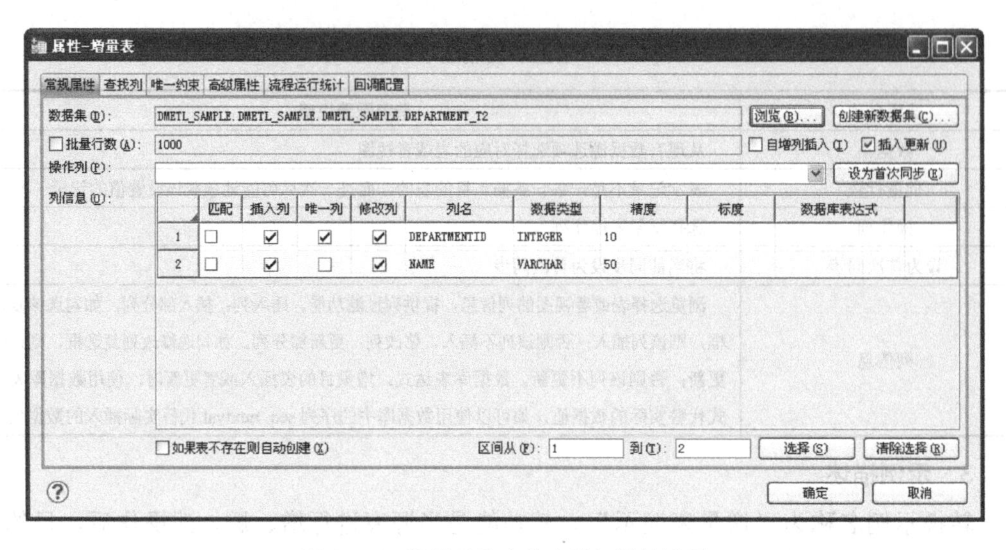

图 5-102　增量目的表节点常规属性设置

5.5.3　缓慢变化维表装载

1. 功能描述

缓慢变化维表目的装载组件，能够实现维度建模中 Type1、Type2、Type3、Type6 类型的缓慢变化维处理。

2. 选项配置说明

缓慢变化维表选项配置说明如表 5-50 所示。

表 5-50　缓慢变化维表选项配置说明

选项名称	选项配置说明
数据集	从现有数据源选择对应的表或者视图
创建新数据集	直接创建一个新的数据集用于数据装载使用
列信息	浏览选择表或者视图的列信息，自然键是普通维表中的主键，Type1、Type2、Type3 选项提供了对每列的设置信息。其中 Type1 和另外两种处理类型不能同时勾选，Type2 和 Type3 同时勾选表示 Type6 类型。 如果至少有一列是 Type2 类型或者 Type6 类型的，则必须设置代理键、版本号、起始时间、结束时间、是否当前列等信息
批量行数	批量装载行数，表示记录不是一条一条插入目的表的，而是一次尽可能地装载该设置值数量的记录
限定历史记录	如果限定了历史版本数，则同一记录的不同历史版本使用的代理键是相邻的，达到最大限制时无法再记录新版本的数据
如果不存在则自动创建	如果数据集在实际数据库或者文件中不存在，则自动进行创建
缓存模式	缓慢变化维组件需要对数据库进行查找更新，如果使用缓存会提高性能。“完全内存”缓存把数据全部缓存在内存中；“部分内存”缓存把一部分数据缓存在内存中，一部分数据缓存在磁盘中；“完全磁盘缓存”把数据完全缓存在磁盘上

3. 示例描述

转换示例名为“Type1 类型转换”，其功能是把数据源的 Type1 类型列“COMMENTS”的变化信息通过增量数据源组件和缓慢变化维组件加载到目的表上。目的表的结构和源表的结构一样，如图 5-103 所示。

创建 PRODUCT_REVIEW 表的 MD5 增量表作为数据源，如图 5-103 所示。

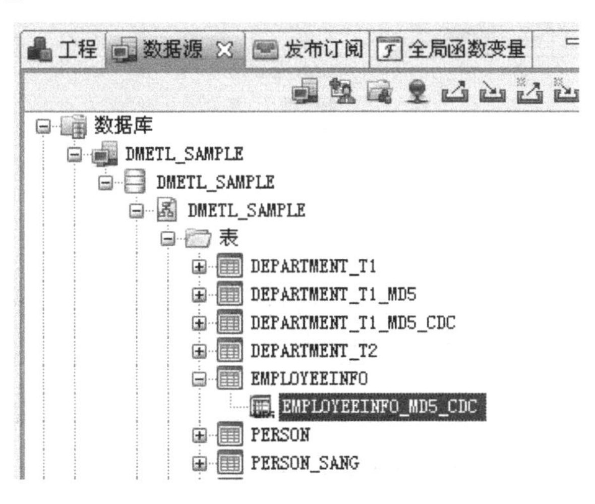

图 5-103 创建 MD5 增量表作为数据源

转换示例流程如图 5-104 所示。

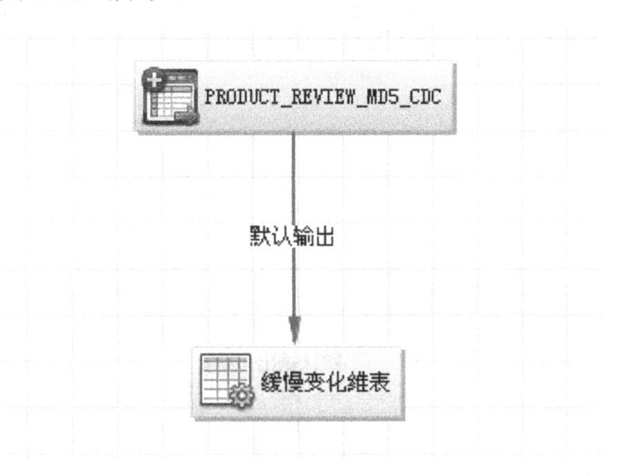

图 5-104 转换示例“Typel 类型转换”流程

打开默认输出配置界面，删除 CDC_ID、CDC_OPT 两列，使用“前过滤”条件：“CDC_OPT==U”||“CDC_OPT==I”，只获取插入和更新数据，设置如图 5-105 所示。

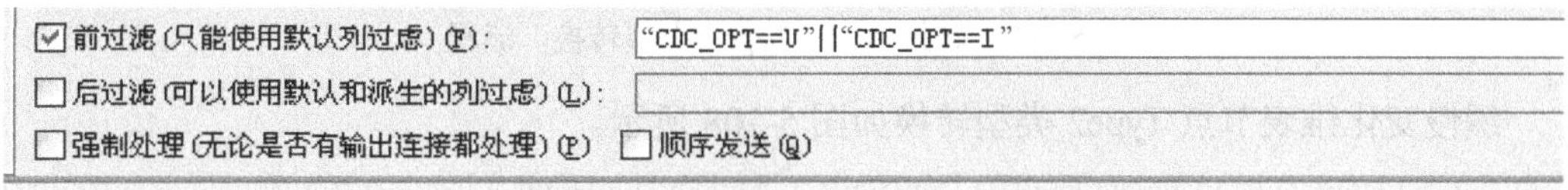

☑前过滤 (只能使用默认列过滤) (F): “CDC_OPT==U”||“CDC_OPT==I ”
☐后过滤 (可以使用默认和派生的列过滤) (L):
☐强制处理 (无论是否有输出连接都处理) (P) ☐顺序发送 (Q)

图 5-105 输出配置的“前过滤”条件设置

打开缓慢变化维表节点的属性设置界面，设置 Typel 类型转换，如图 5-106 所示。

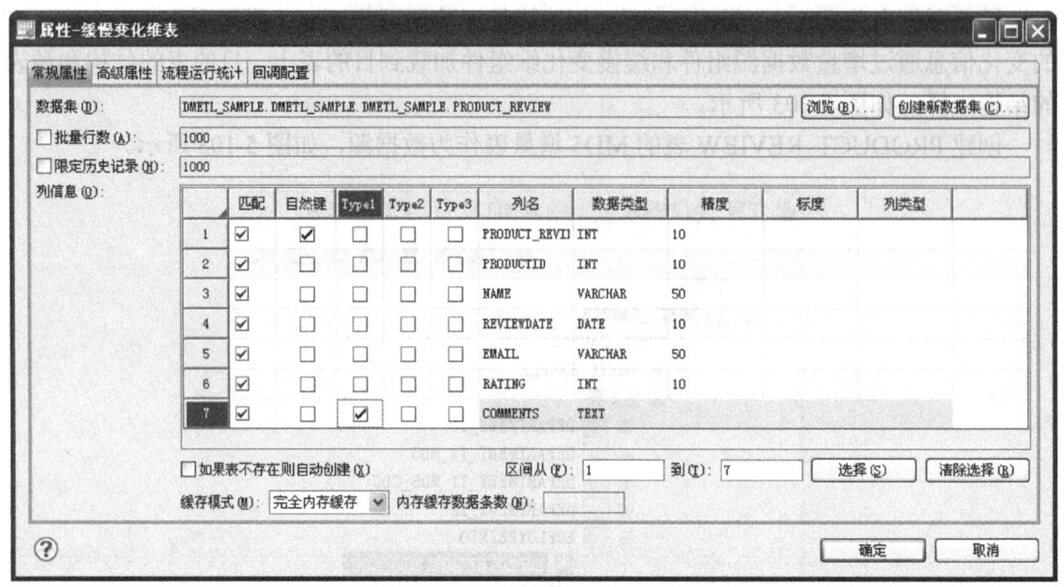

图 5-106　缓慢变化维表节点 Type1 类型转换

转换示例名为“Type2 类型转换”，其功能是把 Type2 类型的列“NAME”的变化加载到目的表中，目的表创建时在源表基础上增加了创建代理键、开始时间、结束时间、版本号、是否当前类型的字段等选项。源表和默认输出的配置同 Type1。转换示例流程如图 5-107 所示。

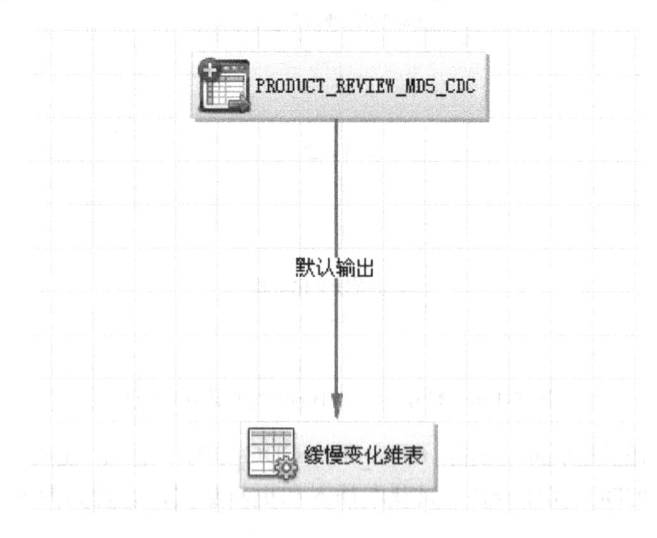

图 5-107　转换示例“Type2 类型转换”流程

缓慢变化维表节点 Type2 类型转换如图 5-108 所示。

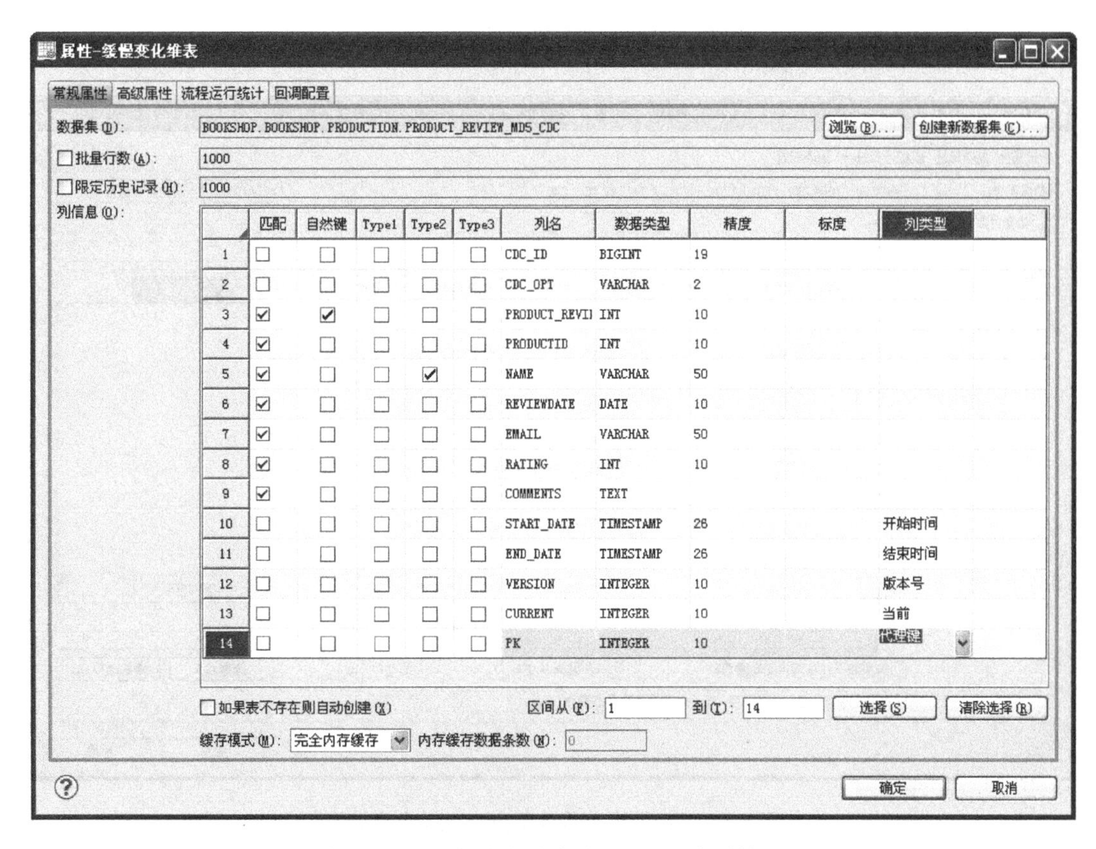

图 5-108　缓慢变化维表节点 Type2 类型转换

转换示例名为“Type3 类型转换”，其功能是把 Type3 类型的列“COMMENTS”的变化加载到目的表中，目的表增加一个“COMMENTS2”字段，源表和默认输出配置同 Type1。

转换示例流程如图 5-109 所示。

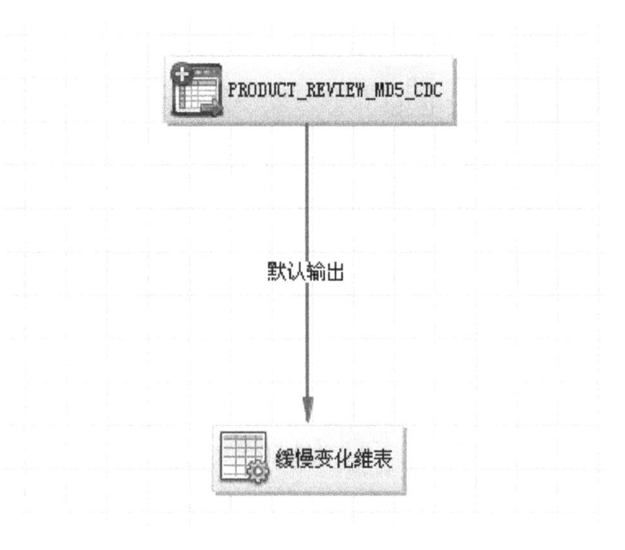

图 5-109　转换示例“Type3 类型转换”流程

缓慢变化维表节点 Type3 类型转换如图 5-110 所示。

属性-缓慢变化维表

常规属性 | 高级属性 | 流程运行统计 | 回调配置

数据集(D): BOOKSHOP.BOOKSHOP.PRODUCTION.PRODUCT_REVIEW_MD5_CDC　浏览(B)...　创建新数据集(C)...

☐批量行数(A): 1000

☐限定历史记录(H): 1000

列信息(Q):

	匹配	自然键	Type1	Type2	Type3	列名	数据类型	精度	标度	列类型
1	☐	☐	☐	☐	☐	CDC_ID	BIGINT	19		
2	☐	☐	☐	☐	☐	CDC_OPT	VARCHAR	2		
3	☑	☑	☐	☐	☐	PRODUCT_REVI	INT	10		
4	☑	☐	☐	☐	☐	PRODUCTID	INT	10		
5	☑	☐	☐	☐	☐	NAME	VARCHAR	50		
6	☑	☐	☐	☐	☐	REVIEWDATE	DATE	10		
7	☑	☐	☐	☐	☐	EMAIL	VARCHAR	50		
8	☑	☐	☐	☐	☐	RATING	INT	10		
9	☑	☐	☐	☐	☑	COMMENTS	TEXT			
10	☐	☐	☐	☐	☐	COMMENTS2	TEXT			COMMENTS

☐如果表不存在则自动创建(X)　区间从(F): 1　到(T): 10　选择(S)　清除选择(R)

缓存模式(M): 完全内存缓存　内存缓存数据条数(N): 0

确定　取消

图 5-110　缓慢变化维表节点 Type3 类型转换

转换示例名为“Type6 类型转换”，其功能是把维表数据源的 Type6 类型列“NAME”的变化信息通过增量数据源组件和缓慢变化维组件加载到目的表。目的表中增加一个“CURRENT_NAME”字段，源表和默认输出配置同 Type1。

转换示例流程如图 5-111 所示。

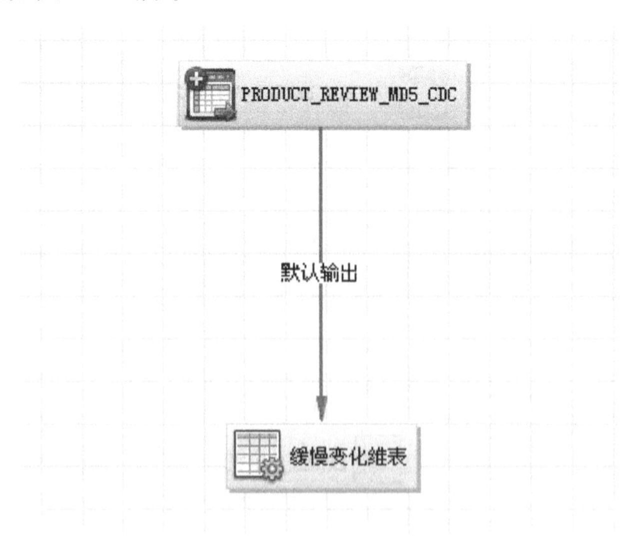

图 5-111　转换示例“Type6 类型转换”流程

缓慢变化维表节点 Type6 类型转换如图 5-112 所示。

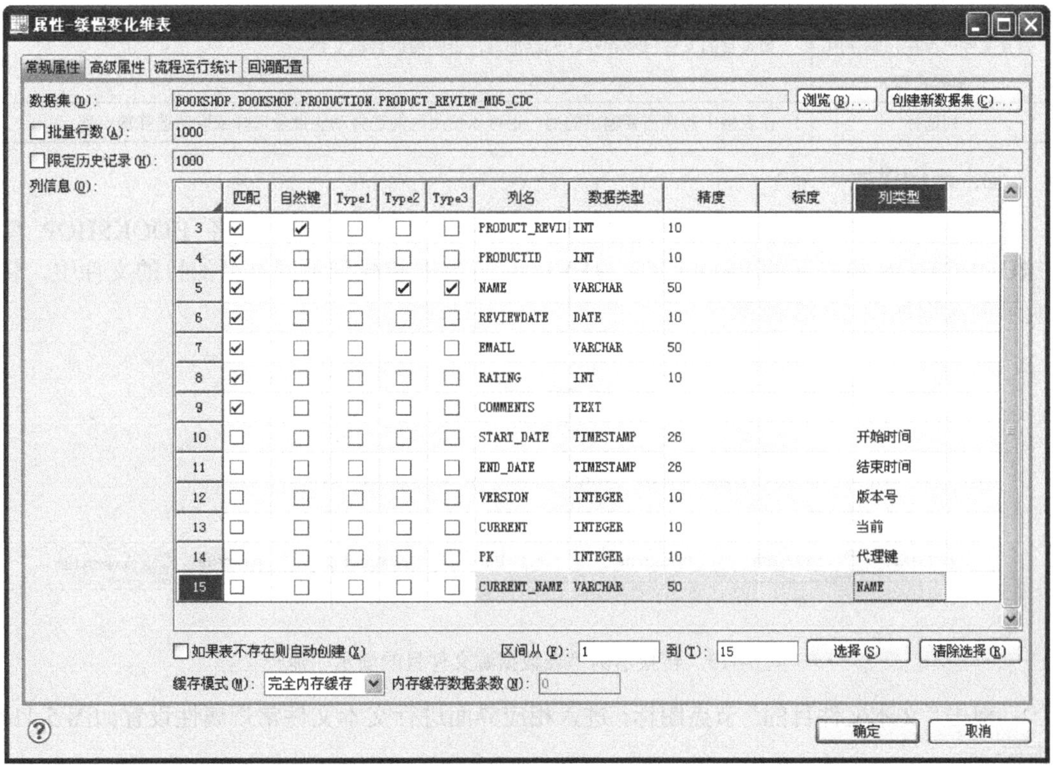

图 5-112　缓慢变化维表节点 Type6 类型转换

5.5.4　文本文件装载

1．功能描述

将输入数据写到文本文件中。

2．选项配置说明

文本文件装载选项配置说明如表 5-51 所示。

表 5-51　文本文件装载选项配置说明

选项名称	选项配置说明
文本文件	指定目标文件路径
压缩类型	选择文本文件的压缩类型，有 zip、gzip、snappy 等
字符集	选择目标文件的字符集
行分隔符	选择行分隔符
列分隔符	选择列分隔符
文本限定符	指定文本限定符，如果数据中含有行分隔符或者列分隔符，则数据的前后会加上文本限定符；如果数据中含有文本限定符，则使用两个文本限定符代替
输出列名	设置是否在第一行输出列名

（续表）

选项名称	选项配置说明
如果文件已存在，则使用追加模式写入	如果目的文件已经存在，则追加写，否则覆盖目标文件
列选择	在表格中勾选需要输出的列，也可以使用区间选择功能批量选择或取消选择输出列

3．示例描述

转换示例名称为“表数据源文件目的演示”，其功能是将 BOOKSHOP 库 PRODUCTION 模式下的 PRODUCT_REVIEW 表数据装载到不同类型的目的文件中，转换示例流程如图 5-113 所示。

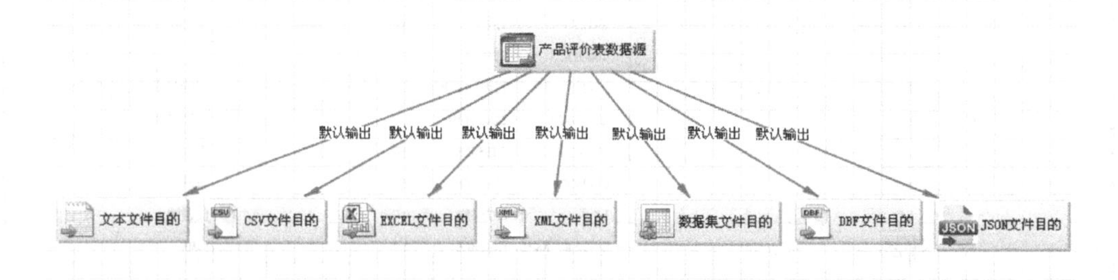

图 5-113　转换示例“表数据源文件目的演示”流程

双击“文本文件目的”节点图标，进入相应界面进行文本文件常规属性设置如图 5-114 所示。

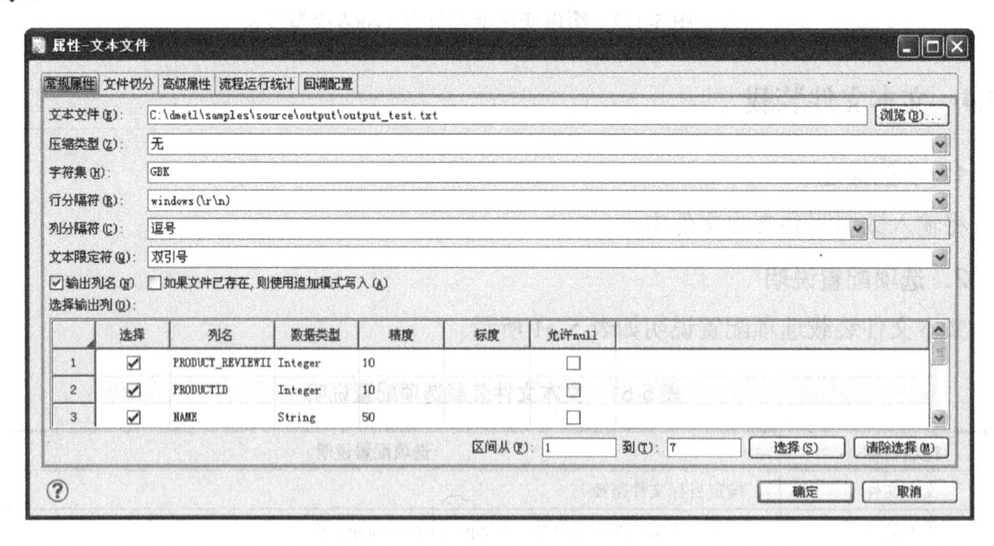

图 5-114　文本文件常规属性设置

5.5.5　CSV 文件装载

1．功能描述

将输入数据写到 CSV 文件中。

2．选项配置说明

CSV 文件装载选项配置说明如表 5-52 所示。

表 5-52　CSV 文件装载选项配置说明

选项名称	选项配置说明
CSV 文件	指定目标 CSV 文件路径
压缩类型	选择 CSV 文件的压缩类型，有 zip、gzip、snappy 等
字符集	选择目标文件的字符集
输出列名	是否在第一行输出列名
如果文件已存在，则使用追加模式写入	如果目的文件已经存在，则追加写，否则覆盖目标文件
列选择	在表格中勾选需要输出的列，也可以使用下方的区间选择功能进行批量选择，或者取消选择输出列

3．示例描述

转换示例名称为“表数据源文件目的演示”，其功能是将 BOOKSHOP 库 PRODUCTION 模式下 PRODUCT_REVIEW 表数据装载进 CSV 文件中，转换示例和 5.5.4 节中示例一致（见图 5-113），双击转换流程视图中的“CSV 文件目的”节点图标，进入相应界面进行 CSV 文件常规属性设置，如图 5-115 所示。

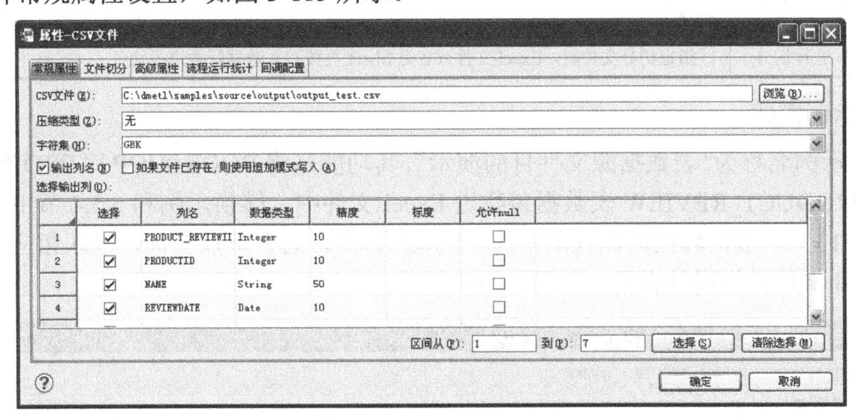

图 5-115　CSV 文件常规属性设置

5.5.6　Excel 文件装载

1．功能描述

将数据写入 Excel 文件中。DMETL 可以将数据写入 Microsoft Office Excel 2003 或 Excel 2007 中。Excel 2003 主要用于数据量比较小的数据装载场景，如果一次装载数据量比较大，则推荐使用 Excel 2007 进行数据装载。

2．选项配置说明

1）一般信息选项

Excel 文件装载一般信息选项配置说明如表 5-53 所示。

表 5-53 Excel 文件装载一般信息选项配置说明

选项名称	选项配置说明
文件路径	选择 Excel 文件路径
工作表	输入待写入数据的工作表名称
输出列名	选择是否需要输出列名
追加写	选择是否追加写入已存在的 Excel 文件，提供了 xls 格式的 Excel 文件的追加写功能
列信息	选择待输出的列

2）文件切分选项

Excel 文件装载文件切分选项配置说明如表 5-54 所示。

表 5-54 Excel 文件装载文件切分选项配置说明

选项名称	选项配置说明
不切分	数据装载到 Excel 中，不进行数据切分，Excel 2003 每个 Sheet 页可以写入 65535 行数据，Excel 2007 每个 Sheet 页可以写入 1048575 行数据，当数据量达到 Excel 的最大行数，DMETL 默认对数据进行切分
按照 Sheet 页切分	数据装载到 Excel 中，当 Sheet 页中的数据行数超过指定行数时，创建新的 Sheet 页装载数据
按照 Excel 文件切分	数据装载到 Excel 中，当 Excel 文件中的数据行数超过指定行数时，创建新的 Excel 文件装载数据
每写入 *N* 行进行切分	指定切分文件时，Excel 文件或者是 Sheet 页按写入数据行数进行切分

3. 示例描述

转换示例名称为“表数据源文件目的演示”，其功能是将 BOOKSHOP 库 PRODUCTION 模式下 PRODUCT_REVIEW 表数据装载进 Excel 文件中，转换示例和 5.5.4 节中示例一致（见图 5-113），双击转换流程视图中的“Excel 文件目的”节点图标，进入相应设置界面进行 Excel 文件常规属性设置，如图 5-116 所示。

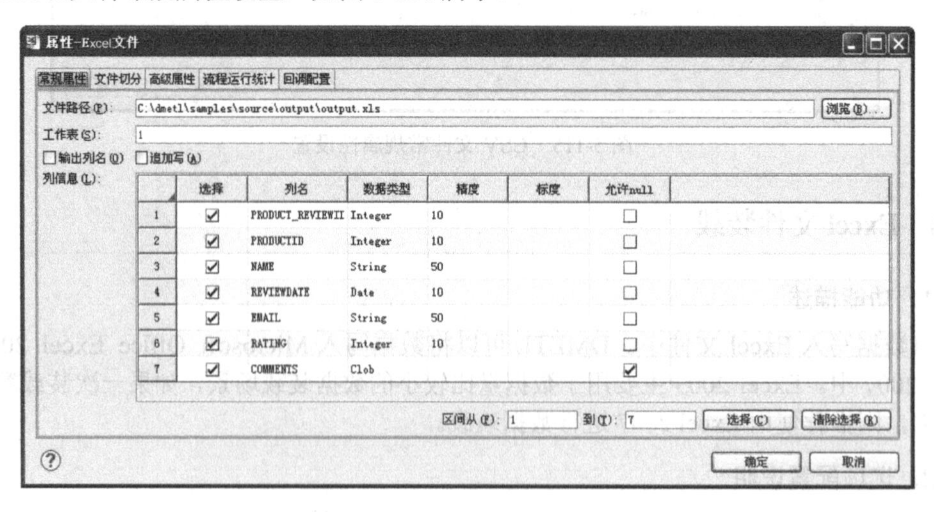

图 5-116 Excel 文件常规属性

目的文件切分的相关设置如图 5-117 所示。

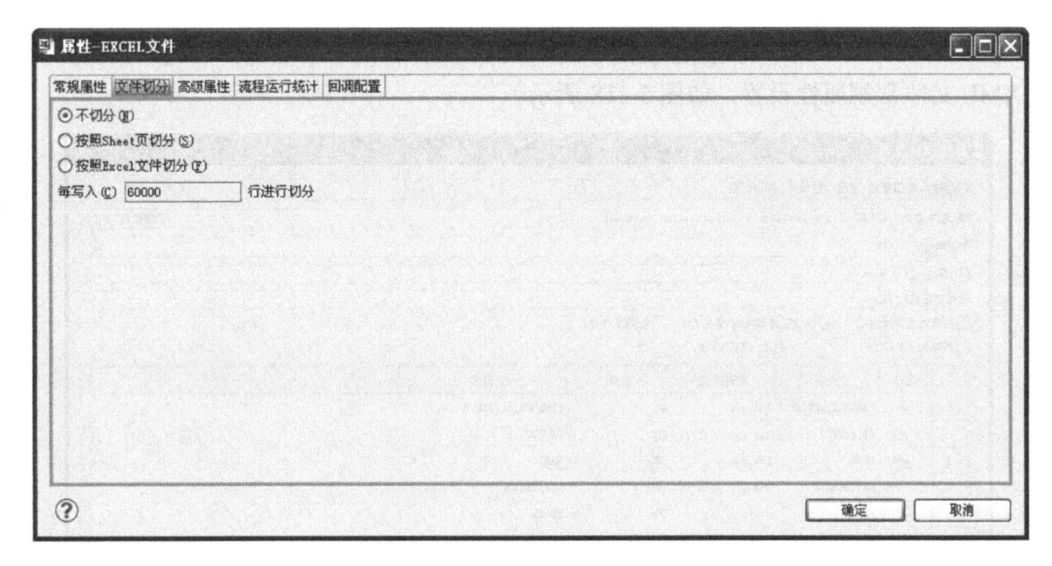

图 5-117　Excel 目的文件切分设置

5.5.7　XML 文件装载

1．功能描述

将数据写入 XML 文件中。用户可以选择需要输入的列，指定 XML 文件的格式和编码，支持文件压缩和文件分割。

2．选项配置说明

XML 文件装载选项配置说明如表 5-55 所示。

表 5-55　XML 文件装载选项配置说明

选项名称	选项配置说明
XML 文件名	输入待生成的 XML 文件名
字符集	设置 XML 文件的字符编码
根元素名	设置 XML 文件根元素的名字
行元素名	设置 XML 文件行元素的名字
列作为元素属性	勾选确定是否将列作为元素属性
自动过滤非法 XML 字符	勾选确定是否自动过滤非法 XML 字符
压缩文件	勾选确定输出文件是否是 XML 压缩文件
每写入 N 行后分隔文件	设置一个 XML 文件最多允许的行数，超过部分写入另一个 XML 文件
列信息	选择希望输出的列，可以改变输出列的格式，特别是数字或日期类型的列，可以输入希望输出的格式；可以更改 XML 文件中列元素名

3．示例描述

转换示例名称为“表数据源文件目的演示”，其功能是将 BOOKSHOP 库 PRODUCTION 模式下 PRODUCT_REVIEW 表数据装载进 XML 文件中，转换示例和 5.5.4 节中示例一致（见图 5-113），双击转换流程视图中的“XML 文件目的”节点图标，进入相应界面进行 XML 文件常规属性设置，如图 5-118 所示。

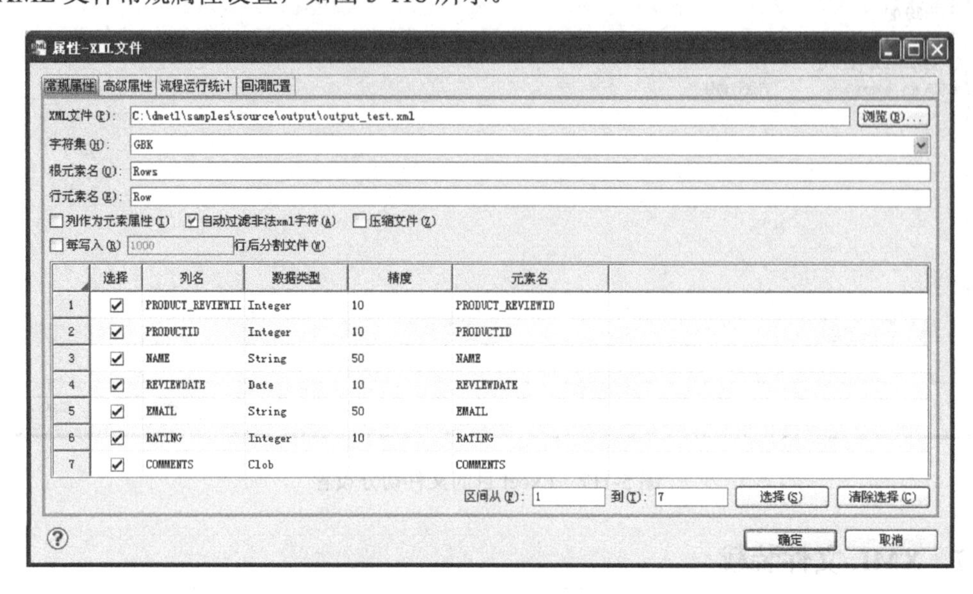

图 5-118 XML 文件常规属性设置

5.5.8 数据集文件装载

1. 功能描述

数据集文件又称 DDS 文件，是 DMETL Data Set 的缩写。DDS 是 DMETL V4.0 独有的文件格式，支持数据压缩。DDS 文件保存有转换过程中得到的完整的列信息和消息记录信息。

2. 选项配置说明

数据集文件装载选项配置说明如表 5-56 所示。

表 5-56 数据集文件装载选项配置说明

选项名称	选项配置说明
数据集文件	输入待生成的数据集文件名
字符集	数据集文件文件头的一个标识，表明文件内容所使用的字符集
压缩文件	数据集文件文件头的一个标识，表明文件内容是否压缩，但不论是否压缩，都属于 DDS 文件
如果文件已存在，则使用追加模式写入	支持追加写模式
列信息	选择希望输出的列，可以改变输出列的格式，特别是数字或日期类型的列，可以输入希望输出的格式

3. 示例描述

转换示例名称为“表数据源文件目的演示”，其功能是将 BOOKSHOP 库 PRODUCTION 模式下 PRODUCT_REVIEW 表数据装载进数据集文件中，转换示例和 5.5.4 节中示例一致

（见图 5-113），双击转换流程视图中的“数据集文件目的”节点图标，进入相应界面进行数据集文件常规属性设置，如图 5-119 所示。

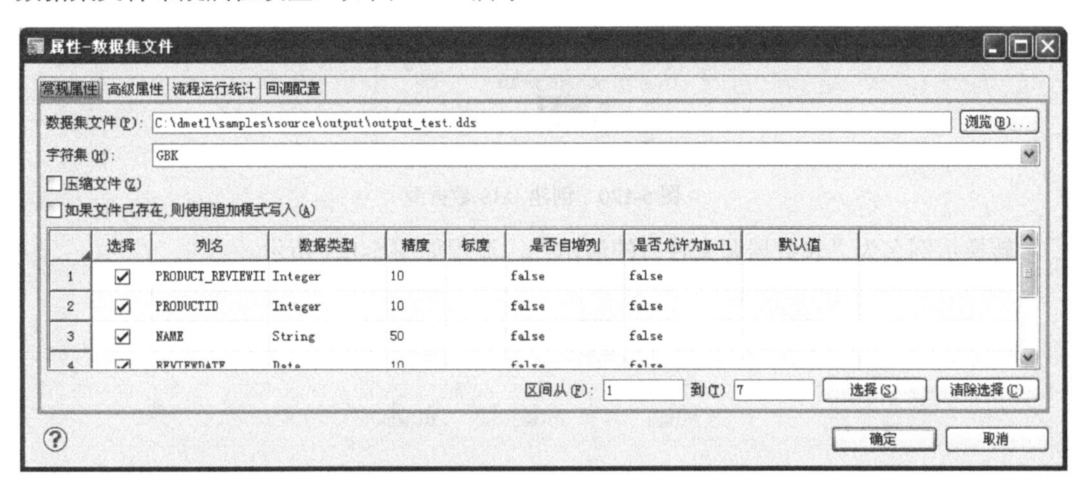

图 5-119　数据集文件常规属性设置

5.5.9　JMS 装载

1．功能描述

JMS 数据装载是往 JMS 服务器中推送数据的过程。

2．选项配置说明

JMS 装载选项配置说明如表 5-57 所示。

表 5-57　JMS 装载选项配置说明

选项名称	选项配置说明
数据集	输入待生成的 JMS 数据集
消息有效时间	默认为 0，即永久有效。如果填入数值则表示生成消息在服务器有效的时间不超过此时间
消息包数据条数	输入消息包中的数据条数
加密	选择加密方式，有不加密、简单加密、DES 加密选项，其中简单加密和 DES 加密需要输入密码
自动创建不存在的主题或队列	如果没有勾选，则在无此主题或队列的时候会报错：无法找到此主题或队列
消息持久化	设置消息是否持久
列信息	选择希望输出的列，可以改变输出列的格式，特别是数字或日期类型的列，可以输入希望输出的格式

3．示例描述

转换示例名称为“表数据源文件目的演示”，其功能是将 BOOKSHOP 库 PERSON 模式下 PERSON 表数据装载进 JMS 目的数据集中。首先在数据源中添加 JMS 数据集，数据源创建参考 4.11 节，创建完成后如图 5-120 所示。

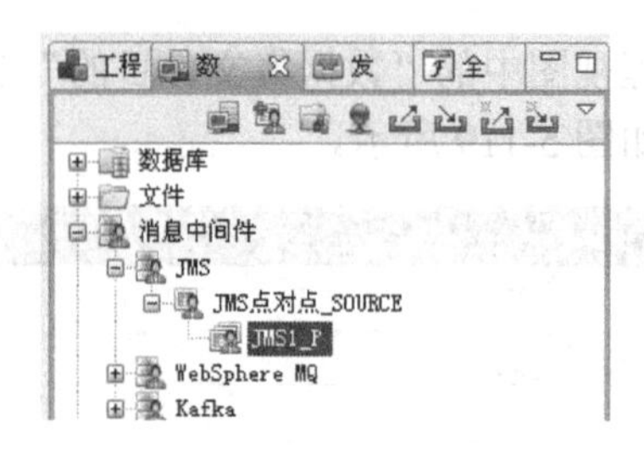

图 5-120　创建 JMS 数据源

转换示例名为“表数据源文件目的演示”，流程如图 5-121 所示。

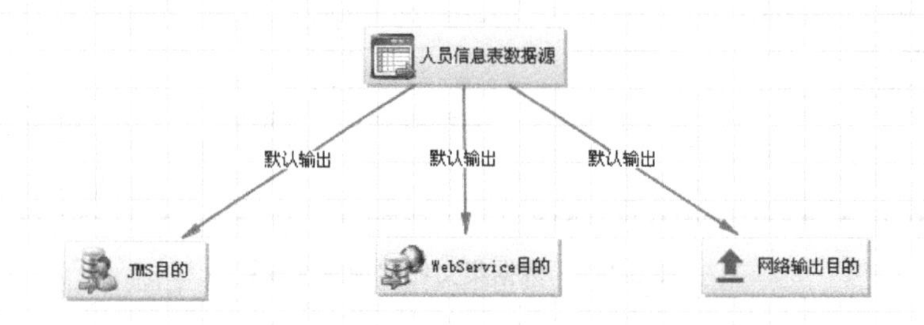

图 5-121　转换示例“表数据源文件目的演示”流程

双击“JMS 目的”节点图标，进入相应界面进行 JMS 目的节点常规属性设置。如图 5-122 所示。

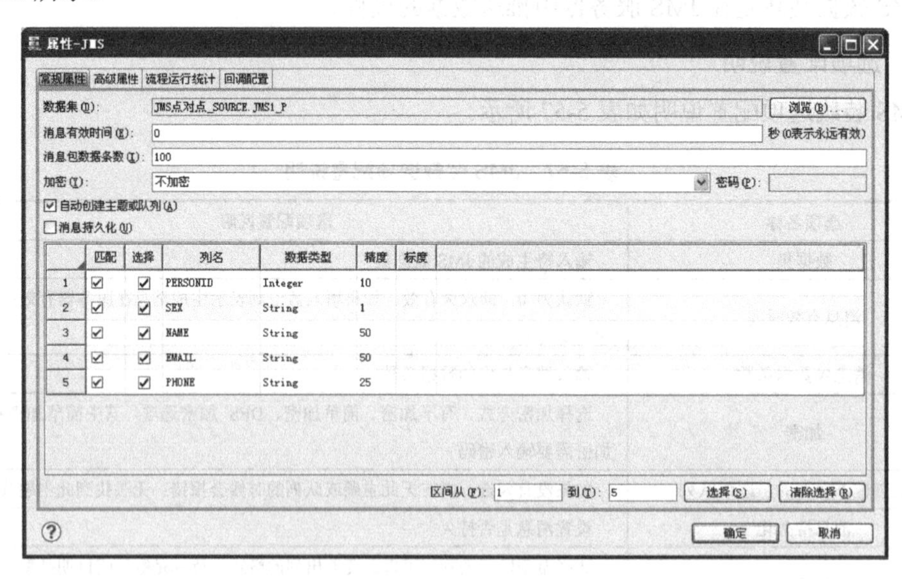

图 5-122　JMS 目的节点常规属性设置

5.5.10　WebService 装载

1．功能描述

将数据写入 WebService 目的数据集中。

2. 选项配置说明

WebService 装载选项配置说明如表 5-58 所示。

表 5-58　WebService 装载选项配置说明

选项名称	选项配置说明
WebService 数据集	选择 WebService 数据集
WebService 方法	选择读取数据的 WebService 方法
方法参数	配置 WebService 方法的输入参数和输出参数

3. 示例描述

转换示例名称为“表数据源文件目的演示”，其功能是将 BOOKSHOP 库 PERSON 模式下 PERSON 表数据装载进 WebService 目的数据集中。首先在数据源中添加 WebService 数据集，参考节 4.14 节，在转换示例流程图中双击“WebService 目的”节点图标，进入相应界面进行参数设置，如图 5-123、图 5-124 所示。

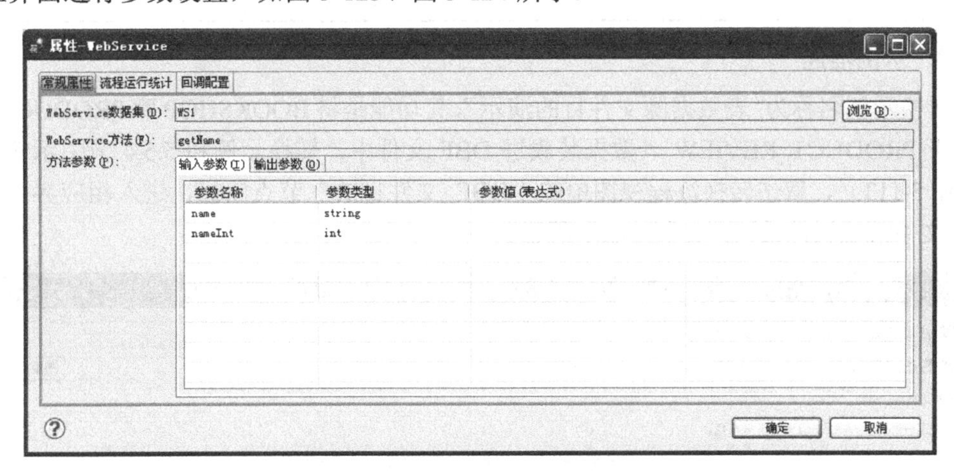

图 5-123　WebService 目的节点常规属性输入参数设置

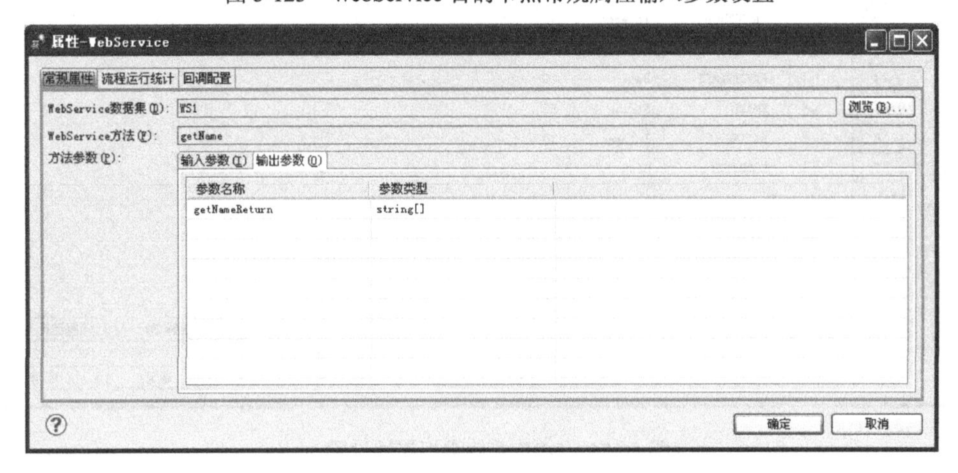

图 5-124　WebService 目的节点常规属性输出参数设置

5.5.11 DBF 文件装载

1. 功能描述

将数据写入 DBF 文件中，DMETL 可以将数据写入 DBF 格式的文件中。

2. 选项配置说明

DBF 文件装载选项配置说明如表 5-59 所示。

表 5-59 DBF 文件装载选项配置说明

选项名称	选项配置说明
文件路径	选择 DBF 文件路径
字符集	选择生成的 DBF 文件的字符集
如果文件已存在，则使用追加模式写入	支持追加写模式
列信息	选择待输出的列

3. 示例描述

转换示例名称为“表数据源文件目的演示”，其功能是将 BOOKSHOP 库 PRODUCTION 模式下 PRODUCT_REVIEW 表数据装载进 DBF 文件中，转换示例和 5.5.4 节中示例一致（见图 5-113），双击转换流程视图中的“DBF 文件目的”节点图标，进入相应界面进行 DBF 文件常规属性设置，如图 5-125 所示。

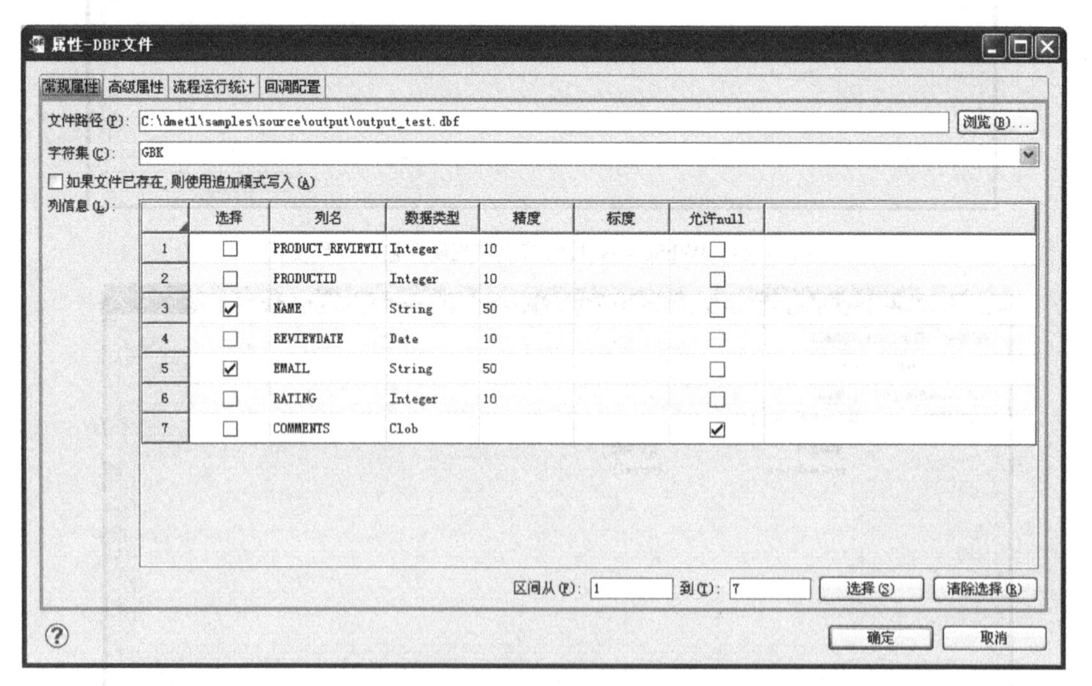

图 5-125 DBF 文件常规属性设置

5.5.12 JSON 文件装载

1. 功能描述

将数据写入 JSON 文件中。

2. 选项配置说明

JSON 文件装载选项配置说明如表 5-60 所示。

表 5-60 JSON 文件装载选项配置说明

选项名称	选项配置说明
文件路径	选择 JSON 文件路径
字符集	选择生成的 JSON 文件的字符集
如果文件已存在，则使用追加模式写入	支持追加写模式
列信息	选择待输出的列

3. 示例描述

转换示例名称为“表数据源文件目的演示”，其功能是将 BOOKSHOP 库 PRODUCTION 模式下 PRODUCT_REVIEW 表数据装载进 JSON 文件中，转换示例和 5.5.4 节中示例一致（见图 5-113），双击转换流程视图中的“JSON 文件目的”节点图标，进入相应界面进行 JSON 文件常规属性设置，如图 5-126 所示。

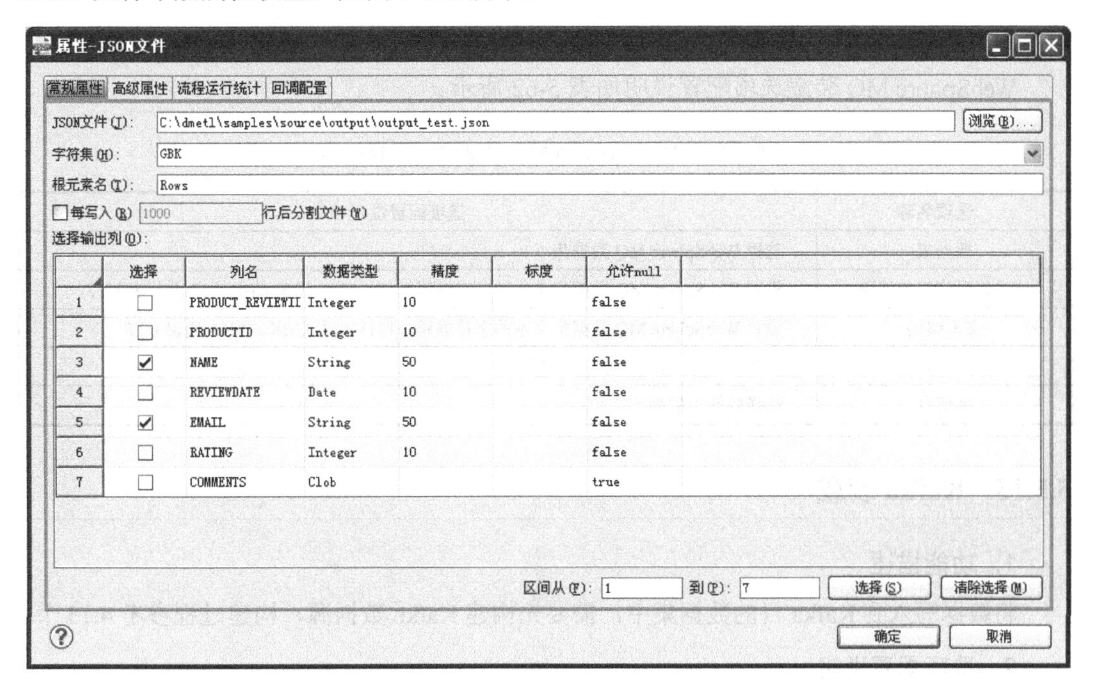

图 5-126 JSON 文件常规属性设置

5.5.13 MongoDB 装载

1. 功能描述

将数据写入 MongoDB 目的数据集中，需要先构建 MongoDB 数据源，构建过程参考 4.17 节。

2. 选项配置说明

MongoDB 装载选项配置说明如表 5-61 所示。

表 5-61 MongoDB 装载选项配置说明

选项名称	选项配置说明
数据集	选择 MongoDB 数据集
插入数组	输入插入的数组信息
列信息	选择待输出的列

5.5.14 WebSphere MQ 装载

1. 功能描述

将数据写入 WebSphere MQ 目的数据集中，需要先构建 WebSphere MQ 数据源，构建过程参考 4.12 节。

2. 选项配置说明

WebSphere MQ 装载选项配置说明如表 5-62 所示。

表 5-62 WebSphere MQ 装载选项配置说明

选项名称	选项配置说明
数据集	选择 WebSphere MQ 数据集
文本编码字符集标识	设置 WebSphere MQ 数据集文本的字符编码标识，1318 代表 GBK，1208 代表 UTF
文本编码	设置 WebSphere MQ 数据集文本的字符编码，1318 代表 GBK，1208 代表 UTF
加密	选择加密方式，有不加密、简单加密和 DES 加密三种，后两种需要输入密码
列信息	选择待输出的列

5.5.15 Kafka 装载

1. 功能描述

将数据写入到 Kafka 目的数据集中，需要先构建 Kafka 数据源，构建过程参考 4.13 节。

2. 选项配置说明

Kafka 装载选项配置说明如表 5-63 所示。

表 5-63　Kafka 装载选项配置说明

选项名称	选项配置说明
数据集	选择 Kafka 数据集
列信息	选择待输出的列

5.5.16　Elasticsearch 装载

1．功能描述

将数据写入 Elasticsearch 目的数据集中，需要先构建 Elasticsearch 数据源，构建过程参考 4.18 节。

2．选项配置说明

Elasticsearch 装载选项配置说明如表 5-64 所示。

表 5-64　Elasticsearch 装载选项配置说明

选项名称	选项配置说明
数据集	选择 Elasticsearch 数据集
批量写入数据条数	输入批量写入数据条数，默认为 3000
使用插入更新模式	勾选确认使用插入更新模式，需要输入设置字段名称
使用 ES Upser	勾选确认使用 ES Upser
列信息	选择待输出的列

5.5.17　网络输出

1．功能描述

将数据写入网络输出目的数据集中。

2．选项配置说明

网络输出选项配置说明如表 5-65 所示。

表 5-65　网络输出选项配置说明

选项名称	选项配置说明
目标 IP	输入网络输出目标的 IP 地址
目标端口	输入网络输出目标的端口
设为首次运行	将本次过程设置为首次运行
目标 ID	输入网络输出目标 ID
每个数据包消息条数	输入每个数据包消息条数，默认为 100
缓存路径	设置本机缓存路径
缓存大小	设置本机缓存大小
加密传输	选择加密方式，有非加密、简单异或加密和对称加密三种
压缩传输	勾选确定是否压缩数据进行传输
列信息	选择待输出的列

3. 示例描述

转换示例名称为“表数据源文件目的演示”，其功能是将 BOOKSHOP 库 PERSON 模式下 PERSON 表数据装载进网络输出中。转换示例参见 5.5.9 节图 5-121，双击转换流程视图中的“网络输出目的”节点图标，进入相应界面进行网络输出目的节点常规属性设置，如图 5-127 所示。

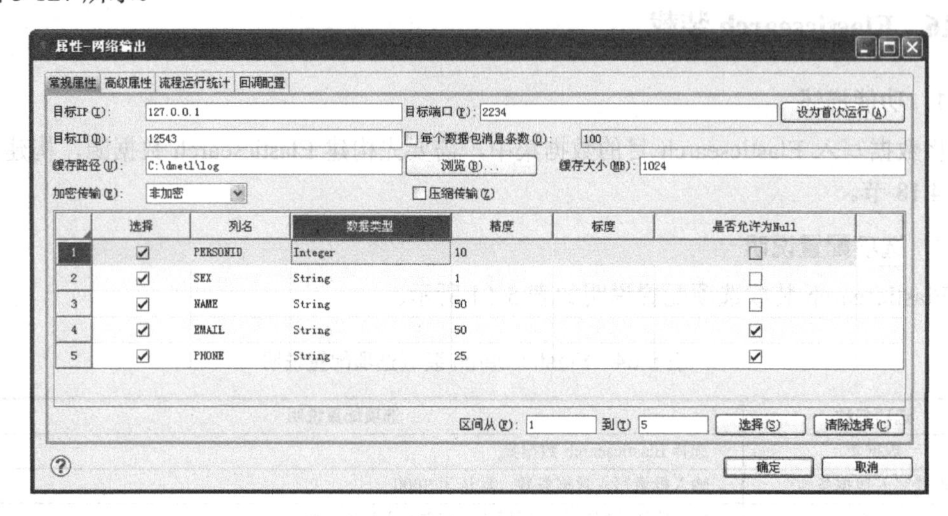

图 5-127 网络输出目的节点常规属性设置

5.6 快速装载

5.6.1 DM8 快速装载

1. 功能描述

通过 DM8 数据库的专有数据快速装载接口装载数据，通常比基于 Java 数据库连接（JDBC）的标准接口的装载速度快，但是 DM8 快速装载接口不支持更新和操作，不能用于增量数据装载，也不支持插入更新装载模式。

2. 选项配置说明

DM8 快速装载选项配置说明如表 5-66 所示。

表 5-66 DM8 快速装载选项配置说明

选项名称	选项配置说明
数据集	选择目的表数据集，也可以单击“创建新数据集”按钮根据输入列创建一个新的表数据集
批量行数	指定批量提交的数据记录行数
自增列插入	如果表中有自增列，选择是否插入自增列的值。如不勾选，则自增列值由数据库自动生成；如选择，则使用输入数据填充自增列
列信息	选择待输出的列信息
如果表不存在则自动创建	如果目的表在数据源中不存在，则根据数据集的定义自动创建目的表
每次执行前，清空目的表	勾选确认在每次执行前清空目的表

3．示例描述

转换示例名称为"DM8 快速装载演示"，其功能是将 BOOKSHOP 库 PERSON 模式下的表 PERSON 中的数据通过 DM8 快速装载组件快速装载到目的表中，流程如图 5-128 所示。

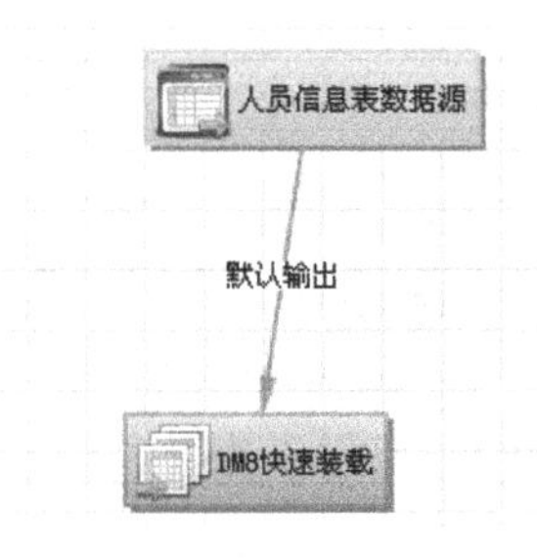

图 5-128　转换示例"DM8 快速装载演示"流程

双击"DM8 快速装载"节点图标，进入相应界面，进行 DM8 快速装载常规属性设置，如图 5-129 所示。

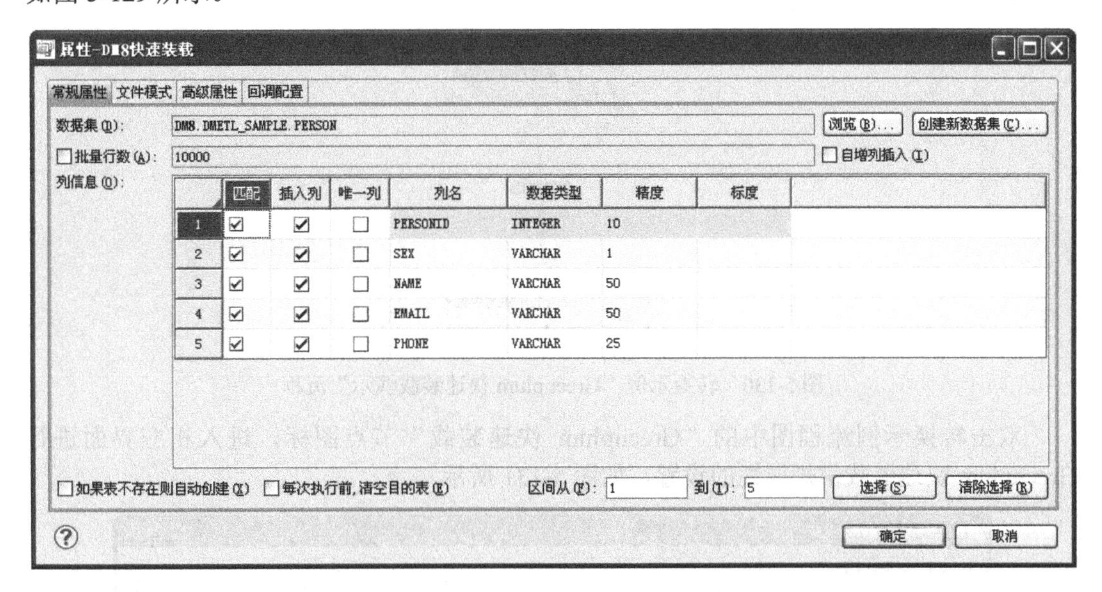

图 5-129　DM8 快速装载常规属性设置

5.6.2　Greenplum 快速装载

1．功能描述

通过 Greenplum 数据库的专有数据快速装载接口装载数据，通常比基于 JDBC 的标准接口的装载速度快，但是 Greenplum 快速装载接口不支持更新和操作，不能用于增量数据装载，也不支持插入更新装载模式。

2. 选项配置说明

Greenplum 快速装载选项配置说明如表 5-67 所示。

表 5-67 Greenplum 快速装载选项配置说明

参数名称	选项配置说明
数据集	选择 Greenplum 数据集
文件切分行数	输入文件切分行数
压缩文件	勾选确定是否压缩文件
列信息	选择待输出的数据列
如果表不存在则自动创建	如果目的表在数据源中不存在，则根据数据集的定义自动创建目的表
每次执行前，清空目的表	勾选确认在每次执行前清空目的表

3. 示例描述

转换示例名称为“Greenplum 快速装载演示”，其功能是将 BOOKSHOP 库 PERSON 模式下表的 PERSON 中的数据通过 Greenplum 快速装载组件快速装载到目的表中，流程如图 5-130 所示。

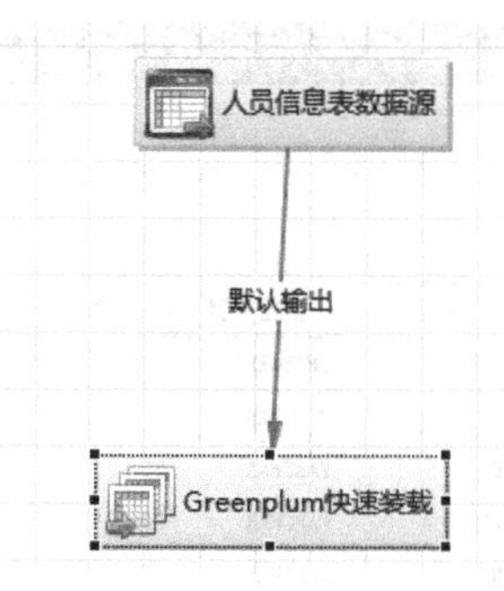

图 5-130 转换示例“Greenplum 快速装载演示”流程

双击转换示例流程图中的“Greenplum 快速装载”节点图标，进入相应界面进行 Greenplum 快速装载常规属性的设置，如图 5-131 所示。

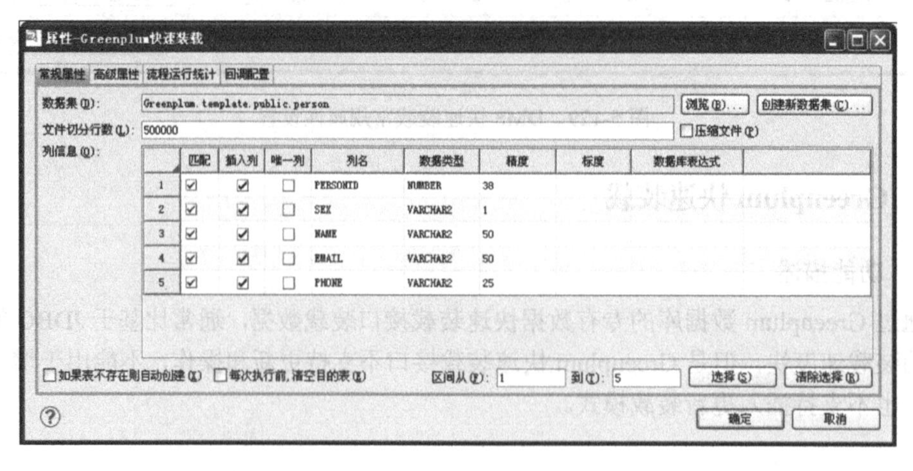

图 5-131 Greenplum 快速装载常规属性设置

5.6.3 Oracle 快速装载

1. 功能描述

通过 Oracle 数据库提供的数据装载工具 sqlldr，实现将数据快速装载到 Oracle 上，不支持更新和操作，不能用于增量数据装载，也不支持插入更新装载模式。

2. 选项配置说明

在使用 DMETL 的 Oracle 快速装载功能前，应确认在安装了 DMETL 的机器上安装了 Oracle 快速装载 sqlldr 客户端工具，同时如果需要加载到远程 Oracle 上，则需要配置 Oracle tns，将远程的 Oracle 服务配置到本机监听设备上。在确认上述操作后，方可以使用 Oracle 快速装载功能。Oracle 快速装载选项配置说明如表 5-68 所示。

表 5-68 Oracle 快速装载选项配置说明

参数名称	选项配置说明
数据集	选择目的表数据集，也可以单击“创建新数据集”按钮来根据输入列创建一个新的表数据集
数据文件目录	将数据文件写到文本的路径
日志文件记录	Oracle sqlldr 装载工具生成记录装载日志的日志文件，在 Linux 下该选项无效，可不输入
Oracle SQLLDR 路径	命令行执行 sqlldr 命令，默认为 sqlldr，当找不到 sqlldr 时，应输入完整的 sqlldr.exe 路径
字符集	装载数据使用的字符集
一次提交记录数	一个文本写入的行数，默认为 200000 行
数据分隔符	默认为换行符，但是当装载的数据中存在换行符时，务必修改
加载到远程 Oracle 数据库	本地不填，如果是远程，输入在 tns 里配置的服务名
直接路径	装载过程中 Oracle 不会生成归档日志，这是最快速的方式，但是只针对 Oracle11g 有效
并行装载	在目的表不存在索引的情况下使用
列信息	选择待输出的列信息
如果表不存在则自动创建	如果目的表在数据源中不存在，则根据数据集的定义自动创建目的表
每次执行前，清空目的表	勾选确认在每次执行前清空目的表

3. 示例描述

转换示例名称为“Oracle 快速装载演示”，其功能是将 BOOKSHOP 库 PERSON 模式下的表 PERSON 中的数据通过“Oracle 快速装载”组件快速装载进目的表中，流程如图 5-132 所示。

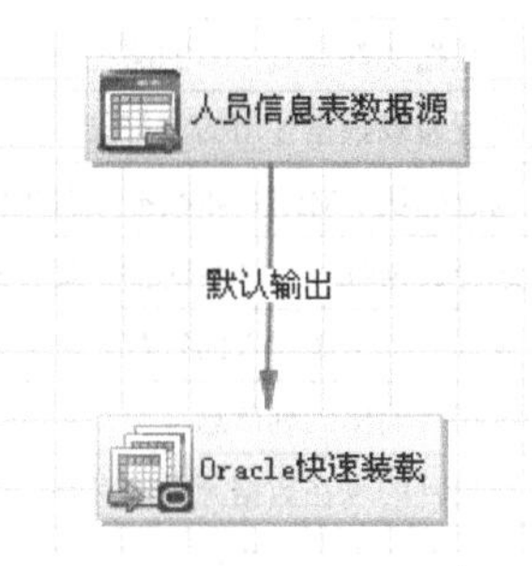

图 5-132 转换示例“Oracle 快速装载演示”流程

双击“Oracle 快速装载”节点图标，进入相应界面进行 Oracle 快速装载常规属性设置，如图 5-133 所示。

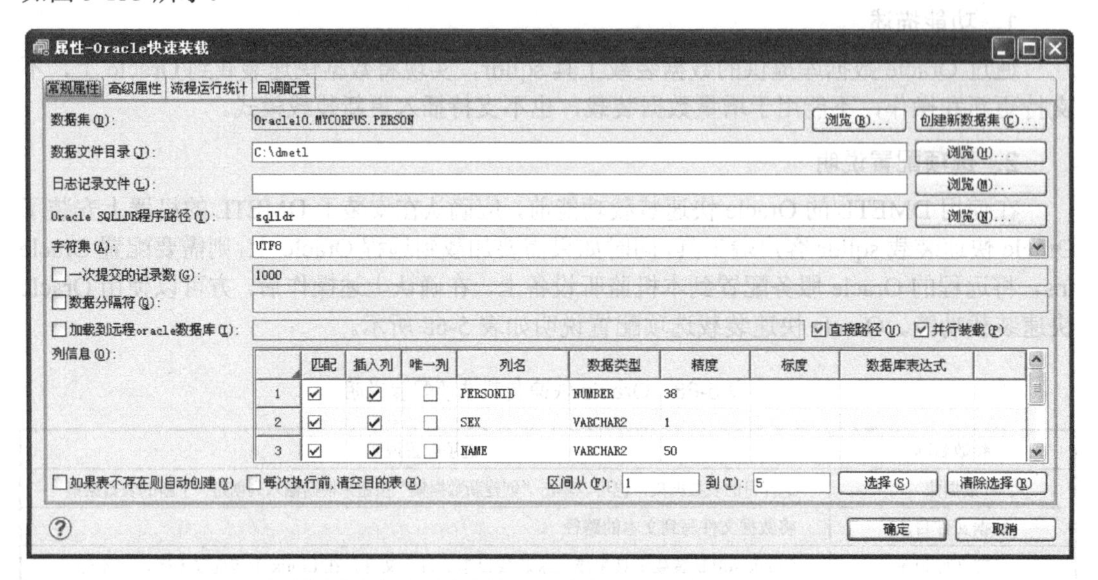

图 5-133　Oracle 快速装载常规属性设置

5.6.4　MySQL 快速装载

1. 功能描述

通过 MySQL 数据库的专有数据快速装载接口装载数据，实现将数据快速装载到 MySQL 上，不支持更新和操作，不能用于增量数据装载，也不支持插入更新装载模式。

2. 选项配置说明

MySQL 快速装载选项配置说明如表 5-69 所示。

表 5-69　MySQL 快速装载选项配置说明

参数名称	选项配置说明
数据集	选择目的表数据集，也可以单击“创建新数据集”按钮来根据输入列创建一个新的表数据集
数据文件目录	将数据文件写到文本的路径
字符集	设置装载数据使用的字符集
DMETL 和数据库服务位于同一服务器	勾选确认 DMETL 和数据库服务位于同一服务器
唯一性冲突处理	选择数据唯一性冲突时的处理方式，包括替换、忽略和报错三种
批量行数	设置一个文本写入的行数，默认为 150000 行
列信息	选择待输出的列信息
如果表不存在则自动创建	如果目的表在数据源中不存在，则根据数据集的定义自动创建目的表
每次执行前，清空目的表	勾选确认在每次执行前清空目的表

3．示例描述

转换示例名称为“MySQL 快速装载演示”，其功能是将 BOOKSHOP 库 PERSON 模式下的表 PERSON 中的数据通过“MySQL 快速装载”组件快速装载到目的表中，流程如图 5-134 所示。

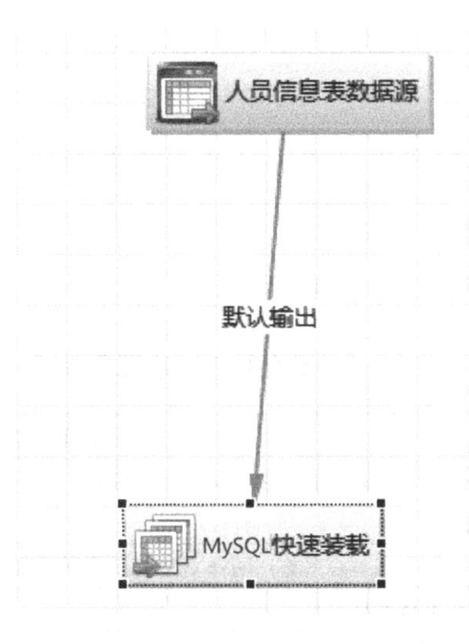

图 5-134　转换示例“MySQL 快速装载演示”流程

双击“MySQL 快速装载”节点图标，进入相应界面进行 MySQL 快速装载常规属性设置，如图 5-135 所示。

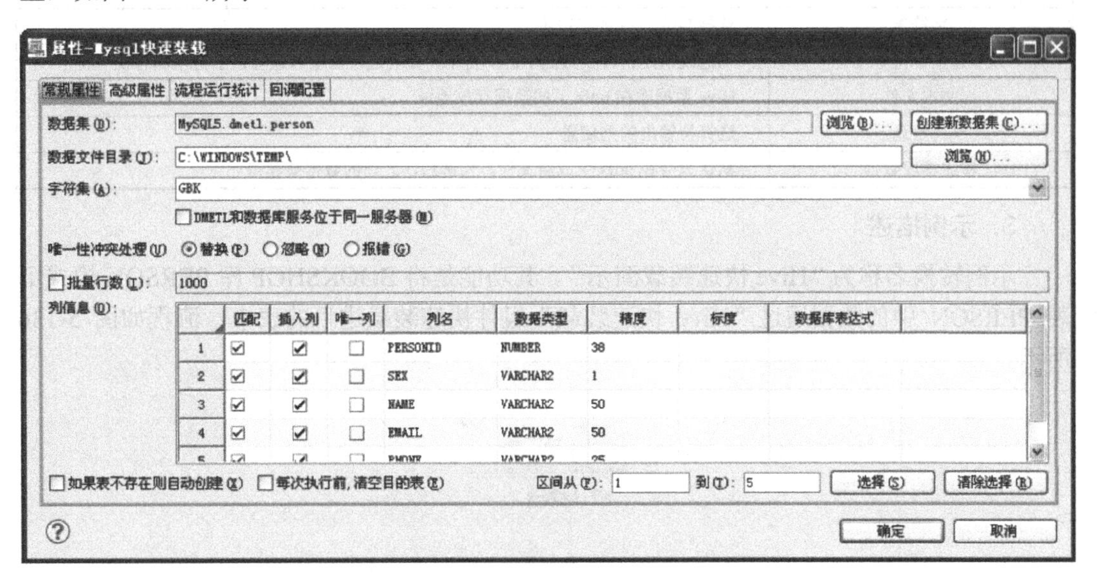

图 5-135　MySQL 快速装载常规属性设置

5.6.5　Infobright 快速装载

DMETL Infobright 快速装载与 MySQL 快速装载类似，请参照 5.6.4 节的 MySQL 快速装载。

5.6.6 Mariadb 快速装载

Mariadb 快速装载与 MySQL 快速装载类似，请参照 5.6.4 节的 MySQL 快速装载。

5.6.7 Hive 快速装载

1. 功能描述

将数据一次性装入 Hive 数据库中，Hive 不支持更新操作，也不支持增量表操作。

2. 选项配置说明

Hive 快速装载选项配置说明如表 5-70 所示。

表 5-70 Hive 装载快速选项配置说明

参数名称	选项配置说明
数据集	选择目的表数据集，也可以单击“创建新数据集”按钮来根据输入列创建一个新的表数据集
hdfs 主节点名称	输入 hdfs 主节点名称，Hive 装载只能识别机器名
端口	输入 hdfs 端口
hdfs 数据目录	输入 hdfs 数据目录，可以单击测试 HDFS 路径进行连通性测试
列分隔符	写入 hdfs 文件的列分隔符
行分割符	写入 hdfs 文件的行分隔符
文本限定符	写入 hdfs 文件的文本分隔符
字符集	选择 hdfs 文件的字符集
替换字符串	勾选确认是否替换数据中的字符串，如勾选，需输入被替换字符串和替换字符串
文本文件	Hive 数据库在 hdfs 下的数据存放地址
列信息	选择待输出的列信息
覆盖源表数据	默认只会在 hdfs 生成新文件，勾选后，之前的数据被覆盖

3. 示例描述

示例转换名称为“Hive 快速装载演示”，其功能是将 BOOKSHOP 库 PERSON 模式下表 PERSON 中的数据通过“Hive 快速装载”组件快速装载进目的表中，流程如图 5-136 所示。

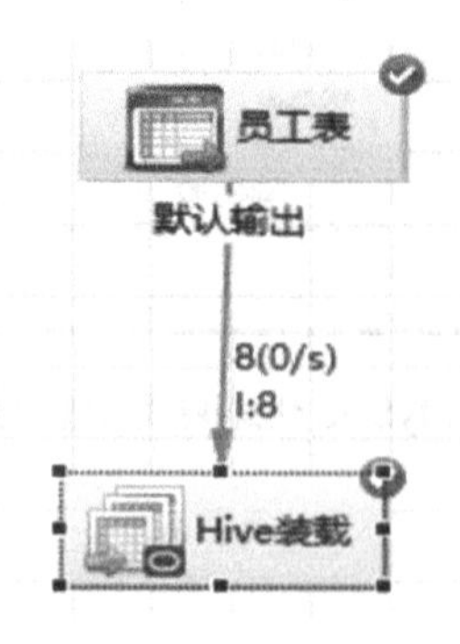

图 5-136 转换示例“Hive 快速装载演示” 流程

双击“Hive 装载”节点图标，进入相应界面进行 Hive 快速装载常规属性设置，如图 5-137 所示。

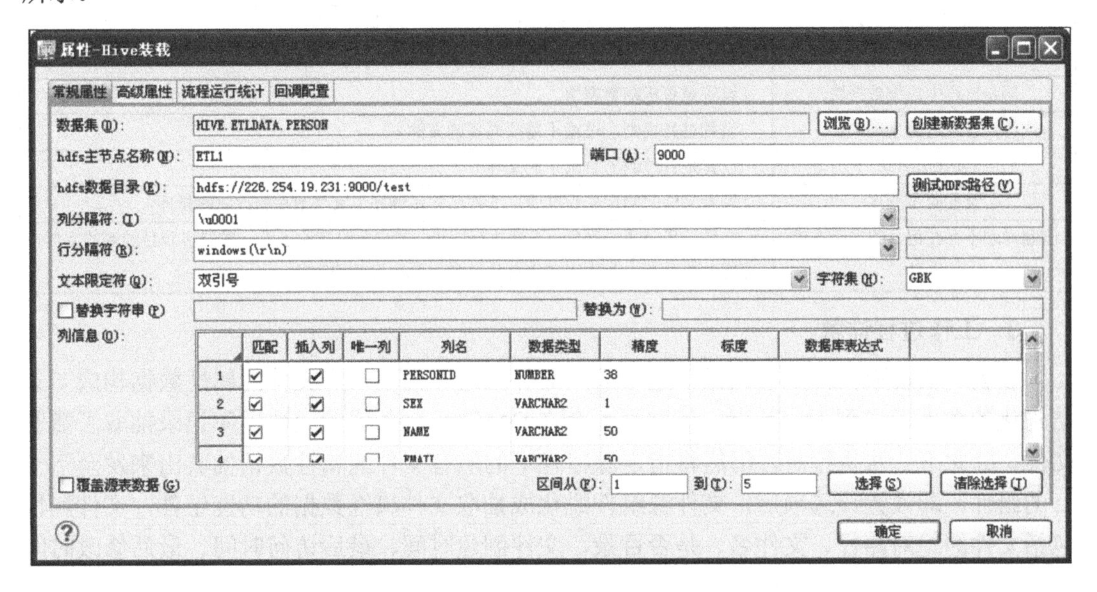

图 5-137　Hive 快速装载常规属性设置

5.7　文件同步

文件同步组件支持在两个 ETL 服务器之间传输同步文件，中间通过数据总线服务传递数据消息，ETL 企业版支持该功能。

5.7.1　文件源

1. 功能描述

文件源组件将文件按块划分，文件块数据、块属性和文件的相关属性拼装成一条结构化记录作为输出，相当于一条包含一个大字段的结构化数据，与 DMETL 其他读取组件的输出一致，因此原则上可以将该组件后连接任何装载组件。

2. 选项配置说明

文件同步选项配置说明如表 5-71 所示。

表 5-71　文件同步选项配置说明

参数名称	选项配置说明
源路径	设置待操作文件的路径
文件内容变更检测	设置检测文件内容是否发生变化的方式：文件最后修改时间或 MD5 检测
字符集	装载数据使用的字符集
数据传输块大小	设置文件划分成的数据块的大小，以 KB 为单位
使用 RSYNC 增量同步	设置是否使用 RSYNC 算法增量同步文件内容

（续表）

参数名称	选项配置说明
仅抽取文件属性数据	设置是否仅抽取文件的属性数据，而不同步文件内容
忽略 ETL 执行时间影响	设置是否忽略 ETL 操作对文件的最后访问时间的影响
同步过程中压缩数据块	设置是否压缩数据块
设置过滤规则	设置过滤规则，过滤不需要同步的文件
包含子目录	设置是否过滤子目录中的文件
设置同步顺序	设置文件的同步先后顺序、文件名先后顺序或文件最后修改时间排序
删除源端不存在但目的端存在的文件	文件同步完成一次后，再次执行同步，源端此时删除了上一次同步到目的端的文件，设置该选项后，此次同步也会将该类文件在目的端删除

3．工作过程详解

设置“仅抽取文件属性数据”选项后，文件源组件抽取每个文件的属性数据构成一条结构化的数据发送到下一节点，该过程不会在 DMETL 服务器的元数据库记录抽取了哪些文件，因此下一次执行时，仍然将指定源路径下的所有文件的属性数据抽取出来发至下一目的组件。即设置该选项后，文件源组件蜕化成抽取文件属性数据的功能组件，文件属性包括文件的绝对路径、文件名、是否目录、文件创建时间、最后访问时间、最后修改时间等信息。

进行文件同步时，即把文件从一个地方迁移到另一个地方时，不设置“仅抽取文件属性数据”选项。

进行文件同步时，会将文件按块划分，块大小由用户设置，默认为 64KB。块数据、块的属性和一些文件属性信息被拼装成一条结构化数据，发送到下一组件节点，一条数据中的数据块字段只会包含一个文件的内容。一个文件分割成多条记录传输完成后会在 ETL 数据库的元数据库里增加一条文件已同步的记录，包括该文件的文件名、路径最后修改时间、文件的 MD5 校验等信息。

文件源组件再次执行时，汇总元数据库提取出的上一次执行同步的文件信息，在此次同步执行时会判断哪些文件需要同步，这个功能通过对比文件的最后修改时间或者文件的 MD5 校验值实现，具体使用哪一种方式由用户在“文件内容变更检测”操作选项中设置，因此再次执行文件源组件同步时，若选择内容发生改变的文件，相当于在文件这个粒度上做了增量同步功能。另外使用“MD5 校验”功能检测文件内容是否变更，计算机负载会大很多，但能更准确地检测出文件的内容是否发生变化。

RSYNC 算法增量同步文件内容，如源文件增加或删除了部分数据，RSYNC 找出增加或删除的部分数据，并和部分描述文件内容的元数据信息进行汇总，将这部分数据发送到目的端，与目的端上次同步过来的文件共同构造出新的文件，新的文件与源文件一致。RSYNC 执行时会占用大量的 CPU 时间，适合网络宽带较小的情形。

“使用 RSYNC 增量同步文件”设置则是在“文件内容”的粒度上增量同步该文件。设置该选项后，会计算每个文件数据块的 RSYNC 校验值，并存放于元数据库中，再次同步时会将这些校验值信息取出与新的源文件共同计算出需要同步到目的端的部分数据内容，目的文件组件与传送过来的部分数据共同重构出新的文件，新的目的文件与源文件内容一致。

“同步过程中压缩数据传输块”功能设置，使用 Snappy 解压缩算法压缩数据块，然后发送到目的文件，输出的结构化记录数据中有一字段标注数据块是否被压缩。

5.7.2 文件目的

1. 功能描述

文件目的组件是一个用于在目的端重构文件的专用组件，其接收的输入只能是文件源组件的输出，或文件源组件输出暂存于其他中间件中的输出，如将文件源组件的输出保存到一张表中，然后用一个读表组件从表中读出数据发送给文件目的组件。

用户进行文件同步时，通过文件订阅组件接收数据源发送的数据记录，订阅组件再将数据传给文件目的组件，文件目的组件将接收到的数据生成文件。

2. 选项配置说明

文件目的选项配置说明如表 5-72 所示。

表 5-72 文件目的选项配置说明

参数名称	选项配置说明
目的路径	目的文件所在目录的路径
缓存大小	每个文件的数据块在内存中缓存的大小，若接收的文件数据块是连续的，且在内存中该文件的数据超过该缓存大小，则将这些数据刷新到外存
列信息	选择待输出的数据列

3. 工作过程详解

文件目的组件接收文件源组件发送过来的数据，数据中的文件相对路径和用户设置的接收文件目的路径，构造文件在目的端的绝对路径，可以同时处理来自多个不同文件的数据，接收的数据记录首先缓存在内存中，内存中维持一个 MAP 数据结构，Key 是文件路径，Value 是一个数据块链表，用于缓存来自多个不同文件的数据，当缓存的数据大小超过用户设置的缓存大小时，就执行一次刷新操作将连续的数据块写到文件。

文件源在多线程设置下会启动多个线程，每个线程负责一个文件，将文件分割和拼接成结构化记录。文件目的组件不支持多线程，因此目的组件连续接收到的数据可能不是来自同一个文件的，所以有必要将数据缓存。但对于由同一个文件构成的结构化数据记录是按照数据内容在文件中的内容先后顺序的关系发送到文件目的组件的，文件目的组件会按先后顺序接收文件块数据。但也有例外，如将文件源组件的输出数据先保存在表里面，再用一个读表组件读出发送到文件目的组件，有可能导致文件目的组件接收的来自同一个文件的数据不是按数据块的先后顺序到达的，极端的情况是所有的数据块都缓存到内存，可能导致内存溢出异常。

5.7.3 文件同步示例

1. 使用文件源组件抽取文件属性数据

转换示例名称为“抽取文件属性数据”，其功能是使用文件源组件抽取文件属性数据，流程如图 5-138 所示。

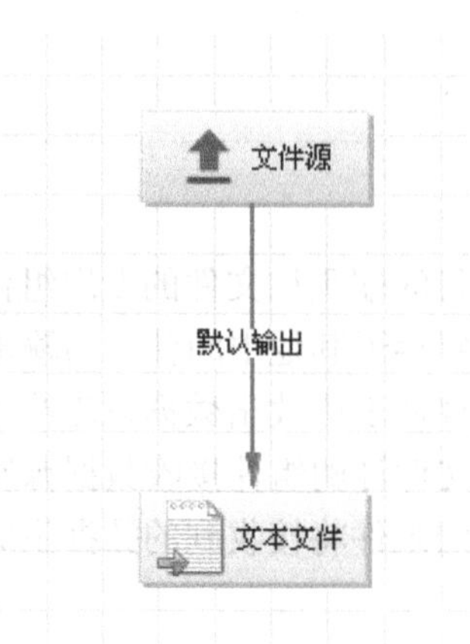

图 5-138　转换示例“抽取文件属性数据” 流程

双击“文件源”节点图标，进入相应界面进行文件源同步设置，在“同步设置”设置区域勾选“仅抽取文件属性数据”复选框即可，如图 5-139 所示。

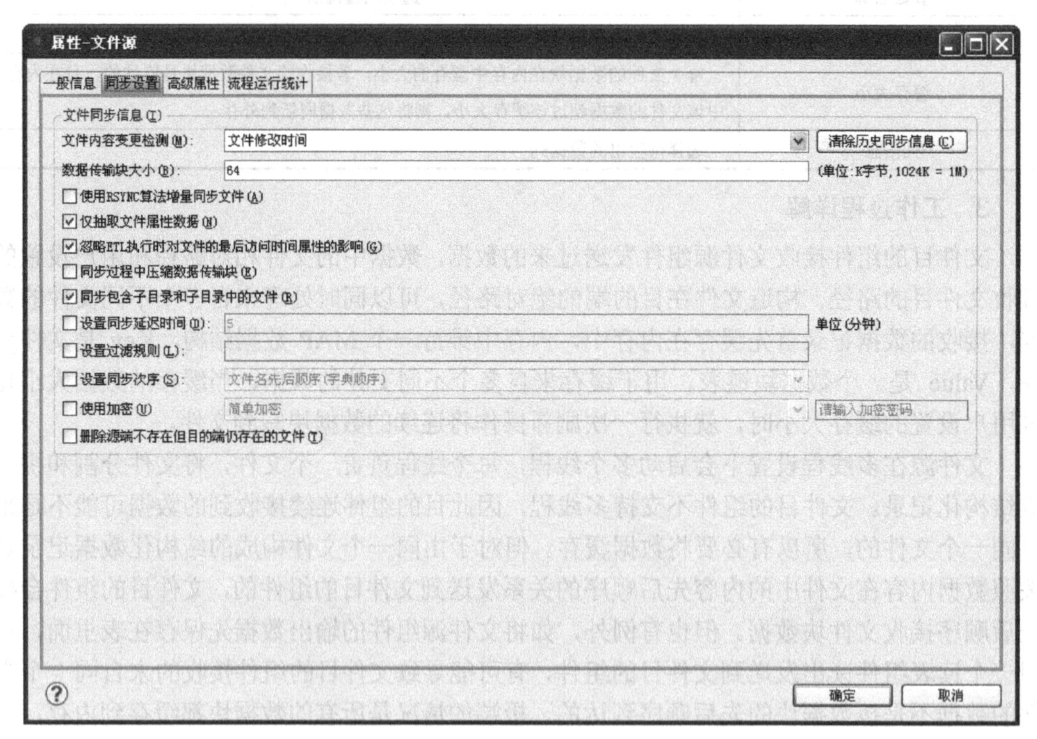

图 5-139　勾选“仅抽取文件属性数据”复选框

2．结合订阅、发布组件和数据总线服务器在两个 ETL 间同步文件

（1）在远端的 ETL 上建立基于文件同步的发布组件，在目的端的 ETL 上建立基于文件的订阅组件。

（2）在远端的 ETL 上建立“文件源”组件到“发布”组件的转换流程，如图 5-140 所示。

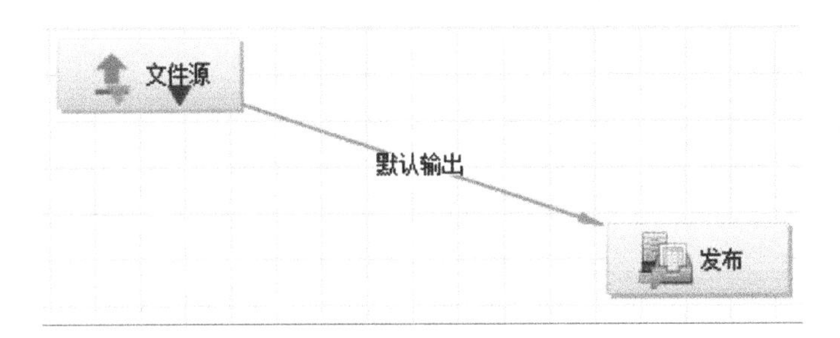

图 5-140　远端 ETL 转换流程

（3）在目的端 ETL 上新建“订阅”组件到“文件目的”组件的转换流程，如图 5-141 所示。

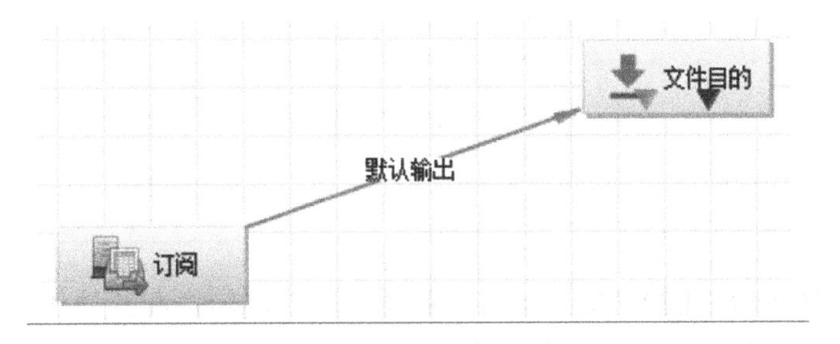

图 5-141　目的端 ETL 转换流程

（4）在 ETL 系统监控里配置文件发布和文件订阅的拓扑图。

（5）先在目的端执行订阅组件到文件目的组件的转换，再在源端执行文件源组件到发布组件的转换。

6

第6章 作 业

达梦数据交换平台（DMETL）中的作业是一个控制转换和其他作业节点执行顺序和过程的流程。一个作业包括节点和连接线，用户可以通过作业控制转换及其他作业节点之间执行的先后顺序、依赖关系，因此作业又被称为控制流。

6.1 作业概述

6.1.1 作业功能描述

作业由作业节点和作业连接线组成。作业可以由任何作业节点开始，也可以到任何作业节点结束。一个作业必须至少包含一个作业节点，如果作业包含多个作业节点，则多个作业节点之间可以有连接也可以没有连接，即连接不是必要的。一个作业节点可以有任意多个输入和输出连接。作业可以嵌套执行，即一个作业可以作为另外一个作业中的节点执行。

作业中的连接线表示作业节点的执行顺序，连接线分为成功线、失败线、完成线和条件线。成功线表示如果作业节点执行成功则继续执行后续节点；失败线表示作业节点执行失败后再继续执行后续节点；完成线表示无论作业执行成功还是失败，都继续执行后续节点；条件线表示当满足一定条件时才执行后续节点。

6.1.2 作业选项配置说明

在新建或者修改已有的作业时可以配置一般信息，配置说明如表6-1所示。

表 6-1　作业一般信息选项配置说明

选项名称	选项配置说明
作业名	作业名，同一目录下不能重名
创建人	该作业的创建人，仅在修改时可见
创建时间	该作业的创建时间，仅在修改时可见
作业描述	作业的描述信息

6.2　作业通用配置

很多节点的作业属性配置选项相同，含义一致，因此在这里统一说明。

6.2.1　高级属性

1．功能描述

作业的高级属性用于配置当组件中有多个输入连接时的启动条件。

2．选项配置说明

作业高级属性选项配置说明如表 6-2 所示。

表 6-2　作业高级属性选项配置说明

选项名称	选项配置说明
所有输入都满足条件时	所有输入节点运行完毕，并且所有输入连接线的条件都为真时（如果是成功线，则输入节点必须执行成功；如果是失败线，则输入节点必须执行失败；如果是条件线，则条件必须为 True），节点才开始执行
任何输入满足条件时	所有输入节点运行完毕，并且任何一个输入连接线的条件为真时（如果是成功线，则输入节点必须执行成功；如果是失败线，则输入节点必须执行失败；如果是条件线，则条件必须为 True），节点才开始执行
使用节点变量(V)，变量名	勾选确认是否使用节点变量，勾选后需要输入变量名称
失败自动重跑	勾选确认是否失败后自动重跑（重新执行），勾选后需要输入重跑次数或重跑时间间隔

3．示例描述

作业示例名称为“流程控制演示”，其功能是对流程进行控制，流程如图 6-1 所示。

双击“压缩”组件图标，进入相应界面，在“高级属性”设置区域选中“任何输入满足条件时”单选按钮，即“表数据源文件目的演示”转化组件和 SQL 组件中只要有一个执行成功，压缩组件就会执行。例如，当 SQL 组件执行错误、转换组件执行正确时，压缩组件仍会执行。压缩组件高级属性设置如图 6-2 所示。

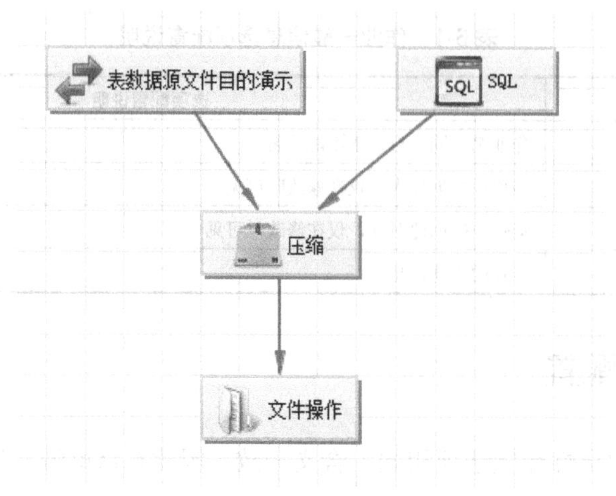

图 6-1　作业示例“流程控制演示”流程

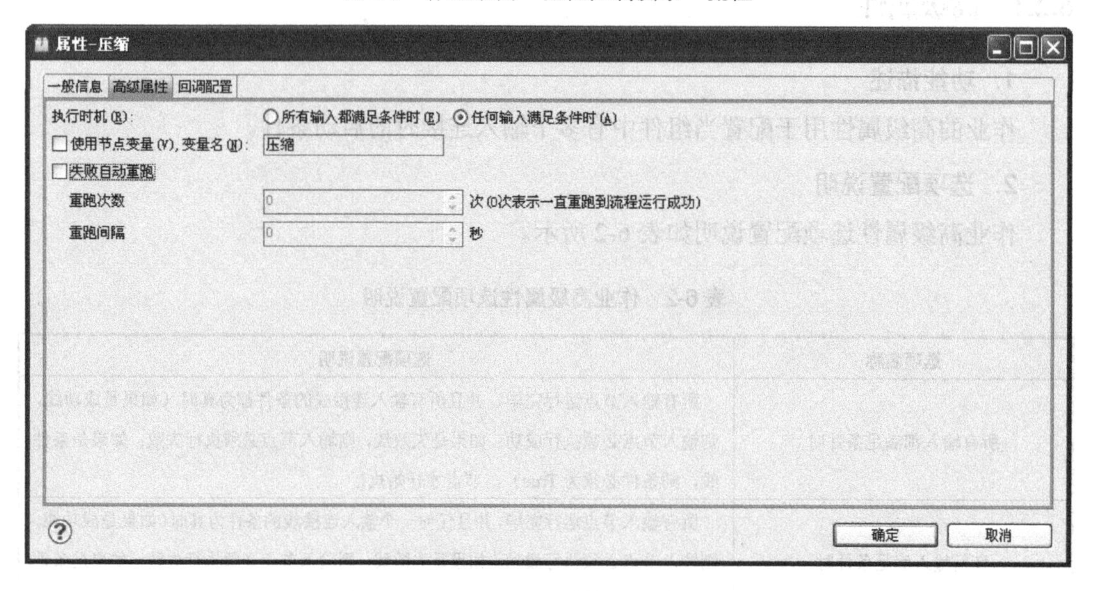

图 6-2　压缩组件高级属性设置

6.2.2　循环执行

1．功能描述

循环执行属性用于配置组件需要循环执行时的循环条件。

2．选项配置说明

循环执行选项配置说明如表 6-3 所示。

3．示例描述

用来对流程进行控制，指定转换或者作业循环执行次数。如图 6-3、图 6-4 所示，当判断表达式的条件满足时，设置“SQL 脚本演示”作业示例循环执行，每次执行时间间隔为

2s，且失败后退出循环。

表 6-3　循环执行选项配置说明

选项名称	选项配置说明
判断表达式	布尔表达式，其值为 False 时退出循环。实际使用时，需要在被引用的流程中使用设置变量来修改表达式中变量的值，以防止死循环
时间间隔	每次执行之间的等待时间
失败时退出循环	用于确认引用流程执行失败时是否退出循环

图 6-3　转换组件一般信息设置

图 6-4　作业组件循环执行设置

6.3　引用

“工具箱”面板的“引用”选项列表中包含了作业中可以使用的引用。引用是对其他独立组件的链接使用方式，引用包括引用转换、引用作业。

6.3.1 引用转换

1. 功能描述

引用转换表示引用一个已定义的转换。

2. 选项配置说明

引用转换选项配置说明如表 6-4 所示。

表 6-4 引用转换选项配置说明

选项名称	选项配置说明
转换名称	指定要引用的转换

3. 示例描述

作业示例名称为“转换组件演示”，其功能是校验引用转换“视图数据源表目的演示”组件从数据源到表目的数据是否正确，流程如图 6-5 所示。

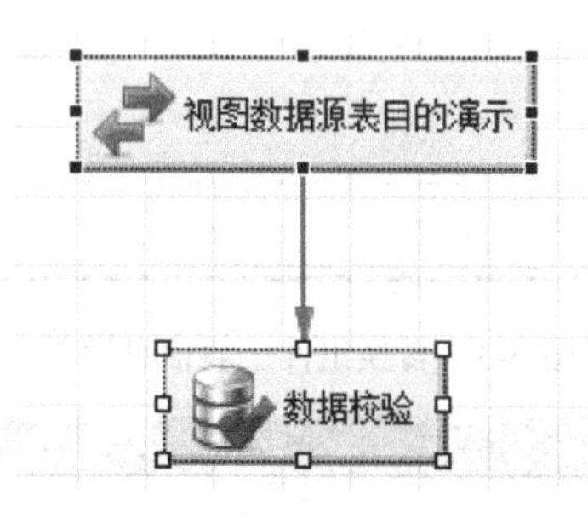

图 6-5 作业示例“转换组件演示”流程

引用转换的转换组件一般信息设置如图 6-6 所示。

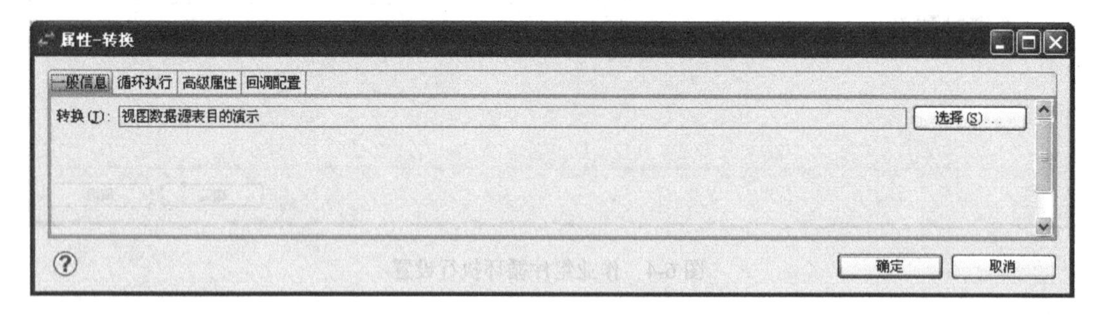

图 6-6 引用转换的转换组件一般信息设置

6.3.2 引用作业

1. 功能描述

引用作业表示引用一个已定义的作业。

2. 选项配置说明

引用作业选项配置说明如表 6-5 所示。

表 6-5 引用作业选项配置说明

选项名称	选项配置说明
作业名称	指定要引用的作业。引用作业时不能递归嵌套

3. 示例描述

作业示例名称为“作业组件演示”，其功能是根据作业组件“设置变量演示”重新设置的变量值判断流程休眠时间，流程如图 6-7 所示。

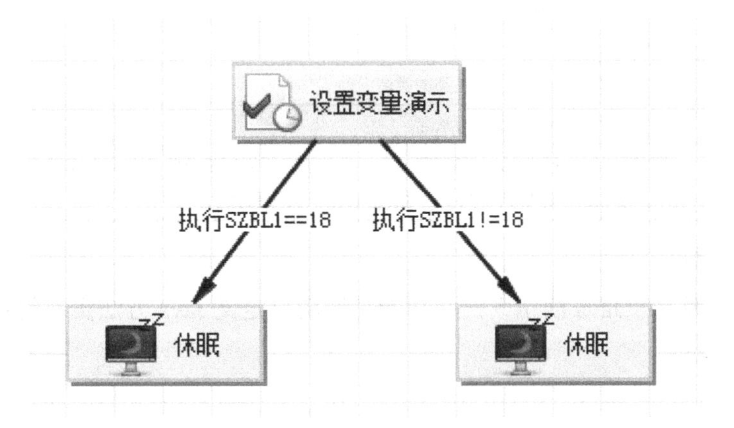

图 6-7 作业示例“作业组件演示”流程

引用作业的作业组件一般信息设置如图 6-8 所示。

图 6-8 引用作业的作业组件一般信息设置

6.4 脚本

“工具箱”面板的“脚本”选项列表中包含作业中可以使用的脚本。脚本是其他语言形成的可执行的作业或者转换，包括 Java 和 SQL 脚本。

6.4.1 Java 脚本

1. 功能描述

Java 脚本用于执行用户编写的 Java 程序。

2. 选项配置说明

Java 脚本选项配置说明如表 6-6 所示。

表 6-6 Java 脚本选项配置说明

选项名称	选项配置说明
类路径	指定待执行 Java 方法所在类的目录路径或 JAR 文件路径，多个目录或文件之间的路径用“;”进行分隔
类名	指定待执行 Java 方法所在类的类名
方法名	指定待执行 Java 方法的方法名
方法参数	指定调用 Java 时的输入参数值，各个参数值之间以空格分隔。由于 Java 方法的参数是 String 数组类型，所以这里参数值实际是以 String 数组的方式传递的

3. 示例描述

作业示例名称为“Java 演示”，其功能是调用自定义 Java 方法实现创建目录的功能，流程如图 6-9 所示。

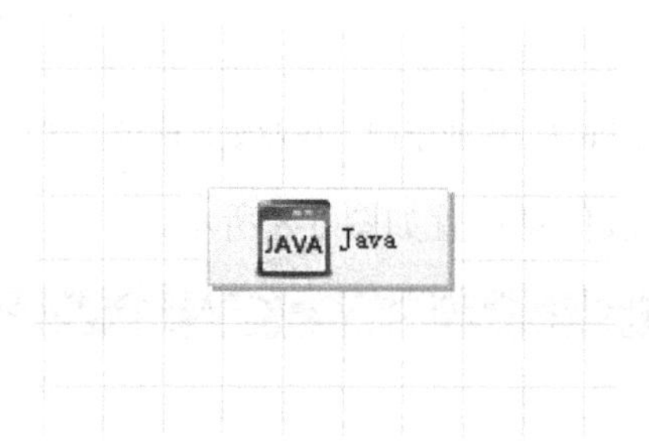

图 6-9 作业示例“Java 演示”流程

Java 组件一般信息设置如图 6-10 所示。

属性-Java
一般信息 | 高级属性 | 回调配置
类路径(C): ${sampleDir}\source\test.jar [添加文件(F)...] [添加目录(D)...]
类名(N): TestJava
方法名(M): MyFunction
方法参数(A): D:/ aba.txt
[确定] [取消]

图 6-10 Java 组件一般信息设置

示例中 JAR 文件的 TestJava 类代码如图 6-11 所示。

```
TestJava.java

import java.io.*;
public class TestJava
{
    public void MyFunction(String[] args)
    {
        try{
                String fileName = (args[0]+args[1]).trim();
                File myFile = new File(fileName);

                if(!myFile.exists())
                 myFile.createNewFile();
                else   //如果不存在则扔出异常
                 throw new Exception("The new file already exists!");
            }catch(Exception ex){
            System.out.println("无法创建新文件！ ");
                ex.printStackTrace();
            }
    }
}
```

图 6-11　TestJava 类信息

6.4.2　SQL 脚本

1．功能描述

SQL 脚本用于在某个数据源上执行一条或多条 SQL 语句。

2．选项配置说明

SQL 脚本选项配置说明如表 6-7 所示。

表 6-7　SQL 脚本选项配置说明

选项名称	选项配置说明
数据源	指定该 SQL 脚本在哪个数据源上执行
SQL 语句	输入待执行的 SQL 语句
打开	可以打开 SQL 脚本里的 SQL 语句页面

3．示例描述

作业示例名称为“SQL 脚本演示”，其功能是使用 SQL 同步数据，然后比较两个数据集的数据是否相同，流程如图 6-12 所示。

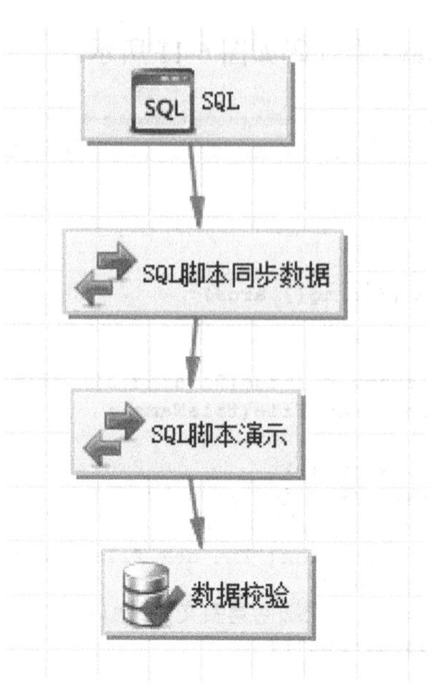

图 6-12　作业示例“SQL 脚本演示”流程

SQL 组件常规属性设置如图 6-13 所示。

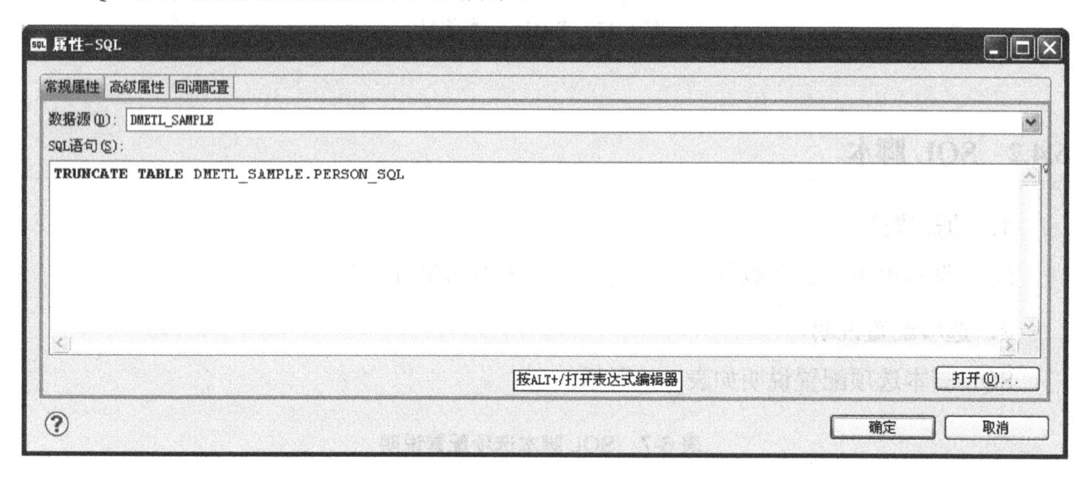

图 6-13　SQL 组件常规属性设置

6.4.3　设置变量

1．功能描述

设置变量可实现用表达式对作业中的变量赋值，或者用 SQL 语句的返回值赋值。如果 SQL 语句为查询语句，则返回结果集的第一行第一列；如果 SQL 语句为更新语句或者删除语句，则返回影响的行数。

2．选项配置说明

设置变量选项配置说明如表 6-8 所示。

表 6-8　设置变量选项配置说明

选项名称	选项配置说明
变量名	指定变量名
使用 SQL	指定是否使用 SQL 语句的返回值对变量赋值
变量值（表达式）	输入指定变量的赋值表达式
变量值（SQL 语句）	输入用来对变量赋值的 SQL 语句

3．示例描述

作业示例名称为“设置变量演示”，其功能是对转换“设置变量演示”组件的变量重新赋值，并且以变量为条件判断休眠时间，流程如图 6-14 所示。

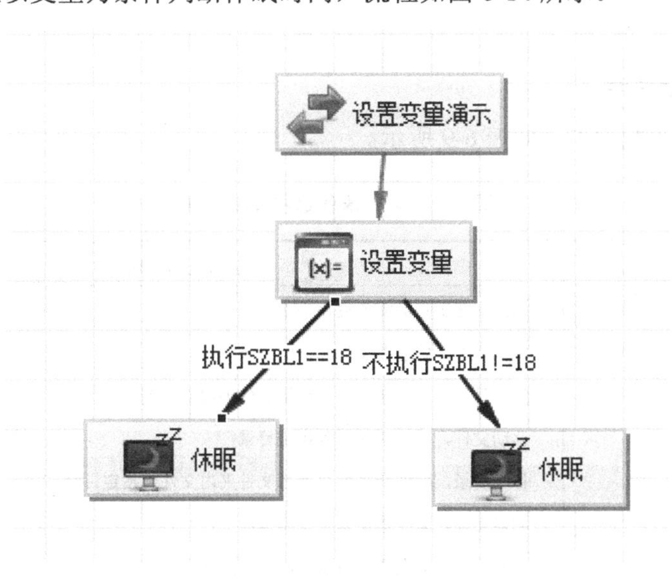

图 6-14　作业示例“设置变量演示”流程

设置变量组件一般信息设置如图 6-15 所示。

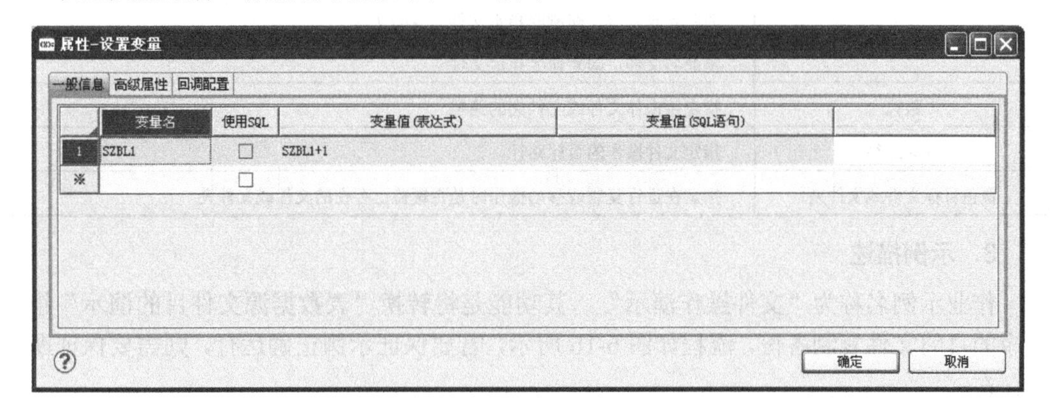

图 6-15　设置变量组件一般信息设置

6.5 文件操作

“工具箱”面板的“文件操作”选项列表中包含作业中可以使用的文件操作类型，包括基本的文件操作及压缩、解压缩和远程文件同步功能。

6.5.1 基本文件操作

1．功能描述

文件操作组件用于执行文件系统的基本操作，如复制、移动、创建、删除文件或目录等。

2．选项配置说明

文件操作选项配置说明如表 6-9 所示。

表 6-9 文件操作选项配置说明

选项名称	选项配置说明
操作类型	指定需要进行的文件操作类型： 复制文件，即复制文件到指定目录； 复制目录，即复制文件夹包括文件夹内文件到指定目录； 移动文件，即剪切文件到指定目录； 移动目录，即剪切文件夹包括文件夹内文件到指定目录； 创建文件，即在指定目录下创建新文件； 创建目录，即在指定目录下创建新文件夹； 删除文件，即删除指定目录下的文件； 删除目录，即删除指定目录下的文件夹包括文件夹内的文件； 清除目录内容，即删除指定文件夹内的文件； 重命名文件，即重命名指定文件
路径	指定待操作文件或文件夹的路径
目标路径	指定文件操作的目标路径
覆盖目标文件或文件夹	指定在进行复制或移动操作时是否覆盖已存在的文件或文件夹

3．示例描述

作业示例名称为“文件操作演示”，其功能是将转换“表数据源文件目的演示”组件生成的目的文件复制备份，流程如图 6-16 所示，若要保证示例正确运行，则需要保证源文件存在。

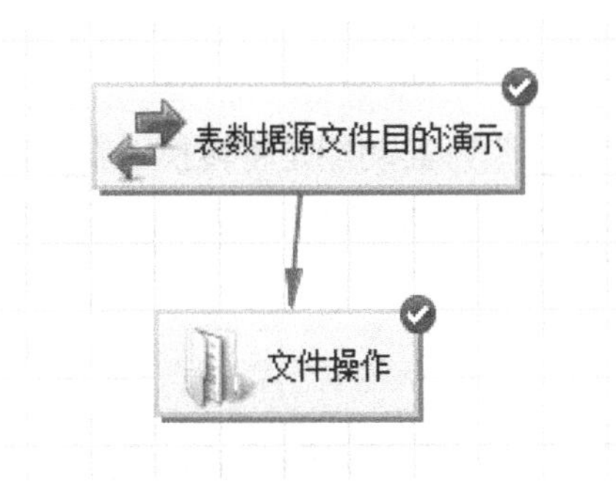

图 6-16　作业示例“文件操作演示”流程

文件操作组件一般信息设置如图 6-17 所示。

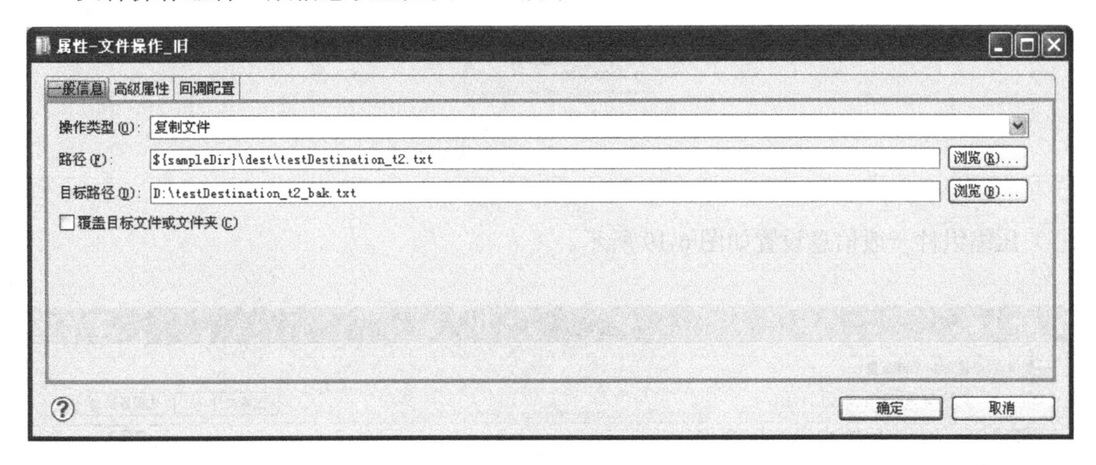

图 6-17　文件操作组件一般信息设置

6.5.2　压缩

1．功能描述

压缩组件用于将文件或文件夹压缩为 zip 文件。

2．选项配置说明

压缩选项配置说明如表 6-10 所示。

表 6-10　压缩选项配置说明

选项名称	选项配置说明
被压缩文件或文件夹	指定待压缩的文件或文件夹
压缩文件	指定生成的压缩文件名
压缩字符编码	指定字符集编码
设置过滤规则	勾选是否使用过滤规则，勾选后需要输入过滤规则
包含目录本身	勾选确认压缩时是否包含本级目录

3．示例描述

作业示例名称为“压缩演示”，其功能是将转换“表数据源文件目的演示”组件中生成的所有目的文件压缩，流程如图 6-18 所示，若要保证示例正确运行，则需要保证待压缩文件存在。

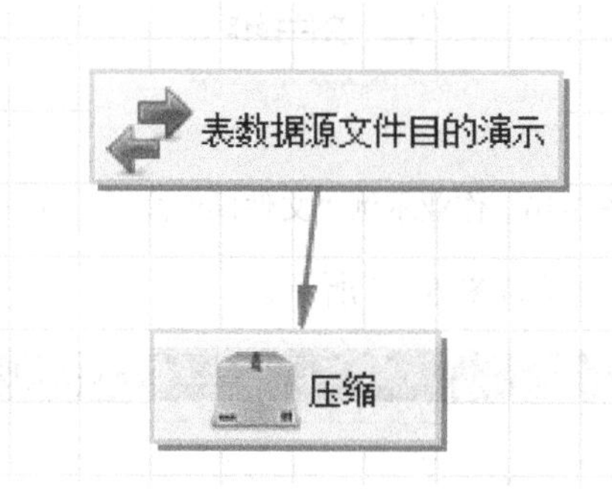

图 6-18　作业示例“压缩演示”流程

压缩组件一般信息设置如图 6-19 所示。

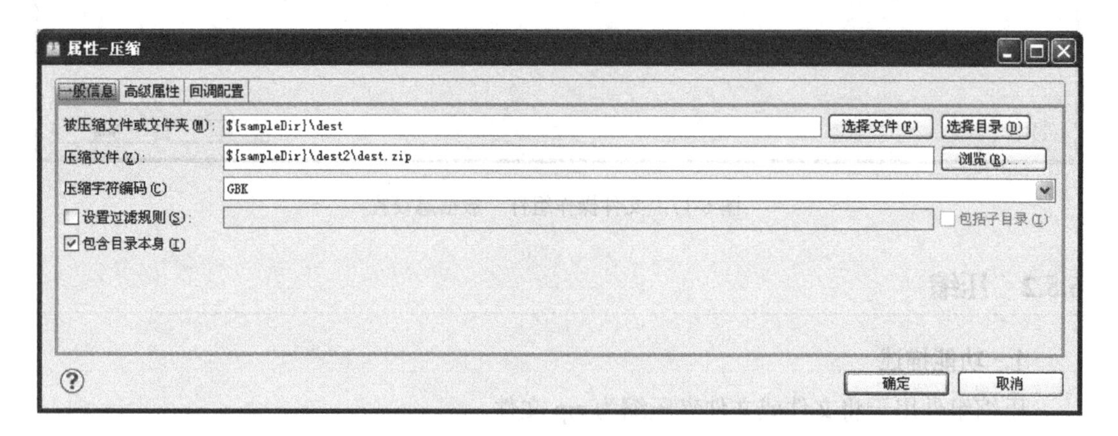

图 6-19　压缩组件一般信息设置

6.5.3　解压缩

1．功能描述

解压缩组件用于将压缩文件解除压缩。

2．选项配置说明

解压缩选项配置说明如表 6-11 所示。

表 6-11　解压缩选项配置说明

选项名称	选项配置说明
压缩文件	指定压缩文件名
解压缩文件夹	指定解压缩生成的文件夹
压缩字符编码	指定压缩字符集

3. 示例描述

作业示例名称为“解压缩演示”，其功能是将“压缩演示”组件中生成的压缩文件进行解压，流程如图 6-20 所示，若要保证示例正确运行，则需要保证压缩文件存在。

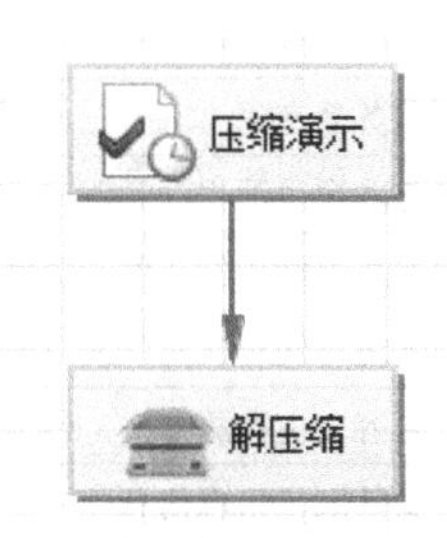

图 6-20　作业示例“解压缩演示”流程

解压缩组件一般信息设置如图 6-21 所示。

图 6-21　解压缩组件一般信息设置

6.5.4　远程文件同步

1. 功能描述

远程文件同步组件可以完成本地与远程 FTP 服务器之间的文件或文件目录的双向同步，根据修改时间进行比较，每次只同步被更新过的文件。

2. 选项配置说明

远程文件同步选项配置说明如表 6-12 所示。

表 6-12　远程文件同步选项配置说明

选项名称	选项配置说明
同步类型	指定要进行同步的文件类型和同步方式，可以有 4 种方式：文件同步–从本地到远程服务器、文件同步–从远程服务器到本地、目录同步–从本地到远程服务器、目录同步–从远程服务器到本地
断点续传	勾选确认是否支持断点续传
传输协议	选择传输协议，包括 FTP 和 SFTP 两种协议
服务器地址	输入远程服务器 IP 地址
端口	输入远程服务器端口
登录名	设置远程服务器登录名
密码	设置远程服务器密码
匿名	使用匿名方式登录远程服务器
远程路径	选择本地要进行同步的文件或文件夹路径
本地路径	选择本地要进行同步的文件或文件夹路径
文件内容变更检测	选择文件内容变更检测方式，可选择文件最后修改时间和 MD5 校验两种方式
清除历史同步信息	清除历史文件同步日志信息
删除源端中已不存在但目的端中仍存在的文件	勾选后删除源端中不存在但目的端中仍然存在的文件
设置过滤规则	同步时过滤路径名称中符合过滤规则的文件
出错后继续进行	勾选表示出错后继续进行
设置等待时限	指定远程连接等待的超时时间
设置字符编码	指定远程服务器字符编码
设置时区	指定远程服务器时区
设置数据传输为主动模式	勾选表示远程服务器服务为主动模式

3. 示例描述

作业示例名称为“远程文件同步演示”，其功能是将作业“压缩演示”组件中生成的压缩文件远程同步到 FTP 服务器中，流程如图 6-22 所示。

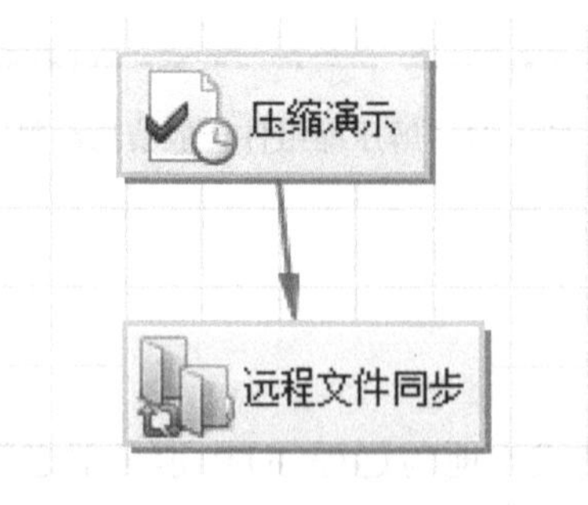

图 6-22　作业示例“远程文件同步演示”流程

远程文件同步组件一般信息设置如图 6-23 所示。

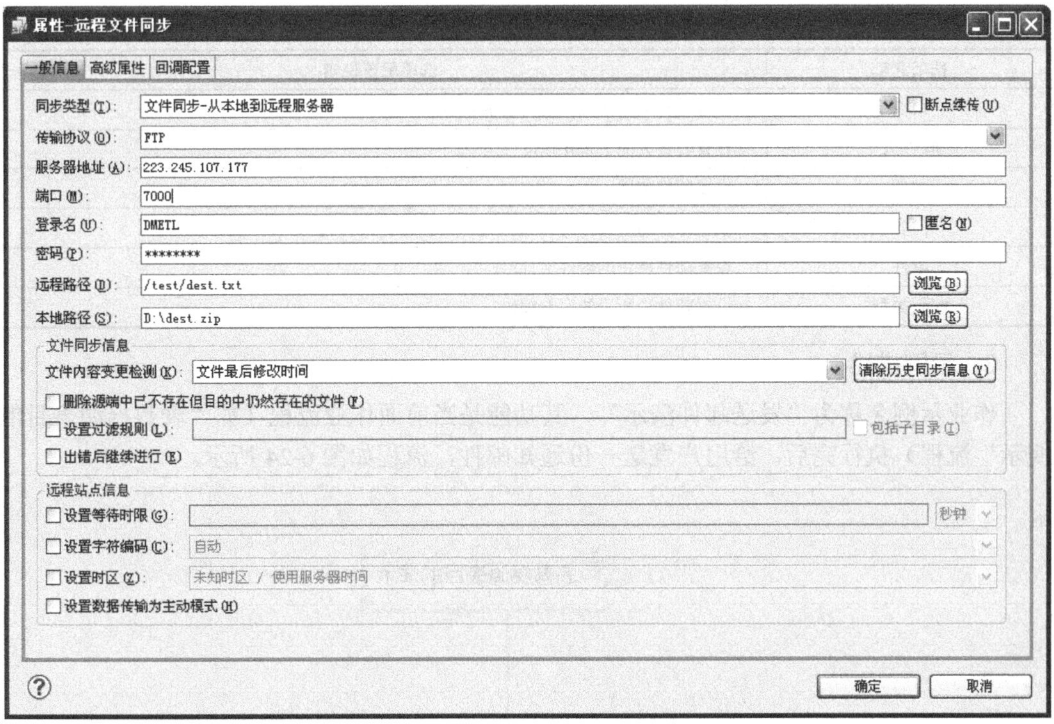

图 6-23 远程文件同步组件一般信息设置

6.6 实用工具

“工具箱”面板中还提供了其他工具，显示在工具箱的“实用”工具列表中，包括发送邮件、OS 命令、DLL 调用、Ant、休眠和数据校验等。

6.6.1 发送邮件

1．功能描述

发送邮件组件可以向接收人发送一份电子邮件。

2．选项配置说明

发送邮件选项配置说明如表 6-13 所示。

表 6-13 发送邮件选项配置说明

选项名称	选项配置说明
SMTP 主机	发送电子邮件所用 SMTP 服务器主机名
发件人地址	设置发件人 Email 地址
显示名称	设置发件人在电子邮件中的显示名称
用户名	设置发件人登录邮件服务器的用户名

（续表）

选项名称	选项配置说明
口令	设置发件人登录邮件服务器的口令
收件人	设置收件人的 Email 地址
主题	设置邮件主题
内容	设置邮件内容
附件	设置邮件所带的附件文件
编码类型	设置邮件中所用的字符编码

3. 示例描述

作业示例名称为“发送邮件演示”，其功能是当前面作业流程（如“表数据源表目的演示”流程）执行完后，给用户发送一份通知邮件，流程如图 6-24 所示。

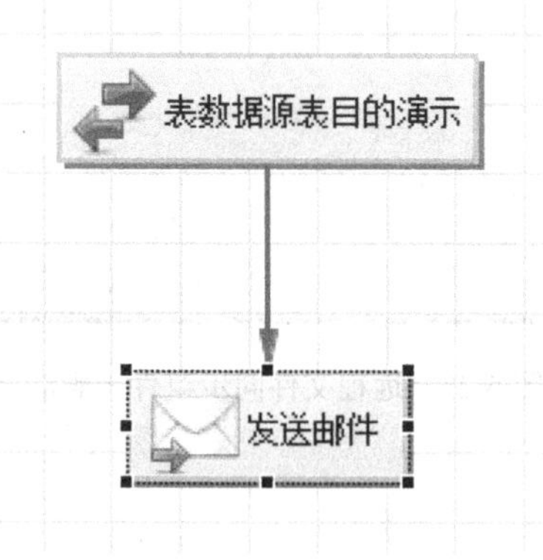

图 6-24 作业示例“发送邮件演示”流程

发送邮件组件一般信息设置如图 6-25 所示。

属性-发送邮件

一般信息 高级属性 回调配置

SMTP主机(H): mail.dameng.com
发件人地址(A): sender@dameng.com
显示名称(N): sender
用户名(U): sender
口令(P): ******
收件人(R): receiver@dameng.com
主题(S): etl测试
内容(C): 这是一封测试邮件
附件(T): 浏览(B)...
编码类型(E): GB2312

确定 取消

图 6-25 发送邮件组件一般信息设置

6.6.2 OS 命令

1. 功能描述

OS 命令组件用来完成执行操作系统命令的调用。

2. 选项配置说明

OS 命令选项配置说明如表 6-14 所示。

表 6-14 OS 命令选项配置说明

选项名称	选项配置说明
工作目录	指定待执行操作系统命令的工作目录
操作系统命令	指定待执行的操作系统命令
环境变量	输入执行操作系统命令需要用到的环境变量值。单击“添加”按钮，将添加一个环境变量。在表格控件的“变量名”列中，输入环境变量名称。在“变量值”列中，输入环境变量的值。单击“删除”按钮，将删除选定的环境变量
输出到变量	勾选后，可输出变量名称

3. 示例描述

作业示例名称为“OS 命令演示”，功能是将作业“压缩演示”中生成的 zip 文件在本文件夹内复制备份，流程如图 6-26 所示。

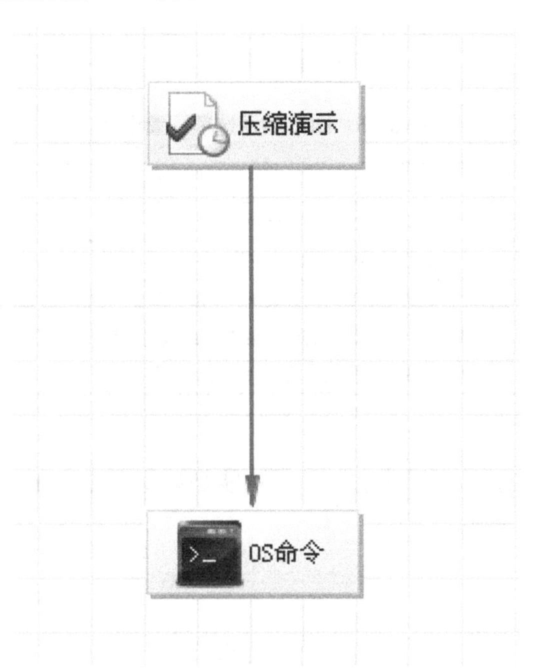

图 6-26 作业示例“OS 命令演示”流程

OS 命令组件一般信息设置如图 6-27 所示。

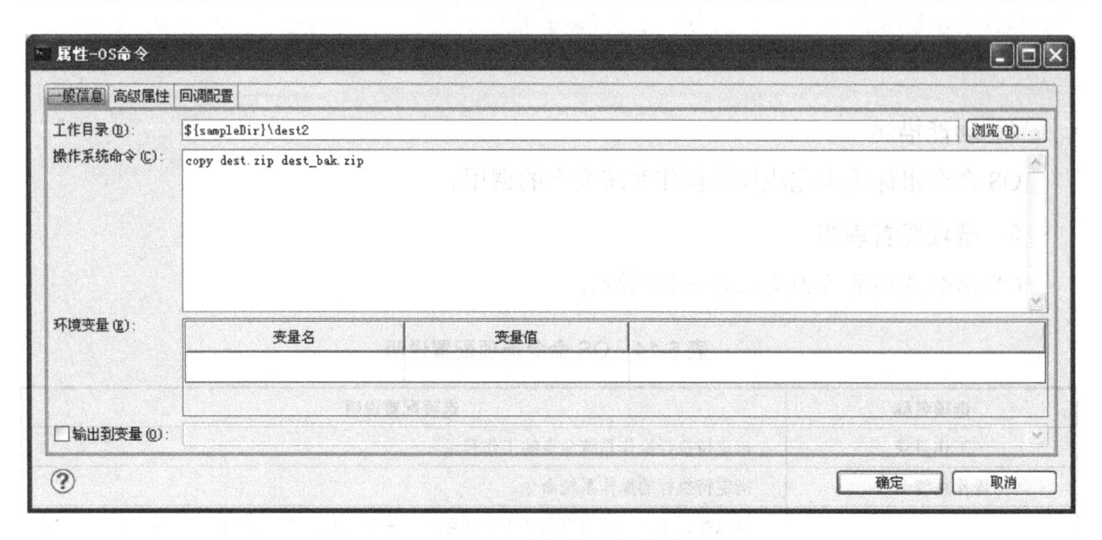

图 6-27　OS 命令组件一般信息设置

6.6.3　DLL 调用

1. 功能描述

DLL 调用组件用来完成指定 DLL 中函数的调用。

2. 选项配置说明

DLL 调用选项配置说明如表 6-15 所示。

表 6-15　DLL 调用选项配置说明

选项名称	选项配置说明
DLL 文件路径	指定 DLL 文件的完整路径名
函数名	指定 DLL 中待调用的函数名
参数列表	指定调用函数时的参数值。单击“添加”按钮，将添加一个调用参数。在表格控件的“参数类型”列中，选择调用参数的数据类型。在“参数值”列中，输入调用参数的值。单击“删除”按钮，将删除选定的调用参数

3. 示例描述

作业示例名称为“DLL 调用演示”，其功能是调用自定义 DLL 动态库实现创建文件的功能，流程如图 6-28 所示。

图 6-28　作业示例“DLL 调用演示”流程

DLL 调用组件一般信息设置如图 6-29 所示。

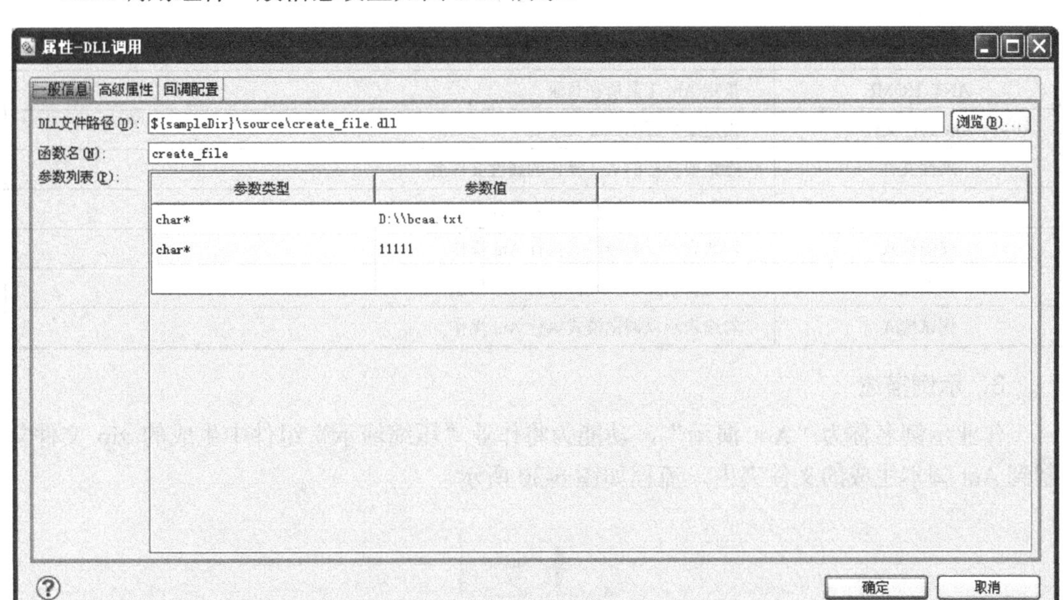

图 6-29 DLL 调用组件一般信息设置

下面是 DLL 动态库中的代码：

```
#include "create_file.h"
#include "stdio.h"
EXPORT void create_file(char* path, char* content)
{
    FILE *file;
    if((file = fopen(path,"wt")) != NULL )
    {
     fputs(content, file);
     fclose(file);
    }
}
```

6.6.4 Ant

1. 功能描述

Ant 组件用于调用 Ant 工具完成 Java 程序的编译生成操作。

2. 选项配置说明

Ant 选项配置说明如表 6-16 所示。

表 6-16 Ant 选项配置说明

选项名称	选项配置说明
ANT_HOME	指定 Ant 工具所在目录
Ant 执行文件	指定要执行的 Ant 文件名
属性文件	指定要执行的 Ant 操作的属性文件名
日志文件	输入记录 Ant 操作的日志文件名
安静模式	勾选表示以安静模式执行 Ant 操作
详细模式	勾选表示显示 Ant 操作的详细信息
调试模式	勾选表示以调试模式执行 Ant 操作

3. 示例描述

作业示例名称为“Ant 演示”，功能为将作业“压缩演示”组件中生成的 zip 文件复制到 Ant 脚本生成的文件夹内，流程如图 6-30 所示。

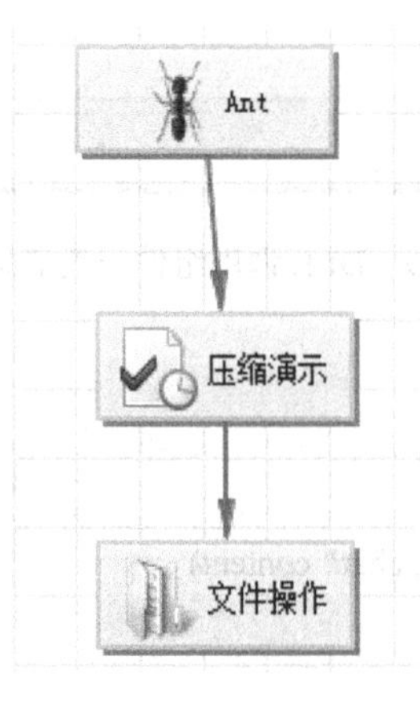

图 6-30 作业示例“Ant 演示”流程

Ant 组件一般信息设置如图 6-31 所示。

图 6-31 Ant 组件一般信息设置

示例中用到的 build.xml 文件代码如下：

```
<?xml version="1.0">
<project name="structured">
<target name="init">
        <mkdir dir="d:\build\classes">
        <mkdir dir="d:\dist">
</ target >
</ project >
```

6.6.5 休眠

1. 功能描述

休眠组件用来定义一段时间的休眠，并能够探测到休眠的结束，从而继续执行作业。

2. 选项配置说明

休眠选项配置说明如表 6-17 所示。

表 6-17 休眠选项配置说明

选项名称	选项配置说明
休眠时间	指定作业休眠的时间（单位为秒或分）

3. 示例描述

作业示例名称为“休眠演示”，其功能是在 2 个转换之间增加休眠暂停操作，流程如图 6-32 所示。

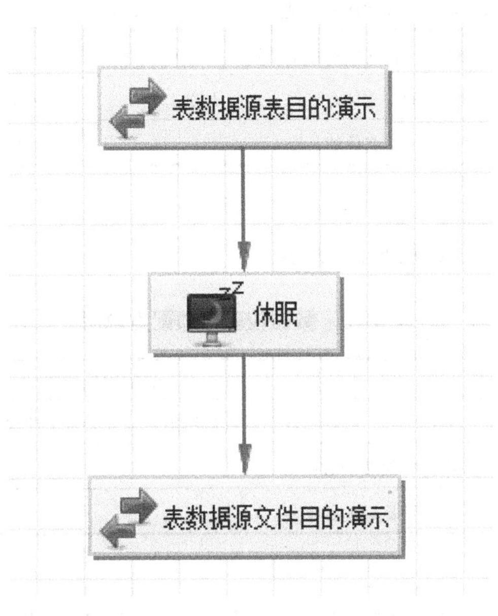

图 6-32 作业示例“休眠演示”流程

休眠组件一般信息设置如图 6-33 所示。

图 6-33　休眠组件一般信息设置

6.6.6　数据校验

1．功能描述

数据校验组件用来比较 2 个数据集是否相同。数据集比较说明如表 6-18 所示。

表 6-18　数据集比较说明

数据集类型	比较方式	判断相同的条件
表数据集	比较表结构、表内容；不比较主键、索引、外键等	表结构相同，表内容相同
文件夹数据集	文件字节比较：比较文件夹目录结构，文件夹内文件	文件夹目录结构相同，所有文件相同
	文件长度比较：比较文件夹目录结构，文件夹内文件	
文件数据集	文件字节比较：抽取文件内字符，逐一比较	文件内每个字符都相同
	文件长度比较：比较文件的长度	文件长度相同

2．选项配置说明

数据校验选项配置说明如表 6-19 所示。

表 6-19　数据校验选项配置说明

选项名称	选项配置说明
数据集类型	单选按钮，选择待比较的数据集类型，包括表、数据集文件、文件夹和文件 4 种类型
待校验数据集	指定待校验的数据集
比较数据集	指定要比较的数据集

3．示例描述

作业示例名称为“数据校验演示”，其功能是使用 SQL 同步数据，然后比较 2 个数据集的数据是否相同，流程如图 6-34 所示。

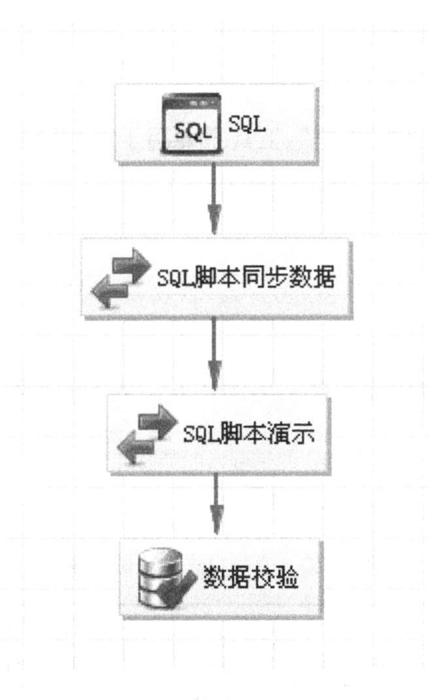

图 6-34　作业示例“数据校验演示”流程

数据校验组件常规属性设置如图 6-35 所示。

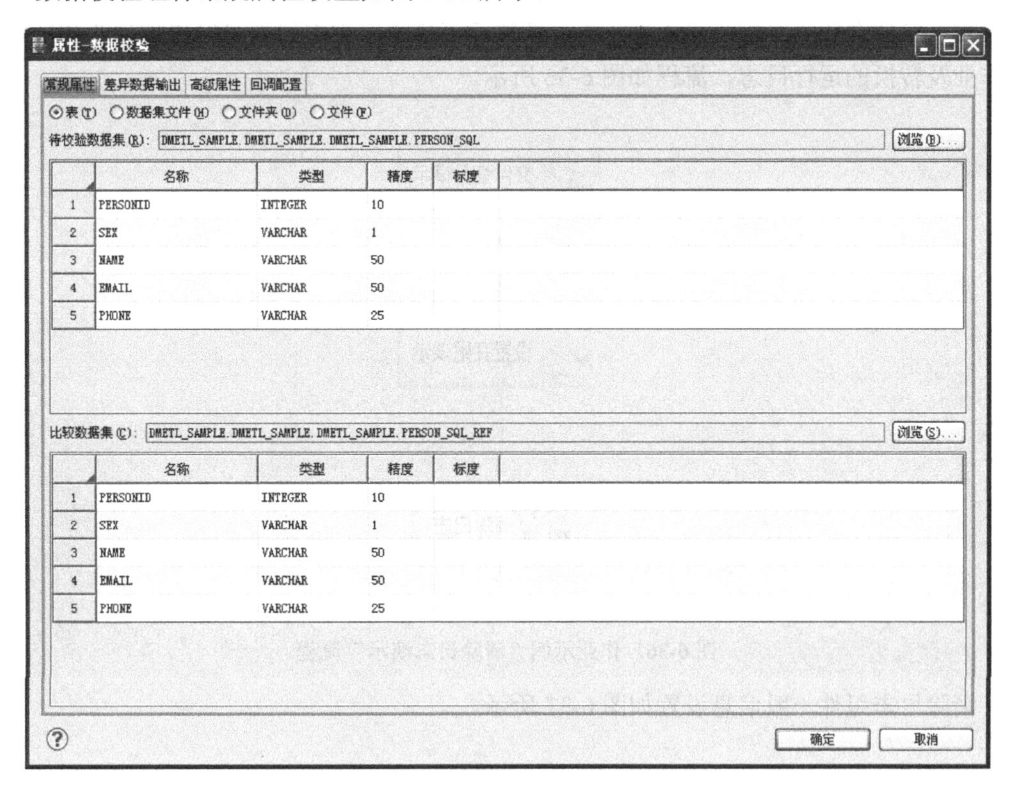

图 6-35　数据校验组件常规属性设置

6.7 系统维护

“工具箱”面板中的“系统维护”工具主要用于对系统日志和缓存进行管理，包括清除日志和刷新缓存。

6.7.1 清除日志

1．功能描述

清除日志组件用于清除作业和被引用的作业，或者转换执行产生的运行日志。

2．选项配置说明

清除日志选项配置说明如表6-20所示。

表6-20 清除日志选项配置说明

选项名称	选项配置说明
作业选项	选择作业对象，可以选择清除当前作业的日志或清除所有作业的日志
时间选项	选择时间节点，可以选择清除 *N* 天之前的日志或清除全部日志

3．示例描述

作业示例名称为“清除日志演示”，功能是“清除日志”组件可以清除作业和被引用的作业及转换的运行日志，流程如图6-36所示。

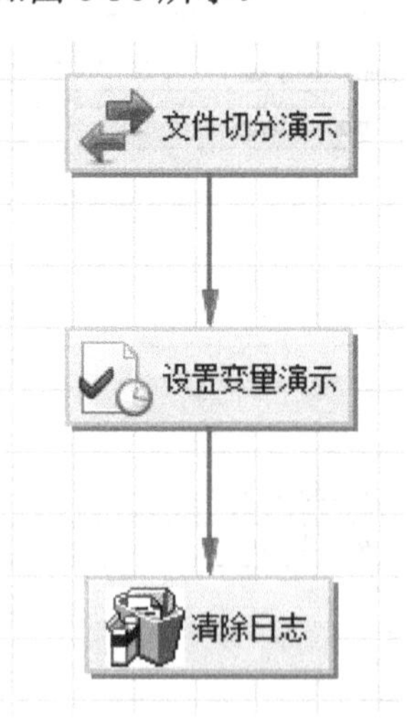

图6-36 作业示例“清除日志演示”流程

清除日志组件一般信息设置如图6-37所示。

图 6-37　清除日志组件一般信息设置

6.7.2　刷新缓存

1．功能描述

刷新缓存组件用来刷新指定数据集的缓存。当所要使用的数据集缓存引用的数据集发生改变时，需要刷新缓存并重新填充缓存。

2．选项配置说明

刷新缓存选项配置说明如表 6-21 所示。

表 6-21　刷新缓存选项配置说明

选项名称	选项配置说明
刷新模式	选择全部刷新还是部分刷新
缓存对象	选择清除日志的时间节点

3．示例描述

作业示例名称为“缓存刷新演示”，功能是在“SQL”组件对数据源修改后，重新刷新并填充数据集缓存，流程如图 6-38 所示。

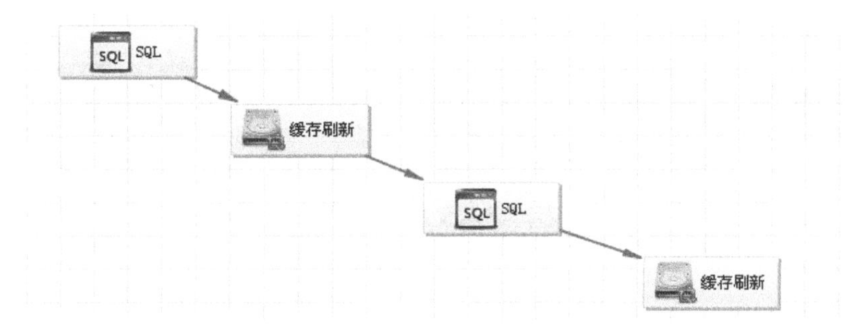

图 6-38　作业示例“缓存刷新演示”流程

缓存刷新组件常规属性设置如图 6-39 所示。

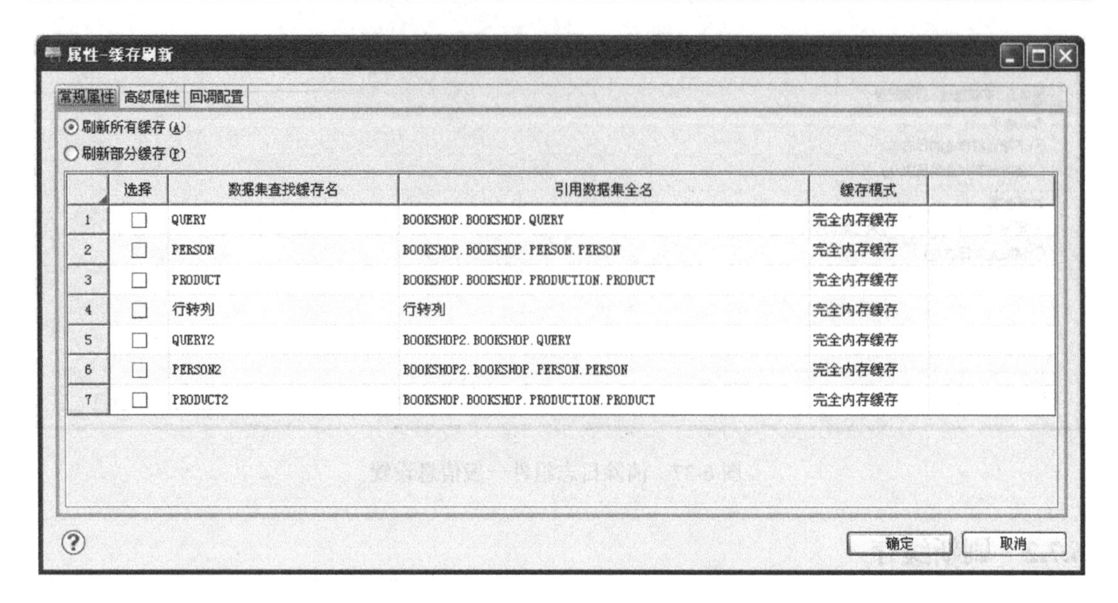

	选择	数据集查找缓存名	引用数据集全名	缓存模式
1	☐	QUERY	BOOKSHOP.BOOKSHOP.QUERY	完全内存缓存
2	☐	PERSON	BOOKSHOP.BOOKSHOP.PERSON.PERSON	完全内存缓存
3	☐	PRODUCT	BOOKSHOP.BOOKSHOP.PRODUCTION.PRODUCT	完全内存缓存
4	☐	行转列	行转列	完全内存缓存
5	☐	QUERY2	BOOKSHOP2.BOOKSHOP.QUERY	完全内存缓存
6	☐	PERSON2	BOOKSHOP2.BOOKSHOP.PERSON.PERSON	完全内存缓存
7	☐	PRODUCT2	BOOKSHOP.BOOKSHOP.PRODUCTION.PRODUCT	完全内存缓存

图 6-39　缓存刷新组件常规属性设置

Access（*.mdb，*.accdb）、FoxPro（*.dbf）必须提供它们的 ODBC 数据源名称。Oracle8、Oracle9、Oracle10、Oracle11 的数据库名其实为它们的服务器名。MySQL3、MySQL4、MySQL5 数据库不存在模式的概念，所以在新建数据源的树状显示结构里面没有模式名。

第 7 章 函数与变量

达梦数据交换平台（DMETL）支持使用函数来对数据进行处理，扩展系统功能；还可以使用变量在不同的流程和流程组件之间传递参数和数据。

7.1 函数

7.1.1 函数定义

DMETL V4.0 除支持使用系统函数外，还支持用户自定义函数。

在全局或者工程函数上单击鼠标右键，在弹出的快捷菜单中选择“新建函数”选项，进入“新建用户函数”界面，如图 7-1 所示。

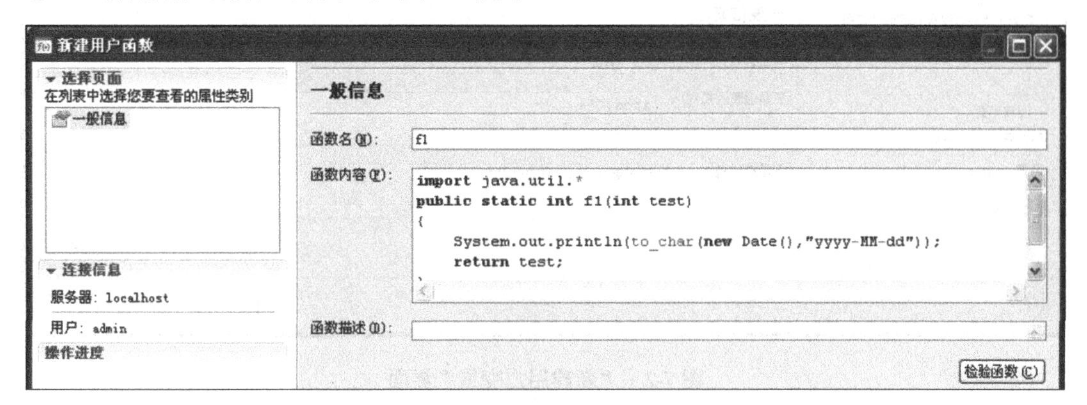

图 7-1 “新建用户函数”界面

用户自定义函数必须完全遵循 Java 语言的函数语法规则，函数必须声明为“public”

或“static”类型，否则检验函数时会报错。函数定义中可以调用系统函数，也可以调用第三方函数，将依赖的第三方包放到<DMETL >\function\third 目录下即可。

单击“检验函数”按钮可以检查函数定义的语法是否正确，同一工程下定义的函数不允许重名。

7.1.2 函数类型与作用域

DMETL V4.0 中函数分为系统函数、全局函数和工程函数。函数的使用方式都是相同的，只是作用域不同，每种函数的类型和作用域如表 7-1 所示。

表 7-1 函数类型和作用域

函数类型	作 用 域
系统函数	所有
全局函数	所有工程
工程函数	当前工程

7.2 变量

在 DMETL V4.0 中，可以使用变量在不同的流程和流程组件之间传递参数和数据。变量的数据类型一般为 Java 中的基本类型或者 Java 中的类，由值的类型决定。

7.2.1 变量定义

在全局或者工程变量上单击鼠标右键，在弹出的快捷菜单中选择“新建变量”选项，可以进入“新建用户变量”界面，如图 7-2 所示。

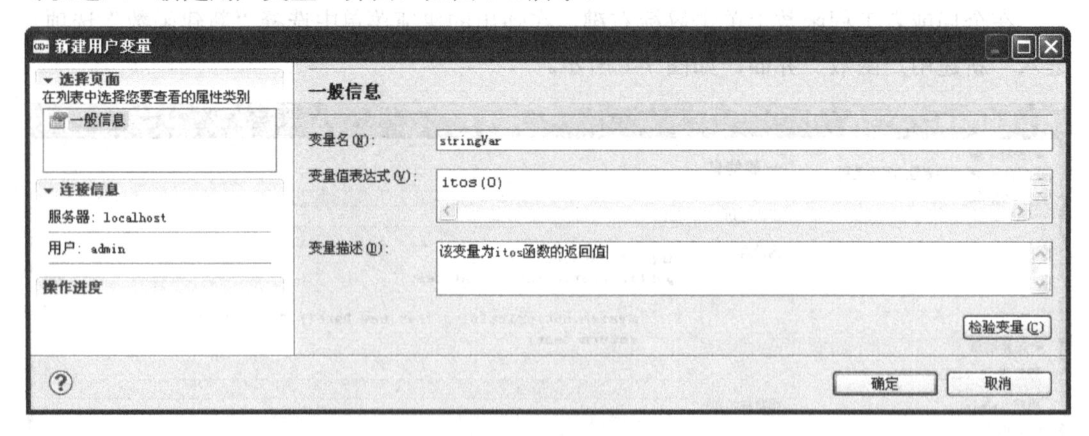

图 7-2 “新建用户变量”界面

图 7-2 中定义了一个名为 stringVar 的变量，其初始值为变量值表达式 itos(0)的值，该表达式的功能是调用系统函数将数字 0 转换为字符串“0”。

7.2.2　变量类型与作用域

DMETL V4.0 中变量分为系统变量、全局变量、工程变量、节点变量和局部变量 5 种类型，每种类型的变量的使用方法是一致的，但是作用域不同，具体作用域如表 7-2 所示。

表 7-2　变量类型和作用域

变量类型	作　用　域
系统变量	所有工程，只读，不可修改
全局变量	所有工程，可读写
工程变量	当前工程，可读写
节点变量	当前流程
局部变量	当前节点，只读

用户可以设置变量组件，在流程中修改变量的值，详细使用方法见第 5 章和第 6 章相应部分。一个变量可以在并发运行的流程中使用，不同流程对变量值的修改不会互相影响，即流程中对变量值的修改仅在本流程（含嵌套的其他流程）中可见。下面将详细介绍节点变量和局部变量。

7.2.3　节点变量

DMETL V4.0 可以使用节点变量在流程执行的过程中获取节点的配置属性、状态、统计数据等信息。节点变量通过单击节点属性设置界面的“高级属性”选项卡设置，如图 7-3 所示，在设置界面中勾选“使用节点变量（V），变量名（N）”复选框并输入变量名即可使用。

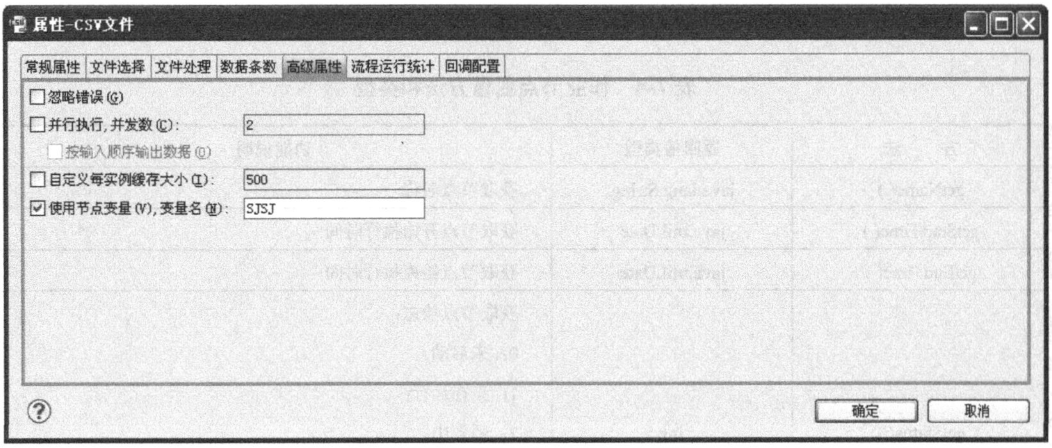

图 7-3　单击“高级属性”选项卡

转换节点变量是一个类型为 com.dameng.etl.api.model.DataFlowActivityVariableBean 的对象，转换节点变量方法和类型如表 7-3 所示。

表 7-3　转换节点变量方法和类型

方　法	返回值类型	功能说明
getName( )	java.lang.String	获取节点名称
getStartTime( )	java.util.Date	获取节点开始执行时间
getEndTime( )	java.util.Date	获取节点结束执行时间
getStatus( )	int	获取节点状态： 0：未启动； 1：正在运行； 2：暂停中； 3：已取消； 4：已完成； 5：执行失败
getProcessedCount( )	long	获取节点处理的数据总项数
getInputCount( )	long	获取节点第一个输入的数据总项数
getInputCount(String inputName)	long	获取指定输入的数据总项数
getOutputCount( )	long	获取第一个输出的数据总项数
getOutputCount(StringoutputName)	long	获取指定输出的数据总项数
getInsertedCount( )	long	获取插入数据的总项数
GetUpdatedCount( )	long	获取更新数据的总项数
getDeletedCount( )	long	获取删除数据的总项数
getFileNames( )	java.lang.String[ ]	获取所有处理的文件名，不包含路径
getFilePaths( )	java.lang.String[ ]	获取所有处理的文件路径

对于作业节点，其中一个变量类型为 com.dameng.etl.api.model.ActivityVariableBean 的对象，该对象的主要方法和类型如表 7-4 所示。

表 7-4　作业节点变量方法和类型

方　法	返回值类型	功能说明
getName( )	java.lang.String	获取节点名称
getStartTime( )	java.util.Date	获取节点开始执行时间
getEndTime( )	java.util.Date	获取节点结束执行时间
getStatus( )	int	获取节点状态： 0：未启动； 1：正在运行； 2：暂停中； 3：已取消； 4：已完成； 5：执行失败

7.2.4　局部变量

局部变量是指只在一个节点中生效的变量。局部变量可以分为两类。一类是列名变量，即以输入数据的列名为名称的局部变量，其值为当前数据行中对应列的值，其数据类型为与列类型对应的 Java 类型，具体说明见 7.5 节数据类型。列名变量一般在转换节点中使用，用于构造表达式过滤数据、派生新列及作为 SQL 语句的参数，具体示例见 5.4.6 节。另一类局部变量用于文件过滤，具体见 5.2.6 节的文件集的定义选项配置说明，如 fileName、filePath 等。

7.3　表达式

DMETL V4.0 中可以使用表达式实现条件分支、派生列、过滤等，也可以使用表达式为属性赋值或者生成动态的 SQL 语句。表达式中可以使用列名、变量、调用函数或者对象方法，其语法规范完全兼容 Java 语言中表达式的语法规范。表达式支持的运算符如下：

属性获取：.。

四则运算：+，−，*，/。

取模运算：%。

正负运算：+，−。

比较运算：<，>，>=，<=，==，!=。

布尔运算：!，&&，||。

按位运算：&，^，|，~。

三目运算：xxx?yy:zz。

函数调用：如全局函数 parseInt("234")；成员函数调用"abc".indexOf("bc")。

优先级控制：( )。

在 DMETL V4.0 中，表达式的输入框后一般带有（灯泡）提示图标，在输入框中按“ALT+/”组合键可以进入“编辑表达式”界面，如图 7-4、图 7-5 所示。

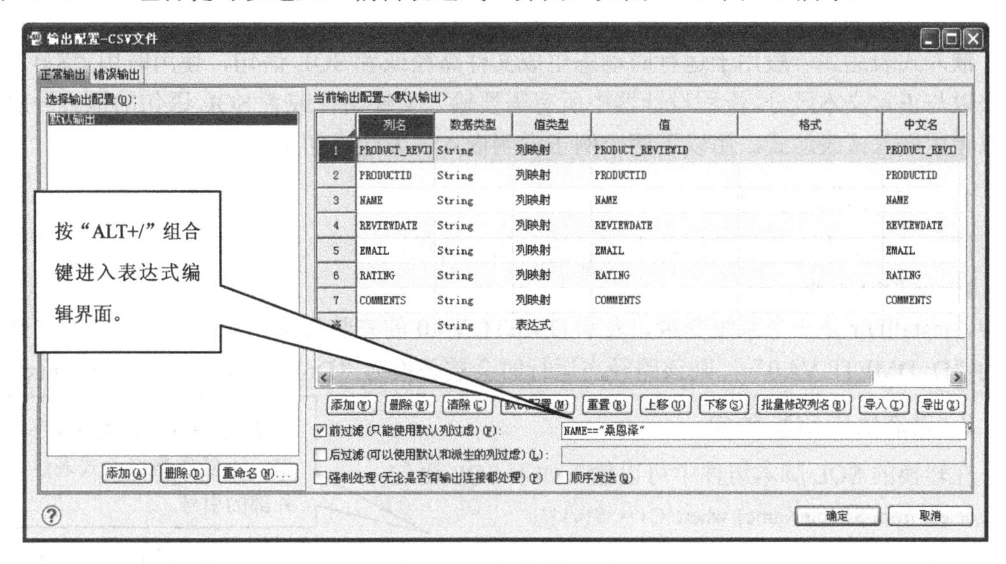

图 7-4　表达式的输入框

图 7-5 “编辑表达式”界面

7.4 使用嵌入式表达式

嵌入式表达式一般用于运行时动态生成文件路径或者 SQL 语句，使用时用“${}”括起来以与正常文本区分。流程设计器中所有需要输入文件路径或者 SQL 语句的地方一般都可以使用嵌入式表达式。用以下两个例子说明嵌入式表达式的用法。

1. 动态生成文件路径

例如，在文本文件装载组件中可以输入如下路径：

```
${installDir}\dest\test.txt
```

其中，installDir 是一个系统变量，表示 DMETL V4.0 的安装目录，假如 DMETL 的安装目录为“D:\DMETL V4.0”，则该路径在运行时会被替换为“D:\DMETL V4.0\dest\test.txt”。

2. 动态生成 SQL 语句

在转换的 SQL 脚本组件中可以输入如下 SQL 语句：

注意：如果 C1 列类型为字符串，不能省略嵌入式表达式外部的引号。

```
delete from ${tableName} where C1 = '${v1}'
```

其中，tableName 和 v1 为 DMETL V4.0 中的一个用户定义的字符串类型的变量，其值可以在流程执行过程中通过设置变量组件修改。现在假设在流程执行时其值分别为 T1 和 hello，则上述语句在运行时会被替换为：

```
delete from T1 where C1 = 'hello'
```

系统只替换 SQL 语句中的${…}，SQL 语句的其他部分保持不变。

7.5　数据类型

DMETL V4.0 定义了一套中间数据类型，以便统一从不同类型数据源获取的数据在 DMETL V4.0 引擎内部的表示。在使用列名构造表达式或者传递参数时，可以参考表 7-5 来确定变量的类型。变量和列在参与表达式计算时，其值都是 Java 中的类型，因此可以在表达式中调用 Java 对象的相关方法。

表 7-5　数据类型

DMETL V4.0 类型	Java 类型	SQL/JDBC 类型	说　明
String	java.lang.String	CHAR	字符串类型
		VARCHAR	
Boolean	java.lang.Boolean	BIT	布尔类型
		BOOLEAN	
Byte	java.lang.Byte	TINYINT	8 位整数，范围：-128～127
Short	java.lang.Short	TINYINT	16 位整数，范围：-32768～32767
		SMALLINT	
Integer	java.lang.Integer	INTEGER	32 位整数，范围：0x80000000～0x7fffffff
Long	java.lang.Long	BIGINT	64 位整数，范围：0x8000000000000000L～0x7fffffffffffffffL
Float	java.lang.Float	REAL	单精度浮点数
Double	java.lang.Double	FLOAT	双精度浮点数
		DOUBLE	
Decimal	java.math.BigDecimal	NUMERIC	定点数
		DECIMAL	
Date	java.sql.Date	DATE	日期类型
Time	java.sql.Time	TIME	时间类型
DateTime	java.sql.TimeStamp	TIMESTAMP	日期时间类型
Binary	byte[ ]	BINARY	二进制类型
		VARBINARY	
Clob	java.sql.Clob	LONGVARCHAR	长文本类型
		CLOB	
Blob	java.sql.Blob	LONGVARBINARY	二进制大对象
		BLOB	

用户可以通过输出配置修改列的缺省数据类型，系统将自动进行数据类型转换，如果转换不成功则会将数据输出到错误输出中。常见的类型转换一般为字符串与日期时间或者

数字类型之间的互相转换。由于同一个数字或者日期时间可能有多个字符表示方式，因此在字符串与日期时间或者数字类型转换的时候需要指定格式字符串，用于说明日期时间或者数字的格式。当不填写格式字符串时，对于 DateTime 类型，系统默认格式为 yyyy-MM-dd HH:mm:ss，Date 类型默认格式为 yyyy-MM-dd，Time 类型默认格式为 HH:mm:ss。数字类型的默认格式为不带特殊格式的十进制字符串。

例如，要将 String 类型的值 2012\01\10 12:00:00 转换成 DateTime 类型，需要将格式字符串设置为 yyyy\MM\dd HH:mm:ss，对于 2012-01-10 12:00:00 则可以不填写格式字符串，进行默认转换。

关于数字和时间日期格式字符串的更多说明参见附录 C 和附录 D。

第 8 章 调度与监控

DMETL V4.0 提供调度与监控的功能，能够对作业或转换的执行时间和次数进行管理，同时监控执行状态。

8.1 调度

调度是对作业或者转换的执行情况进行规划管理，可以使作业或转换在规定时间点上执行，也可以循环执行。

8.1.1 新建调度

1．功能描述

调度分一次性调度和周期性调度两类。调度可以在作业或者转换节点上设置。

2．选项配置说明

新建调度或修改调度时可以查看其选项配置说明，如表 8-1 所示。

表 8-1 调度选项配置说明

选项名称	选项配置说明
调度类型	一次性调度是指只调用一次；周期性调度是指按一定周期循环调用
禁用调度	勾选后禁用调度
描述	输入调度的描述信息

（1）一次性调度选项配置说明如表 8-2 所示。

表 8-2 一次性调度选项配置说明

选项名称	选项配置说明
运行时间	指定作业的执行时间，作业仅在指定时间执行一次
系统启动时	可以选择在系统启动时执行作业

（2）周期性调度选项配置说明如表 8-3 所示。

表 8-3 周期性调度选项配置说明

选项名称	选项配置说明
执行日期	指定作业执行日期。作业调度可以通过开始日期设置按钮在“开始日期”控件中指定具体的开始日期，也可以选中“启动时执行”单选按钮指定从系统启动时开始调度。作业调度可以通过结束日期设置按钮在“结束日期”控件中指定具体的结束日期，也可以选中“无结束日期”单选按钮指定作业调度将一直进行
日期频率	指定作业调度的日期频率。作业调度的日期频率可以是天、周或月。若在“类别”下拉列表中： 选择“天”，则指定按“天”调度，需要在下面的数值控件中指定每几天作业执行一次； 选择“周”，则指定按“周”调度，需要在下面的数值控件中指定每几周作业执行一次，以及在列表框中选择星期几执行； 选择“月”，则指定按“月”调度，需要下面的数值控件中指定每几个月执行一次，以及选择在一个月中的哪一天执行
时间频率	指定在作业要执行的当日，作业需要执行几次： 选中“当天执行一次”单选按钮，表示仅执行一次，需要在时间控件中指定作业执行的开始时间； 选中“当天反复执行”单选按钮，表示需执行多次，需要指定作业的执行频率和执行时间，可以选择每个时刻执行和每隔固定时间执行。在数值控件和下拉列表中指定作业调度的时间频率，在“开始时间”和“结束时间”控件中，指定作业执行的开始时间和结束时间。即在这段时间内，作业按指定频率进行调度

3. 示例描述

如图 8-1 所示的新建调度为一次性调度，在设置好的运行时间执行一次。

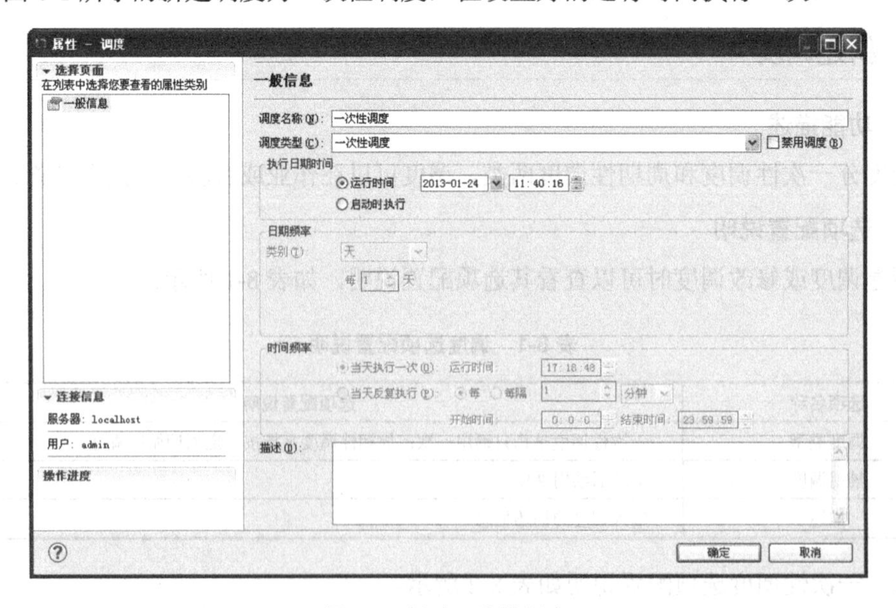

图 8-1 新建一次性调度

如图 8-2 所示的新建调度为周期性调度，每 1 天每 5 分钟执行一次。

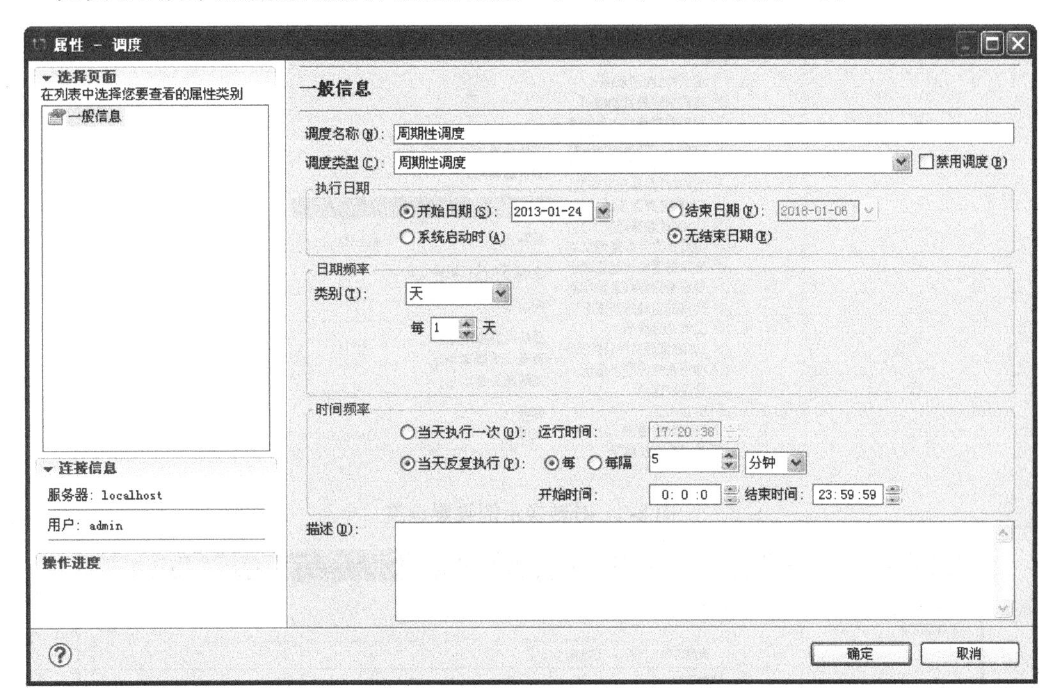

图 8-2　新建周期性调度

8.1.2　设置调度

1．功能描述

一个转换（作业）可以引用一个或多个调度，一个调度可以被一个转换（作业）或多个转换（作业）调用。

禁用调度的方法有 3 种：

（1）在调度属性设置界面中，勾选“禁用调度”复选框；

（2）在引用调度的转换属性设置界面中，勾选“禁用调度”复选框；

（3）在引用调度的转换过程中，设置调度属性，将“已启动”状态取消。

2．选项配置说明

设置调度选项配置说明如表 8-4 所示。

表 8-4　设置调度选项配置说明

选项名称	选项配置说明
调度名称	可以选择已创建的调度，也可以创建新的调度
已启用	设置是否启用调度

3．示例描述

一个转换引用多个调度，转换示例“表数据源文件目的演示”引用了 2 个调度，如

图 8-3、图 8-4 所示。

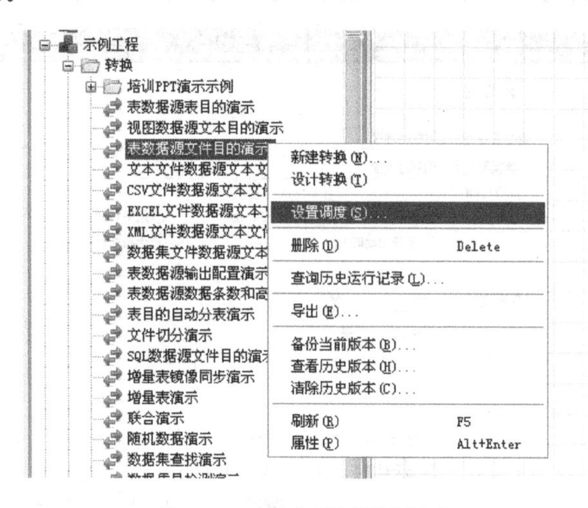

图 8-3　对转换示例设置调度

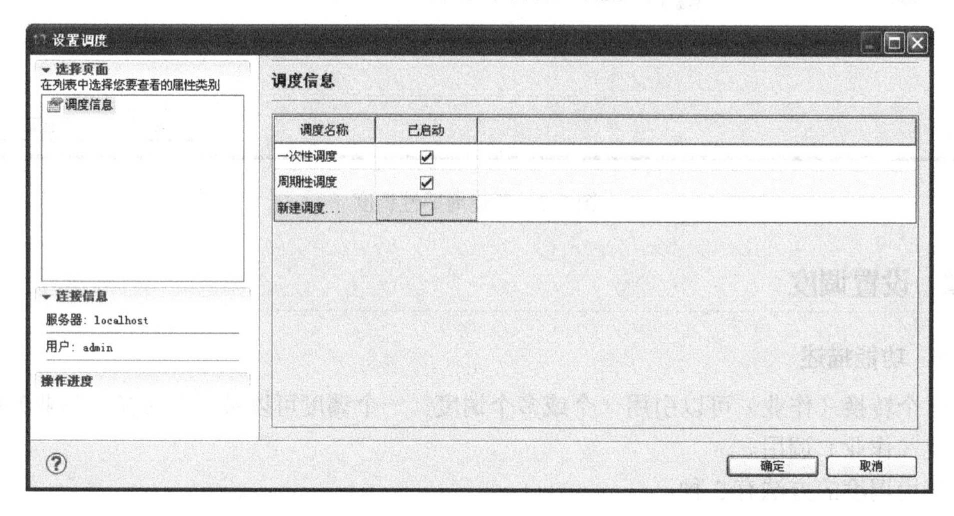

图 8-4　设置调度信息

一个调度被多个转换引用，转换示例“文本文件数据源文本文件目的演示”和“CSV 文件数据源文本文件目的演示”引用同一个调度，如图 8-5～图 8-7 所示。

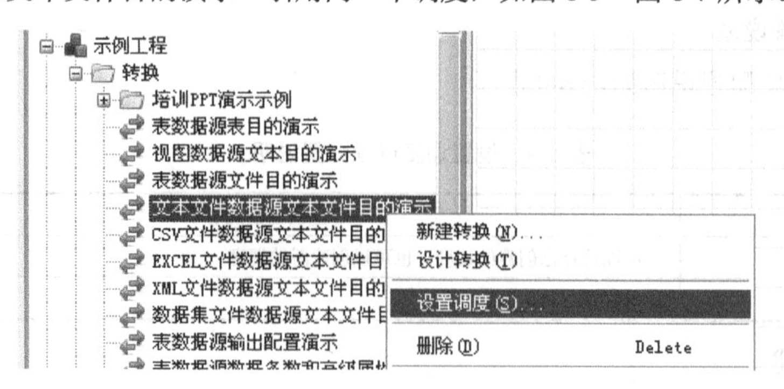

图 8-5　对转换 1 设置调度

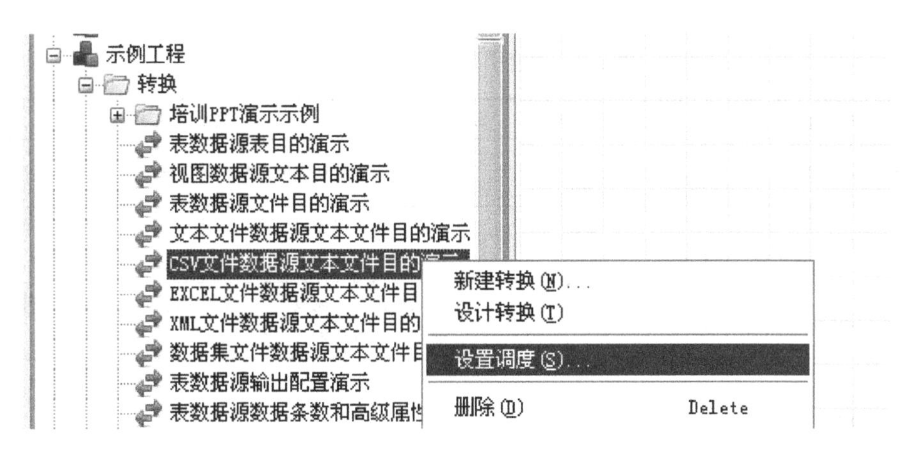

图 8-6　对转换 2 设置调度

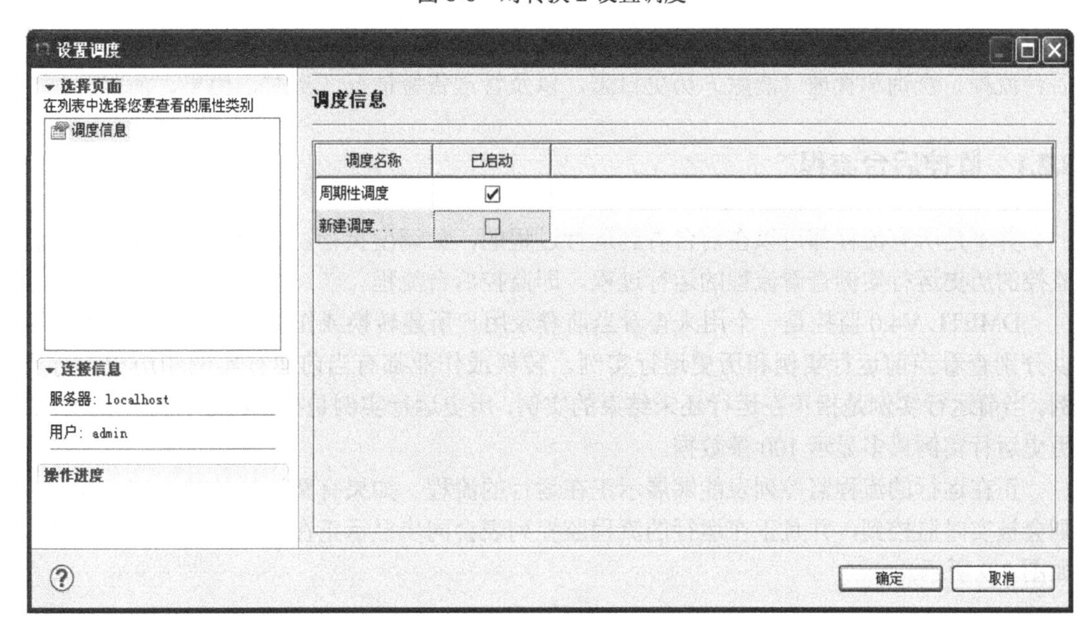

图 8-7　设置转换 1 和转换 2 调度信息

8.1.3　调度引擎

如图 8-8 所示并排的三个按钮的功能分别是启动调度引擎、暂停调度引擎和停止调度引擎。只有单击启动调度引擎后，所创建的调度引擎才会运行。

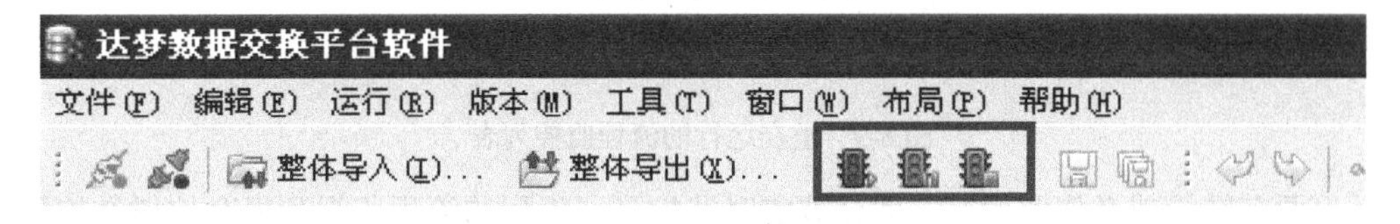

图 8-8　调度引擎相关按钮

调度引擎相关按钮功能如表 8-5 所示。

表 8-5　调度引擎相关按钮功能说明

按钮名称	图　标	功能说明
启动调度引擎		只有单击启动调度引擎，所创建的调度才会运行
暂停调度引擎		在单击暂停调度引擎后，当前正在执行的作业可以继续执行完成，但是不会再进行新的调度
停止调度引擎		在单击停止调度引擎后，会向所有正在执行的作业发送立即停止命令（不一定会成功）

8.2　监控

监控用于对作业或转换的执行状态进行记录和管理，DMETL V4.0 监控功能包括监控后台流程、查询和管理（清除）历史日志，以及管理告警情况（实时、历史、清除）。

8.2.1　监控后台流程

并不是所有流程都可以在前台看到运行过程的，如调度执行。DMETL V4.0 可以通过监控的历史运行实例查看流程的运行过程，即监控后台流程。

DMETL V4.0 监控是一个用来查看当前登录用户所建转换或作业运行日志的模块。可以分别查看当前运行实例和历史运行实例。转换或作业都有当前运行实例和历史运行实例。当前运行实例是指正在运行还未结束的实例，历史运行实例是指已经运行结束的实例。历史运行实例最多显示 100 条数据。

正在运行的流程监控列表能够展示正在运行的流程。如果有新运行的转换或者作业，则会被实时监控到，并且正在运行的流程监控列表会同步显示正在运行的转换或者作业，如图 8-9 所示。

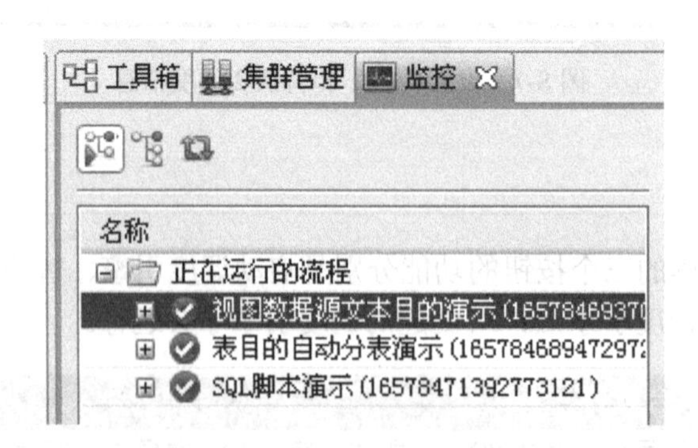

图 8-9　正在运行的流程监控列表

只要有转换或者作业运行，就会被实时监控到，工程的流程监视列表会按树结构形式展开至运行的转换或作业，如图 8-10 所示。

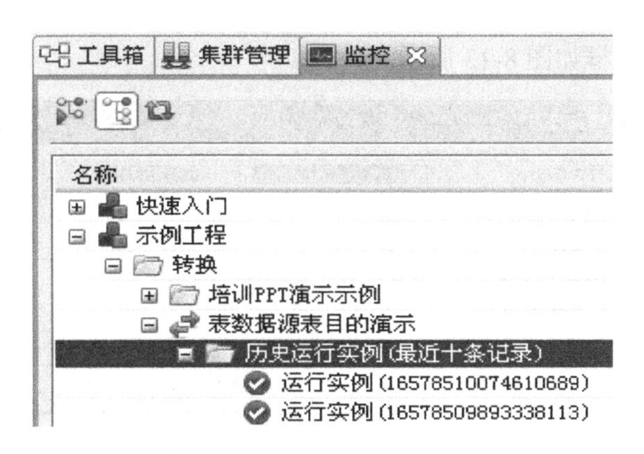

图 8-10　监控运行的转换或作业

右击监控列表上的转换或者作业节点，可以通过快捷菜单进行“过滤”或者“清除过滤”操作，还可以进行“排序”操作，如图 8-11 所示。

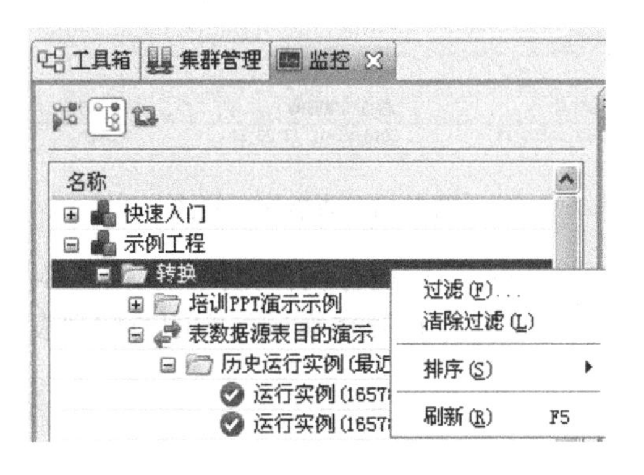

图 8-11　可以进行的操作

8.2.2　查询历史日志

右击具体的转换或者作业节点，可以在监控界面右侧窗口展开转换或者作业，支持按条件查看运行日志，如图 8-12 所示。

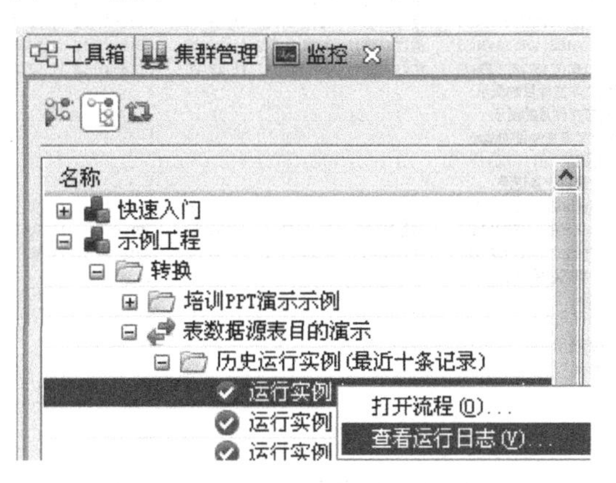

图 8-12　查看运行日志

“查询日志”对话框如图 8-13 所示。

查询日志
运行状态(S): 全部 (选择运行状态)
开始时间晚于(L): 2018-1-6 21:07:15
开始时间早于(A): 2018-1-6 21:07:15
结束时间晚于(E): 2018-1-6 21:07:15
结束时间早于(Z): 2018-1-6 21:07:15
确定 取消

图 8-13 “查询日志”对话框

在对话框中设置查询条件即可查看历史运行日志，如已运行的调度，监控列表中的“执行方式”列会显示调度执行情况，如图 8-14 所示。

运行日志 - 表数据源文件目的演示

序号	状态	运行开始时间	运行结束时间	运行时间	速度(条/秒)	执行方式
1	运行成功	2018-01-12 11:23:18	2018-01-12 11:23:21	3.02秒	6	手工执行

图 8-14 查看运行日志

如果调度正在运行，则可以在当前运行实例里找到。如图 8-15、图 8-16 所示，右击当前转换节点，可以通过快捷菜单命令打开转换运行实例监控列表并查看运行状态。

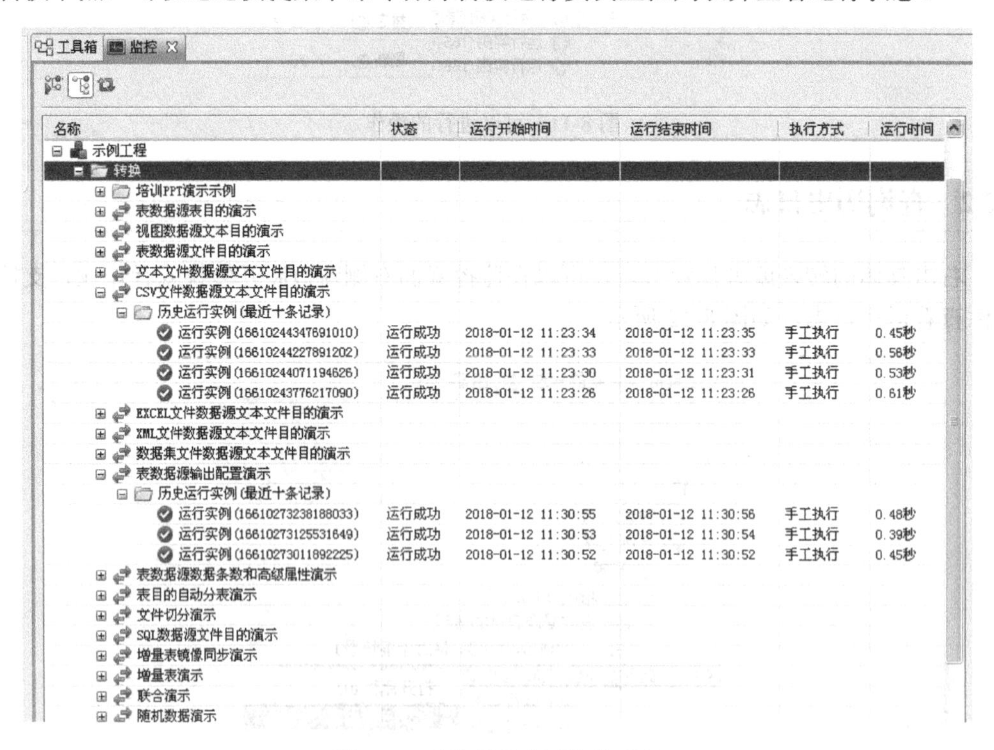

图 8-15 转换运行实例监控列表

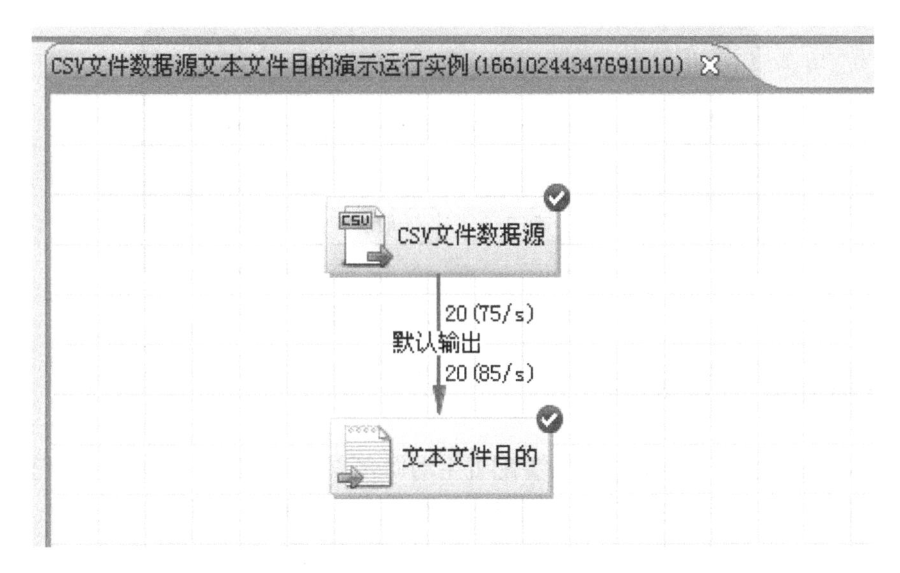

图 8-16 转换运行状态

8.2.3 清除历史日志

运行日志列表可以通过如图 8-17 所示的工具栏按钮（刷新、导出日志到文本文件、清除所有日志和按时间段查询日志）设置条件查询。

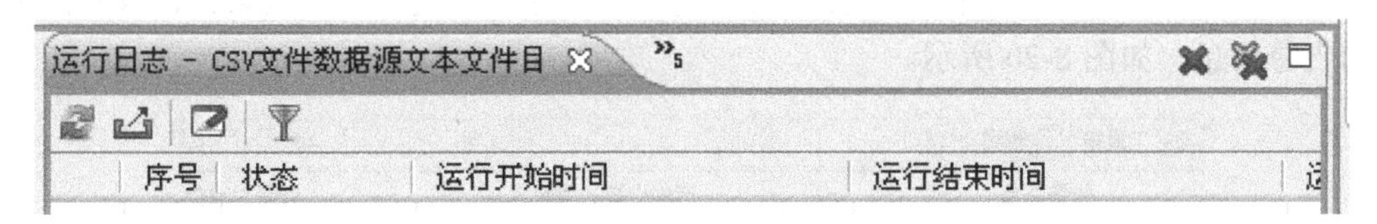

图 8-17 运行日志工具栏按钮

运行日志工具栏按钮功能如表 8-6 所示。

表 8-6 运行日志工具栏按钮功能

按钮名称	图　标	功能说明
刷新		单击则显示正在运行的流程界面
导出日志到文本文件		将日志导出到文本文件中
清除所有日志		清除所有的日志文件
按时间段查询日志		根据时间条件查询日志

清除历史日志时，单击“清除所有日志”按钮，会弹出“确认”对话框，单击“确定”按钮则清除所有的日志，如图 8-18 所示。

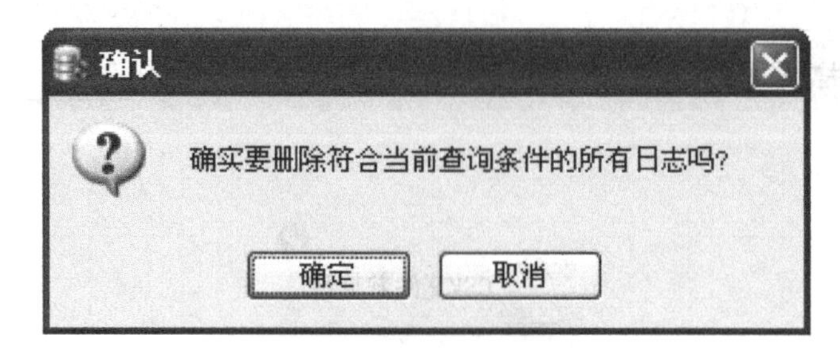

图 8-18 “确认”对话框

8.2.4 实时告警

实时告警是服务端根据客户端告警配置主动向客户端发送的告警信息。流程执行过程中接收到告警，服务端会主动向客户端发送告警信息，如图 8-19 所示。

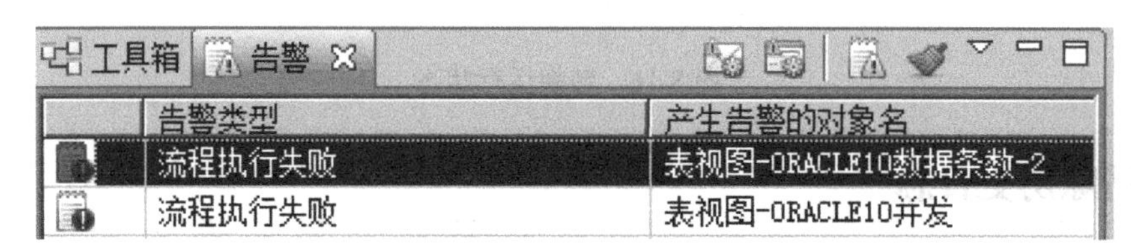

图 8-19 告警信息

在告警列表区域单击鼠标右键会弹出快捷菜单，可以设置告警过滤条件，查看满足条件的告警信息，如图 8-20 所示。

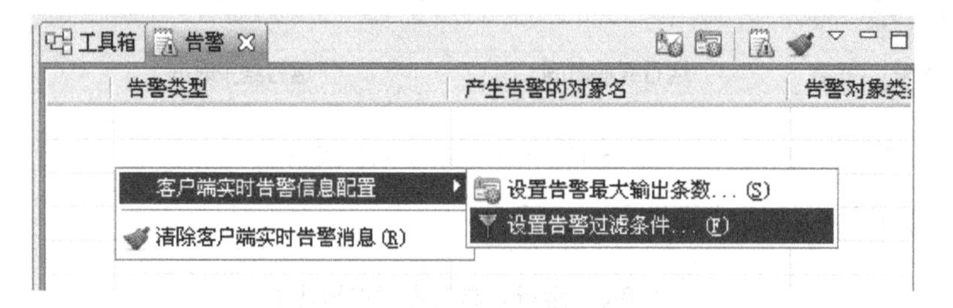

图 8-20 设置告警过滤条件

也可以设置告警最大输出条数，默认为 25000 条；如果超过最大输出条数，则保留最新告警信息，如图 8-21 所示。

图 8-21 设置告警最大输出条数

8.2.5　历史告警

历史告警显示服务端存储的告警信息。可以通过单击具体告警项查询告警日志，设置查询条件，可以过滤不满足条件的历史告警信息，如图 8-22 所示。

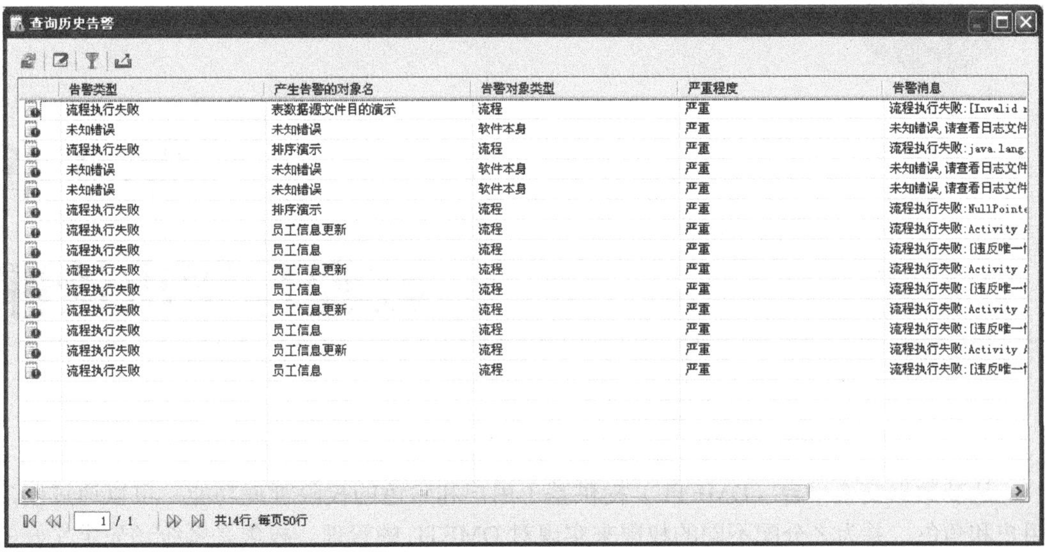

查询历史告警

告警类型	产生告警的对象名	告警对象类型	严重程度	告警消息
流程执行失败	表数据源文件目的演示	流程	严重	流程执行失败:[Invalid
未知错误	未知错误	软件本身	严重	未知错误,请查看日志文件
流程执行失败	排序演示	流程	严重	流程执行失败:java.lang.
未知错误	未知错误	软件本身	严重	未知错误,请查看日志文件
未知错误	未知错误	软件本身	严重	未知错误,请查看日志文件
流程执行失败	排序演示	流程	严重	流程执行失败:NullPointe
流程执行失败	员工信息更新	流程	严重	流程执行失败:Activity
流程执行失败	员工信息	流程	严重	流程执行失败:[]违反唯一
流程执行失败	员工信息更新	流程	严重	流程执行失败:Activity
流程执行失败	员工信息	流程	严重	流程执行失败:[]违反唯一
流程执行失败	员工信息更新	流程	严重	流程执行失败:Activity
流程执行失败	员工信息	流程	严重	流程执行失败:[]违反唯一
流程执行失败	员工信息更新	流程	严重	流程执行失败:Activity
流程执行失败	员工信息	流程	严重	流程执行失败:[]违反唯一

1 / 1　共14行,每页50行

图 8-22　查询历史告警信息

8.2.6　清除告警

在“告警”界面，单击“清除客户端实时告警消息”按钮，可以清除实时告警信息（见图 8-19）。

在“查询历史告警”界面，单击“清除所有日志”按钮，可以清除服务端的所有告警信息（见图 8-22）。

第 9 章 权限与版本管理

达梦数据交换平台（DMETL）提供基于用户和角色的权限管理功能，可以通过创建用户和角色，并为之分配不同的权限来实现对 DMETL 的管理。权限是系统预先定义好的执行某种操作的能力。角色是权限管理的一种解决方案，是一组权限的集合。用户是能够访问 DMETL 的成员。

同时，DMETL V4.0 具有版本管理功能，版本管理操作对象主要包括整个元数据、单个工程、单个转换、单个作业、单个函数、单个变量、单个全局用户函数及单个全局用户变量。版本管理的主要功能包括对操作对象备份当前版本、恢复历史版本、删除历史版本及还原已删除对象等。

9.1 权限概述

DMETL V4.0 提供的权限包括两类，分别是功能权限和对象权限。

9.1.1 功能权限

功能权限是在功能级控制情况下对 DMETL 操作的机制。功能权限说明如表 9-1 所示。

表 9-1 功能权限说明

权限名称	说 明
CREATE DATASOURCE	创建数据源
CREATE PROJECT	创建工程
CREATE TRANSFORMATION	创建转换
CREATE JOB	创建作业

（续表）

权限名称	说　明
CREATE FUNCTION	创建函数
CREATE VARIABLE	创建变量
CREATE SCHEDULE	创建调度
CREATE USER	创建用户
CREATE ROLE	创建角色
VIEW OPERATION LOG	查看操作日志
MANAGE OPERATION LOG	管理操作日志
IMPORT METADATA	导入元数据
EXPORT METADATA	导出元数据
EXECUTE ENGINE	运行引擎
ALERT EMAIL CONFIG	邮件告警配置
ALERT TYPE CONFIG	客户端告警配置
ALERT CLEAR	清除告警
CREATE QUALITY RULE	创建质量管理规则
CREATE CACHE	创建数据集查找缓存
CREATE SUBSCRIPTION	创建订阅
CREATE PUBLISH	创建发布

9.1.2　对象权限

对象权限是在对象级控制情况下对 DMETL 操作的机制，即操作某一具体对象的权限，如修改某个工程、删除某个数据源、删除某个用户等。对象权限说明如表 9-2 所示。

表 9-2　对象权限说明

对象名称	权　限	说　明
数据库数据源	REFERENCE	引用
	MODIFY	修改
	DELETE	删除
文本文件数据源	REFERENCE	引用
	MODIFY	修改
	DELETE	删除
CSV 文件数据源	REFERENCE	引用
	MODIFY	修改
	DELETE	删除
Excel 文件数据源	REFERENCE	引用
	MODIFY	修改
	DELETE	删除

（续表）

对象名称	权　　限	说　　明
XML 文件数据源	REFERENCE	引用
	MODIFY	修改
	DELETE	删除
JMS 数据源	REFERENCE	引用
	MODIFY	修改
	DELETE	删除
WebService 数据源	REFERENCE	引用
	MODIFY	修改
	DELETE	删除
工程	REFERENCE	引用
	MODIFY	修改
	DELETE	删除
	BACKUP CURRENT VERSION	备份当前版本
	RECOVER HISTORYVERSION	恢复历史版本
	DELETE HISTORYVERSION	删除历史版本
转换	MODIFY	修改
	DELETE	删除
	EXECUTE	执行
	BACKUP CURRENT VERSION	备份当前版本
	RECOVER HISTORYVERSION	恢复历史版本
	DELETE HISTORYVERSION	删除历史版本
作业	MODIFY	修改
	DELETE	删除
	EXECUTE	执行
	BACKUP CURRENT VERSION	备份当前版本
	RECOVER HISTORYVERSION	恢复历史版本
	DELETE HISTORYVERSION	删除历史版本
调度	MODIFY	修改
	DELETE	删除
函数	MODIFY	修改
	DELETE	删除
	BACKUP CURRENT VERSION	备份当前版本
	RECOVER HISTORYVERSION	恢复历史版本
	DELETE HISTORYVERSION	删除历史版本
变量	MODIFY	修改
	DELETE	删除
	BACKUP CURRENT VERSION	备份当前版本

（续表）

对象名称	权　限	说　明
变量	RECOVER HISTORYVERSION	恢复历史版本
	DELETE HISTORYVERSION	删除历史版本
用户	MODIFY	修改
	DELETE	删除
角色	MODIFY	修改
	DELETE	删除
全局用户变量	MODIFY	修改
	DELETE	删除
	BACKUP CURRENT VERSION	备份当前版本
	RECOVER HISTORYVERSION	恢复历史版本
	DELETE HISTORYVERSION	删除历史版本
全局用户函数	MODIFY	修改
	DELETE	删除
	BACKUP CURRENT VERSION	备份当前版本
	RECOVER HISTORYVERSION	恢复历史版本
	DELETE HISTORYVERSION	删除历史版本
质量管理规则	REFERENCE	引用
	MODIFY	修改
	DELETE	删除
数据集查找缓存	REFERENCE	引用
	MODIFY	修改
	DELETE	删除
发布数据集	REFERENCE	引用
	MODIFY	修改
	DELETE	删除
订阅数据集	REFERENCE	引用
	MODIFY	修改
	DELETE	删除

9.2 角色

1. 功能描述

角色是由用户创建的，是一组功能权限和对象权限的集合。在创建角色的同时，可以为其赋予对象权限和功能权限，还可以指定该角色所属的用户。在创建角色后，可以修改角色属性，修改所属功能权限、对象权限，修改其所属用户。对角色的各种操作都需要相应权限；同时，对角色的操作也会被记录到操作日志中。

角色权限只能被创建者或者 admin 用户修改。

例如：公司内部有部门 A，A 部门的员工权限相同，这时可以创建角色 ROLE_A，即 A 部门所有的员工关联角色 ROLE_A，那么 A 部门所有员工都拥有角色 ROLE_A 的权限。

2．选项配置说明

角色选项配置说明如表 9-3 所示。

表 9-3 角色选项配置说明

选项名称	选项配置说明
一般信息	包含要创建的角色名称及角色描述信息
用户	可以使用该角色所有权限的用户
功能权限	赋予角色功能权限
对象权限	赋予角色对象权限

9.3 用户

9.3.1 用户概述

1．功能描述

用户是能够登录 DMETL 的人员。DMETL V4.0 在安装完成后会有一个默认的 admin 用户，该用户是系统的顶级用户，无法被删除。admin 用户可以创建新的用户，并为之赋予对象权限和功能权限，也可以通过赋予角色来减少操作次数。用户被创建后，可以被修改属性，如功能权限、对象权限，也可以被删除。对用户的各种操作也需要相应权限，同时，对用户的操作也会被记录到操作日志中。

用户只能赋予所创建的角色权限或者具有用户自身拥有的权限，用户没有的权限不能赋予其他对象。

2．选项配置说明

用户选项配置说明如表 9-4 所示。

表 9-4 用户选项配置说明

选项名称	选项配置说明
一般信息	设置用户的基本信息
角色	授权给用户的角色
功能权限	赋予用户功能权限
对象权限	赋予用户对象权限

9.3.2 启用/禁用用户

新建用户时，如果不勾选"账户是否有效？"复选框，那么该新建用户属于未生效用户。只有勾选后才能启用用户，进行正常的登录和操作。如果要禁用用户，可以将该复选框前的勾选取消，如图 9-1 所示。

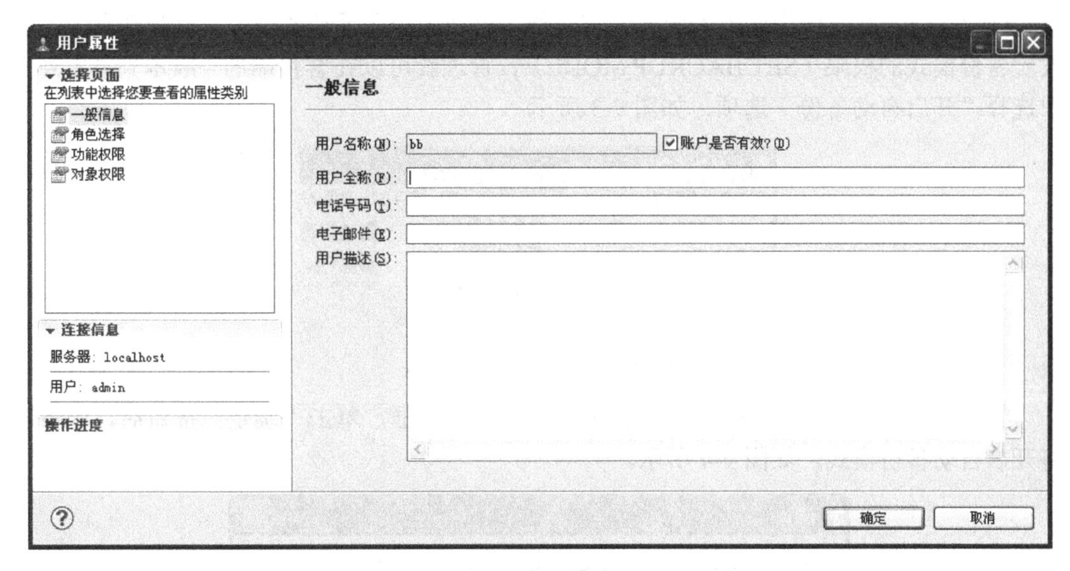

图 9-1　启用/禁用用户

9.3.3 重置密码

用户创建后可以重置密码。重置密码时要求用户输入原来的密码，并且两次输入新密码。只有用户正确输入了原来密码，密码重置才会生效。该操作会被记录到操作日志中。

密码只能由用户自身或者 admin 用户重置，用户不能重置其他用户登录密码。重置密码如图 9-2 所示。

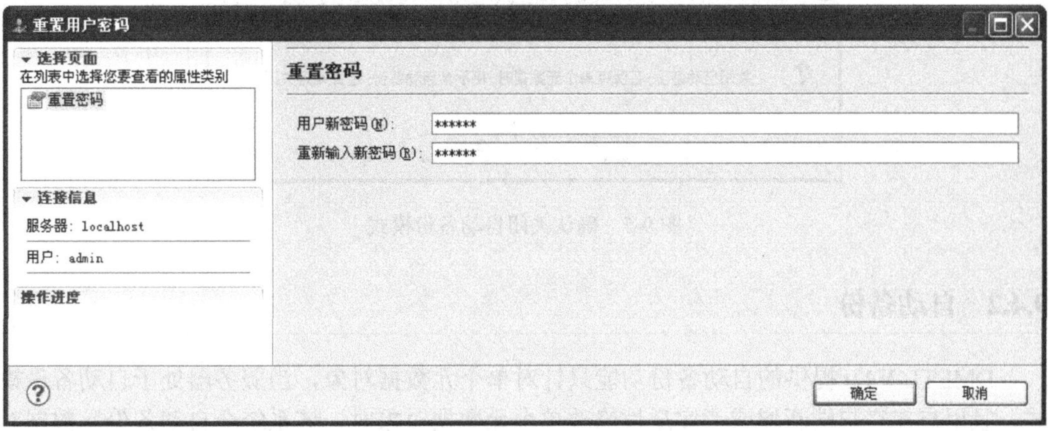

图 9-2　重置密码

9.4 版本管理

9.4.1 备份当前版本

DMETL V4.0 备份当前版本的方式有两种：自动备份和手动备份。只有管理者才具有设置备份模式的权限（SET BACKUP MODE），管理者可以在客户端的“版本”菜单列表中选择“开启自动备份”选项，如图 9-3 所示。

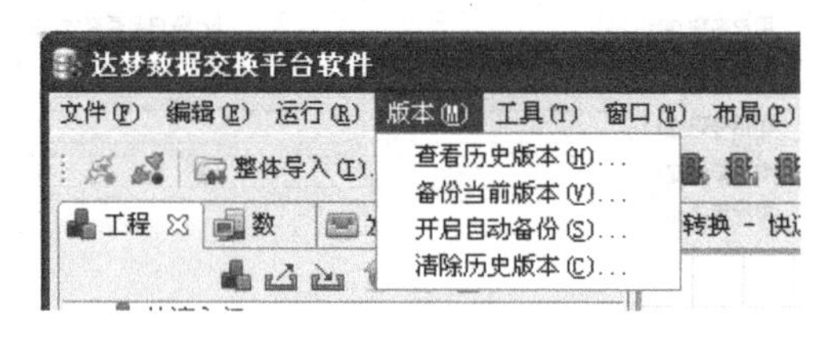

图 9-3 “版本”菜单列表

执行“开启自动备份”命令后，弹出“确认”对话框，单击“确定”按钮后，服务器将开启自动备份模式，如图 9-4 所示。

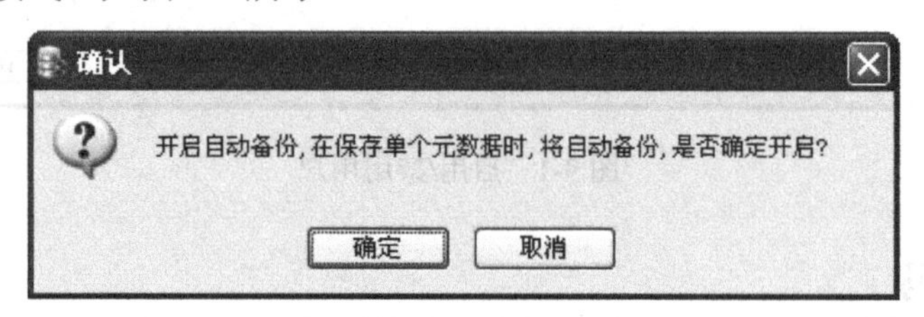

图 9-4 确认开启自动备份模式

当服务器处于自动备份模式时，管理者再次选择客户端的“版本”菜单列表中的“开启自动备份”选项，再次弹出“确认”对话框，单击“确定”按钮后，服务器将关闭自动备份模式，如图 9-5 所示。

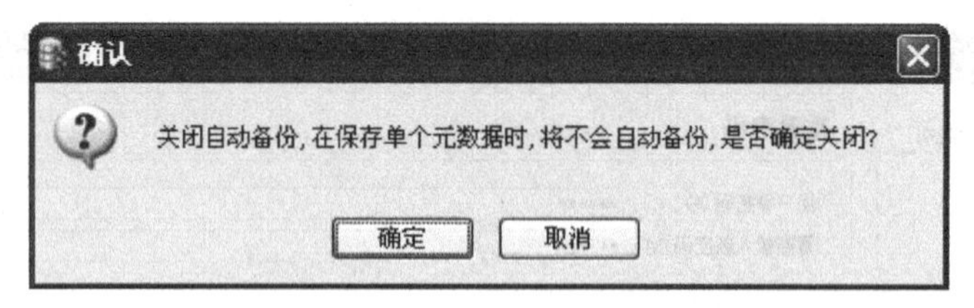

图 9-5 确认关闭自动备份模式

9.4.2 自动备份

DMETL V4.0 提供的自动备份功能只针对单个元数据对象，当服务器处于自动备份模式，且用户在客户端新增或者实质性修改单个元数据对象时，该系统会自动备份元数据对象的当前版本，并添加相应的版本信息。自动备份对象如表 9-5 所示。

表 9-5　自动备份对象

对象名称	说　　明
转换	新建、修改、保存对应流程时系统自动备份
作业	新建、修改、保存对应流程时系统自动备份
函数	新建、修改时系统自动备份
变量	新建、修改时系统自动备份
全局用户函数	新建、修改时系统自动备份
全局用户变量	新建、修改时系统自动备份

9.4.3　手动备份

1．功能描述

DMETL V4.0 提供的手动备份功能只针对所有的版本操作对象，当服务器处于手动备份模式时，用户可以在客户端选择备份对象的当前版本。当对象满足可备份条件时，则弹出确认备份当前版本的对话框；当对象不满足可备份条件时，则提示用户无须进行备份。手动备份对象如表 9-6 所示。

表 9-6　手动备份对象

对象名称	备份条件	说　　明
元数据	修改	选择“版本”菜单列表中的“备份当前版本”选项
工程	新建、修改	在对象的快捷菜单中，选择“备份当前版本”选项
转换	新建、修改、保存对应流程	在对象的快捷菜单中，选择“备份当前版本”选项
作业	新建、修改、保存对应流程	在对象的快捷菜单中，选择“备份当前版本”选项
函数	新建、修改	在对象的快捷菜单中，选择“备份当前版本”选项
变量	新建、修改	在对象的快捷菜单中，选择“备份当前版本”选项
全局用户函数	新建、修改	在对象的快捷菜单中，选择“备份当前版本”选项
全局用户变量	新建、修改	在对象的快捷菜单中，选择“备份当前版本”选项

2．选项配置说明

手动备份选项配置说明如表 9-7 所示。

表 9-7　手动备份选项配置说明

选项名称	选项配置说明
版本名称	系统自定义的版本名称，设定为备份的具体时间
版本注释	用户手动添加版本注释

9.4.4　查看历史版本

在 DMETL V4.0 中，对于元数据对象，用户可以选择“版本”菜单列表中的“查看历史版本”选项进行操作；对其他待操作对象，用户可以通过右击对象名称，在弹出的快捷菜单中选择“查看历史版本”选项进行操作。若对象不存在历史版本，则系统会提示用户不存在历史版本；若对象存在历史版本，则会弹出查看历史版本的对话框，用户可以对选择的历史版本进行恢复和删除操作，历史版本列表如图9-6所示。

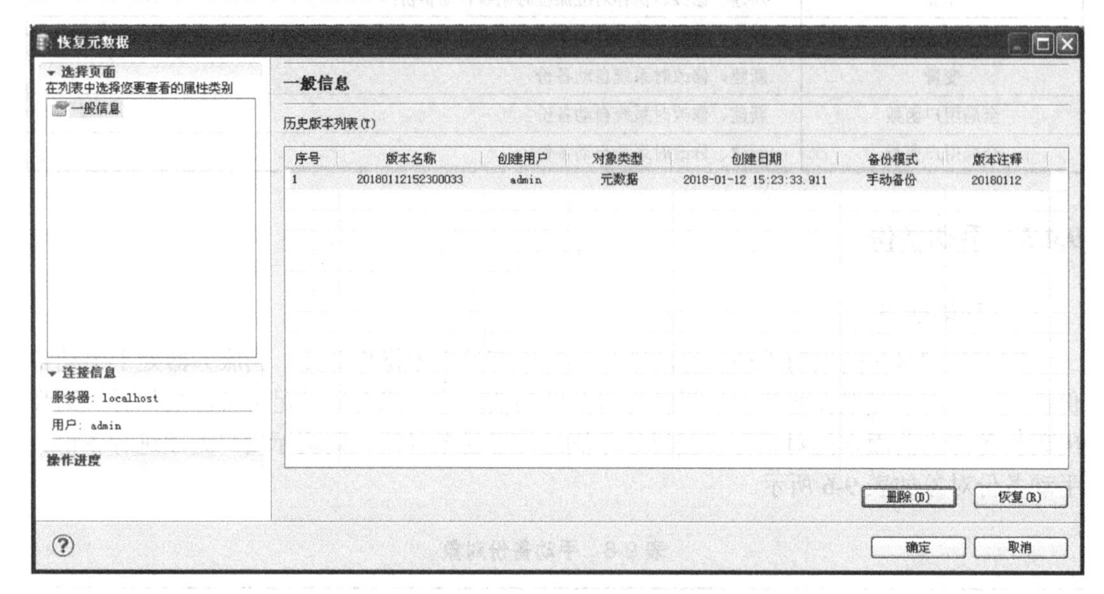

图9-6 历史版本列表

用户选择某一历史版本后，单击“恢复”按钮，该对象将恢复对应版本。

用户选择多个或者某一历史版本后，单击“删除”按钮，会弹出对话框确认是否删除历史版本，如图9-7所示。

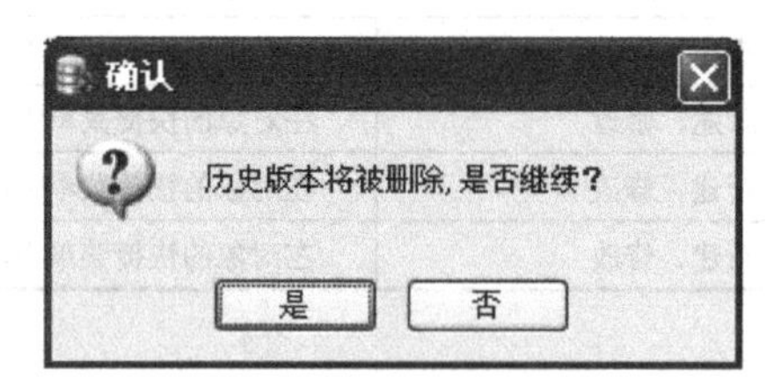

图9-7 确认是否删除历史版本

单击“是”按钮后，被选择的历史版本就完成了删除操作。

9.4.5 清除历史版本

1. 功能描述

在DMETL V4.0中，用户可以通过历史版本的用户名、对象类型、备份模式及创建时间条件（晚于、早于）对版本操作对象的历史版本进行选择性清除。用户可以选择“版本”菜单列表中的“清除历史版本”选项进行清除操作；或者右击版本名称，在弹出的快捷菜单中，选择“清除历史版本”选项进行清除操作。如果对象不存在历史版本，则系统会提示用户不存在历史版本，否则会进入“清除历史版本”界面，如图 9-8 所示。

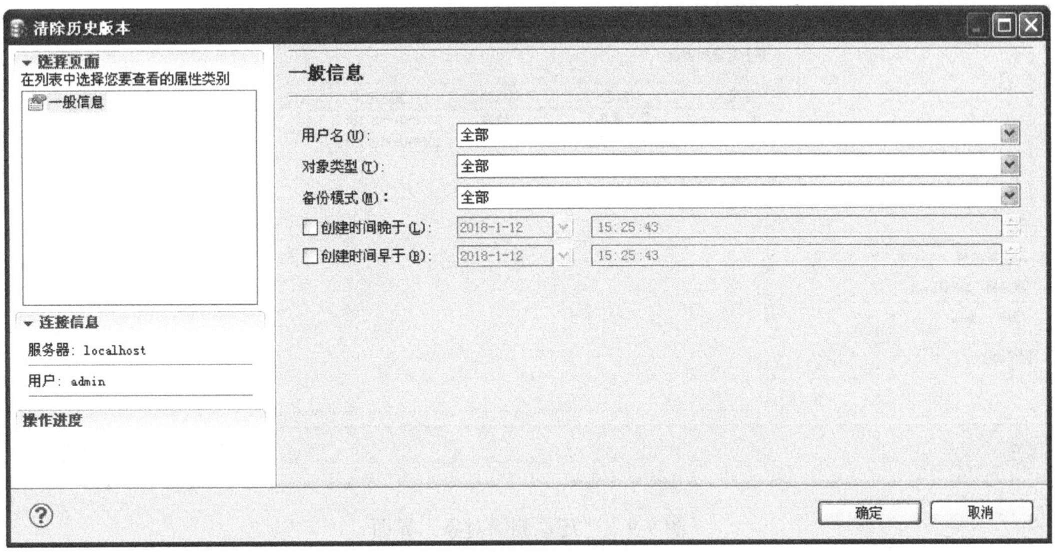

图 9-8　“清除历史版本”界面

2. 选项配置说明

清除历史版本选项配置说明如表 9-8 所示。

表 9-8　清除历史版本选项配置说明

选项名称	选项配置说明
用户名	设置当前存在的所有创建历史版本的用户
对象类型	设置当前存在的所有具有历史版本的对象类型
备份模式	设置当前存在的所有历史版本的备份模式
创建时间早于	选择创建时间早于所选时间的历史版本
创建时间晚于	选择创建时间晚于所选时间的历史版本

9.4.6　还原删除对象

DMETL V4.0 提供了还原删除对象的功能，方便用户在删除具有历史版本的操作对象（主要包括工程、转换、作业、函数、变量、全局用户函数、全局用户变量）时，还原已删除的对象。

对于工程对象，用户可以通过工程界面的相应菜单选项进行还原；对于其他对象，用户可以通过右击已删除对象对应工程下的同类型目录名称，在弹出的快捷菜单中选择“还原”选项进行还原。如果已删除对象不存在历史版本，则系统将会提示无可还原对象，否则会进入“还原删除对象”界面，如图 9-9 所示。用户可以一次选择一个或多个对象，单击“确定”按钮，即可还原已删除对象。

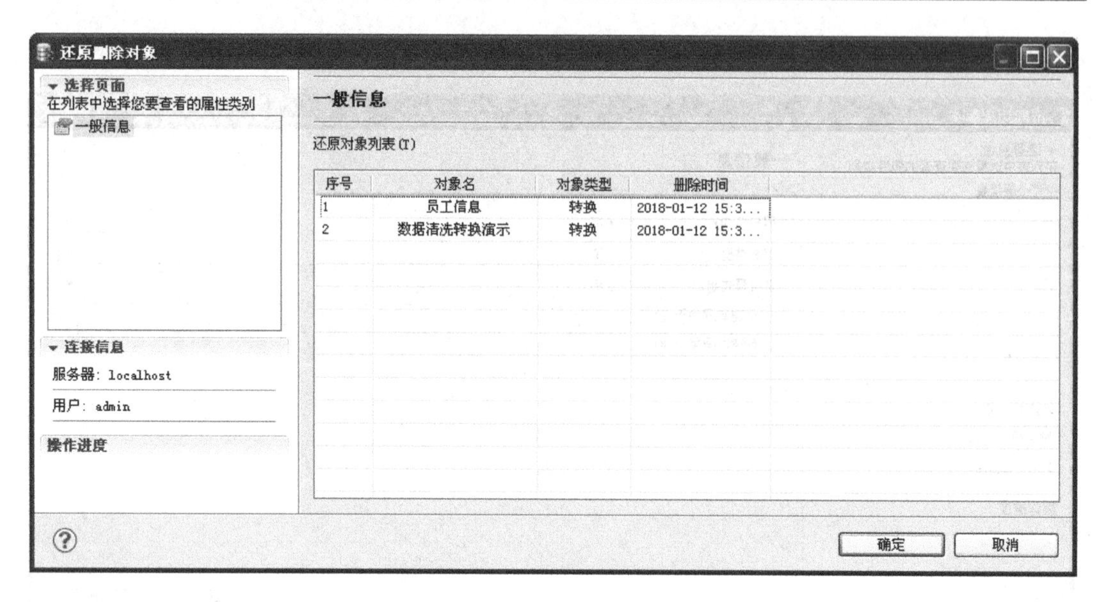

图 9-9 “还原删除对象”界面

高级篇

10

第 10 章 增量数据抽取

数据抽取可以分为全量数据抽取和增量数据抽取。全量数据抽取类似于数据迁移或数据复制，它将数据源中的表数据全部从数据库中抽取出来，进行加工转换，再加载到目标数据库中。增量数据抽取主要指在全量数据抽取完成后，需要抽取源表中新增、删除或被修改的数据，并将这些变化的数据加载到目标数据库中，实现数据的同步。增量数据抽取能极大地减少数据抽取阶段的数据量，进而提高数据转换和数据加载的效率。相较于全量数据抽取，增量数据抽取设计复杂，但效率更高。达梦数据交换平台（DMETL）除支持全量数据抽取外，也实现了增量数据的同步。

10.1 增量数据抽取原理

DMETL 支持增量数据的同步，即在源表上进行的增、删、改操作可以通过增量数据抽取，同步到目的表中。在第一次将源表数据全量抽取到目的表中后，可以通过重复地执行增量数据抽取操作，将源表上增、删、改操作产生的变化数据无遗漏地同步到目的表中，从而实现源表和目的表的长期同步。由于不需要每次都同步全量数据，当全量数据巨大且每次变化数据较少时，可以大幅提升数据同步的效率。

10.1.1 增量数据抽取方式

增量数据抽取的对象是源数据表中发生变化的数据，因此增量数据抽取的关键就是如何捕获变化的数据。根据捕获变化数据方式的不同，即变化数据产生方式的不同，DMETL 增量数据抽取方式可分 2 类 6 种。

1. 自动产生方式

自动产生方式是指变化数据，即增量表的记录由数据库系统直接生成。自动产生方式只需要在源数据库中为基表（源数据表）增加对应的增量表即可，当用户对基表进行增、删、改操作后，数据库系统自动将变化的数据写入对应的增量表中。DMETL 支持触发器、DMHS（Heterogeneous-Database Synchronization for DM）和 Oracle CDC（Changed Data Capture）3 种自动产生方式。

1）触发器方式

触发器方式是通过在基表上建立触发器，捕获基表上发生的增、删、改操作产生的增量数据。触发器方式可以捕获到插入（增）和修改（改）的大对象数据。

2）DMHS 方式

DMHS 是“DM 异构同步”的简称。DMHS 工具通过解析数据库日志，在不同的数据库之间实现数据同步。

为了利用 DMHS 获得增量数据，首先需要安装 DMHS 工具。在 DMETL 中指定的基表下添加 DMHS 增量数据集会创建一个相应的增量表。然后在 DMHS 工具中将同步方式配置为 CDC 方式，并且将 DMHS 的接收表指定为在 DMETL 中创建的增量表。运行 DMHS 工具，则会自动地将基表上的变化数据产生到增量表中。配置 DMHS 方式，只需在“增量表”数据抽取组件中，使用和其他增量方式相同的方式引用 DMHS 增量数据集。

3）Oracle CDC 方式

Oracle CDC，是“Oracle 变化数据捕获”的简称。Oralce CDC 是 Oracle 数据库特有的变化数据捕获和发布技术，它利用了 Oracle 内建的存储函数及过程捕获和发布变化数据。Oracle CDC 提供了多种同步和异步方式捕获变化数据，其中异步捕获方式又包括 HotLog、AutoLog 两种不同的捕获方式。

DMETL 目前支持同步和 HotLog 异步两种 Oracle CDC 捕获方式。同步 Oracle CDC 增量方式使用 Sync 变化集和 Sync 变化源，可以实时地将基表上的变化数据产生到增量表中；HotLog 异步 Oracle CDC 方式通过挖掘 Oracle Redo 日志，非实时地将变化数据发布到增量表中。

DMETL 为了实现 Oracle CDC 方式，首先需要创建 Oracle 变化集。DMETL 创建 Oracle 变化集时需要临时使用 Oracle 数据库的 system 或 sys 用户权限。在成功创建 Oracle 变化集后，创建基表上的 Oracle CDC 增量数据集时，会调用 Oracle 存储过程创建 Oracle 变化表，Oracle 变化表即对应 Oracle CDC 增量表。配置 Oracle CDC 方式，只需在“增量表”数据抽取组件中，使用和其他增量方式相同的方式引用 Oracle CDC 增量数据集。

2. 比较产生方式

比较产生方式指通过比对来获取变化数据集，填充增量表。比较产生方式不仅需要在源数据库中为基表增加增量表，而且需要构建基于基表的快照表，甚至需要为基表增加时间戳字段，并通过比对基表与快照表的数据来得到变化数据。DMETL 支持影子表、MD5（Message-Digest Algorithm 5，信息摘要算法）和时间戳 3 种比较方式。

1）影子表方式

影子表方式是指在数据源中建立一张和基表结构相同的影子表。当基表上发生了增、删、改操作后，在增量数据集进行刷新操作时，通过比较基表和影子表的数据可以获得增量数据。基表和影子表具有相同的唯一列，可以根据唯一列进行定位。若某一行数据在基表中，而不在影子表中，则该行数据为一行新插入的数据；若某一行数据不在基表中，而在影子表中，则该行数据为一行已删除的数据；若某一行数据既在基表中，也在影子表中，但数据值不同，则该行数据为一行修改过的数据，且影子表中为修改前的旧值，基表中为修改后的新值。

在将增量数据插入增量表之后，还需要在影子表中进行相应的增、删、改操作，保证影子表和基表在刷新操作后完全相同。基表和影子表的比较可以在 DBMS 中进行，但是若需要在大对象列上进行比较，则需要获取数据后在 DMETL 中进行。影子表方式可以捕获到大对象数据。

2）MD5 方式

MD5 方式和影子表方式产生增量数据的原理类似。MD5 方式是指在数据源中建立一张用于比较的 MD5 表。MD5 表中一般包含了基表中的唯一列，以及由基表中其他列的值通过 MD5 函数生成的 MD5 列。在增量数据集的刷新操作中，采用和影子表相同的方式获取插入和删除的数据。获得修改过的数据，需要将每一行基表数据和对应的 MD5 表数据从数据库中取出，首先计算基表数据的 MD5 值，然后和 MD5 表数据的 MD5 列的值进行比较，如果两个 MD5 值不同，则断定该行基表数据发生了修改。

在 MD5 方式中，若需要使用变化数据修改前的旧值，则需要在生成 MD5 表时指定旧值列。这些修改了的旧值数据也会保存在 MD5 表中。

3）时间戳方式

时间戳方式和影子表方式产生增量数据的原理类似。时间戳方式是指在数据源中建立一张用于比较的时间戳表。时间戳表中一般包含了基表中的唯一列，以及在基表中指定的时间戳列。只有当基表和时间戳表中同一行数据的时间戳列值不同时，才认定该行数据发生了修改。

目前只有 SQL Server 数据库会在有数据变化时自动修改时间戳，而在其他数据库中，当使用时间戳方式时，为了获得修改过的数据，需要在基表数据发生修改时手动修改基表中的时间戳列。对于手动修改的时间戳列，不需要一定是 Time 或 Timestamp 类型。在时间戳增量表中，也可以指定修改旧值列。

3. 各种增量方式的特点和使用建议

各种增量方式的特点和使用建议如表 10-1 所示。

表 10-1　各种增量方式的特点和使用建议

增量方式	效　率	通 用 性	使用建议
触发器	高	在表上进行增量抽取	一般情况下建议使用
影子表	较高	在表或视图上进行增量抽取	一般情况下建议使用，但比较列包含大对象类型时，效率较低
MD5	低	在表或视图上进行增量抽取	需要在大对象类型列上进行比较时可使用
时间戳	较高	在表或视图上进行增量抽取	需要修改时间戳列，因此需要数据库支持自动更新时间戳或支持手动更新时间戳列
DMHS	高	DM 数据库，在表上进行增量抽取	需要安装 DMHS 工具。当对性能要求较高时建议使用
Oracle CDC	高	Oracle 数据库，在表上进行增量抽取	Sync 方式不支持大对象类型列的比较，当对实时性要求较高时建议使用 Sync 方式，HotLog 方式可能有时延，但是对数据源的影响较小

不同场景下增量数据抽取方式建议如表 10-2 所示。

表 10-2　不同场景下增量数据抽取方式建议

源库权限	是否要同步 Update 和 Delete 操作	数 据 量	建议（按优先级排列）
只读	否	小	如果目的表上有主键或者唯一索引，则可以使用全量数据抽取，然后在目的表上通过插入操作更新选项。 每次同步前先删除目的表数据，然后再进行全量数据同步
		大	如果源表上有序列或者自增列，则可以使用带参数的 SQL 查询进行同步。如果源是 DMHS 支持的数据库，则可以通过 DMHS 进行同步
	是	小	每次同步前先删除目的表数据，然后再进行全量数据同步
		大	如果源是 DMHS 支持的数据库，则可以通过 DMHS 进行 Oracle CDC（需要在源库上有 Oracle CDC 相关权限）
读写	不限	大	Oracle CDC 增量 触发器增量 DMHS 增量
		小	影子表增量 MD5 增量

10.1.2　DMETL 增量数据表

为了记录自上次数据抽取以来基表（源数据表）中新增、修改和删除的数据（即变化数据），需基于基表构建一张增量数据表（Changed Data Capture，CDC，简称为增量表），用于存储增量数据，即存储变化数据。在 DMETL 转换中，通过使用增量表数据抽取组件，从增量表中抽取增量数据；通过使用增量表数据装载组件，将增量数据同步到目的表中。增量表、增量数据集和增量表数据抽取/装载组件的关系如图 10-1 所示。在数据库中，需为基表构建增量表，甚至影子表。其中，基表数据构成基表数据集，增量表数据构成增量数据集（变化数据集），快照表主要用于辅助生成增量表数据。同时，增量数据同步主要涉及引用增量数据集的增量表数据抽取组件和用于加载数据的增量表数据装载组件。

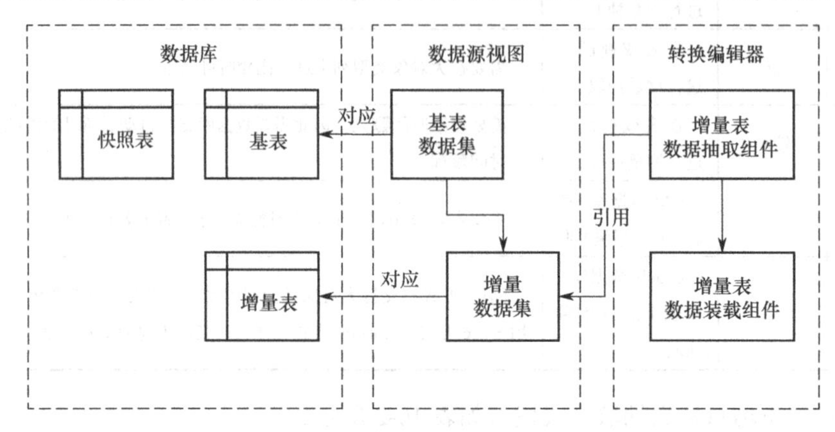

图 10-1　增量表、增量数据集和增量表数据抽取/装载组件的关系

每个基表（源数据表）产生的增量数据，都存放在一个相应的增量数据表中，增量数据表中存储的数据构成增量数据集。

1. 增量数据表的结构

增量数据表中的数据在对应基表（源数据表）数据发生变化时自动产生，或通过比对基表与快照表的数据生成。每个增量表在基表（源数据表）表结构基础上，新增 CDCID 列（序号列）和 CDCOPT 操作列。CDCID 列表示产生的增量数据的序号，CDCOPT 操作列则表示增量数据的增、删、改操作类型，CDC 表结构如表 10-3 所示。

表 10-3　CDC 表结构

列　名	列 类 型	说　明
CDCID	long int	增量数据序号，根据数据库的支持，CDCID 可为自动增长列或序列。普通增量数据从 0 开始，基表数据从 Long.minValue 开始
CDCOPT	varchar(2)	I 表示插入类型的增量数据，D 表示删除类型的增量数据，U 和 UO 表示修改类型的增量数据。其中 U 表示修改之后的数据，UO 表示修改之前的数据
基表列 1	与基表列 1 的类型相同	DMETL 中，添加增量数据集时可以指定需要保存的增量数据列，D 和 UO 类型数据中，非关键字列可能为空
……	……	……
基表列 *n*	与基表列 *n* 的类型相同	在 DMETL 中，当添加增量数据集时可以指定需要保存的增量数据列，D 和 UO 类型数据中，非关键字列可能为空

2. 增量数据表的生成和删除

增量数据表中存储的数据构成增量数据集。在 DMETL 中，增量数据集通过选择某个基表后执行“添加增量数据集”操作产生，同时“添加增量数据集”操作会自动在指定数据源中建立增量数据表。

删除增量数据集时，会自动删除对应的增量数据表。同时，删除基表数据集时，会自动删除建立在基表下的增量数据集和对应的增量数据表。

3. 增量数据表的数据刷新

增量数据自动产生情况下，触发器、DMHS 和 Oracle CDC 方式产生增量数据时，增量数据自动写入增量数据表中，因此增量数据集不需要进行刷新操作。

增量数据比较产生情况下，影子表、MD5 和时间戳方式产生增量数据时，增量数据是通过比较基表和快照表获得的。在每次执行抽取转换时，增量表数据抽取组件首先需要刷新增量数据集。以影子表增量方式为例，DMETL 通过比较基表和影子表获得增量数据，然后将增量数据写入增量表中，并且更新影子表中的数据。

4. 增量数据表的数据抽取

在对增量数据集成功执行刷新操作后，增量表数据抽取组件即可从该增量数据集中抽取新的增量数据。当整个转换执行成功后，增量表数据抽取组件将最后一行增量数据的 CDCID 值记为该增量抽取的 synchronizedID。当下一次执行转换时，增量表数据抽取组件从增量数据集中，按 synchronizedID 开始抽取新的增量数据。

5. 增量数据表的数据清除

为了保证增量数据集不会无限增大，需要在每次增量数据抽取执行成功后，执行增量数据集的清除操作。由于一个增量数据集可以被多个增量表数据抽取组件使用，因此需要先找到所有引用这一个增量数据集的增量表数据抽取组件，然后在所有这些增量表抽取的 synchronizedID 中找出最小的 synchronizedID，记为 minSynchronizedID，最后删除该增量数据集中所有 CDCID 小于 minSynchronizedID 的增量数据。

10.2 增量数据同步设计

设计增量数据同步，需先添加一个增量数据集，然后在转换中使用增量表数据抽取组件和增量表数据装载组件抽取和装载增量数据，从而实现基表和目的表数据的同步。

10.2.1 添加增量数据集

DMETL 提供的每种增量数据抽取方式均有其优缺点，应根据使用场景选择合适的方式构建增量数据集。

增量数据集的添加和配置只需在“数据源”操作窗口中，选中欲执行增量数据抽取的基表（源数据表）后，单击鼠标右键，并在弹出的快捷菜单中选择合适的选项即可，选择“添加触发器增量”选项如图 10-2 所示。同时，由于增量数据生成的方式不同，每种方式的配置略有不同。

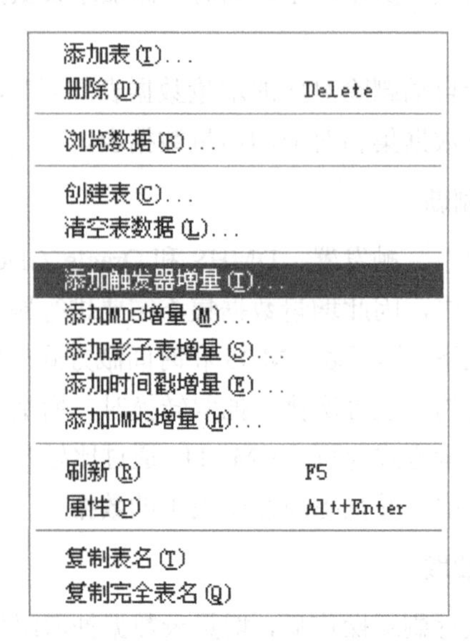

图 10-2　选择“添加触发器增量”选项

添加增量数据集时，若执行初始化操作，则会在添加数据集的同时，在数据源中新建相应的增量表。根据增量方式的不同，初始化操作还会在数据源中新建触发器、影子表、MD5 表等对象。在视图数据集上，也可以添加比较方式的增量数据集。

添加增量数据集时，可以在基表上添加检查变化的列“检查列”，可以添加保存旧值的列“UO 列”。使用比较方式产生增量数据时，还需要为比较表指定比较数据时使用的定位列。默认情况下，定位列为基表的主关键字列。在视图数据集上，也可以添加比较方式的增量数据集。

10.2.2　配置增量表数据抽取

在 DMETL 转换中使用增量数据抽取实现数据同步，需要使用增量表数据抽取组件和增量表数据装载组件。使用增量表数据抽取组件，可以引用增量数据集，从增量数据表中抽取增量数据。一个增量数据集可以被多个增量表数据抽取组件使用。增量表数据抽取组件只能引用增量数据集。

如前所述，增量表数据抽取组件能够真正实现 DMETL 中的增量数据抽取功能。增量表数据抽取组件从指定的增量数据表中抽取数据，其使用相同的方法引用不同增量方式下的增量数据集。当整个转换执行成功后，增量表数据抽取组件将最后一行增量数据的 CDCID 值记为该增量表数据抽取的 synchronizedID。当下一次执行增量数据抽取转换时，增量表数据抽取组件在增量数据集中按 synchronizedID 抽取新的增量数据。在某些情况下，如果增量表数据抽取的 synchronizedID 值发生错误，可以通过增量表数据抽取组件中的“设为首次同步”操作，将增量表数据抽取的 synchronizedID 值清空。在此之后，增量表数据抽取操作将重新执行。

在每次转换成功完成后，增量表数据抽取引用的增量数据集会执行清除操作。增量数据集会在所有引用它的增量表数据抽取的 synchronizedID 值中找出最小的 minSynchronizedID，并删除所有 CDCID 小于 minSynchronizedID 的增量数据。

增量表数据抽取若执行了“首次同步时同步基表数据”操作，则其第一次执行时，需要对增量数据集的基表进行一次全量同步，然后再进行增量抽取。

10.2.3　配置增量表数据装载

在 DMETL 转换中使用增量表数据装载组件，可以将增量数据同步到目的表中。

增量表数据装载组件依据接收数据中 CDCOPT 操作列的值进行数据同步，即根据 CDCOPT 操作列不同的取值，增量表数据装载组件在目的表上执行插入、删除和修改操作。

增量表数据装载和表数据装载的不同之处在于：表数据装载对所有接收到的数据执行插入操作；增量表数据装载则根据接收到的数据中的 CDCOPT 操作列值，分别执行插入、删除和修改操作。

增量表数据装载收到 CDCOPT 列值为 I 的数据时执行插入操作；收到 CDCOPT 列值为 D 的数据时执行删除操作；增量表数据装载若按顺序连续收到两条 CDCOPT 列值为 UO 的数据，则将这两条数据合并为一条修改数据，并执行修改操作；若单独收到一条 U 数据，则对该数据执行插入操作；若单独收到一条 UO 数据，则对该数据执行删除操作。

增量表数据装载组件也保存了一个 synchronizedID 属性。当增量表数据装载成功执行时，其 synchronizedID 属性值为 Long.minValue。当增量表数据装载发生错误时，synchronizedID 属性保存的是最后一条成功装载的增量数据的 CDCID 值。当下一次增量转换执行时，增量表数据装载会根据其 synchronizedID，过滤收到的重复增量数据。也可以执行增量表数据装载组件中的“设为首次同步”操作，将增量表数据装载的 synchronizedID 属性值清空，这样可以对重复的增量数据不进行过滤。

增量表数据装载组件中可以执行“插入列”操作，当在目的表上执行插入操作时，可以只插入“插入列”指定的列值。增量表数据装载组件中还可以执行“修改列”操作，当在目的表上执行修改操作时，可以只修改“修改列”指定的列值。将增量表数据装载组件中唯一列和查找列结合起来，可在目的表上执行删除和修改操作时定位。

10.2.4　配置“首次同步时同步基表数据”与“设为首次同步”

1. 配置“首次同步时同步基表数据”

在进行数据同步时，若需要在增量同步之前进行一次全量同步，则需要在增量表数据抽取组件中选择执行“首次同步时同步基表数据”命令。

例如，在增量同步中，源表为 SYSDBA.SOURCE，目的表为 SYSDBA.DESTINE。数据同步前表 SOURCE 如图 10-3 所示，表 DESTINE 中数据为空。

	C1	C2	C3
1	1	aaa	1.0
2	2	bbb	2.0
3	3	ccc	3.0
4	4	ddd	4.0
5	5	eee	5.0

图 10-3　数据同步前源表 SOURCE

执行下列 SQL 语句后，进行第一次增量同步。

```
insert into source values(8, ′xxx′, 8.0);
insert into source values(9, ′yyy′, 9.0);
insert into source values(10, ′zzz′, 10.0);
```

若未选择执行“首次同步时同步基表数据”命令，则在执行同步后，表 DESTINE 如图 10-4 所示。

	C1	C2	C3
1	10	zzz	10.0
2	9	yyy	9.0
3	8	xxx	8.0

图 10-4　未执行“首次同步时同步基表数据”命令的表 DESTINE

若选择执行“首次同步时同步基表数据”命令，则在执行同步后，表 DESTINE 如图 10-5 所示。

	C1	C2	C3
1	1	aaa	1.0
2	2	bbb	2.0
3	3	ccc	3.0
4	4	ddd	4.0
5	5	eee	5.0
6	8	xxx	8.0
7	9	yyy	9.0
8	10	zzz	10.0

图 10-5　执行“首次同步时同步基表数据”命令的表 DESTINE

2. 配置“设为首次同步”

在增量表数据抽取组件中，可以选择执行“设为首次同步”命令，将增量表数据抽取的 synchronizedID 值清空，在此之后，增量表数据抽取将重新执行一次。

例如，在增量同步中，源表为 SYSDBA.SOURCE2，目的表为 SYSDBA.DESTINE2。在表 SOURCE2 和 DESTINE2 中，C1 列为主关键字。数据同步前表 SOURCE2 中数据与图 10-3 中的一致，表 DESTINE2 如图 10-6 所示。

	C1	C2	C3
1	9	aaa	1.0

图 10-6　数据同步前表 DESTINE2

执行下列 SQL 语句：

```
insert into source2 values(8, ' xxx' , 8.0);
insert into source2 values(9, ' yyy' , 9.0);
insert into source2 values(10, ' zzz' , 10.0);
```

选择执行“首次同步时同步基表数据”命令，进行第一次增量同步，表 DESTINE2 如图 10-7 所示。

	C1	C2	C3
1	9	aaa	1.0
2	1	aaa	1.0
3	2	bbb	2.0
4	3	ccc	3.0
5	4	ddd	4.0
6	5	eee	5.0
7	8	xxx	8.0

图 10-7　执行“首次同步时同步基表数据”命令的表 DESTINE2

同步操作报“违反表[DESTINE2]唯一性约束”错误。改正该错误有两种方法。

1）*方法 1*

（1）找到表 DESTINE2 中引起错误的数据，执行 SQL 语句：

```
delete from destine2 where c1 = 9;
```

（2）重新执行数据同步流程。

2）*方法 2*

（1）执行 SQL 语句：

```
delete from destine2;
```

（2）在增量表数据抽取组件和增量表数据装载组件中，选择“设为首次同步”。

（3）重新执行数据同步流程。

两种方法执行同步后，修正后的表 DESTINE2 如图 10-8 所示。

	C1	C2	C3
1	1	aaa	1.0
2	2	bbb	2.0
3	3	ccc	3.0
4	4	ddd	4.0
5	5	eee	5.0
6	8	xxx	8.0
7	9	yyy	9.0
8	10	zzz	10.0

图 10-8　修正后的表 DESTINE2

10.3　增量数据同步和增量方式配置示例

本节主要通过示例阐述增量数据同步转换设计具体操作和各种增量方式配置方法。

10.3.1　触发器方式同步示例

如前所述，使用不同的增量方式进行增量数据同步的步骤大体一致，本节以触发器方式为例，介绍增量数据同步具体操作。

触发器方式是通过在基表上建立触发器，捕捉基表上发生的增、删、改操作，从而产生增量数据的。触发器方式可以捕捉对大对象数据的插入和修改操作。

触发器方式的增量数据同步配置步骤如下。

步骤 1：添加触发器增量数据集。如图 10-9 所示，首先选定一个表数据集，右击表数据集名称文本，在弹出的快捷菜单中选择“添加触发器增量”选项。

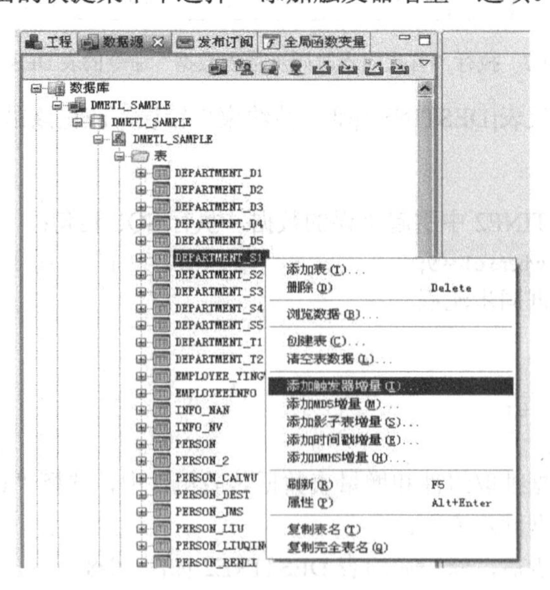

图 10-9　添加触发器增量数据集

步骤 2：配置触发器增量数据集。在如图 10-10 所示的“添加触发器增量”界面中，单击“一般信息”选项，即可以配置 CDC 表数据库、CDC 表模式、CDC 表、CDC 表 ID 列、CDC 表操作列、触发器，还可以选择是否“双向复制”或“初始化 CDC”。

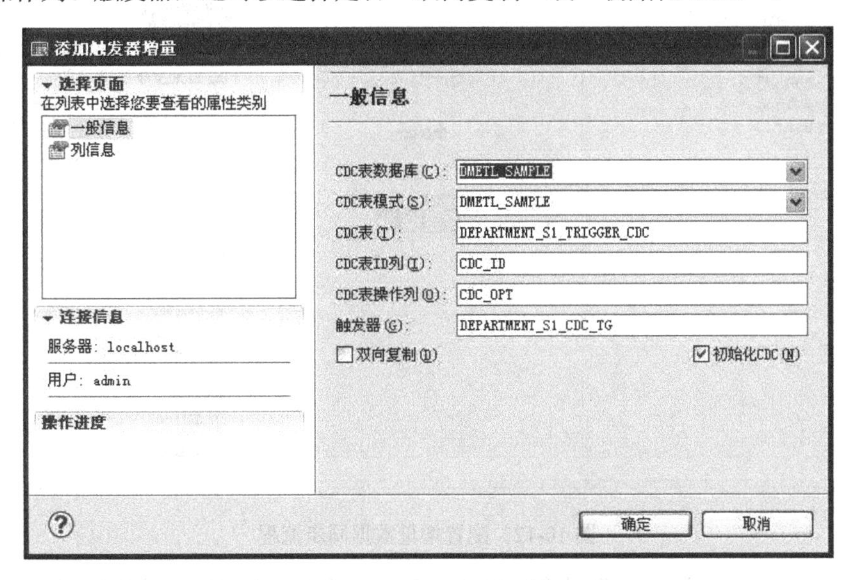

图 10-10　“添加触发器增量”界面

步骤 3：配置触发器增量数据集列信息。如图 10-11 所示，在“添加触发器增量”界面的“列信息”配置区域中，可以配置触发器增量数据集的列信息，单击“确定”按钮，会自动创建一个触发器增量表用于存储增量数据。

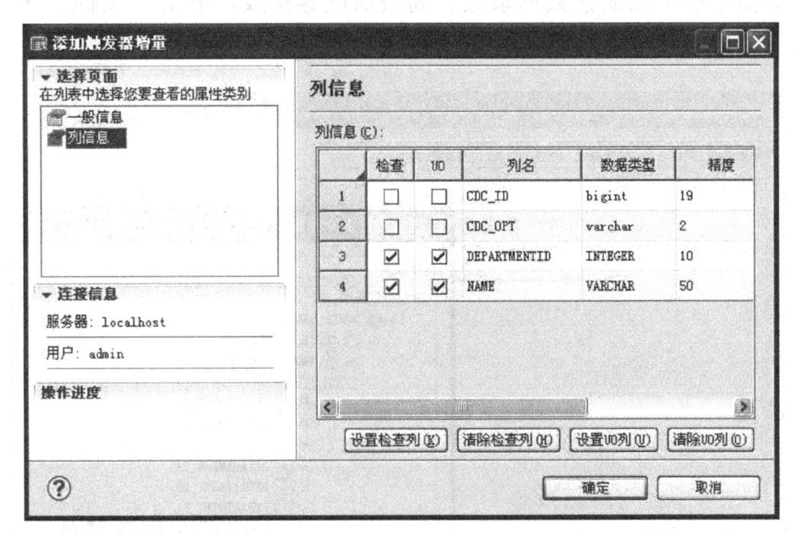

图 10-11　配置触发器增量数据集列信息

步骤 4：配置增量数据同步流程。在基表上添加了触发器之后，则可在流程设计器中配置增量数据同步流程。如图 10-12 所示，选择 “增量表”数据读取组件和 “增量表”数据装载组件，并通过连接线连接两个组件。

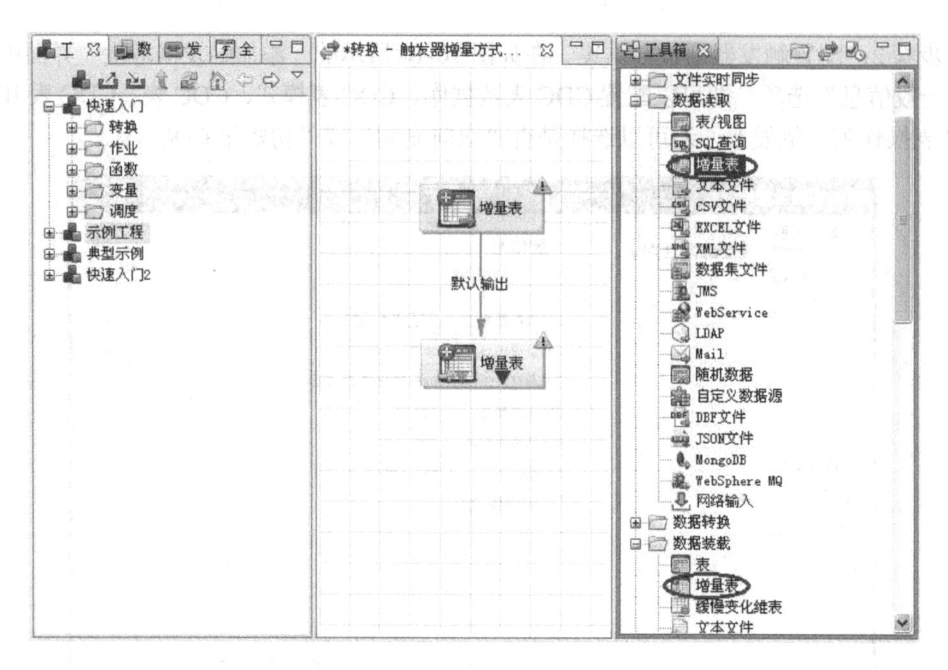

图 10-12　配置增量数据同步流程

步骤 5：配置“增量表”数据读取组件。双击“增量表”数据读取组件图标，进入“属性-增量表”界面，单击“常规属性”选项卡后，再单击“浏览”按钮打开“选择数据源数据集”对话框，如图 10-13 所示，选择步骤 1～步骤 3 添加的触发器增量数据集对应的增量表。选中对应的增量表后，单击“确定”按钮，回到“属性-增量表”界面，如图 10-14 所示，在此界面中还可以配置数据条数、高级属性等参数，单击 “确定”按钮，即可完成“增量表”数据读取组件配置。

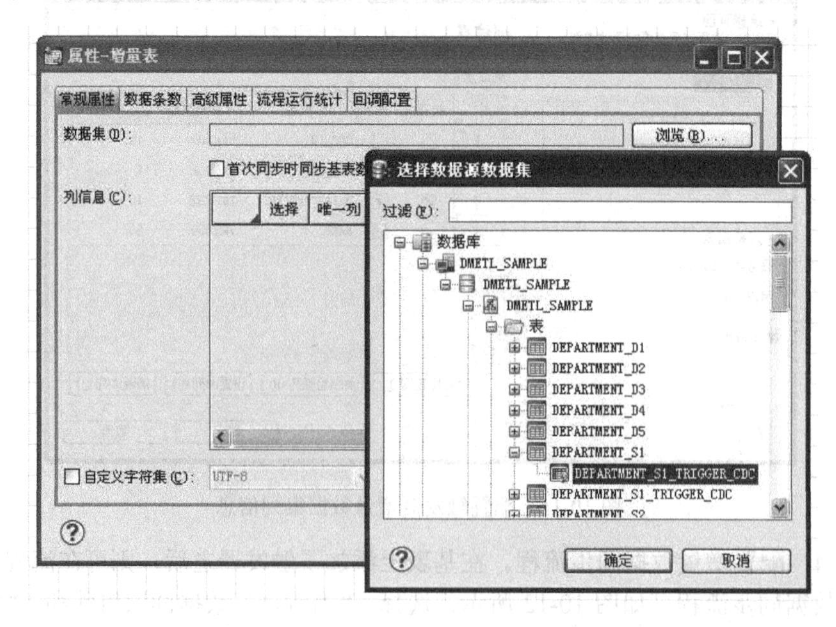

图 10-13　配置“增量表”数据读取组件时打开的“选择数据源数据集”对话框

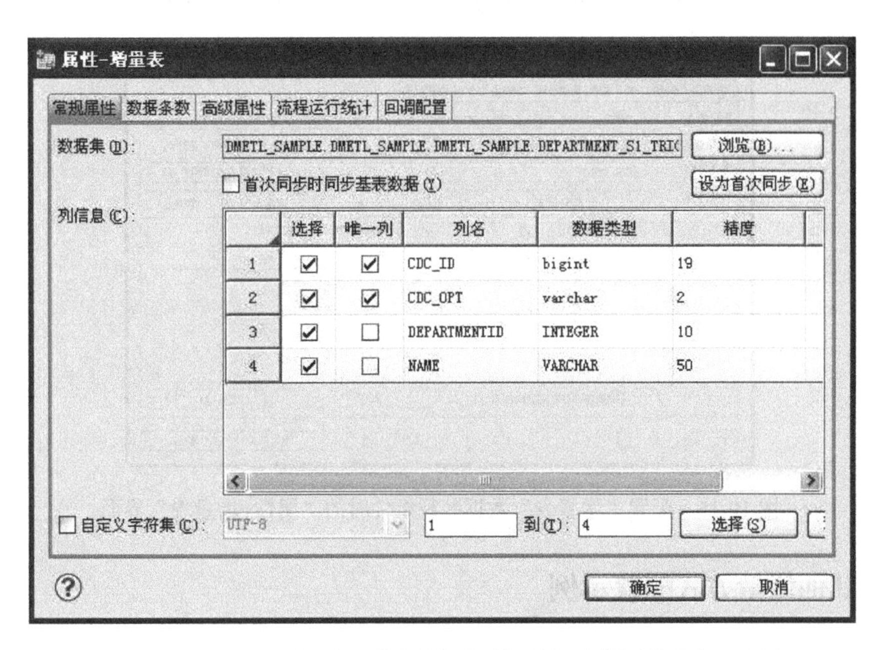

图 10-14　配置“增量表”数据读取组件时的“属性-增量表”界面

步骤 6：配置“增量表”数据装载组件。双击“增量表”数据装载组件图标，进入“属性-增量表”界面。在“常规属性”配置区域中，单击“浏览”按钮进行目的数据集的配置，如图 10-15 所示，在“选择目的数据集”对话框中选择目的数据集对应的表。选中对应的表后，单击“确定”按钮，回到“属性-增量表”界面，如图 10-16 所示，在此界面还可以配置查找列、唯一约束、高级属性等参数，配置完成后单击“确定”按钮，即可完成“增量表”数据装载组件的配置，即完成了该增量数据同步的设计。

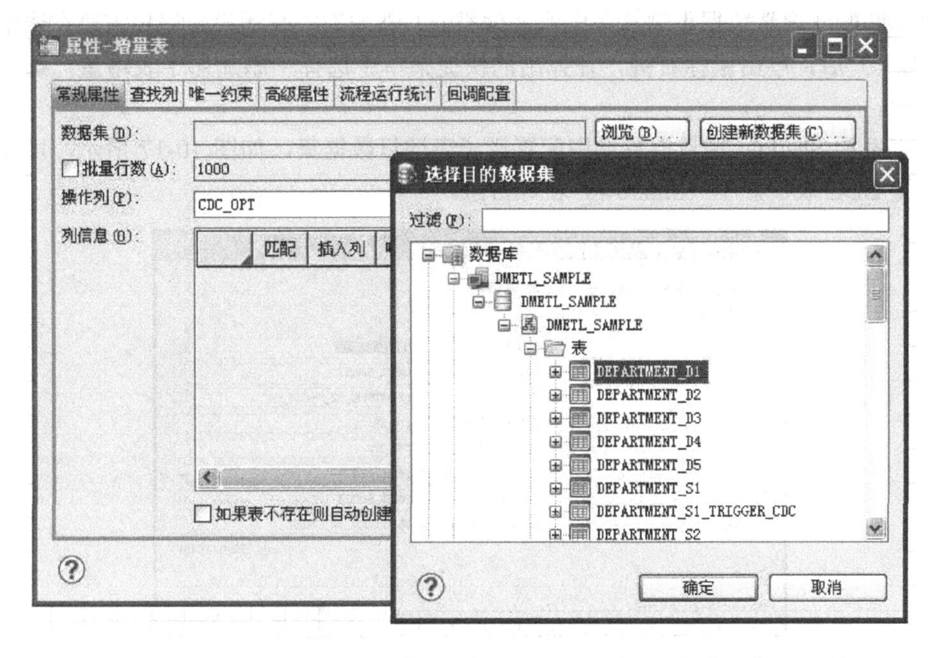

图 10-15　配置“增量表”数据装载组件时打开的“选择目的数据集”对话框

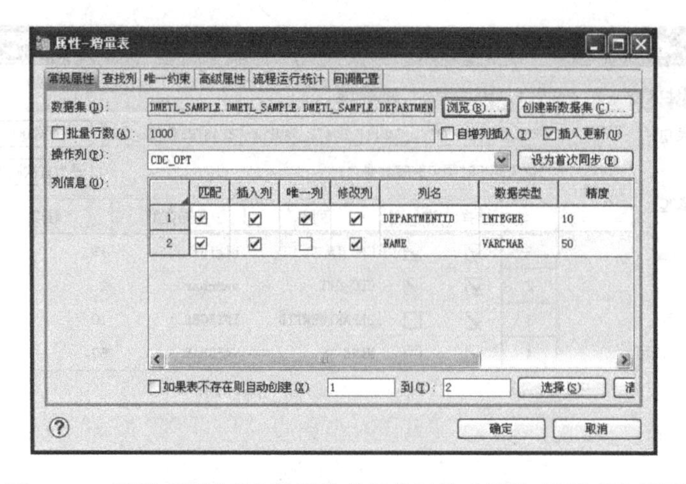

图 10-16　配置“增量表”数据装载组件时的“属性-增量表”界面

10.3.2　其他增量方式配置示例

使用不同的增量方式进行增量数据同步的步骤大体一致，区别主要体现在添加和配置增量数据集上，不同的增量方式配置参数略有不同。10.3.1 节介绍了触发器方式添加和配置增量数据集的具体操作，本节主要介绍其他 5 种增量方式添加和配置增量数据集的具体操作。

1. 影子表方式

影子表方式是指在数据源中建立一张和基表结构相同的影子表。当基表上发生了增、删、改操作后，在增量数据集进行刷新操作时，通过比较基表和影子表的数据，可以获得增量数据。

添加和配置增量数据集的具体操作大体类似，添加影子表增量数据集需要在选中基表（源数据表）后，单击鼠标右键，在弹出的快捷菜单中选择“添加影子表增量”选项进入配置界面。

在“添加 Shadow 增量”界面中配置影子表增量数据集，如图 10-17 所示，可以在该界面配置 CDC 表、影子（Shadow）表等信息。

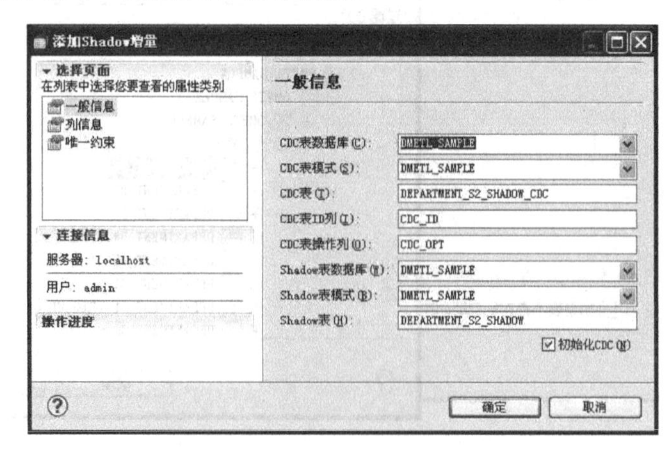

图 10-17　“添加 Shadow 增量”界面

2. MD5 方式

添加 MD5 表增量数据集需要在选中基表（源数据表）后，单击鼠标右键，在弹出的快捷菜单中选择“添加 MD5 增量”选项进入配置界面。

在“添加 MD5 增量”界面配置 MD5 增量数据集，如图 10-18 所示，可以在该界面配置 CDC 表、MD5 表等信息。

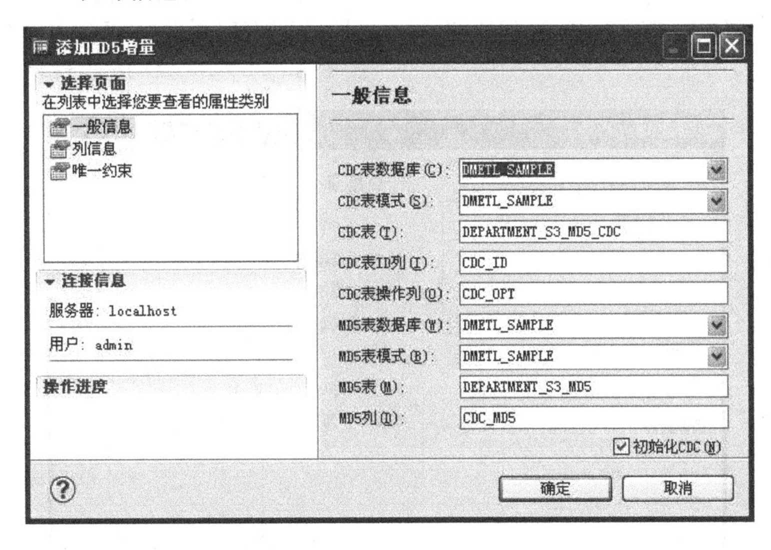

图 10-18　“添加 MD5 增量”界面

3. 时间戳方式

添加时间戳增量数据集需要在选中基表（源数据表）后，单击鼠标右键，在弹出的快捷菜单中选择“添加时间戳增量”选项进入配置界面。

在“添加 Timestamp 增量”界面配置时间戳增量数据集，如图 10-19 所示，可以在该界面配置 CDC 表、时间戳（Timestamp）表等信息。

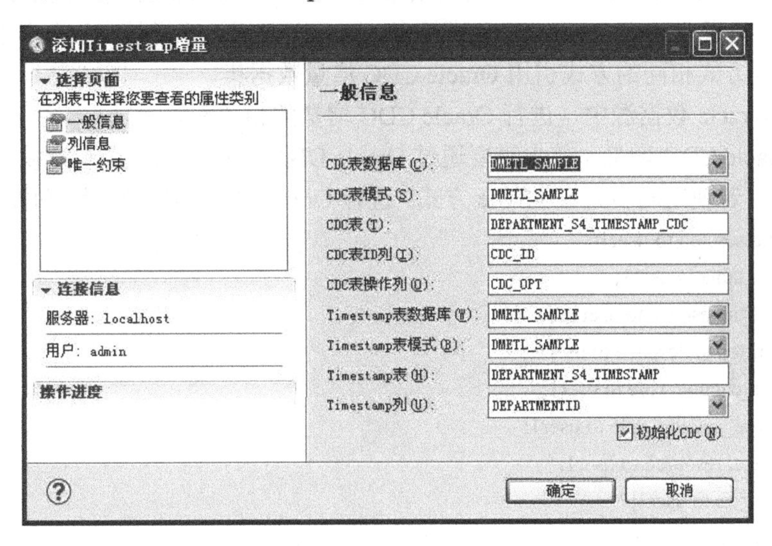

图 10-19　“添加 Timestamp 增量”界面

4. DMHS 方式

添加 DMHS 增量数据集需要在选中基表（源数据表）后，单击鼠标右键，在弹出的快捷菜单中选择“添加 DMHS 增量”选项进入配置界面。

在“新建 DMHS 增量”界面配置 DMHS 增量数据集，如图 10-20 所示，可以在该界面配置 CDC 表等信息。初始化 DMHS 增量数据集时，会为基表创建一个增量表。需要在 DMHS 工具中将同步方式配置为 CDC 方式，并且将 DMHS 的接收表指定为初始化时创建的增量表。

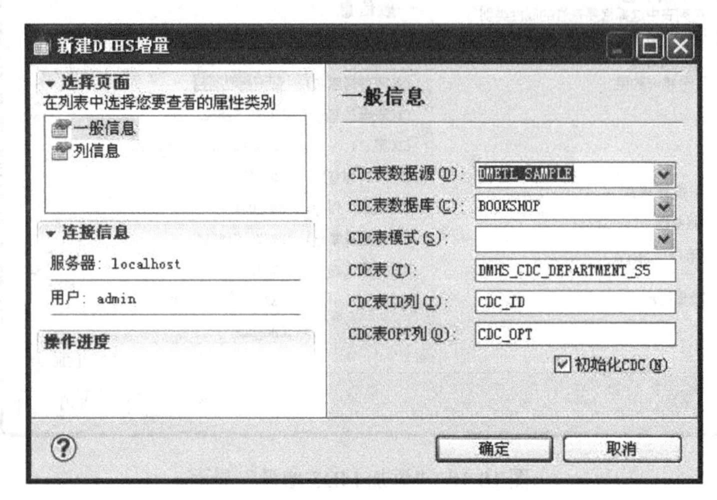

图 10-20 “新建 DMHS 增量”界面

5. Oracle CDC 方式

DMETL 为了实现 Oracle CDC 方式，首先需要创建 Oracle 变化集。DMETL 创建 Oracle 变化集时需要临时使用 Oracle 数据库的 system 或 sys 用户权限。在成功创建 Oracle 变化集后，在创建基表上的 Oracle CDC 增量数据集时，会调用 Oracle 存储过程创建 Oracle 变化表，Oracle 变化表即对应 Oracle CDC 增量表。随后即可通过“增量表”数据抽取组件，使用和其他增量方式相同的方式引用 Oracle CDC 增量数据集。

（1）在 Oracle 数据源中，进行 Oracle CDC 增量的相关配置。

使用 Oracle CDC 增量，首先需要通过 Oracle DBA 对该数据源用户授权。假设数据源用户为 user1，若使用同步方式（Sync 方式）进行 Oracle CDC 增量配置，则授权语句如下：

```
grant create session to user1;
grant create table to user1;
grant create tablespace to user1;
grant unlimited tablespace to user1;
grant select_catalog_role to user1;
grant execute_catalog_role to user1;
grant connect, resource to user1;
grant create job to user1;
grant create view to user1;
```

若使用 HotLog 方式即异步方式进行 Oracle CDC 增量配置，则需要先打开 Oracle 归档日志。使用 Oracle DBA 用户，执行下列语句：

```
shutdown immediate;
startup mount;
alter database archivelog;
alter database force logging;
alter database add supplemental log data;
alter database open;
```

HotLog 方式也需要通过 Oracle DBA 对该数据源用户授权，在执行授权语句后，还需要执行 Oracle Stream 授权过程。假设数据源用户为 user1，HotLog 方式需执行的授权语句如下：

```
grant create session to user1;
grant create table to user1;
grant create tablespace to user1;
grant unlimited tablespace to user1;
grant select_catalog_role to user1;
grant execute_catalog_role to user1;
grant create sequence to user1;
grant connect, resource, dba to user1;
execute dbms_streams_auth.grant_admin_privilege(grantee=>' user1' );
```

（2）创建 Oracle CDC 变化集。

在 Oracle 数据源中，Oracle CDC 增量相关配置完成后，即可在 DMETL 中创建 Oracle CDC 变化集。创建 Oracle CDC 变化集操作如图 10-21 所示，即在数据源的“数据库”列表中选中欲进行增量同步的 Oracle 数据库数据源，单击鼠标右键，在弹出的快捷菜单中选择“创建 Oracle CDC 变化集”选项。DMETL 支持两种 Oracle CDC 变化集，分别是 Sync 变化集（同步方式）和 HotLog 变化集（异步方式）。如果单击“创建 Sync 变化集”选项，则 DMETL 会调用 Oracle 相关函数进行创建；如果创建成功，则会提示创建成功。

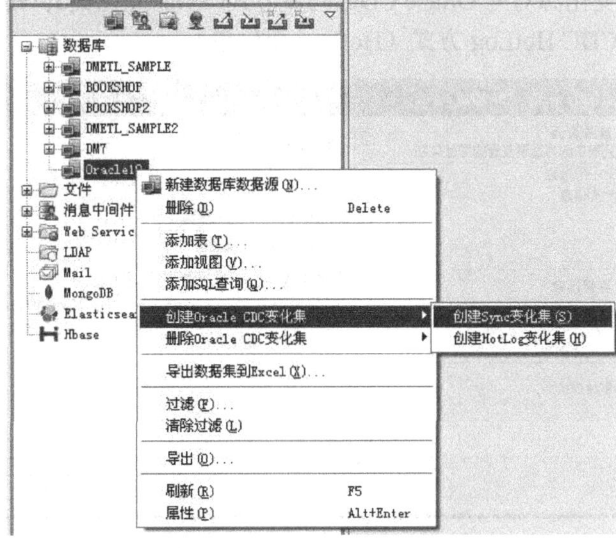

图 10-21　创建 Oracle CDC 变化集

同时，在该 Oracle 数据源上若不再需要进行 Oracle CDC 增量配置，则在删除所有 Oracle CDC 增量数据集后，再删除该数据源上的 Oracle 变化集。

（3）添加和配置 Oracle CDC 增量。

成功添加 Oracle 变化集后，即可针对源数据表添加 Oracle CDC 增量。具体操作如图 10-22 所示，选中 Oracle 数据库列表中的基表（源数据表），单击鼠标右键，在弹出的快捷菜单中选择“添加 Oracle 增量”选项。

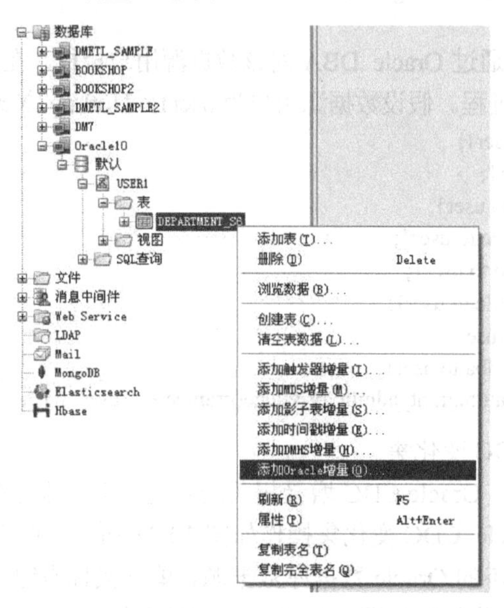

图 10-22　选择“添加 Oracle 增量”选项

“添加 Oracle CDC 增量”界面如图 10-23 所示，进行具体参数设置，其中“变化源”下拉列表中有 Oracle CDC 的两种增量配置方式：Sync 方式和 HotLog 方式。“SYNC_SOURCE”变化源对应 Oracle CDC 同步方式（Sync 变化集）；“HOTLOG_SOURCE”变化源对应 Oracle CDC HotLog 方式（HotLog 变化集）。

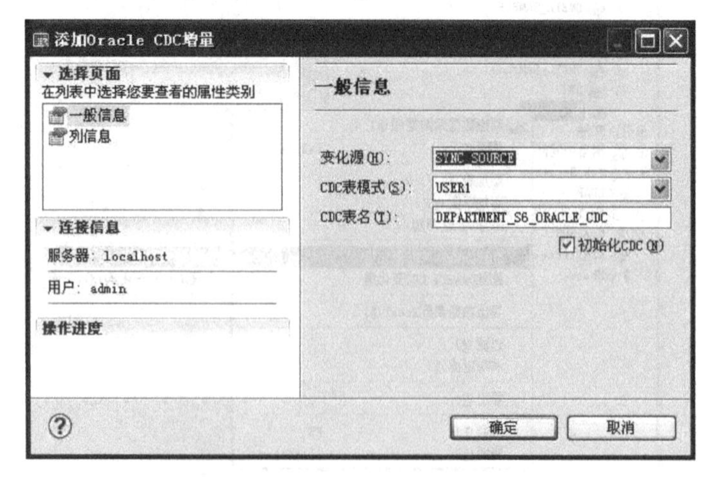

图 10-23　“添加 Oracle CDC 增量”界面

第 11 章 达梦数据交换集群

达梦数据交换集群（以下简称为“DMETL 集群”）允许将多台独立的达梦数据平台服务器（DMETL Server）虚拟成一个达梦数据交换集群，从而满足用户对数据处理能力线性扩展的需求，同时也能防止由于单节点故障导致的整个系统不可用，从而提升系统的可用性。本章主要介绍达梦数据交换集群安装、配置和管理等内容。

11.1 集群概述

DMETL 集群旨在解决单机计算能力和 I/O 能力不足的问题，满足用户对数据处理能力的线性扩展需求，同时可提高 ETL（数据抽取、转换、装载）的可靠性。展的需求。

11.1.1 体系结构

DMETL 集群采用主从结构，主从节点的功能差异主要体现在管理、监控等非数据处理功能上，而在数据处理和流程执行功能上，集群中的各个节点是对等的，从而保证了集群数据处理能力，能够获得接近线性的提升。

DMETL 集群主从结构如图 11-1 所示，其具体关系如下。

（1）一个集群中有且只有一个主节点。

（2）一个集群中的所有节点共享一份元数据。

（3）从节点只作为流程执行器，接收来自主节点的流程执行请求。

（4）主节点除执行流程外，还负责执行作业调度、事件分发、告警通知等功能，但这些功能对服务器的资源消耗较少，对主节点的性能影响小且不会随着节点数的增长而明显增长，因此主节点一般不会成为系统的瓶颈。

（5）当主节点发生故障时，从节点可以自动执行由从到主的切换成为临时主节点，主节点恢复之后，临时主节点执行由主到从的切换，成为从节点。

（6）DMETL 客户端或者第三方应用可以连接集群任何一个节点进行管理、配置工作或者执行流程。

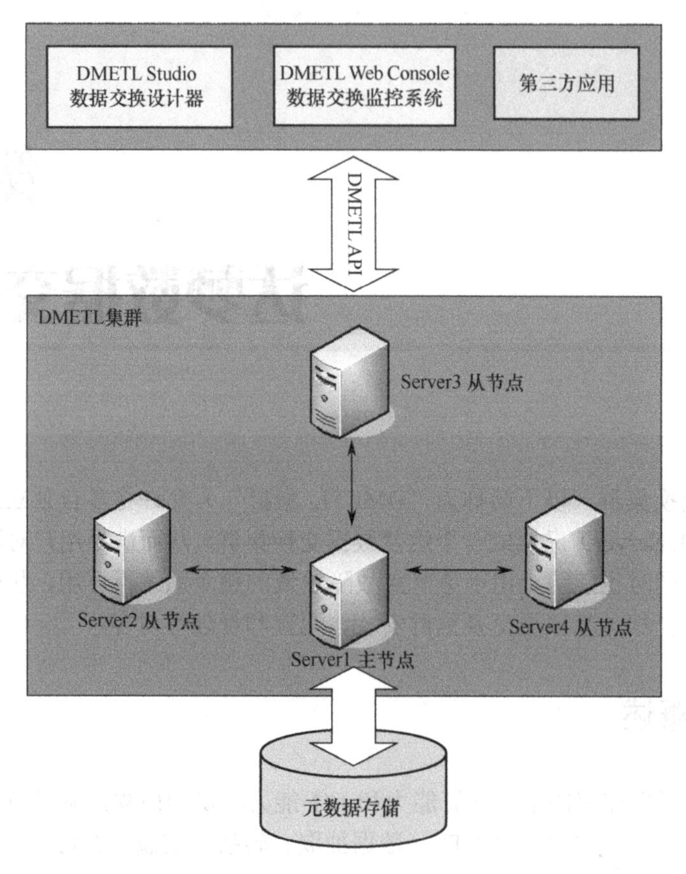

图 11-1　DMETL 集群主从结构

11.1.2　集群特性

DMETL 集群适用于对数据处理性能和可用性要求高的场景，与单机相比，DMETL 集群主要有以下几方面的提升。

1. 提升数据同步的可靠性

DMETL 集群支持各种增量数据抽取方式，能够通过定期调度执行增量数据抽取流程，实现数据源和目的之间的数据同步。

数据同步类应用通常对实时性和可靠性要求较高。DMETL 集群通过自动故障转移功能，避免出现单节点故障导致的数据不同步现象。假设一个数据同步流程在一个 2 节点的集群中运行 4 张表，正常情况下每个集群节点执行 2 张表的同步，如图 11-2 所示。

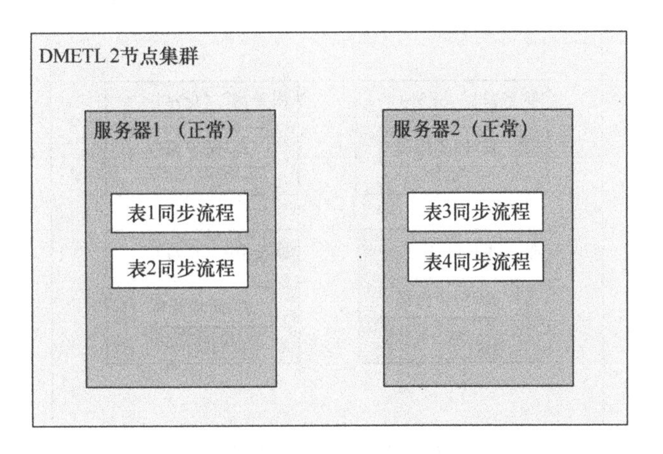

图 11-2　正常情况下 2 节点集群工作状态

在该集群中如果服务器 2 出现故障，在服务器 2 上运行的表 3 和表 4 同步流程会自动迁移到服务器 1 上运行，从而保证表 3 和表 4 不会因为服务器 2 的故障而无法同步数据，如图 11-3 所示。

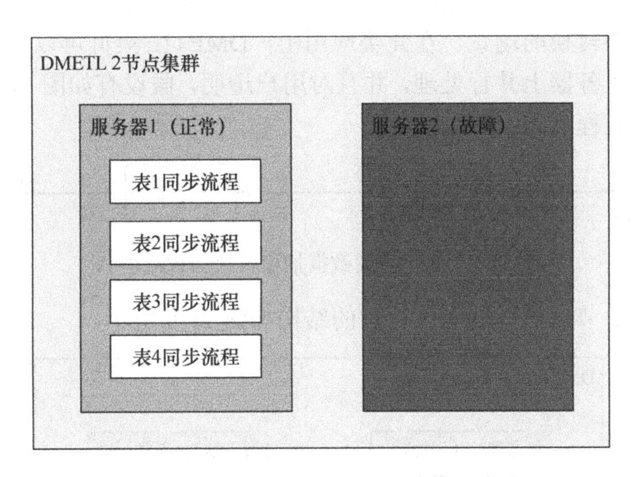

图 11-3　单节点故障时 2 节点集群工作状态

同时，当服务器 2 恢复之后，表 3 和表 4 的同步会自动回到服务器 2 上执行。

2. 提升数据同步的实时性

DMETL 集群支持自动负载均衡，如果应用中需要同步的表的数量比较大，DMETL 集群则可以自动将流程分配到不同的集群节点上并发执行，从而缩短整个数据的同步时间，提高数据同步的实时性。例如，将上述两节点集群动态增加 2 个从节点，扩展为 4 节点集群，4 节点集群工作状态如图 11-4 所示。

此时每个服务器上只运行一个同步流程，单服务器上的负载减轻，因此可以缩短整体的数据同步时间。

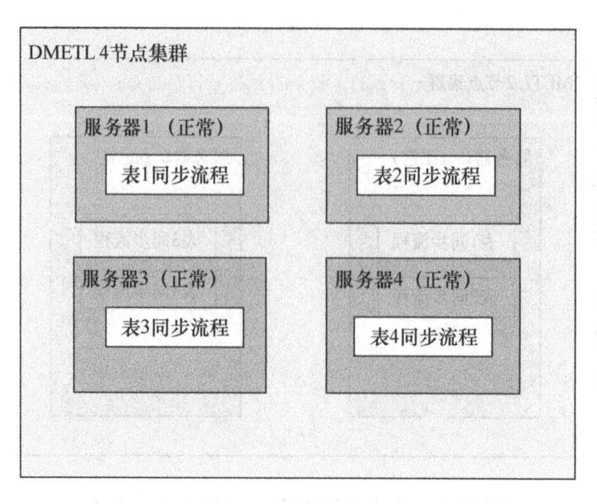

图 11-4　4 节点集群工作状态

3. 提升数据清洗转换的性能

DMETL 集群支持将单个数据清洗转换流程分发到集群中的多个服务器上并行运行，从而避免或者减少单机 CPU 处理能力瓶颈对性能的影响。该功能可以应用于需要对海量数据进行复杂清洗和转换的场景。在此类应用中，DMETL 集群可以将数据清洗转换流程分发到集群所有的服务器上并行处理，并且对用户透明，假设有如图 11-5 所示的一个普通数据抽取转换加载流程 A。

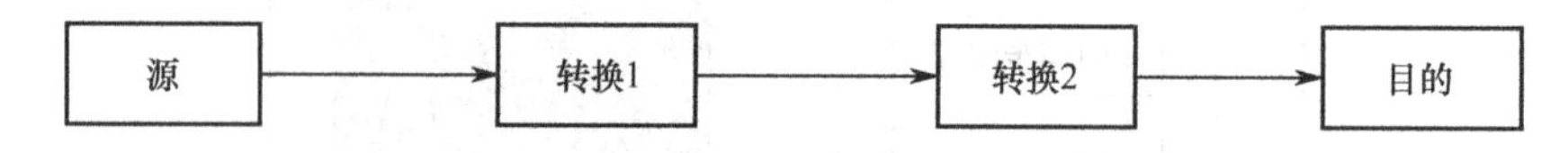

图 11-5　一个普通数据抽取转换加载流程 A

该流程在一个 2 节点的集群上运行时的结构如图 11-6 所示。

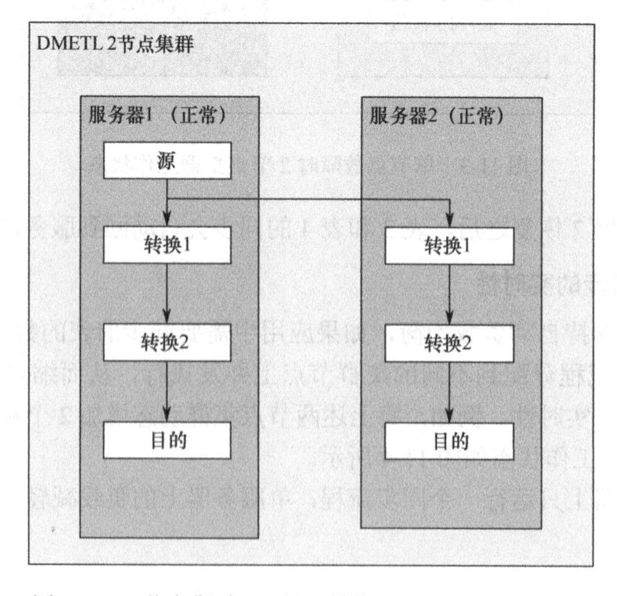

图 11-6　2 节点集群运行抽取转换加载流程 A 时的结构

数据源组件通常不存在性能瓶颈，只需要在一个节点上执行，数据读取出来后，转换组件和目的组件可以同时在两台服务器上并行运行，每台服务器分别处理一部分数据，因此可以提高数据转换和装载的性能。

4. 提高服务器可管理性和利用率

当数据集成应用中整合的数据源较多，需要部署多台 DMETL 服务器时，可以使用一个 *N* 节点 DMETL 集群来代替单独部署的 *N* 台独立的 DMETL 服务器，这样做可以带来以下好处。

集群中的 *N* 台 DMETL 服务器共享一个元数据库，登录任何一台 DMETL 服务器即可对所有的业务流程进行设计、管理、维护操作，也可以在一个统一的视图中了解每台服务器的状态，从而大大提升工作效率。

由于不同的业务数据的源数据同步周期和频率各不相同，如果为每个业务使用独立的 DMETL 服务器，则由于元数据不能共享，每个 DMETL 服务器只能运行自己元数据库中存储的流程，从而导致在非调度时间内服务器空闲资源浪费。通过使用集群，使得流程能够在集群的各个服务器上动态调度迁移，充分利用空闲的服务器资源，从而减少实际需要部署的 DMETL 服务器数量，提升服务器的利用效率，为用户节省成本。

11.2 集群安装配置与管理

安装配置与管理一个 DMETL 集群，首先需在每个节点上安装 DMETL 企业版，其次在每个节点上通过修改参数文件，进行相关参数配置，最后通过 DMETL 管理工具来管理集群。本节以构建 DMETL3 节点集群为例，介绍 DMETL 集群的安装配置与管理。此 DMETL3 节点集群的 IP 地址和主从设置如表 11-1 所示。

表 11-1　DMETL3 节点集群的 IP 地址和主从设置

序　号	IP 地址	主从设置
1	172.20.2.113	主节点，安装 DM 数据库作为 DMETL 外部元数据库
2	172.20.2.114	从节点
3	172.20.2.115	从节点

11.2.1 集群安装

DMETL 集群相关的功能只在企业版中提供，因此，欲作为集群节点的所有计算机均需安装 DMETL，并且在安装 DMETL 时，需要选择企业版进行安装，详细安装方法可参考本书第 2 章。

11.2.2 集群主从节点配置

DMETL 集群在执行之前，需要首先配置集群中的各个服务器节点。一个 DMETL 集群中，需要指定一个主节点和若干从节点。每个节点有自己独立的配置文件，每个节点需明确配置成主节点或从节点，并对相关参数进行配置。同时，对每个节点还需配置共用的 DMETL 元数据库。

DMETL 集群主从节点配置可以通过直接修改<DMETL>/conf/dmetl.ini 文件进行，其中<DMETL>指 DMETL 的安装目录，配置完成后重启 DMETL 服务即可。DMETL 集群主从节点配置相关参数如表 11-2 所示。

表 11-2　DMETL 集群主从节点配置相关参数

属性名称	默 认 值	描　　述
SERVER_TYPE	1	服务器节点类型：1 为独立服务器；2 为主节点服务器；3 为从节点服务器
MASTER_ADDRESS	127.0.0.1	主节点地址
MASTER_PORT	1234	主节点监听端口，只有当 SERVER_TYPE＝3 时有效
DATA_PORT	1238	服务器节点的数据通道监听端口
SOCKET_BUFFER_SIZE	10	集群数据传输通道缓存区大小，以 KB 为单位
ENABLE_COMPRESS	0	数据传输是否使用压缩方式：0 表示不使用；1 表示使用，使用 Snappy 解压缩算法
ENABLE_RESEND	0	集群数据传输通道是否支持断点续传：0 不支持，1 支持
CHANNEL_RECONNECT_NUM	30	在集群数据传输通道断点续传模式下，通道断开后重新连接的次数
CHANNEL_RECONNECT_INTERVAL	3	在集群数据传输通道断点续传模式下，通道断开后重连时间间隔
CHANNEL_CACHE_BLOCK_NUM	10	集群数据传输通道，发送端数据缓存块的个数
HEARTBEAT_INTERVAL	1000	心跳检测（主服务器主动向从服务器发起 Ping 操作，以检测主从服务器的运行状态）间隔，单位为 ms

配置如表 11-1 所示的 DMETL3 节点集群，可先配置主节点，再配置从节点。

1. 主节点配置

在构建 DMETL 集群时，主节点配置主要包括配置文件的修改和 DMETL 元数据库的配置。

1）修改配置文件

在主节点服务器上，直接修改<DMETL>/conf/dmetl.ini 文件的相关属性，即将 SERVER_TYPE 属性设为 2，MASTER_ADDRESS 属性设为主节点的 IP 地址 172.20.2.113。当然，还可配置主节点端口、数据通道监听端口、是否加密、是否压缩、心跳检测间隔等其他参数。

2）配置 DMETL 元数据库

构建 DMETL 集群时，由于集群中的所有节点共用一个元数据库，因此需为所有节点配置同一个元数据库，而不能使用内部元数据库。如果主节点在安装 DMETL 时没有使用外部数据库作为元数据库，则可通过 DMETL 控制台工具进行配置，具体操作如下。

步骤 1：在主节点服务器上，运行 DMETL 控制台工具，进入如图 11-7 所示配置窗口。

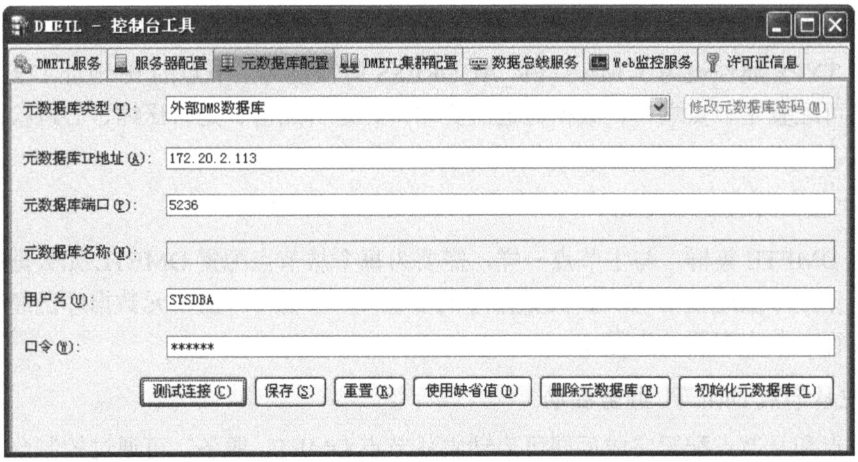

图 11-7　运行 DMETL 控制台工具

步骤 2：在“元数据配置”窗口中，选择元数据库类型，输入元数据库 IP 地址、元数据库端口、元数据库名称，用户名、口令等信息。由于当前主节点同时作为元数据库服务器，故元数据库 IP 地址输入主节点 IP 地址。

步骤 3：单击“测试连接”按钮测试是否能正常连接。如果未能正常连接，则检查网络和设置参数是否正确。如果测试成功，则单击“保存”按钮保存当前配置。

步骤 4：如果当前所配置的元数据库未执行“初始化元数据库”操作，则可单击“初始化元数据库”按钮初始化元数据库。初始化成功后会弹出如图 11-8 所示的“提示”对话框。

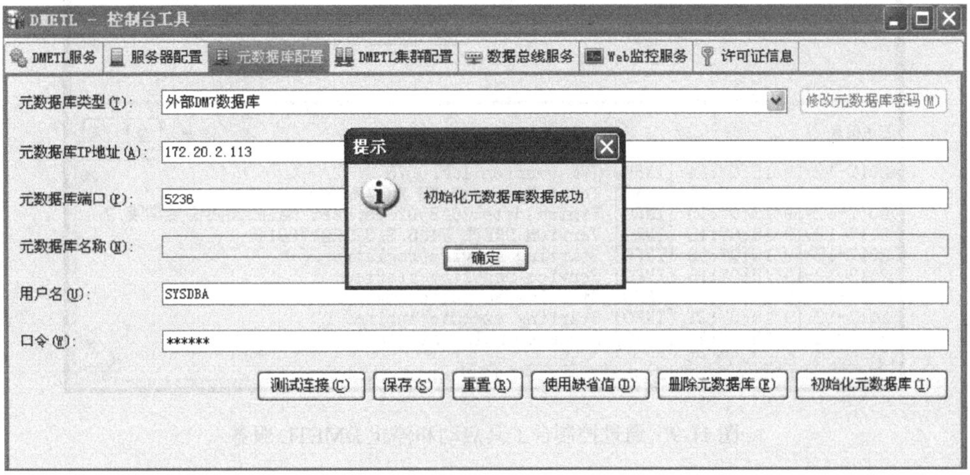

图 11-8　初始化成功后弹出“提示”对话框

2. 从节点配置

在构建 DMETL 集群时，与主节点配置一样，从节点配置主要包括配置文件的修改和

DMETL 元数据库的配置。

1）修改配置文件

在所有从节点服务器上，直接修改<DMETL>/conf/dmetl.ini 文件的相关属性。即将 SERVER_TYPE 属性设为 3，MASTER_ADDRESS 属性设为主节点的 IP 地址 172.20.2.113。当然，还可配置主节点端口、数据通道监听端口、是否加密、是否压缩、心跳检测间隔等其他参数。

2）配置 DMETL 元数据库

构建 DMETL 集群，与主节点一样，需要为每个从节点配置 DMETL 元数据库。配置过程可参见主节点配置 DMETL 元数据库的步骤 1～步骤 3。由于元数据库已经初始化，故无须执行主节点配置的步骤 4。

3. 主从节点 DMETL 服务启动

主节点和从节点配置完成后即可启动主从节点 DMETL 服务，可通过控制台工具启动和停止 DMETL 服务，如图 11-9 所示。主节点 DMETL 服务启动会自动将该主节点作为 DMETL 集群的主节点。当从节点启动 DMETL 服务时，由于还未将从节点加入 DMETL 集群，会有如图 11-10 所示的警告，该警告中指出了从节点的服务器 ID。

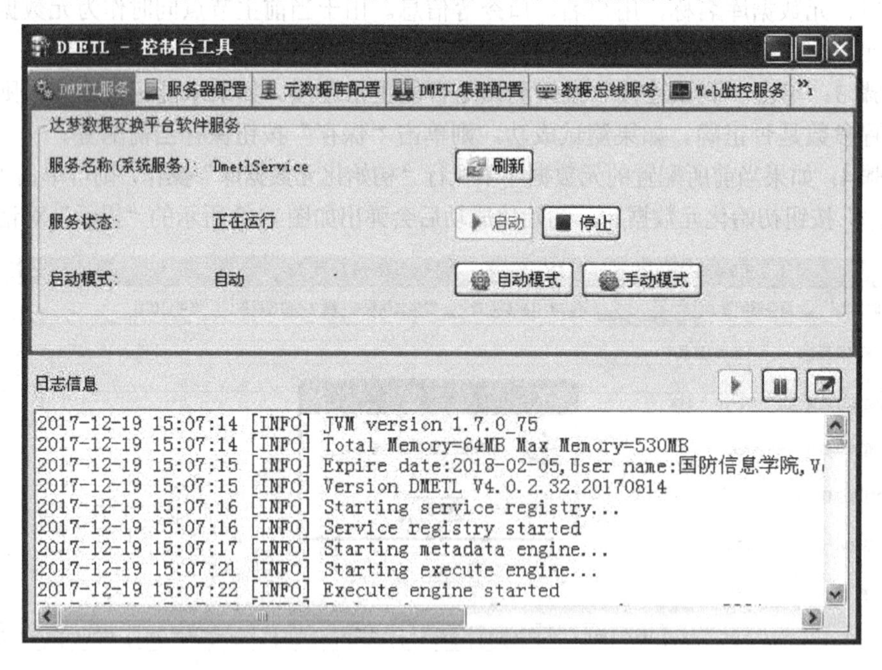

图 11-9　通过控制台工具启动和停止 DMETL 服务

```
2017-12-19 18:25:48 [WARN] Slave access metadata:findInstance
2017-12-19 18:25:48 [WARN] 从节点:6208762178433没有加入集群环境
2017-12-19 18:25:51 [WARN] Slave access metadata:findInstance
2017-12-19 18:25:51 [WARN] 从节点:6208762178433没有加入集群环境
```

图 11-10　从节点 DMETL 服务启动警告

11.2.3　集群管理

在配置了集群中的主从节点之后，还需要通过 DMETL 管理工具进行集群环境配置，即将从节点添加到集群中。如果尚未配置集群环境，则在主节点启动后，从节点会自动添加到集群。在从节点添加到集群后，集群将自动利用集群中的主从节点执行作业或转换。

DMETL 集群管理需通过达梦数据交换设计器软件完成。

1. 打开 DMETL 集群管理窗口

启动达梦数据交换设计器软件，并连接到主节点，执行“窗口 | 集群管理”菜单命令，即可打开“集群管理”窗口，如图 11-11 和图 11-12 所示。

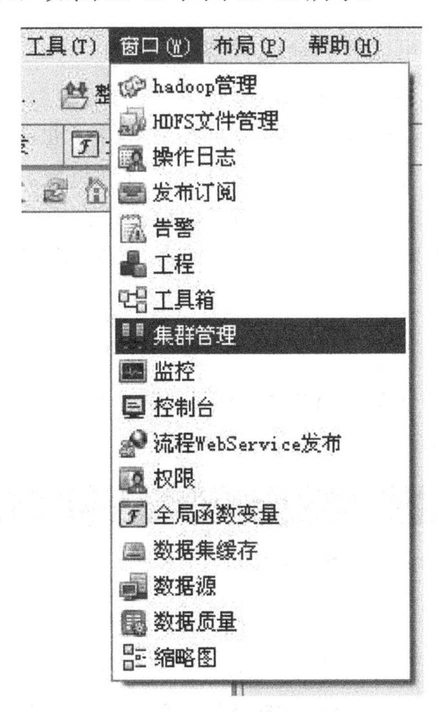

图 11-11　执行“窗口 | 集群管理”菜单命令

工具箱 集群管理

节点信息列表:

节点类型	服务器ID	地址	端口	心跳检测...	心跳检测...	心跳检...	状态	是否禁用	描述
主节点	1941708602629	172.20.2.113	1234	127.0.0.1	6501	6502	正在运行	否	主节点

图 11-12　“集群管理”窗口

图 11-12 为“集群管理”窗口，在该窗口内可对 DMETL 集群进行管理。集群管理功能按钮的描述如表 11-3 所示。

表 11-3　集群管理功能按钮描述

按钮名称	图　标	功能说明
刷新节点列表		刷新节点列表
添加节点		向当前 DMETL 集群中添加从节点
修改节点		修改选定节点的属性
删除节点		删除选定的节点
启用/禁用节点		启用或禁用选定的节点

对集群进行管理，必须遵循以下原则：

（1）已经添加的从节点可以被删除或者禁用；

（2）主节点或者临时主节点不能被删除和修改；

（3）从节点可以被禁用，被禁用的从节点不能执行作业，但是可以进行客户端连接；

（4）在客户端对集群进行操作时必须要有集群管理权限。

同时，节点会有两种状态：正在运行和未启动。正在运行表示该节点已正确配置在集群环境中，并已经启动；未启动表示该节点已经添加到集群环境中，未连接到集群网络中或未启动。

2. 配置从节点

在如图 11-12 所示的“集群管理”窗口中，单击“添加节点”按钮，进入如图 11-13 所示的“添加节点”界面即可配置从节点。

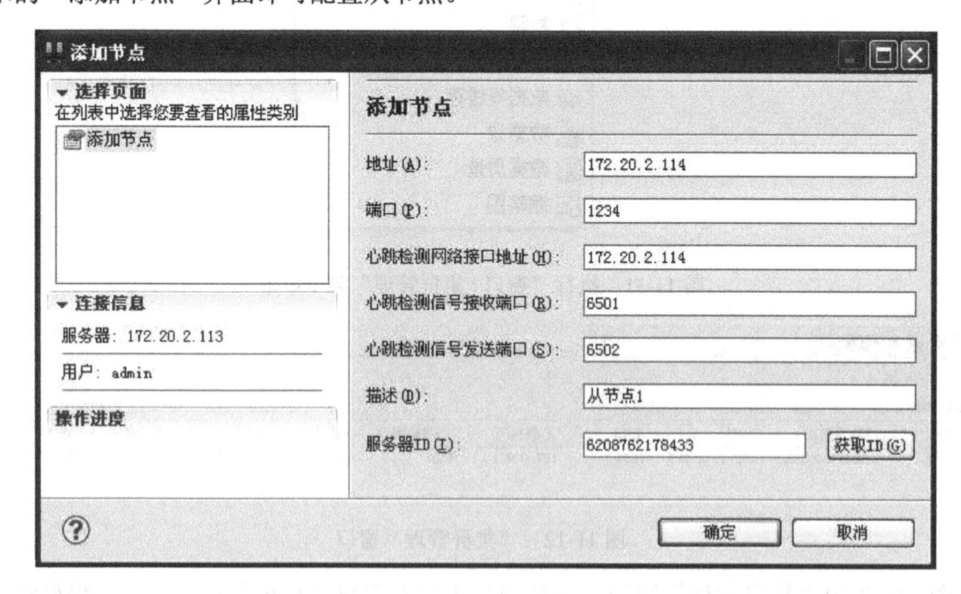

图 11-13　“添加节点”界面

在“添加节点”界面中输入相应参数，单击“确定”按钮即可完成添加节点操作。添加节点配置说明如表 11-4 所示。

表 11-4　添加节点配置说明

名　　称	配置说明
地址	DMETL 从节点服务器 IP 地址
端口	DMETL 从节点服务器端口号
心跳检测网络接口地址	心跳检测地址，与集群从节点的 IP 相同
心跳检测信号接收端口	心跳检测接收端口，默认 6501
心跳检测信号发送端口	心跳检测发送端口，默认 6502
描述	从节点描述信息
服务器 ID	DMETL 从节点服务器 ID。可以单击“获取 ID”按钮自动添加，也可以在从节点服务器配置文件中找到，或直接填写如图 11-10 所示的警告信息中的节点 ID

将两个从节点分别添加至集群后，DMETL3 节点集群配置管理完成，如图 11-14 所示。

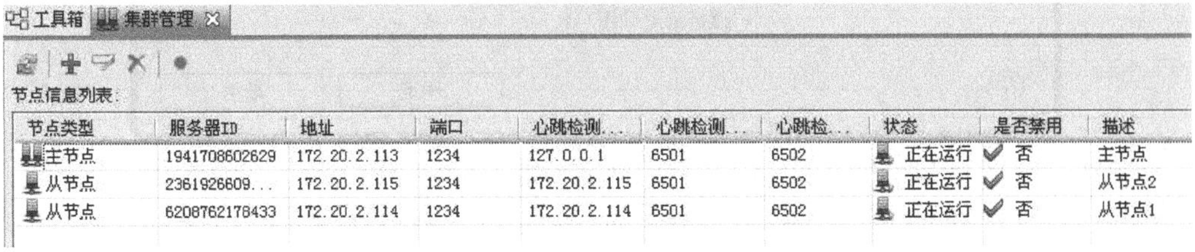

工具箱　集群管理

节点信息列表:

节点类型	服务器ID	地址	端口	心跳检测...	心跳检测...	心跳检...	状态	是否禁用	描述
主节点	1941708602629	172.20.2.113	1234	127.0.0.1	6501	6502	正在运行	否	主节点
从节点	2361926609...	172.20.2.115	1234	172.20.2.115	6501	6502	正在运行	否	从节点2
从节点	6208762178433	172.20.2.114	1234	172.20.2.114	6501	6502	正在运行	否	从节点1

图 11-14　DMETL3 节点集群配置管理完成

3. 集群的启动和停止

DMETL 集群的启动和单机服务器的启动基本相同，支持脚本启动、系统启动、控制台启动等多种方式。但集群涉及多台机器，为避免可能存在的主从切换，一般应采用先启动主节点、再启动从节点的顺序。主节点启动后，从节点的启动没有先后顺序。

集群的停止则与启动相反，一般先停止从节点，待所有从节点都停止后，再停止主节点，从节点没有停止的先后顺序。

11.3　转换和作业集群配置

流程中的转换和作业组件都需要配置自己的集群环境。转换流程被引用执行时，转换流程中的节点可以按照自己的集群配置方式分布到不同的节点上运行，也可以选择与引用节点相同的配置方式放到某一个节点上运行。转换流程在集群环境中运行时，很可能需要保持数据分发的顺序，如带有表增量数据更新的流程，进入增量表目的数据的顺序要与从增量表数据源获取的顺序一致。

11.3.1　转换流程消息顺序

在集群环境下，为确保数据分发的顺序，需设置转换流程的消息顺序。即在“属性−转换”界面中，勾选“保持消息顺序”复选框，确保数据消息的顺序，如图 11-15 所示。

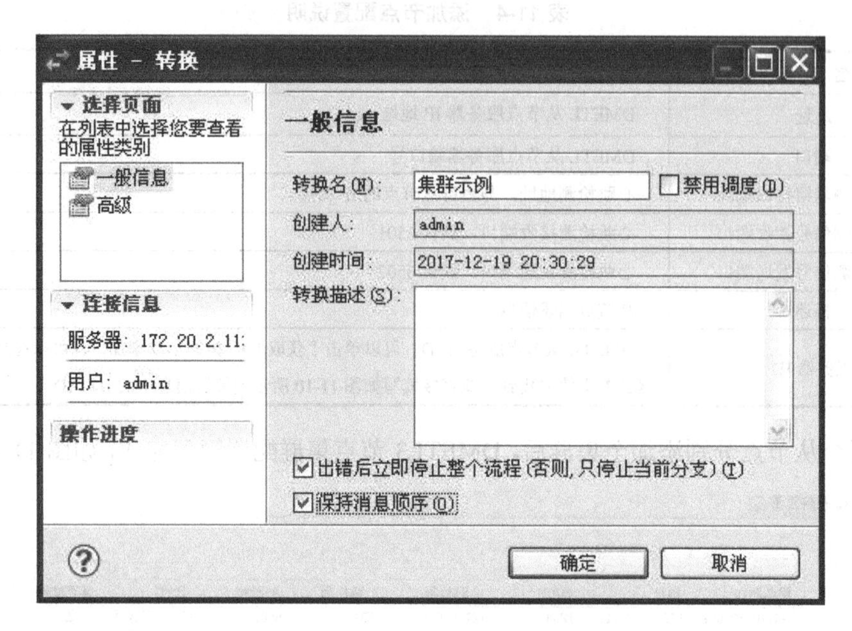

图 11-15 “属性-转换”界面

11.3.2 转换组件集群配置

当运行在集群模式下时，转换组件的“属性-表/视图”界面中会自动增加“集群配置”选项。转化组件“集群配置”窗口如图 11-16 所示。

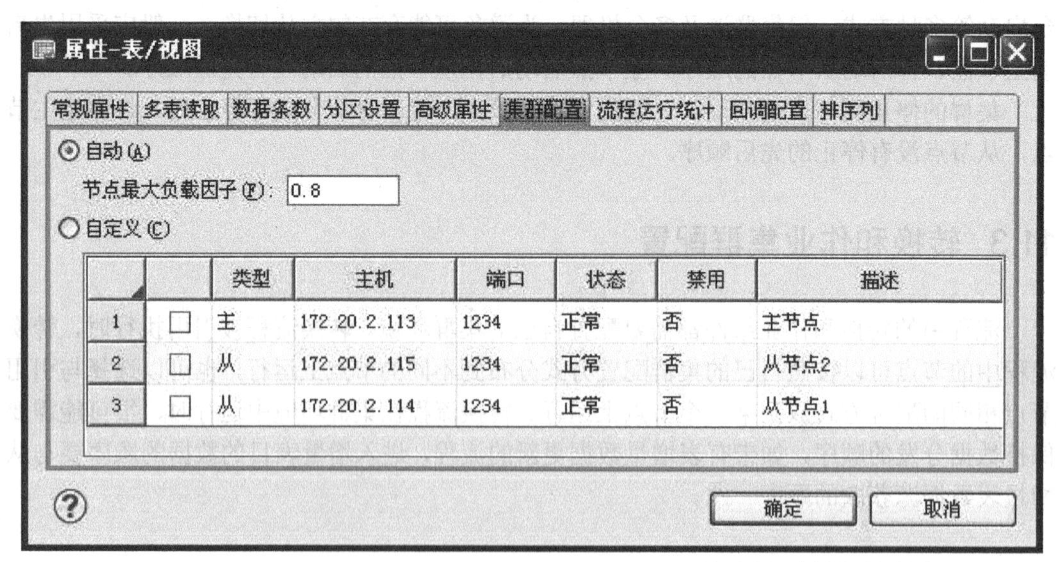

图 11-16 转换组件“集群配置”窗口

转换组件集群配置相关说明如表 11-5 所示。

表 11-5　转换组件集群配置相关说明

名　称	配置说明
自动	系统根据节点最大负载因子，自动选择运行状态正常的服务器来运行该转换组件，可以为一个或多个
节点最大负载因子	从多个正常状态的服务器里面，根据该值挑选一定的可运行转换组件的服务器节点（负载根据内存、CPU 等的使用率来计算，为小于 1 的小数），可以一个或多个
自定义	用户选择该转换组件运行的集群节点，实际运行，只从已选择项中选择状态正常的，可以一个或多个

11.3.3　作业组件集群配置

当运行在集群模式下时，作业组件的“属性-转换”界面中会自动增加“集群配置”选项。作业组件“集群配置”窗口如图 11-17 所示。

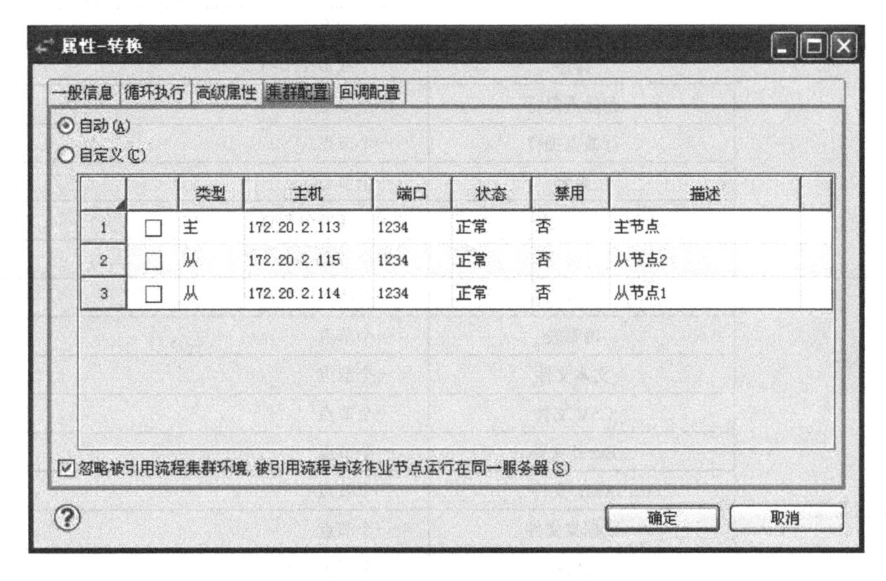

图 11-17　作业组件“集群配置”窗口

作业组件集群配置相关说明如表 11-6 所示。

表 11-6　作业组件集群配置相关说明

名　称	配置说明
自动	会自动选择一个负载因子最小的服务器来运行该作业组件
自定义	从自定义表格已选择项中，选择一个负载因子最小的服务器来运行该作业组件
忽略被引用流程集群环境，被引用流程与该作业节点运行在同一服务器上	被引用的流程会运行在引用作业组件所运行的节点上，忽略自身设置的集群环境；否则，引用作业组件运行该流程时，该流程的组件会运行在本身设置的集群环境中，不受引用组件运行的限制

11.3.4 组件对集群的支持

所有的组件都可以在集群中运行，作业组件只能在一个节点上运行，引用作业组件里面被引用的流程可以在一个节点或多个节点运行。转换组件可以在一个或多个节点运行，表 11-7 给出了每个具体转换组件对集群的支持情况。

表 11-7 转换组件对集群的支持情况

组件类别和名称		在服务器节点的运行方式
数据读取		一个节点
数据转换	数据清洗转换	一个或多个节点
	联合	一个或多个节点
	数据集查找	一个或多个节点
	数据质量检测	一个或多个节点
	SQL 脚本	一个或多个节点
	设置变量	一个或多个节点
	排序	一个或多个节点
	删除重复行	一个节点
	行数据抽样	一个节点
	聚合	一个节点
	列转行	一个或多个节点
	行转列	一个节点
数据装载	表	一个或多个节点
	增量表	一个节点
	文本文件	一个节点
	CSV 文件	一个节点
	Excel 文件	一个节点
	XML 文件	一个节点
	数据集文件	一个节点
	JMS	一个或多个节点
	WebService	一个或多个节点
	DBF 文件	一个节点
	DM8 快速装载	一个或多个节点
	MySQL 快速装载	一个节点
发布订阅		一个或多个节点

12

第 12 章 数据质量检测

在数据清洗、装载及交换的过程中，有些数据格式可能跟预计的格式不相符，需要进行基于规则的匹配、检测，筛选出正常数据（匹配所有规则）、问题数据（违反一个或多个规则）及基于某些规则的正常数据和问题数据。通过这种基于规则的匹配和筛选，可以保证数据入库前的质量。本章主要介绍达梦数据交换平台（DMETL）数据质量检测规则管理、配置和统计。

12.1 数据质量检测规则管理

数据质量检测首先需要进行规则的创建，这些规则可以在不同的质量检测节点间复用，并可以进行个性化的修改。然后设置和修改数据字段上的检测规则，每个字段可以设置一个或多个规则。同时，基于所设置的规则，每个质量检测节点可以在节点的输出配置中根据实际需要输出正常数据、问题数据等多种数据。

12.1.1 数据质量规则

数据质量规则用于检测数据质量，DMETL 数据质量规则大致分为一致性、完整性、格式化、重复性及自定义规则五个类型，根据实际需求也可以进行动态扩充。DMETL 支持的数据质量规则如表 12-1 所示。

表 12-1 数据质量规则

规 则 名	规则说明
枚举	检查所选择的列值是否在枚举值范围内
序列	检查所选择的列值是否在序列值范围内

（续表）

规 则 名	规则说明
引用数据集	检查所选择的列值是否在引用数据集中
字段长度检查	检查列值的内容长度是否符合规则定义的长度值，比较类型有等于、不等于、大于、小于、大于或等于、小于或等于
内容大小检查	检测列值内容是否服务规则定义的值，比较类型有等于、不等于、大于、小于、大于或等于、小于或等于，该规则按照字符串进行比较
内容匹配检查	检查列值内容中是否包含某些字符串
空值检查	检查列值为空或者不为空，在规则中，null 类型的值和长度为 0 的字符串都会被认为是空值
数字范围检查	检查列值是否在某个数字范围中，该规则处理数字类型的值
Email 检查	检查某个字段内容是否是 Email 值
身份证号码检查	检查列值是否是正确的身份证号码
邮政编码检查	检查列值是否是正确的邮政编码
日期时间格式检查	检查日期时间格式是否正确
数字格式检查	检查数字格式是否正确
列值重复检查	检查列值是否重复
正则表达式	检查列值是否符合某个正则表达式
函数表达式匹配	检查函数表达式的值。在使用函数表达式匹配时，首先新建一个函数表达式规则，如果需要使用数据质量检测节点上的列信息，则还需要在数据质量检测节点上加入规则，修改表达式，加入需要的列

12.1.2 数据质量视图

数据质量视图主要用于进行数据质量规则的管理。用户可在达梦数据交换平台软件上执行“窗口 | 数据质量”菜单命令打开数据质量视图，即打开“数据质量”窗口，如图 12-1 所示。在该窗口中可创建和修改规则，也可对规则进行导入和导出操作。

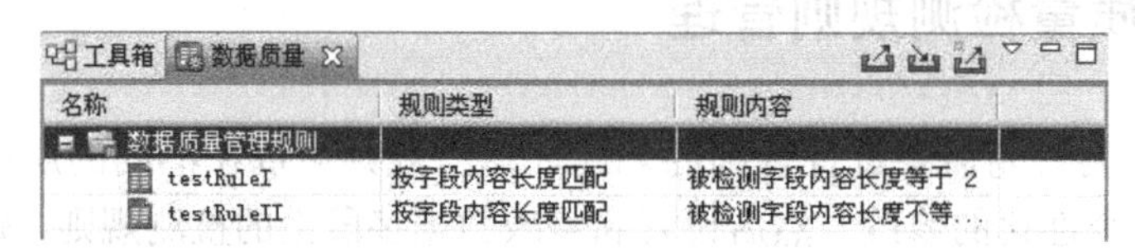

图 12-1 “数据质量”窗口

1. 规则的创建和修改

在数据质量视图上，单击鼠标右键弹出如图 12-2 所示的快捷菜单，可通过选择“新建业务规则”选项新建业务规则；也可双击数据质量视图中的业务规则项，进入如图 12-3 所示的“修改业务规则”界面。“新建业务规则”界面和“修改业务规则”界面内容类似，均可配置业务规则名、规则类型等相关内容。

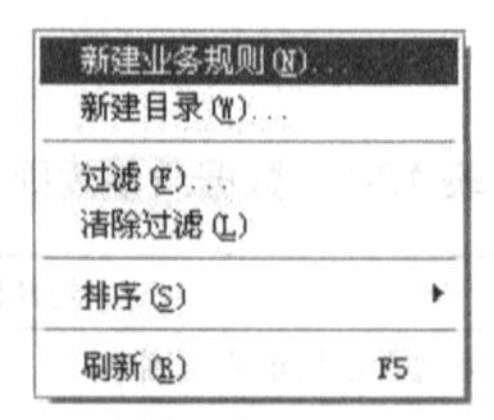

图 12-2 右击数据质量视图弹出的快捷菜单

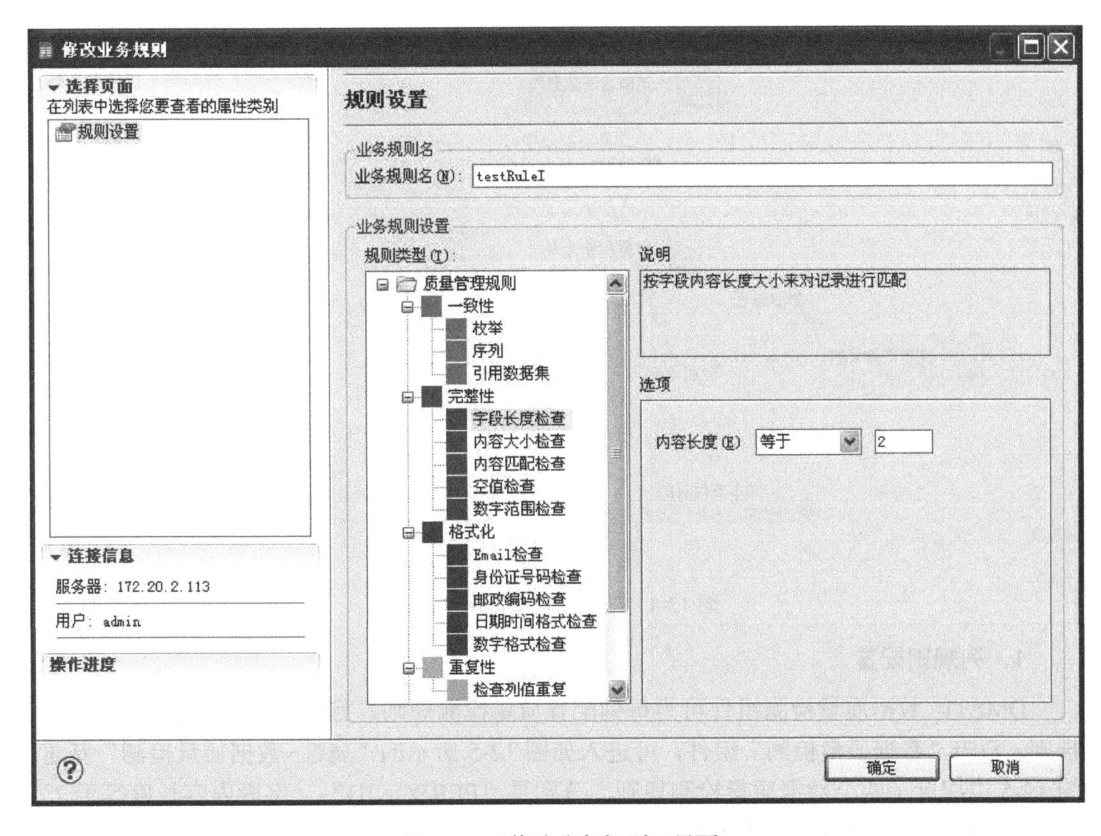

图 12-3 “修改业务规则”界面

2. 规则的导入和导出

数据质量视图右上角的功能菜单提供了对规则的导入和导出按钮，具体功能说明如表 12-2 所示。

表 12-2　规则导入和导出按钮功能说明

图　标	功能说明
	导出本视图定义的规则
	导入其他质量视图定义的规则
	导出所有质量检测节点中设置的规则（这些规则为质量视图中定义的规则在具体质量检测节点中的具体复用，可修改），供外部使用。导出规则内容包括规则 ID、规则名、规则描述、规则创建者及创建时间

12.2　数据质量检测配置

DMETL 通过数据质量检测组件进行数据质量检测。如图 12-4 所示的是数据质量检测示例流程，对“人员信息表数据源”数据进行质量检测，根据数据质量检测的不同结果配置了多个输出，同一数据满足不同输出规则时会有多个输出。

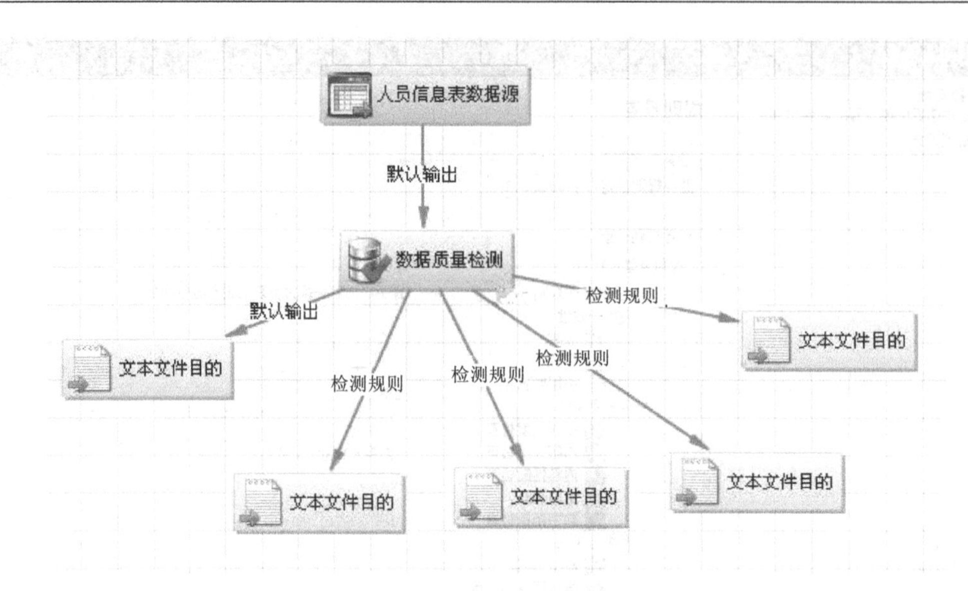

图 12-4　数据质量检测示例流程

1. 列规则配置

DMETL 数据质量检测组件可为每列配置质量检测规则，且每列可以配置一个或多个规则。双击“数据质量检测”组件，可进入如图 12-5 所示的“属性-数据质量检测”界面，图 12-5 中配置了两个数据质量检测规则，分别是“PERSONID”（字段内容长度等于 2）和“NAME”（字段内容长度不等于 2）。

在如图 12-5 所示的界面，选中某属性后单击鼠标右键，在弹出的快捷菜单中选择“增加规则”选项或单击界面下方“增加规则”按钮进入如图 12-6 所示的“选择业务规则”界面，可选择欲增加的某一规则。

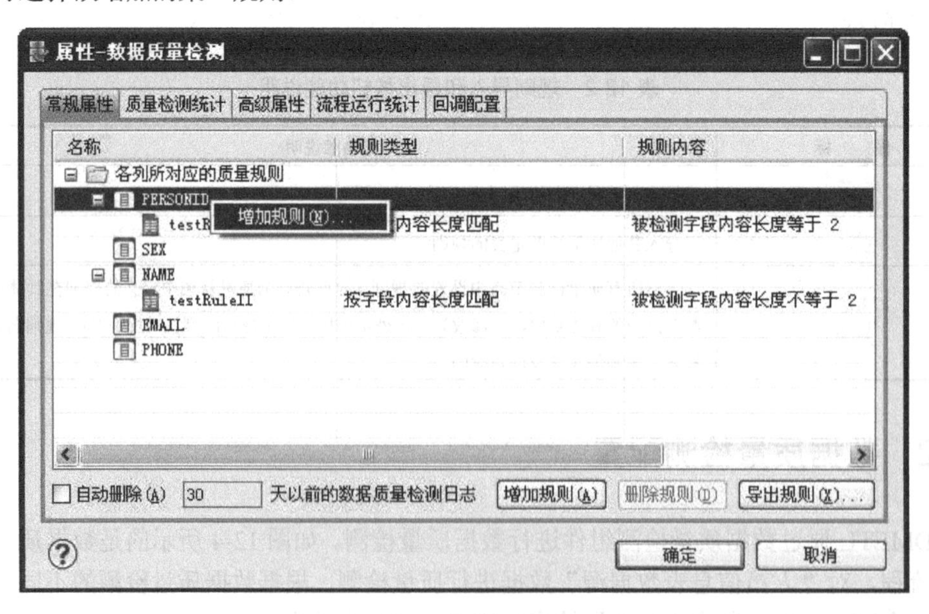

图 12-5　“属性-数据质量检测”界面

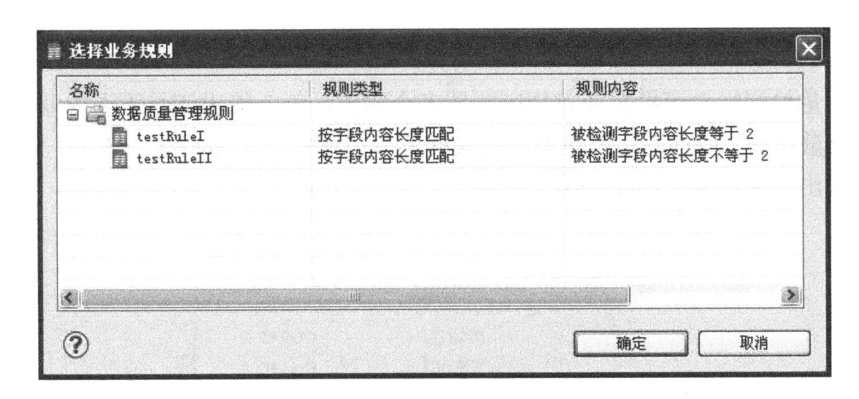

图 12-6　“选择业务规则”界面

增加规则成功后，还可以对相关规则属性进行修改。在图 12-5 中，双击配置成功的规则项，进入如图 12-7 所示的“修改业务规则”界面，用户可以在该界面中对相应属性进行修改，如业务规则名、内容长度等。

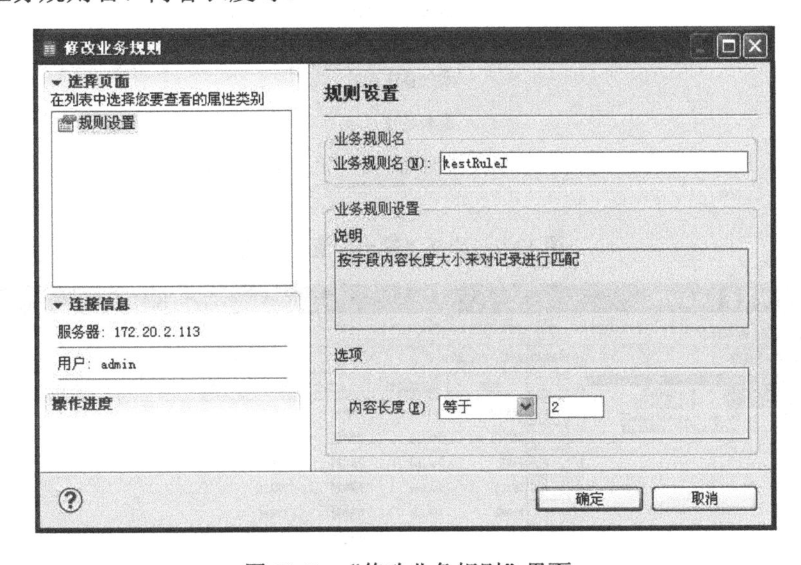

图 12-7　“修改业务规则”界面

2. 节点规则导出

数据质量检测组件还支持节点规则导出，单击如图 12-5 所示界面右下方的“导出规则”按钮，会弹出如图 12-8 所示的“导出本节点的质量规则到 Excel”对话框，输入相应参数，即可完成节点规则的导出。

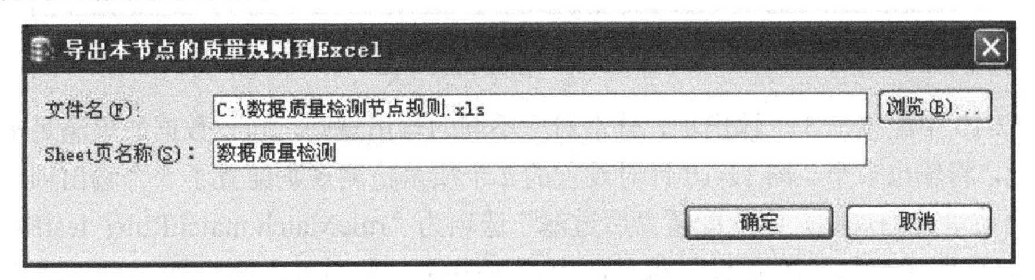

图 12-8　“导出本节点的质量规则到 Excel”对话框

3. 节点输出配置

数据质量检测组件可根据业务规则配置多个输出，每个输出满足不同的业务规则。右击“数据质量检测”组件图标，在弹出的快捷菜单中选择“输出配置”选项（见图 12-9），即可进入输出配置界面，如图 12-10 所示。

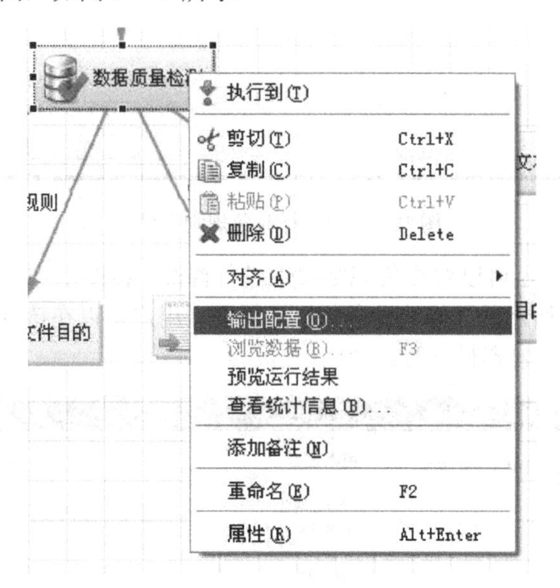

图 12-9　选择“输出配置”选项

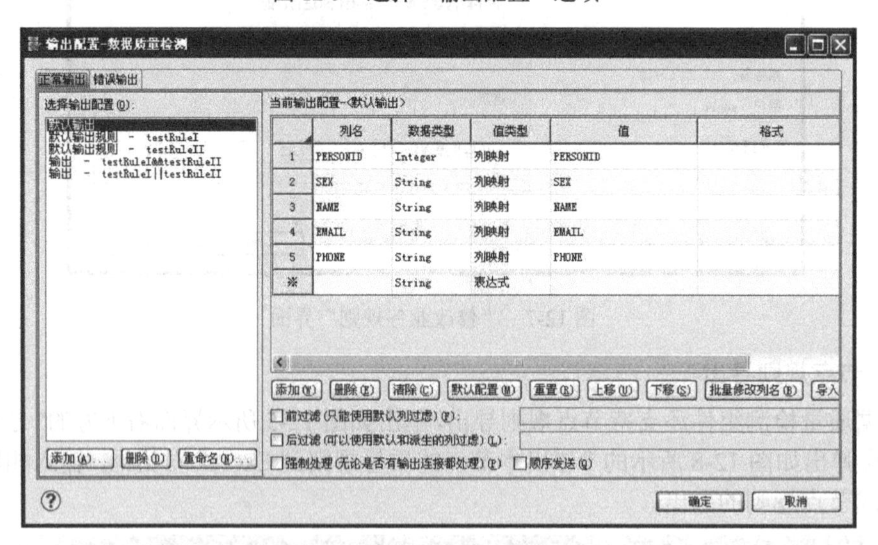

图 12-10　输出配置界面

图 12-10 中配置了 5 个输出项，分别对应不同的输出规则，同一数据如果满足多个质量检测规则，将输出多个。图 12-10 针对设置的 2 个质量检测规则配置了 5 个输出项，如果满足第一个质量检测规则，则应配置“后过滤”选项为“ruleMatch.matchRule(“testRuleI”)”，如图 12-11 所示。如果配置只需满足两个规则中的一个即可，则设置“后过滤”选项为“ruleMatch.matchRule(“testRuleI”)||ruleMatch.matchRule(“testRuleII”)”。

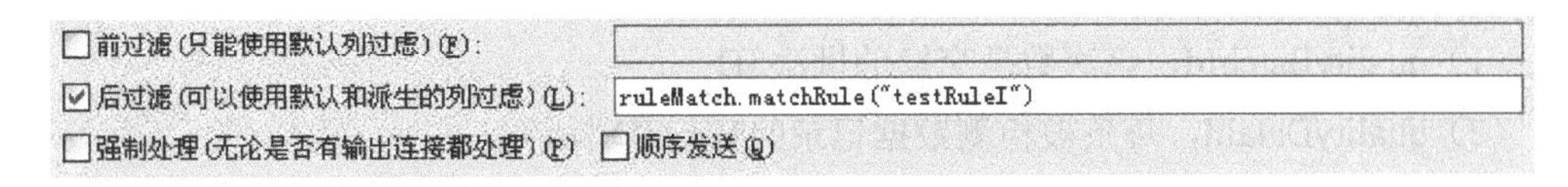

图 12-11　配置满足第一个数据质量检测规则的输出

DMETL 不仅支持数据质量检测的常用输出，还支持“违反规则”“问题数据”等类型的输出。如配置一个“问题数据（带有检测标记）”输出，单击如图 12-10 所示输出界面左下角的“添加”按钮，弹出如图 12-12 所示的“增加一个质量规则输出”对话框，在“默认规则”下拉列表中选择“问题数据（带有检测标记）”选项后，单击“确定”按钮完成规则输出的添加。

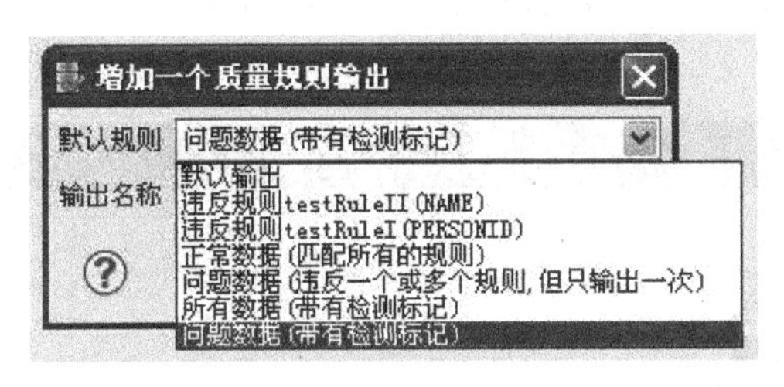

图 12-12　“增加一个质量规则输出”对话框

问题数据（带有检测标记）输出配置如图 12-13 所示，在其输出中自动增加了 5 个字段，分别来源于“qualityBatchId”“qualityDataId”“qualityRuleId”“qualityRuleName”“qualityColumnName”5 个内置的局部变量。这 5 个变量的含义如下。

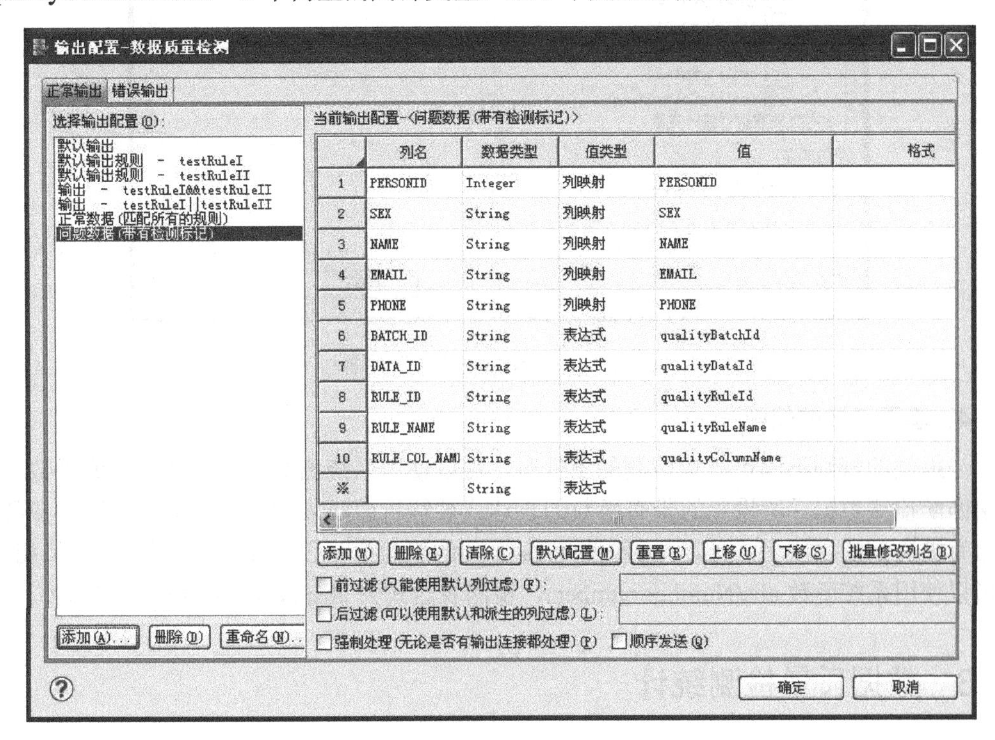

图 12-13　问题数据（带有检测标记）输出配置

（1）qualityBatchId，该次数据交换的批次 ID；

（2）qualityDataId，每条被检测数据记录的唯一 ID 标识；

（3）qualityRuleId，问题数据使用的检测规则 ID；

（4）qualityRuleName，问题数据使用的检测规则名；

（5）qualityColumnName，问题数据使用的规则检测所在字段。

对于其他类型的输出，也会自动配置相应的局部变量，或者手动配置相应的局部变量。如“所有数据（带有检测标记）”输出会自动配置“isProblemData”和“qualityDataId”，其中，“isProblemData”表示是否为问题数据，“qualityDataId”表示被检测数据唯一 ID 标识。同时，对每个输出配置字段可通过“编辑表达式”界面设置相应取值，如图 12-14 所示。

图 12-14 “编辑表达式”界面

4．基于函数的规则

当提供的规则不满足质量检测的条件时，可以使用系统函数、自定义函数或函数表达式来匹配检测数据。所设置的带有函数的表达式被解析后必须为布尔型值，函数的参数应该带有被检测的字段名。例如，要检测 TEST1 列的绝对值是否与 TEST2 列的绝对值相等，则可以使用系统函数 abs(Number number)，检测表达式为 abs(TEST1) == abs(TEST2)。

12.3 数据质量检测统计

DMETL 数据质量检测既可以统计单次数据质量检测执行情况，也可统计一段时间内数据质量检测执行情况，前者通常称为检测结果统计，后者称为元数据统计。

1. 检测结果统计

数据质量检测节点每次运行完毕，会有一个统计信息，记录此次数据交换的批次号、该批次交换数据总数、正常数据总数、问题数据总数及异常数据总数等信息。

“属性–数据质量检测”界面如图 12-15 所示，勾选“是否统计”复选框后，配置统计表数据集。由于 DMETL 数据质量检测组件需将统计信息存储于数据库中，故需预先定义一个用于存储统计信息的统计表，表字段通常按图 12-15 进行设置。对每个字段需设置值表达式，单击值表达式单元格的“…”按钮即可进入如图 12-16 所示的“编辑表达式”界面，设置相应的表达式。其中 5 个内置的局部变量含义如下。

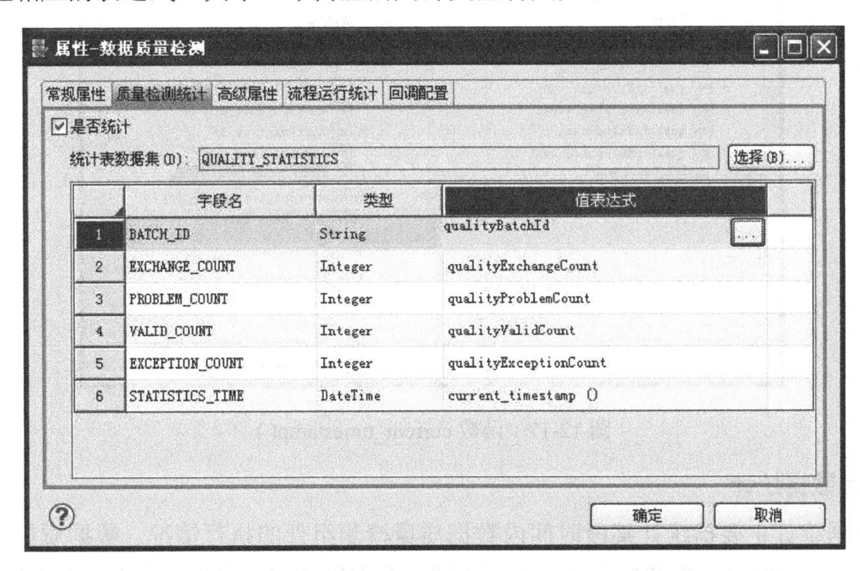

图 12-15　数据质量检测统计配置

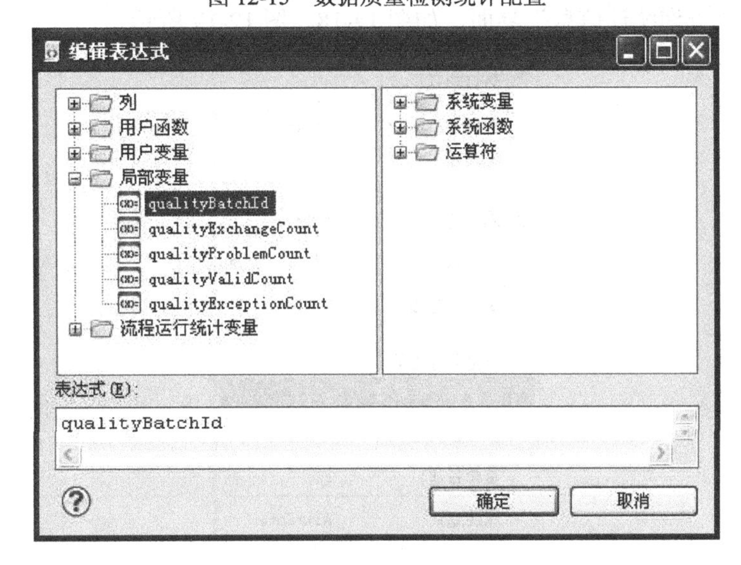

图 12-16　数据质量检测统计的“编辑表达式”界面

（1）qualityBatchId，此次数据交换的批次ID；
（2）qualityExchangeCount，该批次交换数据总数；
（3）qualityProblemCount，该批次问题数据总数；
（4）qualityValidCount，该批次正常数据总数；
（5）qualityExceptionCount，该批次异常数据总数。

同时，表达式还可使用函数，如运行时间可通过函数current_timestamp( )得到，如图12-17所示。

图12-17　函数current_timestamp( )

2. 元数据统计

元数据统计主要指统计某段时间内数据质量检测组件的执行情况。数据质量检测完成后，在数据质量检测组件图标上单击鼠标右键，在弹出的快捷菜单中选择“查看统计信息”选项即可进入“查询统计信息”界面，如图12-18、图12-19所示。

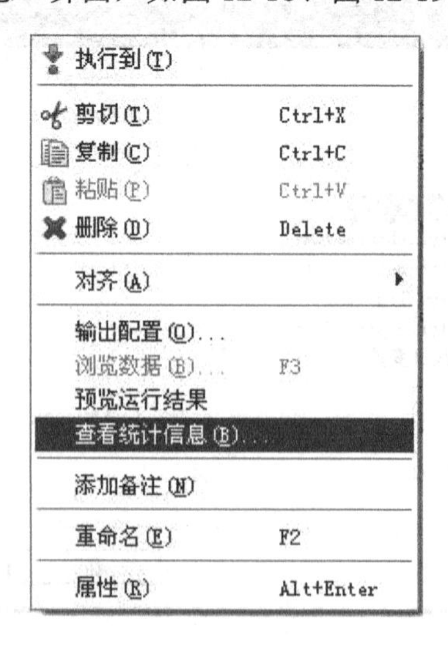

图12-18　选择“查看统计信息”选项

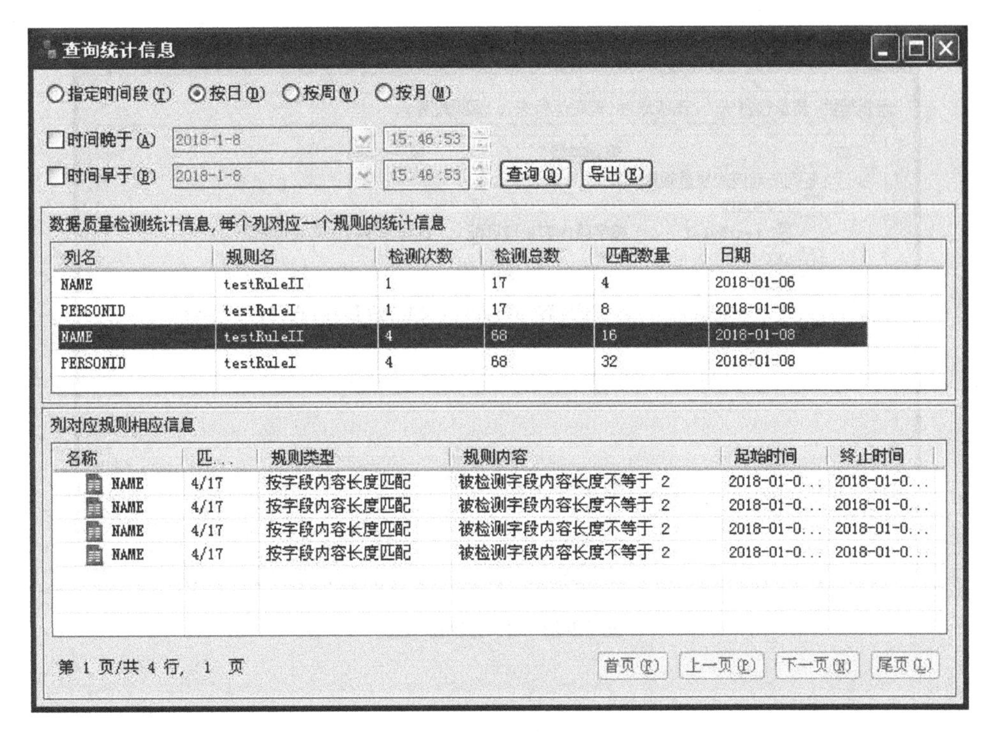

图 12-19　“查询统计信息”界面

在“查询统计信息”界面中，可以按指定时间段、按日、按周或按月进行统计，可统计数据质量监测统计信息及其列对应规则相应信息。按日进行统计的数据质量检测统计信息如图 12-19 所示，列出了列名、规则名、检测次数、检测总数、匹配数量和日期信息。同时，单击表格中的每行数据时，会在下表中显示详细信息，如名称、匹配/总数、规则类型、规则内容、起始时间和终止时间等信息。

此外，如果检测次数较多，涉及数据量较大时，可以手动清除统计信息，如图 12-20 所示，选择所要清除的信息数据项后，单击鼠标右键会弹出“清除”菜单，选择“清除”选项就可以清除所选择的详细信息数据项。

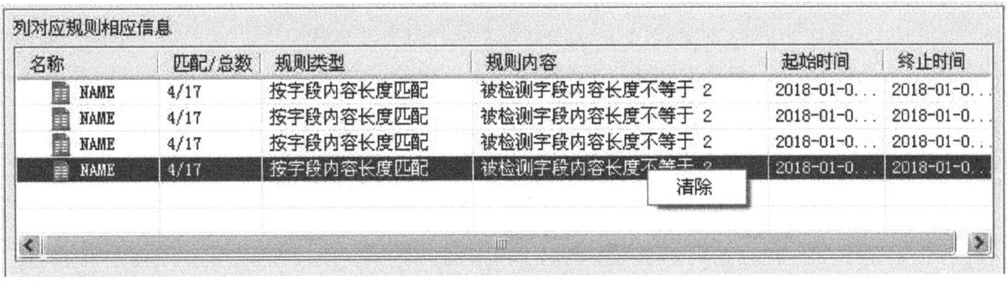

图 12-20　清除统计信息

除了手动删除，还可以自动删除统计信息，在“属性-数据质量检测”界面中，勾选“常规属性”窗口下方的“自动删除”复选框，设置相应的参数即可，如图 12-21 所示。

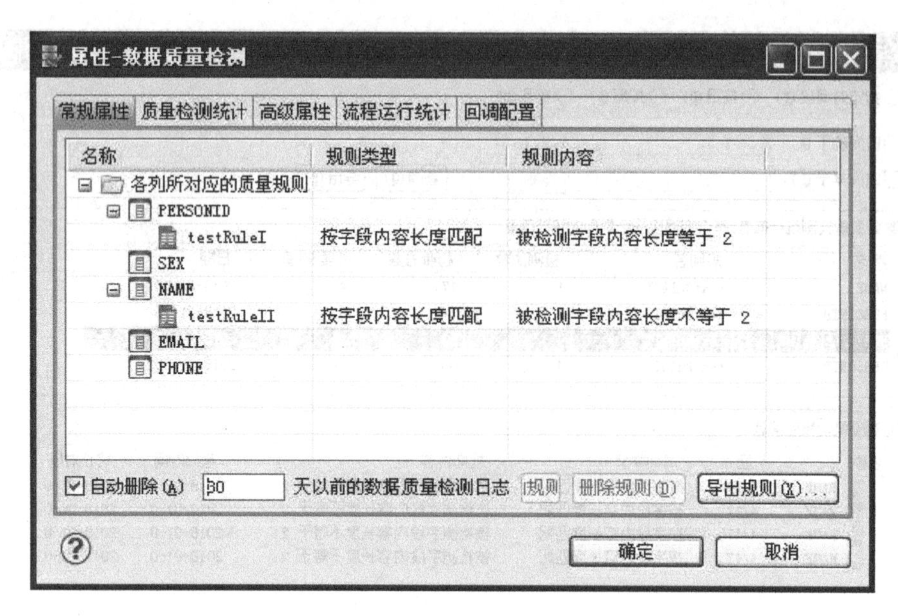

图12-21　自动删除设置

第 13 章 Web 监控与数据总线

网络环境下，通常分布式部署有多台达梦数据交换平台（DMETL）服务器或者 DMETL 集群。为便于集中监控这些 DMETL 服务器或集群，DMETL 提供了基于 Web 的统一监控平台。同时，考虑到这些 DMETL 服务器可能作为跨部门数据交换体系中的前置交换节点部署在广域网中，DMETL 通过数据总线（DMETL DataBus）将这些 DMETL 服务器连接起来，各部门可以使用发布/订阅模式进行数据交换，并且可以保证广域网上数据传输的可靠性、安全性。

13.1 Web 监控

DMETL 监控系统实现了在 Web 端对 DMETL 服务器进行实时监控，查看连接的 DMETL 服务器的作业统计、数据统计，并且实时地将告警信息发送给监控者。

13.1.1 Web 监控安装

DMETL Web 监控相关功能只在企业版中提供，因此参与 Web 监控的所有服务器均需安装 DMETL，并且在安装 DMETL 时，注意选择安装企业版，详细安装方法可参考本书第 2 章。

13.1.2 Web 监控配置

DMETL 企业版安装完成后，需要对 Web 监控相关参数进行配置。用户可通过 DMETL 控制台工具或直接修改配置文件进行配置。

1. 通过 DMETL 控制台工具配置

“DMETL–控制台工具”界面的“Web 监控服务”窗口如图 13-1 所示，在此窗口中可启动或停止 DmetlServiceWebMonitor 服务，可配置启动模式和运行端口，还可以修改 DMETL Web 监控数据库配置。DMETL Web 监控配置完成后，需单击“保存”按钮即可保存配置信息，重启 DmetlServiceWebMonitor 服务后才能生效。

DMETL - 控制台工具
DMETL服务 | 服务器配置 | 元数据库配置 | DMETL集群配置 | 数据总线服务 | Web监控服务 | 许可证信息
DMETL web监控服务
服务名称(系统服务): DmetlServiceWebMonitor　刷新
服务状态: 已停止　启动　停止
启动模式: 自动　自动模式　手动模式
DMETL web监控配置
DMETL web监控服务运行端口(O): 8123
保存(S)　重置(R)　使用缺省值(D)
DMETL web监控数据库配置
数据库类型(T): DM7
数据库IP(A): localhost
端口号(P): 5236
数据库名称(G): 默认
用户名(U): SYSDBA
口令(W): ******
保存(Q)　重置(N)　使用缺省值(M)

图 13-1　“Web 监控服务”窗口

2. 直接修改配置文件

通过 DMETL 控制台工具配置 Web 监控，实际修改的是位于 DMETL 安装目录 conf 文件夹下的 dmetl-web.xml 文件，即<DMETL>/conf/dmetl-web.xml 文件，因此也可直接修改该文件进行配置。注意在修改该文件后同样需要使用 DMETL 控制台工具重启 DmetlServiceWebMonitor 服务。dmetl-web.xml 文件格式如下：

```
//默认为DM7
<parameter name="metadata" value="1" />
<parameter name="driverClass" value="dm.jdbc.driver.DmDriver" />
<parameter name="jdbcUrl" value="jdbc:dm://localhost:5236" / <parameter name="user"
value="SYSDBA" />
<parameter name="password" value="SYSDBA" />
//Oracle连接示例
<!-- <parameter name="driverClass" value="oracle.jdbc.drivEr.OracleDriver" />
<parameter name="jdbcUrl" value="jdbc:oracle:thin:@localhost:1521:orcl" />
<parameter name="user" value="system" />
<parameter name="password" value="admin" /> -->
//MySQL连接示例
<!-- <parameter name="driverClass" value="org.gjt.mm.mysql.Driver" />
<parameter name="jdbcUrl" value="jdbc:mysql://localhost:3306/mysql" />
```

```
<parameter name="user" value="root" />
<parameter name="password" value="root" />  -->
//C3P0连接池配置参数,本系统只设置了部分属性，如果有特殊需求可以查阅相关文档
// <!--初始化时获取的连接数，  Default: 3 -->
<parameter name="initialPoolSize" value="3" />
<!--连接池中保留的最小连接数。Default: 1 -->
<parameter name="minPoolSize" value="1" />
<!--连接池中保留的最大连接数。Default: 50 -->
<parameter name="maxPoolSize" value="50" />
<!--最大空闲时间,60秒内未使用则连接被丢弃。Default: 60秒  -->
 <parameter name="maxIdleTime" value="60" />
```

13.1.3　Web 监控功能

DMETL Web 监控配置完成后，重启 DmetlServiceWebMonitor 服务，即可通过浏览器访问监控系统，系统默认访问 URL 的 ip 地址为 8123，如示例：http://localhost:8123 或 http://172.20.2.113:8123。Web 监控系统当前支持 Firefox、Chrome 及 IE9 以上版本的浏览器。

在浏览器输入正确 URL 后，会弹出如图 13-2 所示的登录界面，默认用户名和密码均为 admin。正确输入用户名和密码后，即可进入监控系统，主界面如图 13-3 所示。主界面上方为功能菜单，即监控系统的 8 个功能模块：概览、平台管理、数据流图、作业统计、转换统计、数据统计、告警转发和系统管理，如图 13-4 所示。

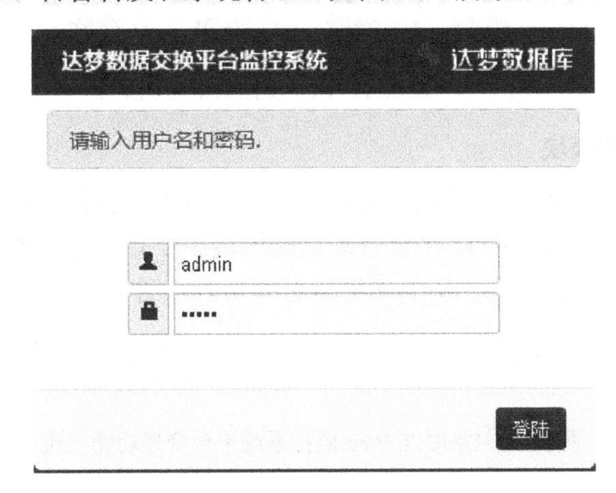

图 13-2　DMETL Web 监控系统登录界面

1．概览功能模块

如图 13-3 所示，概览功能模块主要用于查看实时连接的服务器信息，主要包括服务器缩略图、服务器状态、最新运行日志和最新告警 4 个子功能。

（1）服务器缩略图：显示当前正在连接的网络拓扑中的服务器。

（2）服务器状态：显示当前网络拓扑中的服务器连接状态。

（3）最新运行日志：显示当前连接中的服务器最新运行日志。

（4）最新告警：显示当前网络拓扑中的服务器最新告警信息。

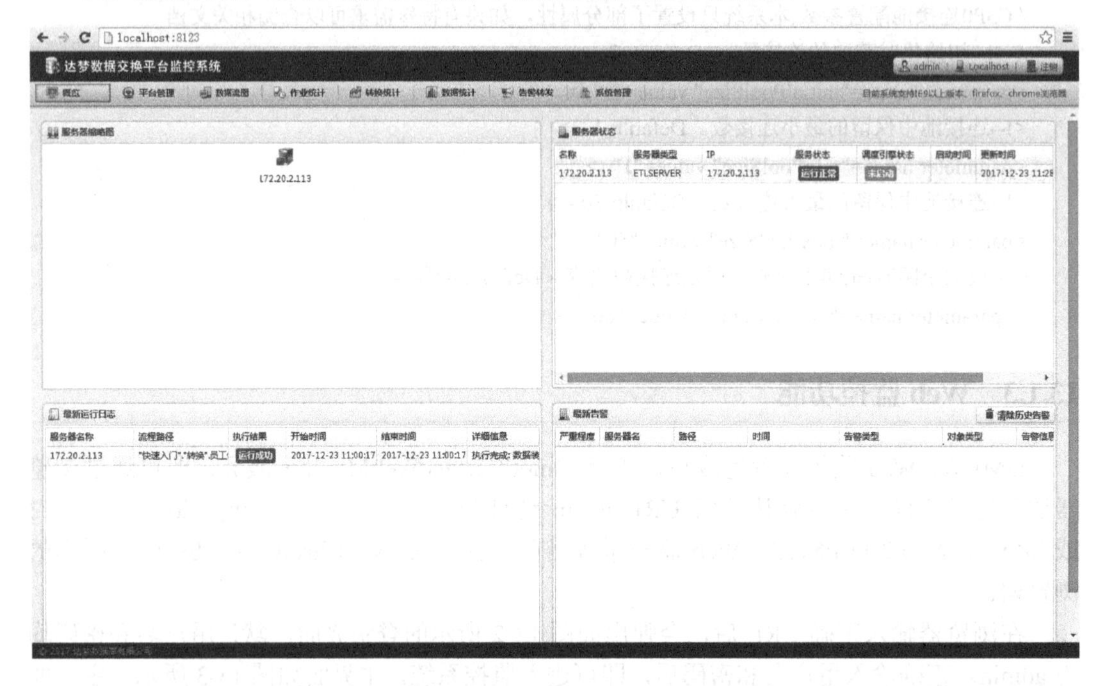

图 13-3　DMETL Web 监控系统主界面

图 13-4　DMETL Web 监控系统功能菜单

2．平台管理功能模块

DMETL Web 监控系统对本地或远程达梦数据交换平台服务器实施监控，首先需要连接目的监控平台服务器。DMETL 平台管理功能模块主要有新建服务器、编辑服务器、删除、Excel 导入、历史运行日志、历史告警信息等功能，图 13-5 为平台管理功能按钮。

图 13-5　DMETL Web 监控系统平台管理功能按钮

1）新建服务器

新建服务器功能主要将需要监控的 ETL 服务器添加到管理平台中，以实现对本地或远程 ETL 服务器的监控，“新增服务器”界面如图 13-6 所示，其中配置选项配置说明如表 13-1 所示。

配置完相关选项后，单击“确定”按钮即可完成新增服务器操作。如果连接多台服务器，每台服务器连接结束后，将该服务器图标拖开分放，以避免图标重叠而找不到相应服务器。

图 13-6 “新增服务器”界面

表 13-1 新增服务器配置选项配置说明

选项名称	选项配置说明
名称	自定义所连接服务器名称
类型（可选）	主要包括 DMETL 服务器、DATABUS 服务器、DMETL 集群
主机	所连接服务器在网络的 IP 地址
端口	所连接服务器的运行端口
用户名	所连接服务器的登录用户名
密码	所连接服务器的登录密码
描述	连接备注信息

2）编辑服务器

单击所需编辑的服务器的图标，该图标会由虚线包围，然后单击“编辑服务器”按钮，会出现编辑界面，具体编辑选项与表 13-1 的配置选项一致。

3）删除

单击所需删除的服务器的图标，然后单击“删除”按钮即可删除对应 DMETL 服务器信息。

4）Excel 导入

Excel 导入功能主要实现将 DMETL 服务器批量加载至管理平台，其需要相应 Excel 文件以系统提供的指定文件模板格式书写。

5）历史运行日志

历史运行日志功能主要用于查询流程的历史执行情况。选中需要查询的日志的服务器图标，然后单击“历史运行日志”按钮，即会弹出如图 13-7 所示的“历史运行日志查询条件”对话框，配置所属流程、开始时间（晚于、早于）和结束时间（晚于、早于）等相关参数后即可查询。

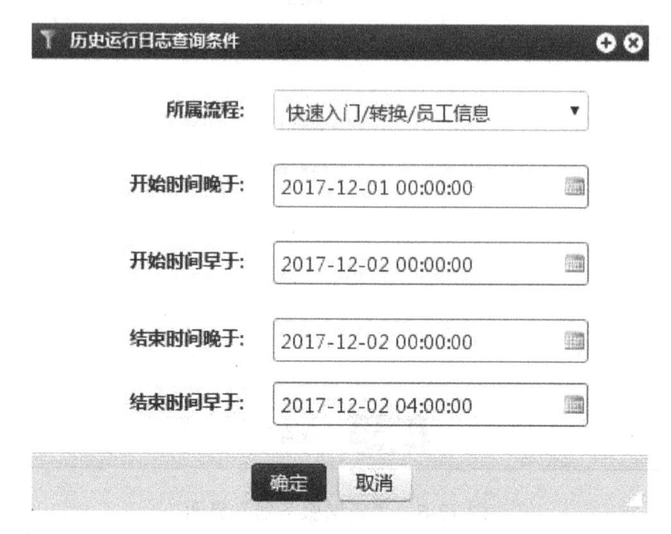

图 13-7 “历史运行日志查询条件”对话框

6）历史告警信息

历史告警信息功能主要用于查询历史告警信息，选中需要查询的历史告警信息的服务器图标，然后单击“历史告警信息”按钮，即会弹出如图 13-8 所示的“历史告警信息查询条件”对话框，配置开始时间、结束时间、告警类型、告警严重程度相关参数后即可查询。

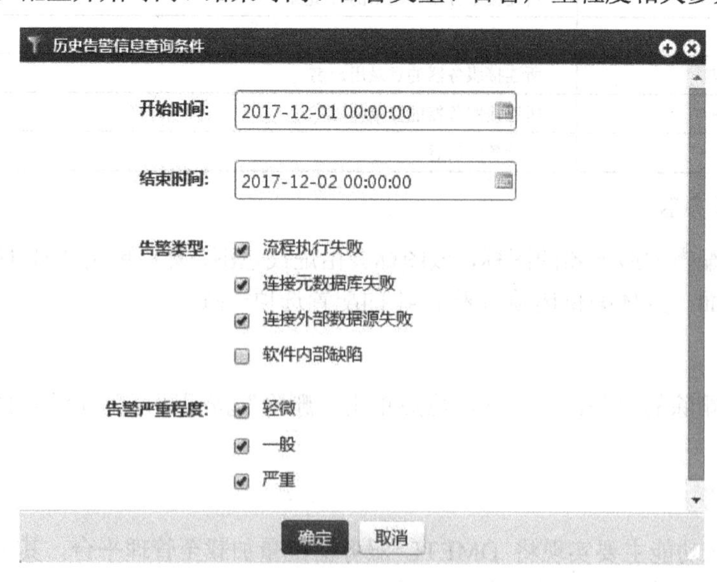

图 13-8 “历史告警信息查询条件”对话框

3. 数据流图功能模块

数据流图功能模块主要用于展现和查询 ETL 服务器的数据源情况，如图 13-9 所示。通过选择 ETL 服务器，可展现所选 ETL 服务器的数据源情况，并可通过选择某个数据源，详细查询某个数据源的表和数据量，“数据库监控”对话框如图 13-10 所示。

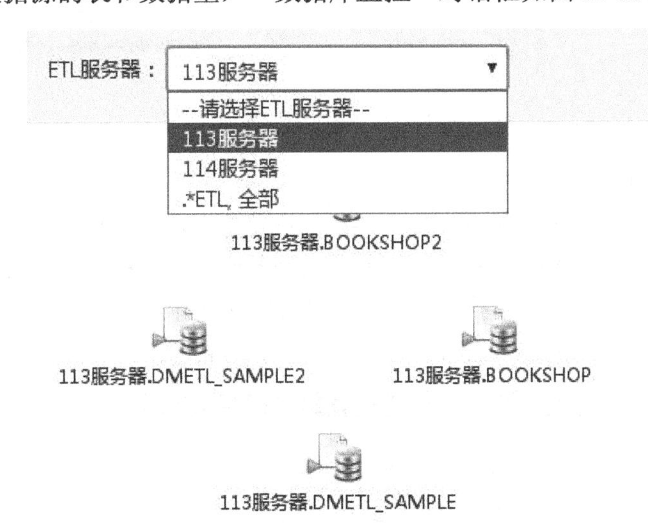

图 13-9　展现和查询 ETL 服务器数据源

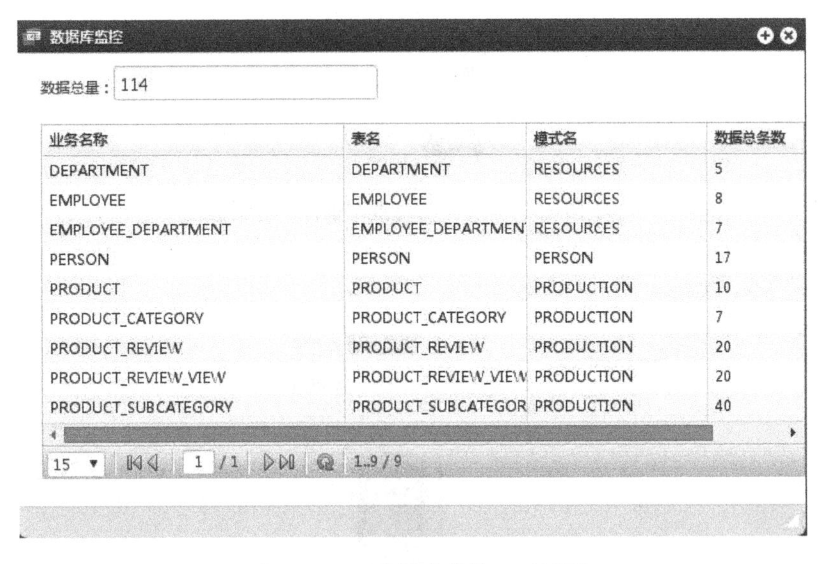

业务名称	表名	模式名	数据总条数
DEPARTMENT	DEPARTMENT	RESOURCES	5
EMPLOYEE	EMPLOYEE	RESOURCES	8
EMPLOYEE_DEPARTMENT	EMPLOYEE_DEPARTMEN	RESOURCES	7
PERSON	PERSON	PERSON	17
PRODUCT	PRODUCT	PRODUCTION	10
PRODUCT_CATEGORY	PRODUCT_CATEGORY	PRODUCTION	7
PRODUCT_REVIEW	PRODUCT_REVIEW	PRODUCTION	20
PRODUCT_REVIEW_VIEW	PRODUCT_REVIEW_VIEW	PRODUCTION	20
PRODUCT_SUBCATEGORY	PRODUCT_SUBCATEGOR	PRODUCTION	40

图 13-10　“数据库监控”对话框

4. 作业统计功能模块

作业统计功能模块主要用于统计被监控的 ETL 服务器的作业调度情况，作业统计界面如图 13-11 所示，可查询和统计各作业调度的已完成调度数、异常调度数、调度周期、上次运行开始时间、上次运行结束时间和下次启动时间等信息。

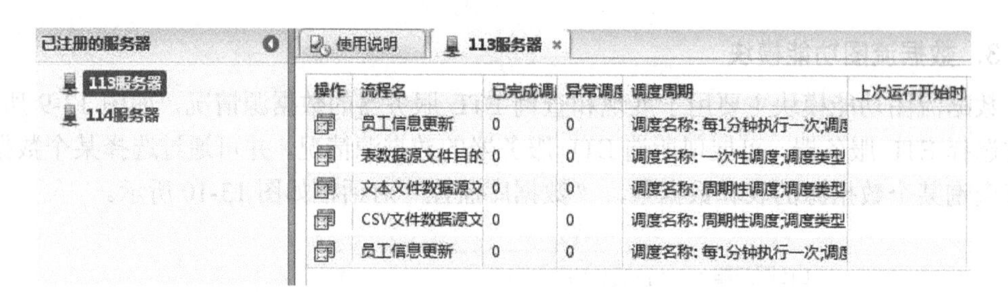

操作	流程名	已完成调	异常调度	调度周期	上次运行开始时
	员工信息更新	0	0	调度名称：每1分钟执行一次;调度	
	表数据源文件目的	0	0	调度名称：一次性调度;调度类型	
	文本文件数据源文	0	0	调度名称：周期性调度;调度类型	
	CSV文件数据源文	0	0	调度名称：周期性调度;调度类型	
	员工信息更新	0	0	调度名称：每1分钟执行一次;调度	

图 13-11　作业统计界面

5. 转换统计功能模块

转换统计功能模块主要用于查询转换流程的概览信息和统计信息。通过双击某个转换流程名称，弹出如图 13-12 所示的“统计信息查询条件”对话框，通过设置相关属性即可查询该转换流程的统计信息。转换统计信息如图 13-13 所示，可通过柱形图、折线图查看统计信息，也可通过表格形式查看信息，还可查看具体流程。

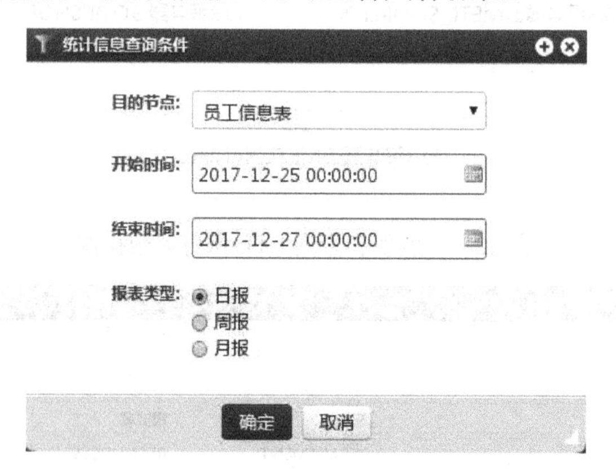

图 13-12　“统计信息查询条件”对话框

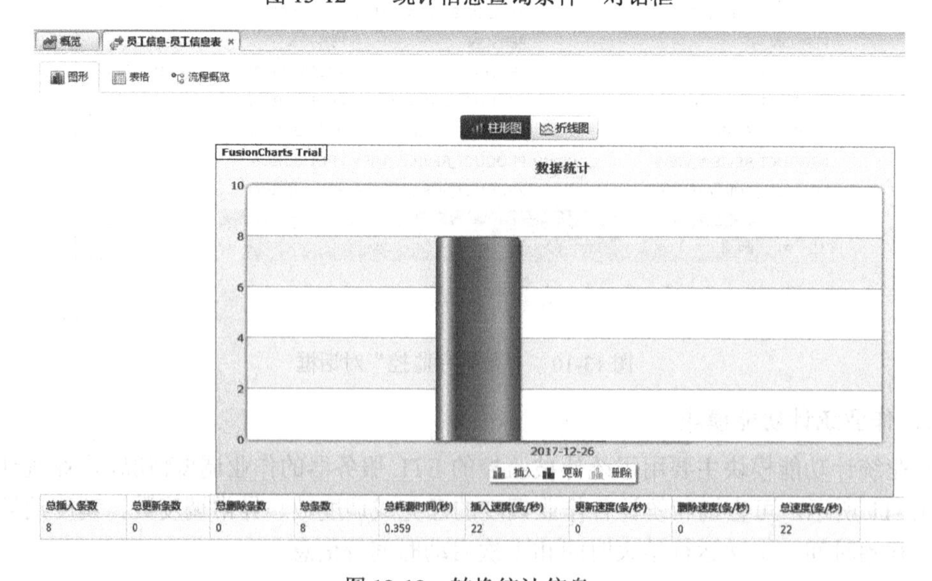

总插入条数	总更新条数	总删除条数	总条数	总耗费时间(秒)	插入速度(条/秒)	更新速度(条/秒)	删除速度(条/秒)	总速度(条/秒)
8	0	0	8	0.359	22	0	0	22

图 13-13　转换统计信息

6. 数据统计功能模块

数据统计功能模块主要用于统计各服务器数据源的信息，如图 13-14 所示，通过选择服务器和数据源即可统计相关信息。

统计分析

服务器： 113服务器 数据源： DMETL_SAMPLE 开始统计 数据总量： 24

表名	模式名	数据总条数	描述信息	操作
DEPARTMENT_T1	DMETL_SAMPLE	0		浏览数据
DEPARTMENT_T2	DMETL_SAMPLE	0		浏览数据
EMPLOYEEINFO	DMETL_SAMPLE	8		浏览数据
EMPLOYEE_YINGWEN	DMETL_SAMPLE	0		浏览数据
INFO_NAN	DMETL_SAMPLE	0		浏览数据
INFO_NV	DMETL_SAMPLE	0		浏览数据
PERSON	DMETL_SAMPLE	0		浏览数据
PERSON_2	DMETL_SAMPLE	0		浏览数据
PERSON_CAIWU	DMETL_SAMPLE	0		浏览数据
PERSON_DEST	DMETL_SAMPLE	0		浏览数据
PERSON_JMS	DMETL_SAMPLE	0		浏览数据
PERSON_LIU	DMETL_SAMPLE	0		浏览数据
PERSON_LIUQING	DMETL_SAMPLE	0		浏览数据

图 13-14 数据统计功能模块界面

7. 告警转发功能模块

DMETL Web 监控系统提供实时网络告警信息转发功能。告警信息以 Email 和手机短信息的方式转发给检测人，告警转发功能模块通过用户自定义告警转发规则来实现告警信息转发。“告警转发”窗口如图 13-15 所示，可通过该窗口新建、编辑、删除告警转发规则。单击“新建”按钮会弹出如图 13-16 所示的“新增”对话框，配置相关选项即可新增转发规则。

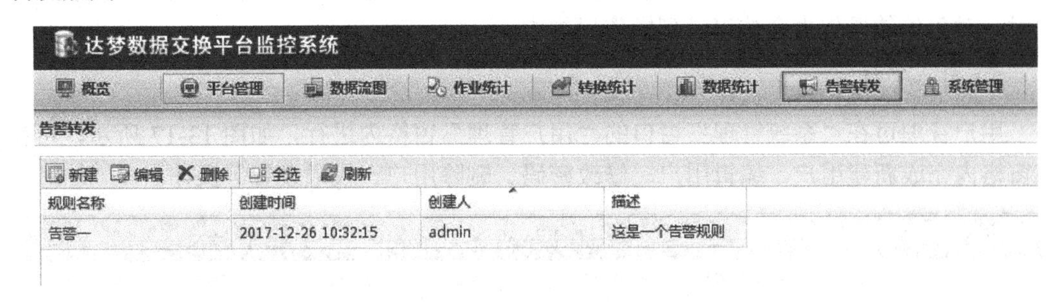

图 13-15 “告警转发”窗口

8. 系统管理功能模块

系统管理功能模块主要有用户管理和角色管理两种功能。不同的用户与角色有着不同的系统权限，不同的系统权限对应不同的系统功能操作。

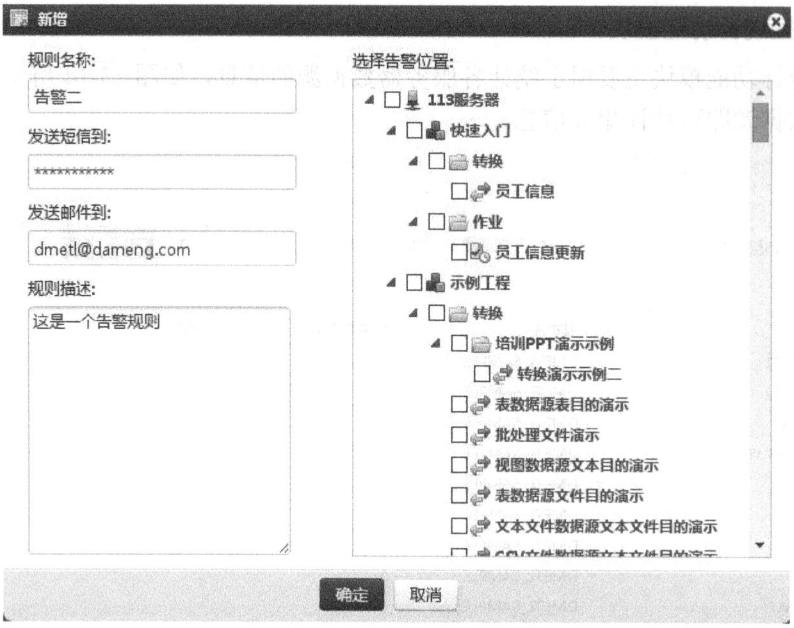

图 13-16 “新增”对话框

1）用户与角色

用户是指能够登录 DMETL Web 监控系统的人员。DMETL Web 监控系统默认拥有一个最高级别的 admin 用户，该用户是系统的顶级用户，无法被删除。admin 用户可以创建新的用户，并为之赋予对象权限和功能权限，也可以通过赋予角色来减少操作次数。在创建用户后，可以修改用户属性，修改其功能权限、对象权限，也可以删除用户。对用户执行各种操作也需要相应的权限；同时，对用户的操作会被记录到操作日志中。

角色由用户创建，是一组功能权限和对象权限的集合。在创建角色的同时可以为其赋予对象权限和功能权限，同时可以指定该角色所属的用户。在创建角色后，可以修改其属性，修改其功能权限、对象权限，修改其所属用户。对角色执行操作需要具备相关权限，同时，对角色的操作也会被记录到操作日志中。

2）用户管理

用户管理可在“系统管理”窗口的“用户管理”窗格内进行，如图 13-17 所示，可在该窗格内完成新建用户、编辑用户、修改密码、删除用户、权限设置等操作。

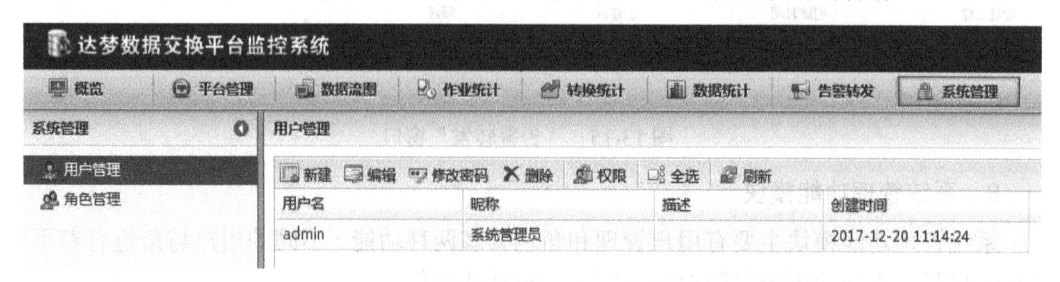

图 13-17 “用户管理”窗格

3）角色管理

角色管理可在“系统管理”窗口的“角色管理”窗格内进行，如图 13-18 所示，可在该窗格内完成新建角色、编辑角色、删除角色、权限设置等操作。

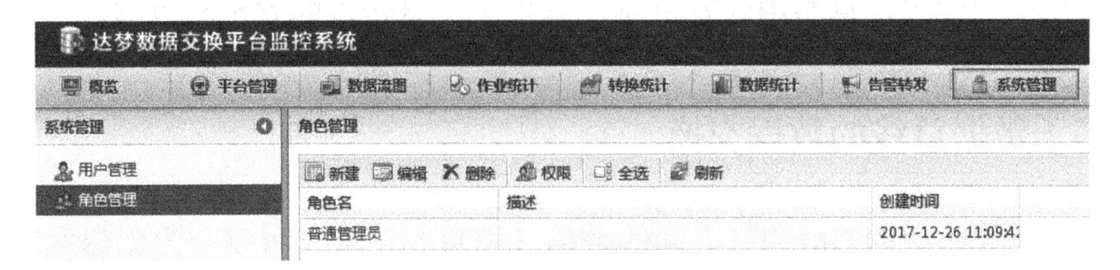

图 13-18　“角色管理”窗格

13.2　数据总线

DMETL 数据总线（DMETL DataBus）能够将多台 DMETL 服务器连接起来，这些 DMETL 服务器通常作为跨部门数据交换体系中的前置交换节点部署在广域网中。通过 DMETL 数据总线，不同部门可以使用发布/订阅模式进行数据交换，并且可以保证广域网上数据传输的可靠性、安全性。

13.2.1　DMETL 数据总线概述

DMETL 实现了网络环境中各种异构系统和数据源之间的数据交换，在每个 DMETL 中内嵌一个消息服务器，每个内嵌消息服务器上创建有发布队列或订阅队列，数据总线服务器 DataBus 服务器负责不同消息服务器之间从发布队列向订阅队列的路由转发。DMETL 服务器之间不能直接进行消息的交换传递，必须经过 DataBus 服务器进行消息的路由转发。

数据（消息）交换流程如图 13-19 所示，异构系统之间可以通过 DMETL 服务器和 DataBus 服务器来实现数据的交换，把需要交换的消息从源 DMETL 服务器推到自己内嵌

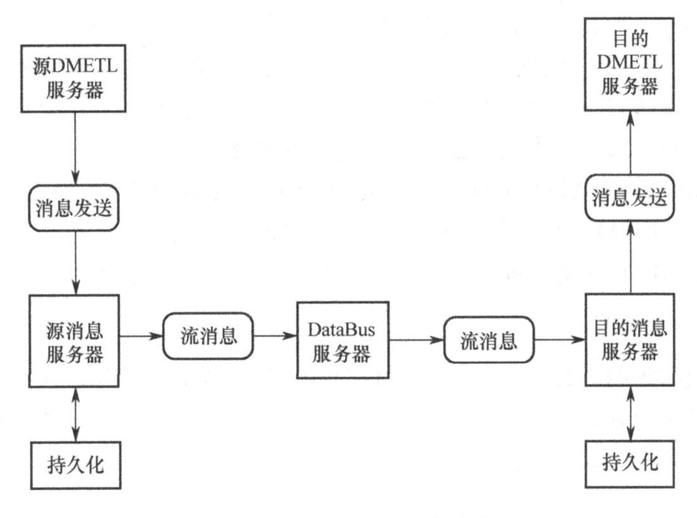

图 13-19　数据（消息）交换流程

消息服务器上的某一发布队列中，目的 DMETL 服务器则从自己内嵌消息服务器的某一订阅队列里接收消息；DataBus 服务器从源 DMETL 服务器的发布队列获取消息，然后路由转发到目的 DMETL 服务器的订阅队列中，可实现多到一的路由，也可实现一到多的路由。这种基于消息中间件的消息路由转发机制，确保了消息传输的安全与可靠。

13.2.2 基于数据总线的数据交换

通过数据总线路由的 DMETL 之间的数据（消息）交换，可以分为创建发布和订阅数据集、创建发布和订阅流程、数据总线配置三个步骤进行。创建发布或订阅数据集时，会在 DMETL 内置的消息服务器中创建同名的发布或订阅队列。DMETL 创建的发布流程把源消息或经过转换的源消息推送到发布队列中，DMETL 创建的订阅流程从订阅队列取出消息，然后清洗转换。数据总线服务器配置了 DMETL 之间发布队列到订阅队列的路由信息，DataBus 服务器依据配置的路由信息进行消息的路由转发。

本节以发布和订阅“DEPARTMENT”表数据为例，介绍基于数据总线的数据交换，其中发布方 IP 地址为 172.20.2.113，订阅方 IP 地址为 172.20.2.114，数据总线服务部署在发布方服务器中。

1. 创建发布和订阅数据集

为实现基于数据总线的数据交换，需要在用于数据发布的 DMETL 服务器上创建发布数据集，在用于接收数据的 DMETL 服务器上创建订阅数据集，从而在它们各自内置消息服务器上创建发布或订阅队列。由于 DMETL 服务器内置消息服务器默认不是自启动状态，因此需要先将发布和订阅 DMETL 服务器内置消息服务器配置为自启动状态，然后再创建发布和订阅数据集。

1）配置内置消息服务器自启动

DMETL 服务器只有启动了内置的消息服务器，发布和订阅数据集才能创建成功，才能进行从发布到订阅的数据交换，因为在创建数据集的同时，在内置消息服务器中创建了同名的发布和订阅队列；数据（消息）交换时，需要从消息服务器接收数据，然后经过 DataBus 服务器推送到另一消息服务器。为实现基于数据总线的数据交换，需要在发布方和订阅方的 DMETL 服务器上同时配置内置消息服务器自启动。

配置内置消息服务器自启动，只需要修改配置文件<DMETL>/conf/dmetl.ini 中的 START_INTERNAL_JMS 属性值，将其设为“1”即可，“1”表示自动启动内置消息服务器，然后重启 DMETL 服务，即完成了内置消息服务器自启动配置。

2）创建发布数据集

创建发布数据集的为数据发布方，即源 DMETL 服务器的操作，应在发布方服务器运行达梦数据交换平台软件，在该软件的“发布订阅”窗口内，单击“添加发布”按钮或执行“发布 | 添加发布”命令来进行创建，如图 13-20 所示。

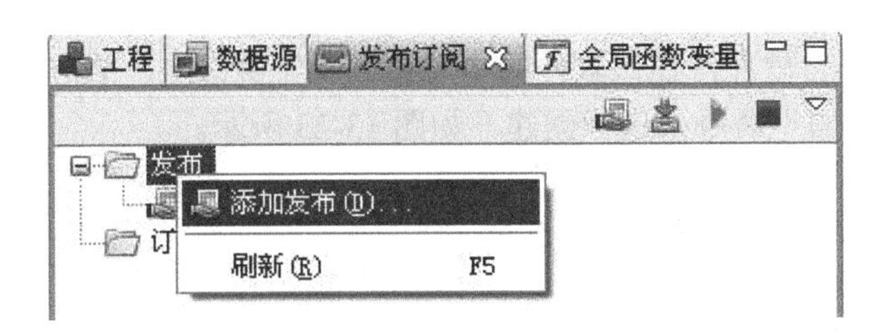

图 13-20　执行“发布｜添加发布”命令

在“添加发布数据集”界面，可设置发布数据集的名称，如图 13-21 所示；也可设置发布数据集的列信息，本例中的发布数据集的列名设置为“DEPARTMENTID”和“NAME”，并指出了各列的数据类型和精度，如图 13-22 所示。

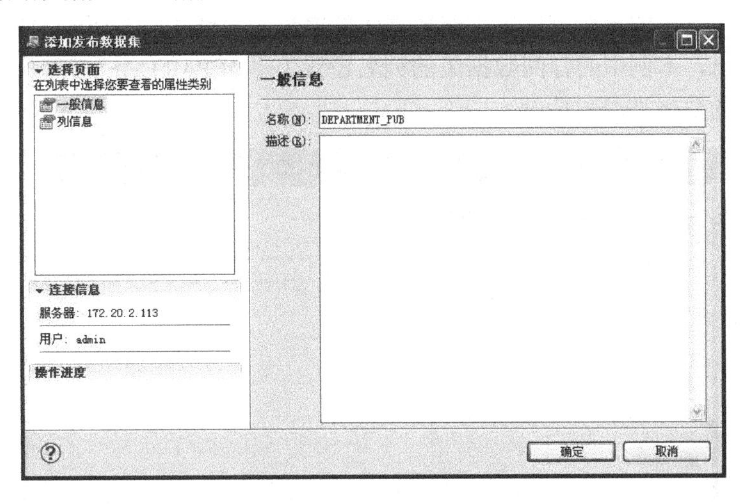

图 13-21　设置发布数据集的名称

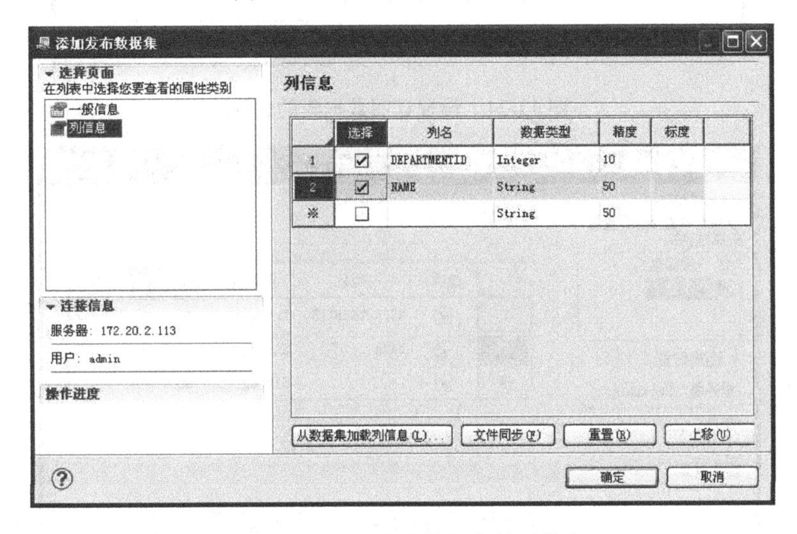

图 13-22　设置发布数据集的列信息

3）创建订阅数据集

创建订阅数据集的是数据订阅方，即目的 DMETL 服务器的操作，应在订阅方服务器运行达梦数据交换平台软件，在该软件的“发布订阅”窗口内，单击“添加订阅”按钮或执行“订阅｜添加订阅”命令来进行创建，如图 13-23 所示。

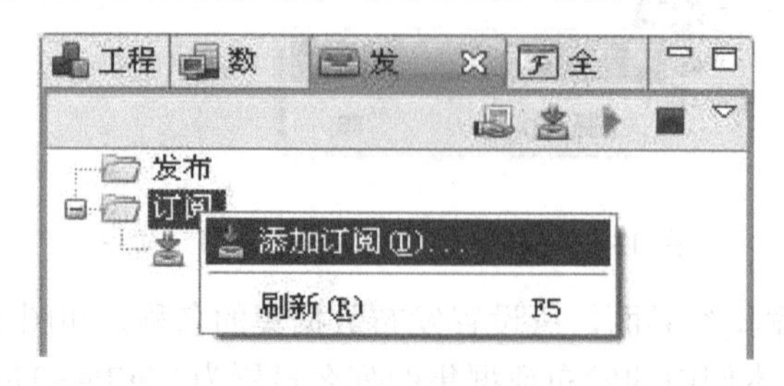

图 13-23　添加订阅数据集

如图 13-24 所示的界面可设置订阅数据集的名称。如图 13-25 所示的界面可设置订阅数据集的列信息，本例中的订阅数据集的列名设置为“DEPARTMENTID”和“NAME”，并指出了各列的数据类型和精度。

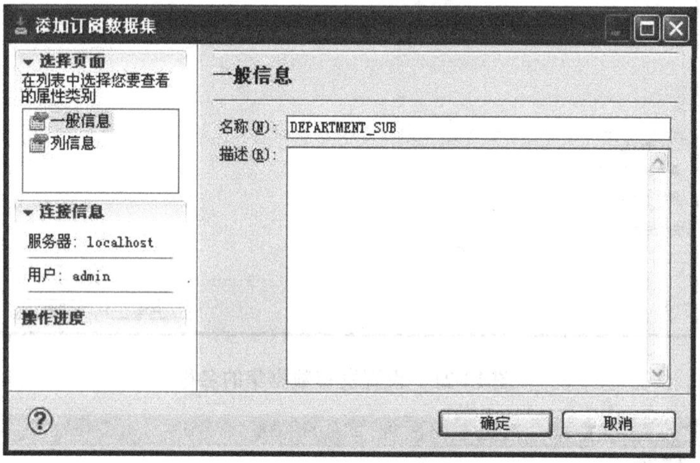

图 13-24　设置订阅数据集的名称

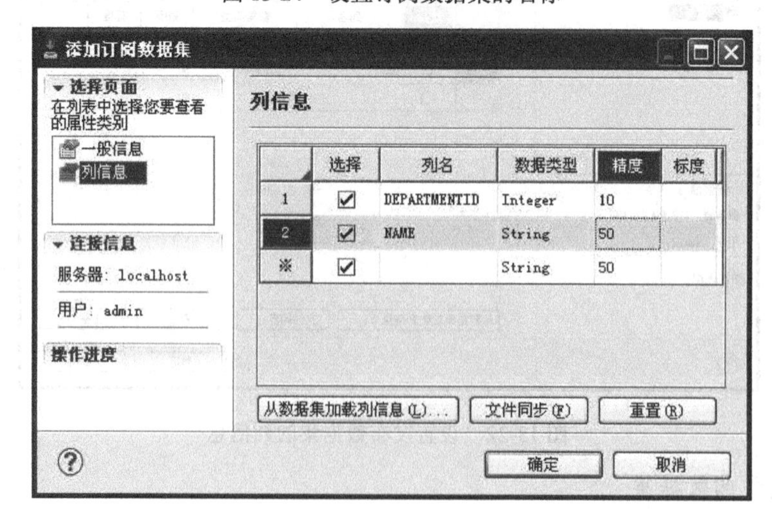

图 13-25　设置订阅数据集的列信息

2. 创建发布和订阅流程

为实现基于数据总线的数据交换，需要在数据发布方创建发布流程，用于将待发布的数据推送到数据总线。同时，还需要在订阅方创建订阅流程，用于从数据总线获取订阅数据。通过 DMETL 客户端工具即达梦数据交换平台软件，即可创建发布和订阅流程。

1）创建发布流程

创建发布流程需要数据发布方操作，发布流程执行后会把数据（消息）推送到发布节点设置的发布队列，供数据总线服务器从该发布队列接收数据，路由转发到其他 DMETL 服务器设置的订阅队列。

创建发布流程需要在发布方服务器使用达梦数据交换平台软件创建，创建一个简单的发布流程如图 13-26 所示，将“DEPARTMENT”表数据发布到发布队列。

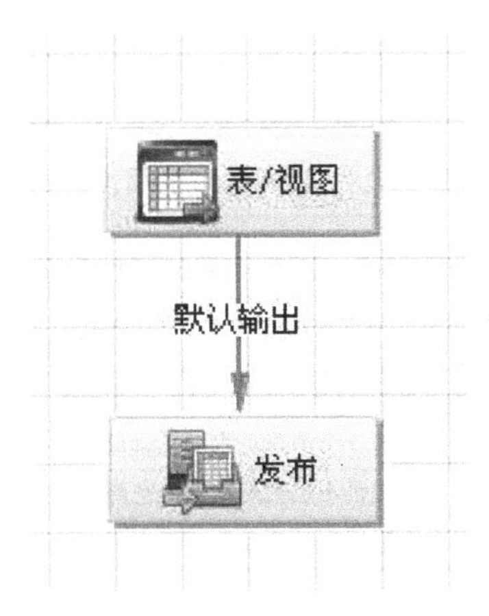

图 13-26　一个简单的发布流程

图 13-27 为设置发布流程输入组件属性的“属性-表/视图”界面，在该界面中可设置数据集和列信息等的相关属性。

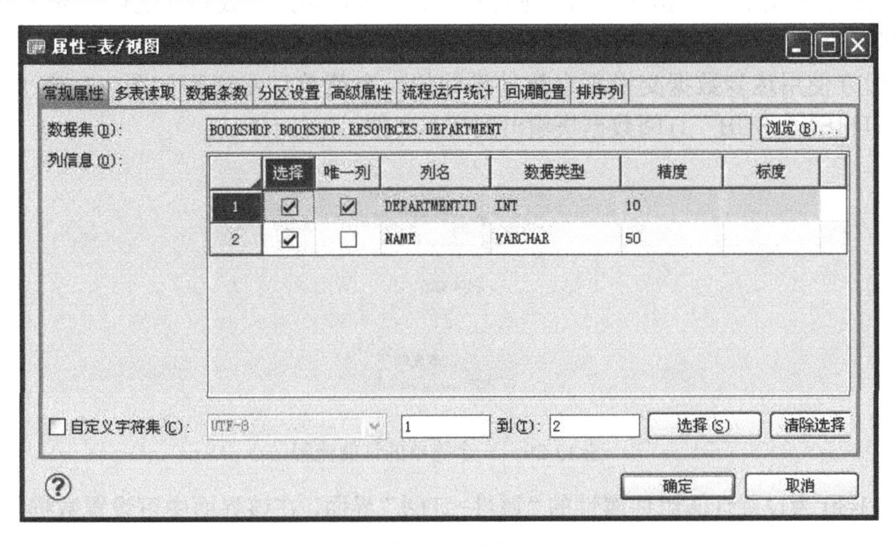

图 13-27　输入组件的属性设置

图 13-28 为设置发布流程发布组件的“属性-发布”界面，在该界面中可设置数据集、批量发送条数等属性，属性具体含义如表 13-2 所示。

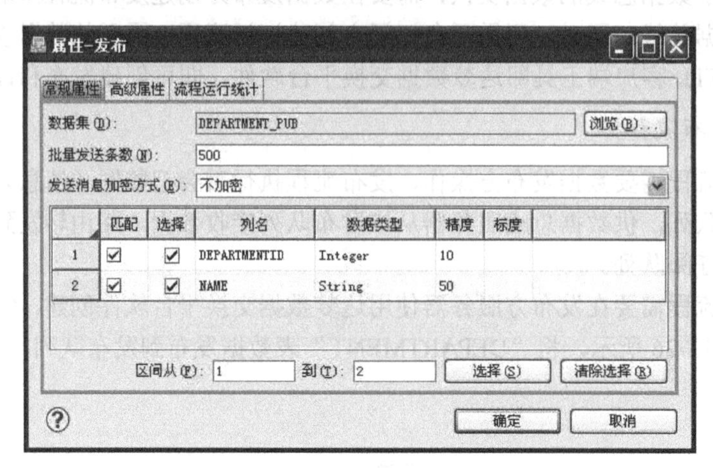

图 13-28　发布组件的属性设置

表 13-2　发布组件的属性含义

名　　称	属性说明
数据集	选择在发布订阅视图中创建的发布数据集
批量发送条数	发布队列的一个消息可容纳批量最大数据条数
发送消息加密方式	消息加密提供不加密和默认加密两种方式
数据集列信息	如果发布数据集某列没有被匹配，则该列对应的发布队列中消息的列信息为 null

2）创建订阅流程

创建订阅流程需要数据接收方操作，订阅流程执行后会从数据总线获取订阅数据，然后可对获取的订阅数据进行处理。订阅流程从订阅组件设置的订阅队列接收数据（消息），通过流程的执行对这些数据（消息）进行清洗、转换，然后装载到其他目标组件。订阅组件消息队列的数据（消息）是通过数据总线服务器路由转发推送过来的。

订阅方使用达梦数据交换平台软件设计的一个简单订阅流程如图 13-29 所示，将“DEPARTMENT_SUB”订阅数据集输出到文本文件。

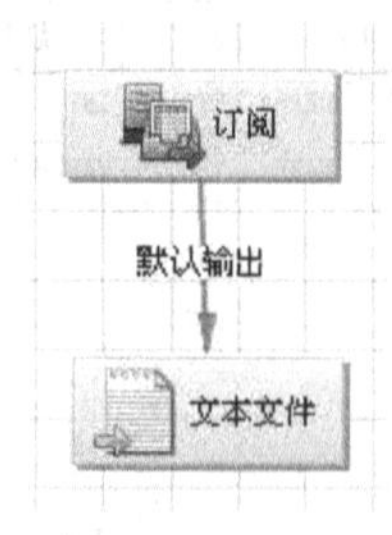

图 13-29　一个简单的订阅流程

图 13-30 为设置订阅组件属性的“属性-订阅”界面，在该界面中可设置数据集及列信息。订阅组件类似于数据源组件，可以从该组件抽取数据，它没有输入，只有输出。

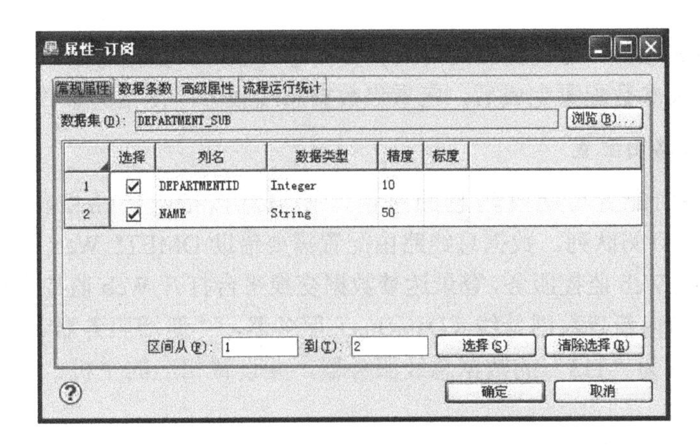

图 13-30　订阅组件的属性设置

3. 数据总线配置

基于数据总线的数据交换从源 DMETL 服务器的消息队列获取交换数据，然后路由转发给指定的目的 DMETL 服务器的订阅队列，可以实现多到一的路由，并且还可以实现一到多的路由。为实现基于数据总线的数据交换需要配置数据总线服务器，并进行相应的路由配置。

1）数据总线服务器配置

数据总线服务器独立于 DMETL，为一个单独的套件。数据总线服务器自动从一个 DMETL 的发布队列接收数据，然后推送到另一个 DMETL 的订阅队列，完成不同 DMETL 之间的数据交换。数据总线后台的元数据库保存队列到队列的路由信息，总线路由引擎会自动地读取这些路由信息，然后自动地进行消息的路由转发。

数据总线服务器配置可借助 DMETL 控制台工具完成，如图 13-31 所示的为“数据总线服务”配置窗口。

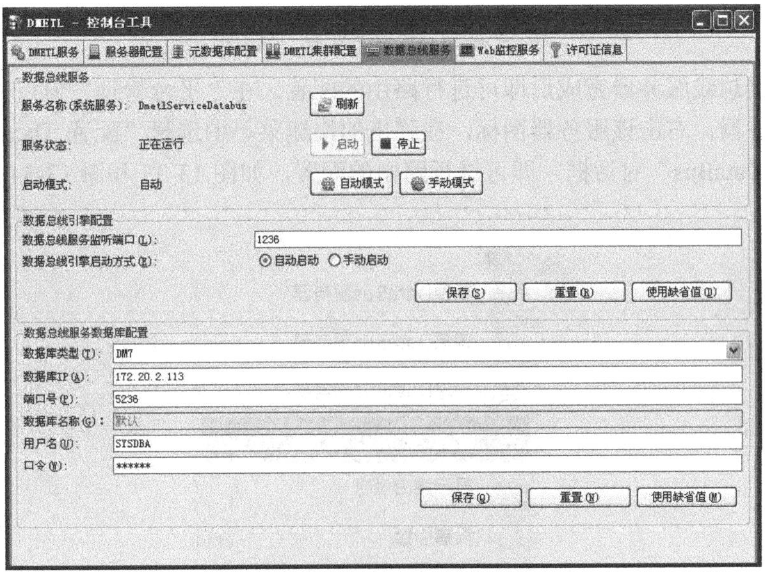

图 13-31　“数据总线服务”配置窗口

在“数据总线服务”配置窗口内可配置数据总线服务、数据总线引擎配置和数据总线服务数据库。相关参数配置完成后，应重启数据总线服务，使相关参数设置生效。

2）数据总线路由配置

数据总线路由配置可配置消息的路由，使消息按指定的路由传递到对应的目的 DMETL 服务器的订阅队列。数据总线路由配置需要借助 DMETL Web 监控系统来完成。

启动 DMETL Web 监控服务，登录达梦数据交换平台打开 Web 监控系统的“平台管理”窗口，可在该窗口内新建数据总线（DataBus）服务器，“新增服务器”对话框如图 13-32 所示，新建一个名为“113”的数据总线服务器，并设置相应的主机、端口、用户名、密码等信息。

新增服务器

名称: 113
类型: DataBus服务器
主机: 172.20.2.113
端口: 1236
用户名: admin
密码: •••••
描述:

确定 取消

图 13-32　“新增服务器”对话框

新增数据总线服务器完成后即可进行路由的配置，在“平台管理”窗口中选中新增的数据总线服务器，右击该服务器图标，在弹出的快捷菜单中选择“配置 DataBus”选项，弹出“配置 DataBus”对话框，即可进行路由的配置，如图 13-33 和图 13-34 所示。

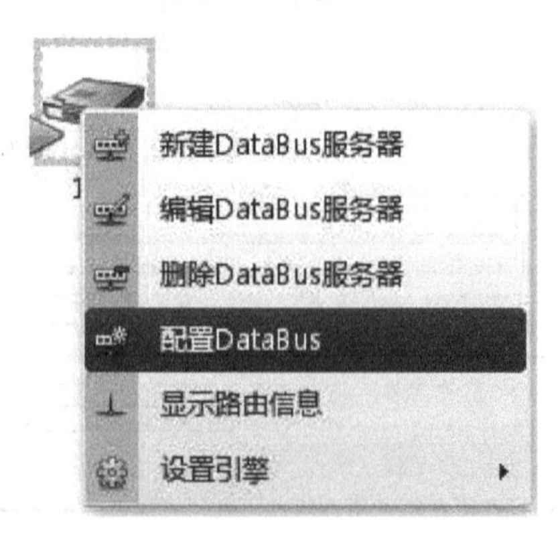

图 13-33　选择配置 DataBus 选项

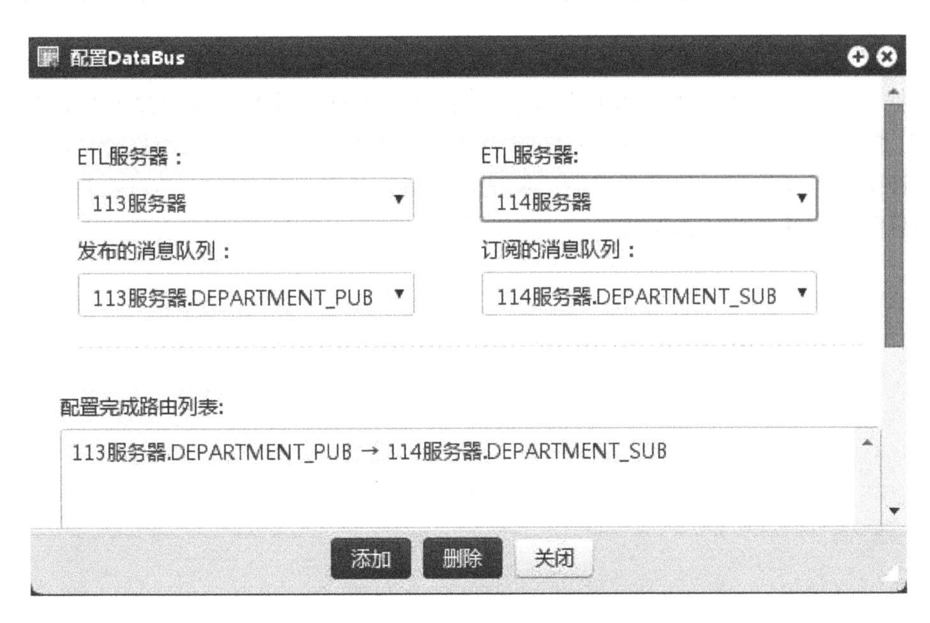

图 13-34　“配置 DataBus”对话框

在如图 13-34 所示的“配置 DataBus”对话框中，可设置源 ETL 服务器发布的消息队列中某个发布数据集到目的 ETL 服务器的某个订阅数据集的映射，映射即为路由配置信息。

数据总线路由信息配置完成后，可右击数据总线服务器图标，在弹出的快捷菜单中选择“显示路由信息”选项查看路由的配置信息，如图 13-35 和图 13-36 所示。

图 13-35　选择“显示路由信息”选项

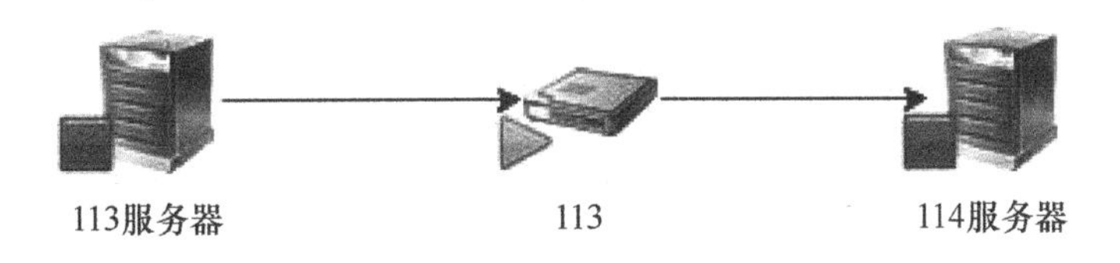

图 13-36　路由配置信息

数据总线路由信息配置完成后，即可启动发布流程和订阅流程。发布流程执行后，会将相应数据（信息）发布到发布方的队列中。然后，数据总线服务器会从该队列中获取发布的数据（信息），并按数据总线服务配置的路由信息将该数据（信息）传递到指定的DMETL服务器的队列中。最后，在目的DMETL数据库执行的订阅流程会从队列中获取相应的订阅数据（信息），并传递给后续的组件进行处理，订阅流程一直执行，会一直期望从消息队列中获取相应的数据。

第 14 章 自定义转换和数据源开发

达梦数据交换平台（DMETL）基于 OSGi（Open Service Gateway Initiative，开放服务网关协议）构建，系统的各个模块支持组件机制，同时平台也提供了自定义组件，用户可以通过开发相应的类，动态扩展自定义组件的功能，以适应具体业务需求。本章将通过例子说明自定义转换和数据源的开发过程和方法。

14.1 自定义转换和数据源开发概述

自定义组件的基本功能是通过统一的接口调用用户编写的 Java 类对数据进行处理，满足复杂的或者特殊的用户需求。达梦数据交换平台提供了两类自定义的组件，分别是自定义转换组件和自定义数据源组件。本章分别介绍这两类组件的开发。

自定义转换类继承自 com.dameng.etl.engine.CustomTransformProcessor 类，自定义数据源类继承自 com.dameng.etl.engine.activity.dataflow.processor.CustomDataFlowSourceProcessor，CustomDataFlowSourceProcessor 类继承自 CustomTransformProcessor 类，只是扩展了 doread 方法，CustomTransformProcessor 类的接口方法如表 14-1 所示。

表 14-1 CustomTransformProcessor 类的接口方法

返回值类型	方法及说明
ColumnBean[ ]	createOutputColumns(com.dameng.etl.api.model.ActivityBean activityBean) 该方法返回自定义转换的默认输出列即自定义转换配置界面的输出列，子类一般不用覆盖该方法
void	dispose( ) 转换执行完成时被系统调用，用于释放外部资源，如关闭数据库连接、关闭文件、断开网络连接等，用户可以根据需要覆盖该方法

（续表）

返回值类型	方法及说明
Object	error(com.dameng.etl.engine.activity.dataflow.Message errorMessage) 当转换中的其他节点发生异常时，系统会调用该方法通知 DataProcessor，然后停止转换，用户可以根据需要覆盖该方法，该方法的返回值用于后续的扩展，当前未使用，一般返回 null 即可
Object	finish(com.dameng.etl.engine.activity.dataflow.Message finishMessage) 当所有的数据处理完毕后，系统会调用该方法通知 DataProcessor，用户可以根据需要覆盖该方法，该方法的返回值用于后续的扩展，当前未使用，一般返回 null 即可
List<String[ ]>	getDefaultProperties( ) 获取默认属性列表，列表元素为一个长度为 2 的 String 数组，数组的第一个值为属性名称，第二个值为属性的默认值
void	initiate(com.dameng.etl.engine.activity.support.ActivityNode dataFlowActivityNode) 初始化方法,每次流程启动之后，处理数据之前调用一次，子类一般直接覆盖 customInit
Message[ ]	process(com.dameng.etl.engine.activity.dataflow.Message message) 在子类中覆盖，实现数据的具体转换，该方法的参数 message 表示一条待处理的数据，使用 message.getData 方法获取数据，message.setData 方法设置转换后的数据
void	registerProperties( ) 在子类中覆盖，一般该方法中应该调用 registerProperty 方法添加自定义转换属性，该方法添加的属性可以被客户端界面读取显示，方便用户配置
void	shutdown( ) 用于强制停止转换，当节点在执行某些耗时较长的操作，无法正常响应停止操作时，系统会调用该方法尝试强制停止转换
Boolean	supportConcurrent( ) 是否支持并发执行，当返回 True 时，如果用户在高级属性中配置了并发执行，流程执行时会创建多个 DataProcessor，并为每个 DataProcessor 创建一个线程并发执行，系统会把待处理的数据均匀分发给每个 Processor 以提升效率

14.2 开发环境搭建

14.2.1 开发环境要求

DMETL 自定义组件类的开发对开发环境的要求如下。

1．开发语言

进行 DMETL 自定义组件类开发需要使用 Java 高级编程语言进行开发；JDK 版本为 JDK7（含）以上，如果安装的是 32 位 DMETL 就选用 32 位 JDK，否则选用 64 位 JDK。

2．开发平台

基于 Eclipse 开发平台可以方便地进行 DMETL 组件开发，本章中的例子均采用 JDK7+Eclipse5.6 开发，学习本章前最好先熟悉 Eclipse 开发的基本概念和方法。

14.2.2　开发条件准备

下面介绍如何在Eclipse中启动DMETL服务器和客户端，以方便调试自定义转换程序。下文中用<DMETL>表示 DMETL 的安装目录，<Eclipse>表示 Eclipse 的安装目录。

1．准备工作

将 DMETL 的相关 jar 文件复制到 Eclipse 中，步骤如下：

（1）创建<Eclipse>\dropins\dmetl\plugins 目录；

（2）复制<DMETL>\common 目录下的所有文件到<Eclipse>\dropins\dmetl\plugins 目录；

（3）复制<DMETL>\server\plugins 目录下所有以 com.dameng 开头的 JAR 文件和目录到<Eclipse>\dropins\dmetl\plugins 目录；

（4）复制<DMETL>\server\dropins 目录下所有 JAR 文件和目录到<Eclipse>\dropins\dmetl\plugins 目录；

（5）复制<DMETL>\client\plugins 目录下所有以 com.dameng 开头的 JAR 文件到<Eclipse>\dropins\dmetl\plugins 目录；

（6）复制<DMETL>\client\plugins\org.agilemore.agilegrid_1.0.0.jar 文件到<Eclipse>\dropins\dmetl\plugins 目录；

（7）复制<DMETL>\client\plugins 下所有以 org.eclipse.nebula 开头的 JAR 文件到<Eclipse>\dropins\dmetl\plugins 目录；

（8）复制<DMETL>\client\dropins 目录下所有以 com.dameng 开头的 JAR 文件到<Eclipse>\dropins\dmetl\plugins 目录。

2．创建 DMETL 服务器的运行配置

在 Eclipse 中创建 DMETL 服务器运行配置，具体步骤如下。

（1）启动 Eclipse，执行“Run→Run Configurations”菜单命令，打开“Run Configurations”对话框，新建一个 OSGi Framework 的运行配置，名称为 DMETLServer（也可以根据需要用其他名称），如图 14-1 所示。

（2）选择需要包含的插件，不同的版本可能有变化，但是一般必须包括所有以 com.dameng.etl（非 com.dameng.etl.client）开头的包和 com.dameng.common 包。将 com.dameng.etl.engine 和 com.dameng.etl.cache 的启动级别（Default Start Level）改为 5，其他不变。然后单击“Add Required Bundles”按钮，系统会自动添加其他需要的插件，如图 14-1 所示。

（3）切换到“Arguments”选项卡，并在相应输入框内配置虚拟机参数和当前工作目录，如图 14-2 所示。

在实际操作中，可用 DMETL 的实际安装目录替换图 14-2 中的目录。

3．创建 DMETL 客户端的运行配置

在 Eclipse 中创建 DMETL 客户端运行配置，步骤如下。

（1）启动 Eclipse，执行“Run→Run Configurations”菜单命令，打开“Run Configurations”对话框，新建一个 Eclipse Application 的运行配置，名称为 DMETLClient（也可以根据需要用其他名称），JDK 版本与安装 DMETL 时使用的版本一致(DMETL 自带 JDK 在<DMETL>\JDK

目录中），修改配置后重新运行时，建议勾选“Clear”复选框，如图 14-3 所示。

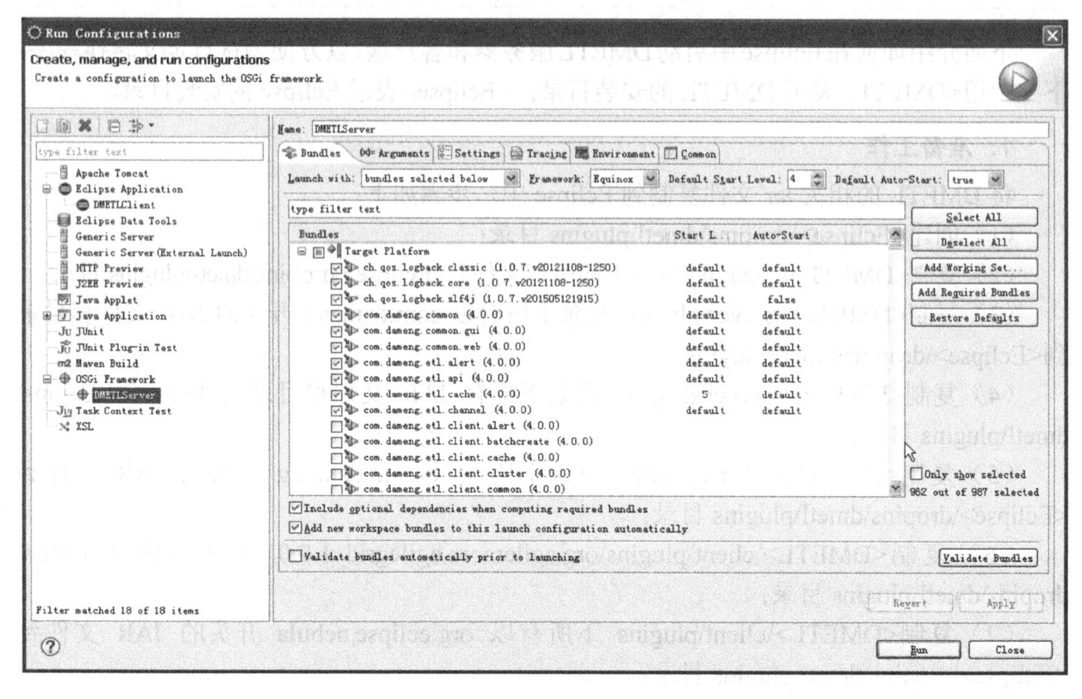

图 14-1　新建服务器的运行配置

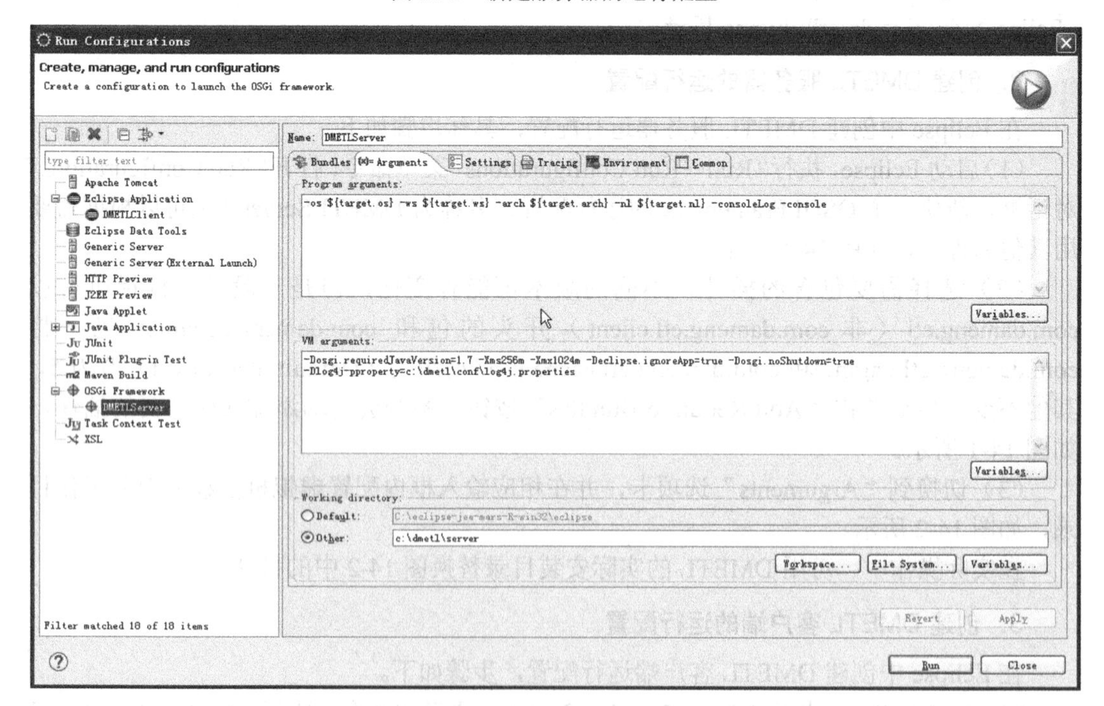

图 14-2　虚拟机参数和当前工作目录配置

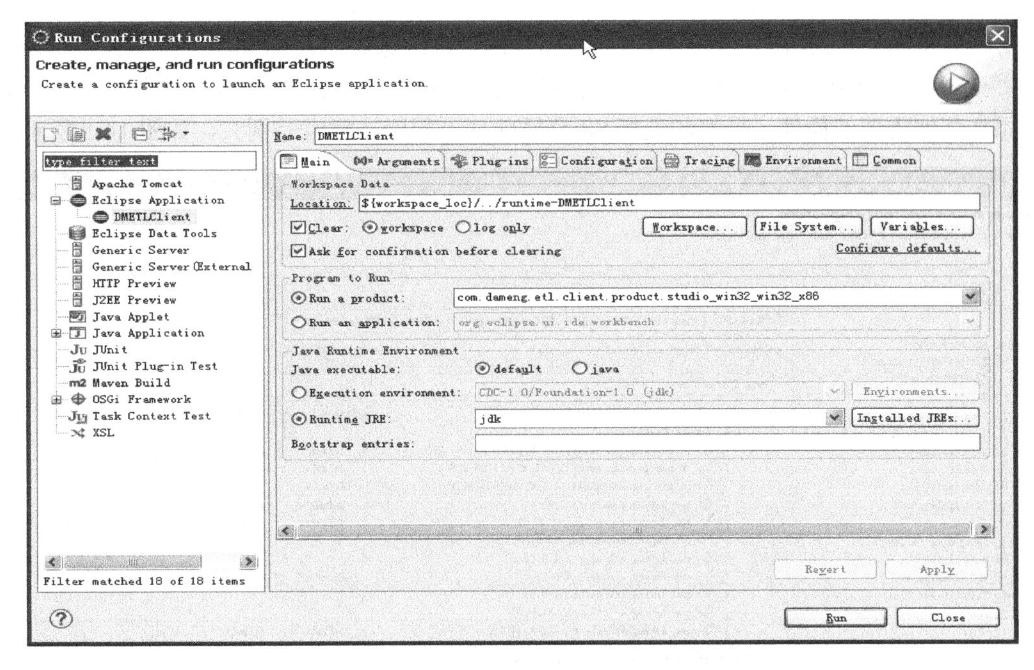

图 14-3　新建 DMETL 客户端的运行配置

（2）单元“Main”选项卡，在其设置区域单击“Run a product”单选按钮，并在其后的下拉列表中选择 com.dameng.etl.client.product.studio_ win32_win32_x86，其他选项保持默认。

（3）单击“Arguments”选项卡，在设置区域配置日志参数和当前工作目录，也可以调整虚拟机内存参数，其他保持默认设置即可，如图 14-4 所示。

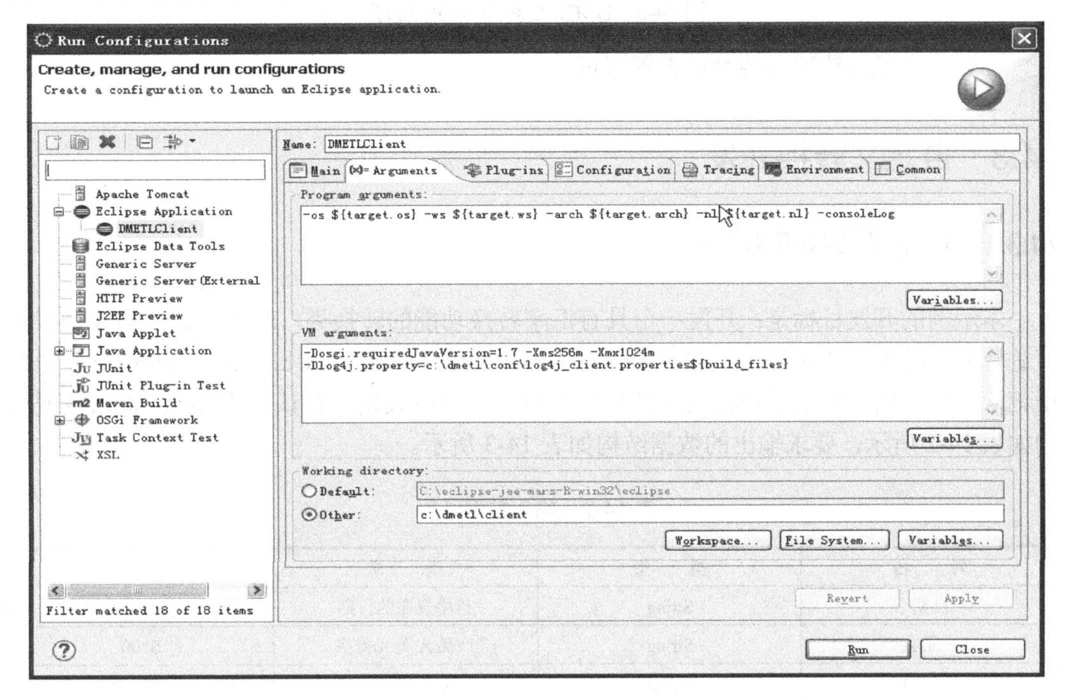

图 14-4　DMETL 客户端相应参数和当前工作目录配置

（4）单击“Plug-ins”选项卡，在“Plug-ins”选区选择所需插件，一般应该包括所有以“com.dameng.etl.client”开头的包，然后单击“Add Required Plug-ins”按钮，系统会自动添加其他需要的插件。最终约选择 88 个插件（不同版本略有差别），如图 14-5 所示。

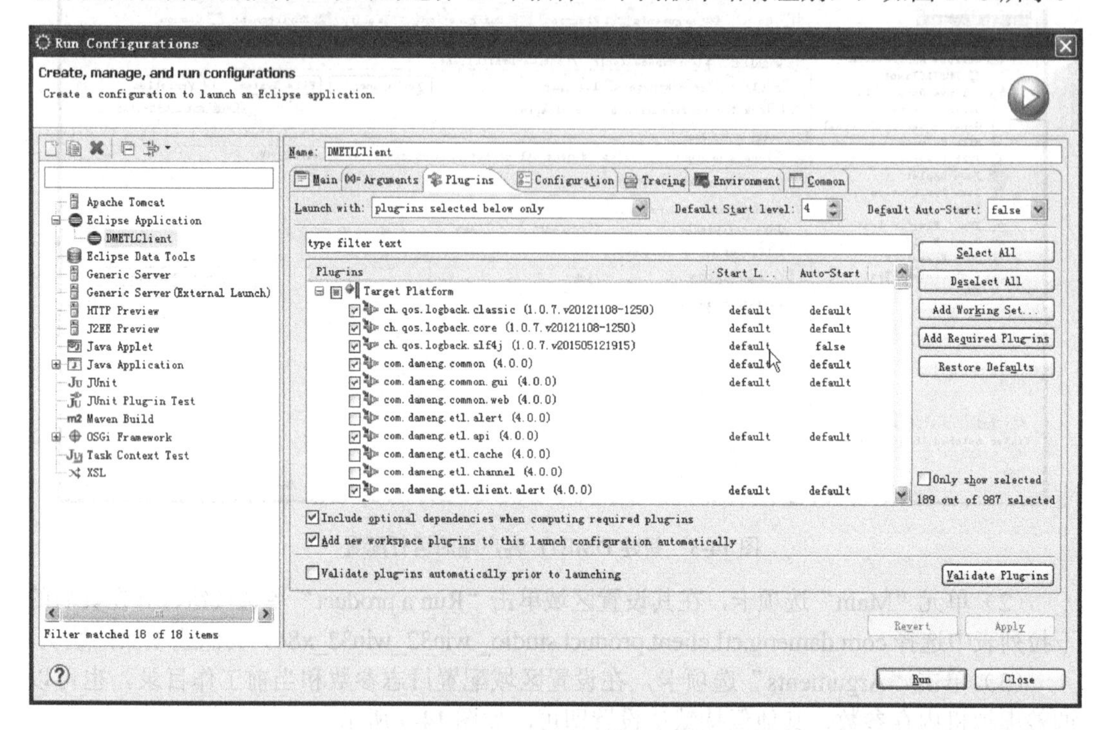

图 14-5　DMETL 客户端插件选择

（5）其他配置选项保持默认设置即可。

14.3　自定义转换开发

14.3.1　自定义转换开发目标

本示例的开发目标是：开发一个具有汇率转换功能的转换类，对表示金额的 3 个字段值进行汇率转换，并对转换过的 3 个字段值求平均值，同时过滤日期为“2009-1-1”的数据记录，具体的汇率值用户在设定转换规则时可以自行设定，默认值为 6.5。输入数据结构如表 14-2 所示，要求输出的数据结构如表 14-3 所示。

表 14-2　输入数据结构

列　名	类　型	说　明	示　例
日期	String	价格发布的日期	2017-1-1
产品 A	String	产品 A 美元价格	$100
产品 B	String	产品 B 美元价格	$150
产品 C	String	产品 C 美元价格	$110

表 14-3　输出数据结构

列　名	类　型	说　明	示　例
日期	Date	价格发布的日期	Sun Jan 01 00:00:00 CST 2017
产品 A	String	产品 A 人民币价格	￥650.0
产品 B	String	产品 B 人民币价格	￥975.0
产品 C	String	产品 C 人民币价格	￥715.0
平均价格	Decimal(18,2)	产品平均人民币价格	780.0

14.3.2　自定义转换开发步骤

自定义转换开发的核心是创建一个自定义转换类，其基本步骤如下。

1. 创建 Java 工程

在 Eclipse 中创建一个 Java 工程，并添加必要的 JAR 文件：com.dameng.common_4.0.0.jar、com.dameng.etl.api_4.0.0.jar、com.dameng.etl.engine_4.0.0.jar。

2. 实现自定义转换

新建自定义转换类 SampleCustomTransformProcessor，继承自 com.dameng.etl.engine.activity.dataflow.processor.CustomTransformProcessor。

根据开发目标，对转换类的成员设计如表 14-4 所示。

表 14-4　SampleCustomTransformProcessor 类成员设计

成员类型	定　义	备　注
全局变量	private float rate	汇率
全局变量	private String logPath	日志路径
全局变量	private Log log	系统日志对象
全局变量	private int inputCount	对输入字段记数
全局变量	private SimpleDateFormat dateFormat	日期格式化对象
全局变量	private DecimalFormat decimalFormat	十进制数字格式化对象
公开方法	public void registerProperties( )	注册自定义属性，覆盖基类同名方法
公开方法	protected void customInit( )	读取自定义属性值，覆盖基类同名方法
公开方法	public Message[ ] process(Message message)	接收并处理数据，覆盖基类同名方法
公开方法	public Object finish(Message finishMessage)	正常结束，覆盖基类同名方法
公开方法	public Object error(Message errorMessage)	异常结束，覆盖基类同名方法
公开方法	public void dispose( )	释放资源，覆盖基类同名方法
私有方法	private Message[ ] doTransform(Message message)	对数据进行转换，由 process 方法调用
私有方法	private String transformPrice(String inputPrice)	进行汇率计算，由 doTransform 方法调用
私有方法	private BigDecimal avg(String priceA, String priceB, String priceC)	求平均价格，由 doTransform 方法调用

下面介绍变量的定义和主要的方法。

（1）变量定义。

在类的实现过程中，需要用到的变量定义如下：

```
private float rate;  //汇率
private String logPath;  //日志路径
//获取系统日志对象，使用该对象将信息输出到dmetl.log文件和系统控制台中
private Log log = LogFactory.getLog(SampleCustomTransformProcessor.class);
private int inputCount;  //输入字段记数
//日期格式化对象
private SimpleDateFormat dateFormat = new SimpleDateFormat("yyyy-MM-dd");
//十进制数字格式化对象
private DecimalFormat decimalFormat = new DecimalFormat(".##");
private Connection conn;  //数据库连接对象
```

（2）注册自定义属性。

在SampleCustomTransformProcessor类中覆盖基类的registerProperties方法即可注册自定义属性，调用registerProperty方法，本例中注册两个属性，一个是“汇率”，一个是“路径”，代码如下所示：

```
@Override
public void registerProperties( ){
    // 注册属性-汇率，默认为“6.5”
    registerProperty("汇率", "6.5");
    // 注册属性-日志路径，默认为“C:\\dmetl\\log”
    registerProperty("路径", "C:\\dmetl\\log");
}
```

registerProperty方法的两个参数都是字符串类型。注册过的属性值，用户可以在运行时更改。

（3）读取自定义属性值。

要读取用户在自定义转换界面设置的属性值，可以覆盖基类的customInit方法，该方法会在自定义转换初始化时被系统调用，读取自定义属性值的代码如下所示：

```
@Override
protected void customInit( ) {
    super.customInit( );
    rate = Float.valueOf(getProperty("汇率"));  //获取用户配置的汇率属性值
    //以下代码用于监听并在系统日志中记录当前转换节点的事件：
    String expr = getProperty("路径");  //获取用户配置的日志路径属性值
    logPath = evalPropertyValue(expr, true);  //表达式求值后的日志路径
    //获取自定义转换节点对象
    final DataFlowActivity flowActivity = getDataFlowActivity();
    //添加自定义转换节点事件监听器
    flowActivity.addActivityListener(new IActivityStatusListener() {
        @Override
        public void activityStopped(IActivity activity) {
            log.info("自定义转换节点已停止");
```

```
        }
        @Override
        public void activityStarted(IActivity activity) {
            // 输入参数为节点对象
            System.out.println(activity == flowActivity);
            log.info("自定义转换已启动");
        }
        @Override
        public void activitySkipped(IActivity activity) {
            // 对于转换节点异常不会出现该事件
            log.info("忽略自定义转换节点");
        }
        @Override
        public void activityResumed(IActivity activity) {
            log.info("自定义转换节点已从暂停状态中恢复");
        }
        @Override
        public void activityPaused(IActivity activity) {
            log.info("自定义转换节点已暂停");
        }
        @Override
        public void activityFinished(IActivity activity) {
            log.info("自定义转换节点已执行完毕");
        }
        @Override
        public void activityFailed(IActivity activity, Throwable t) {
            log.info("自定义转换节点执行失败");
        }
    }
}
```

其中，evalPropertyValue 方法读取带表达式的属性值，用户自定义属性的值可以是一个常量，也可以是表达式。如果是表达式，则需要在运行时对表达式求值，例如，在运行时获取 DMETL 的安装目录下的日志目录，可以在自定义属性值中使用该方法，代码如下：

```
String expr = getProperty("路径");
logPath = evalPropertyValue(expr, true);
```

假设在运行前用户将路径属性配置为${installDir}\log，其中“{}”中的是符合 Java 语法的表达式，可以包含变量及函数调用，本例中用的 installDir 是一个系统变量，表示 DMETL 的安装目录。

假设 DMETL 的安装目录为 C:\DMETL，在经过 evalPropertyValue 方法求值之后的属性值为 C:\DMETL\log。evalPropertyValue 方法的第一个参数为原始的属性值，第二个参数表示原始的属性值是否为一个路径字符串，如果传入 True，则系统会根据操作系统自动转换路径中的目录分隔符“:”，如表 14-5 所示。

表 14-5 表达式属性值

操作系统	安装目录	原始属性值	求值后的属性值
Windows	C:\DMETL	${installDir}\log	C:\DMETL\log
Linux/UNIX	/opt/DMETL	${installDir}\log	/opt/DMETL/log

（4）接收并处理数据。

在自定义转换类中覆盖基类的 process 方法，可以接收并对数据进行处理，process 方法的定义如下：

```
public Message[] process(Message message) throws DataProcessException, Exception
```

输入参数为 com.dameng.etl.engine.activity.dataflow.Message 对象，每个 Message 对象表示一行数据，Message 对象的 getData 方法会返回一个对象数组表示该行数据的值，数组中值的顺序与输入列一一对应。process 方法会打印所有输入数据的值及其类型：

```
// 接收并处理数据
@Override
public Message[ ] process(Message message) throws DataProcessException, Exception {
    if (inputCount == 0) {
        //打印输入列信息
        ColumnBean[] inputColumns = getInputColumns();
        StringBuilder columnInfo = new StringBuilder();
        for (int i = 0; i < inputColumns.length; i++) {
            ColumnBean inputColumn = inputColumns[i];
            columnInfo.append(inputColumn.getName()).append("(").append(inputColumn.getDataTy
            pe()).append(")");
            if (i < inputColumns.length - 1) {
                columnInfo.append(",");
            }
        }
        System.out.println(columnInfo);
    }
    //打印数据
    Object[] data = message.getData();
    StringBuilder line = new StringBuilder();
    for (int i = 0; i < data.length; i++) {
        Object value = data[i];
        line.append(value);
        if (value != null) {
            line.append("(" + value.getClass().getName() + ")");
        }
        if (i < data.length - 1) {
            line.append(",");
        }
```

```
        }
        System.out.println(line);
        inputCount++;
        //过滤日期为"2009-11-1"的数据
        if ("2009-11-1".equals(data[0])) {
            return new Message[0];
        }
      //将不符合规范的数据输出到错误输出
        //下列代码可以将产品A价格为空或者价格没有以$开头的数据输出到错误输出
        if (data[1] == null || !((String) data[1]).startsWith("$")) {
            throw new DataProcessException("数据异常");
        }
        // 对数据进行变换并返回
        return doTransform(message);
    }
```

其中，doTransform 方法为汇率计算方法，转换后的数据类型必须与列类型相匹配。以下为 doTransform 方法代码：

```
    private Message[] doTransform(Message message) throws ParseException{
        Object[] inputData = message.getData();
        Object[] outputData = new Object[5];  //数组长度必须与输出列数相等
        //第一列为时间，数据不修改，但是类型从字符串变为日期时间类型
        outputData[0] = dateFormat.parse((String) inputData[0]);
        outputData[1] = transformPrice((String) inputData[1]);  //价格转换
        outputData[2] = transformPrice((String)inputData[2]);  //价格转换
        outputData[3] = transformPrice((String)inputData[3]);  //价格转换
        outputData[4] = avg((String)outputData[1], (String)outputData[2], (String)outputData[3]);
        //计算平均人民币价格
        //将转换后的数据放回到Message中，并返回Message
        message.setData(outputData);
        return new Message[]{message};
    }
```

其中，transformPrice 方法将美元价格转换为人民币价格，avg 方法计算平均人民币价格。

```
    //价格转换
    private String transformPrice(String inputPrice) {
        float f = Float.valueOf(inputPrice.substring(1));
        return "￥" + String.valueOf(f * rate);
    }
    //计算平均价格
    private BigDecimal avg(String priceA, String priceB,String priceC) {
        float total = Float.valueOf(priceA.substring(1)) + Float.valueOf(priceB.substring(1)) +
```

```
        Float.valueOf(priceC.substring(1));
        float avg = total / 3;
        //平均后保留两位小数，Decimal类型的值用BigDecimal对象表示
        return new BigDecimal(decimalFormat.format(avg));
    }
```

（5）正常结束。

当所有数据都处理完毕后，系统会调用 finish 方法通知自定义转换类，一般可以覆盖此方法提交到自定义转换缓存中的数据。

```
    @Override
    public Object finish(Message finishMessage) throws Exception{
        log.info("所有数据都已处理完成");
        //返回值目前没有实际作用，直接返回null
        return null;
    }
```

（6）异常结束。

如果流程出错停止，则系统会调用 error 方法来通知自定义转换类。

```
    @Override
    public Object error(Message errorMessage) throws Exception{
        log.info("转换执行出错，已经停止接收数据");
        //返回值目前没有实际作用，直接返回null
        return null;
    }
```

（7）释放资源。

无论是正常结束还是异常结束，转换节点停止前会调用自定义转换类 dispose 方法，用户可以覆盖该方法，保证系统资源得到释放，如关闭打开的文件和数据库连接等操作。以下代码实现保证在节点停止执行后，关闭已经打开的数据库连接（本例中并未用到数据库连接）。

```
    @Override
    public void dispose(){
      if (conn != null){
      try{
        conn.close();
        conn = null;
        }
        catch (SQLException e) {
          //ignore
        }
      }
    }
```

（8）强制停止。

当自定义转换节点由于 process 或 customInit 方法长时间不返回，无法响应用户的停止

请求时，系统会尝试调用自定义转换类的 shutdown 方法来强制停止。如果是由于 process 或 customInit 方法实现中的 I/O 或执行 SQL 操作较慢导致系统调用 shutdown 方法，则可以在 shutdown 方法中直接关闭对应的 Socket 或数据库连接，使得 process 或 customInit 方法报错结束，从而停止转换。

3. 调试自定义转换

在开发环境中以调试模式启动 DMETL 服务和客户端后，创建包含自定义转换节点在内的转换流程，将自定义转换节点中的类路径指向自定义转换工程的 Class 文件输出目录，即可在 Eclipse 中调试自定义转换，自定义转换属性设置如图 14-6 所示。

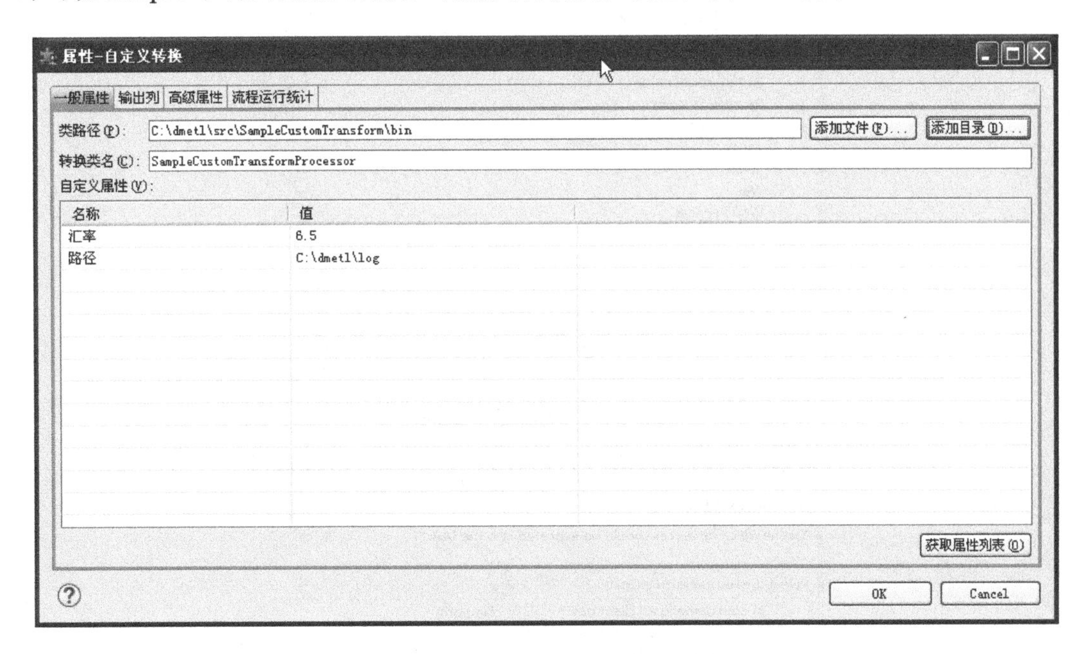

图 14-6 自定义转换属性设置

如果自定义转换使用了第三方 JAR 文件，则可以单击“添加文件”按钮将第三方 JAR 文件添加到类路径上。

注意：上述路径都应该是 DMETL 服务器上的路径，而非客户端本地路径。

4. 发布自定义转换

自定义转换开发、调试完毕后，在 Eclipse 中将其导出为 JAR 文件，具体步骤如下。

（1）在 Eclipse 中执行“File | Export”菜单命令，在“Export”界面选择“Java”列表中的“JAR file”文件，如图 14-7 所示。

（2）单击“Next”按钮，出现如图 14-8 所示界面，选择要导出的目标（即创建的自定义转换工程），输入导出 JAR 文件的路径及文件名。

（3）单击“Finish”按钮，自定义转换 JAR 文件发布完成。

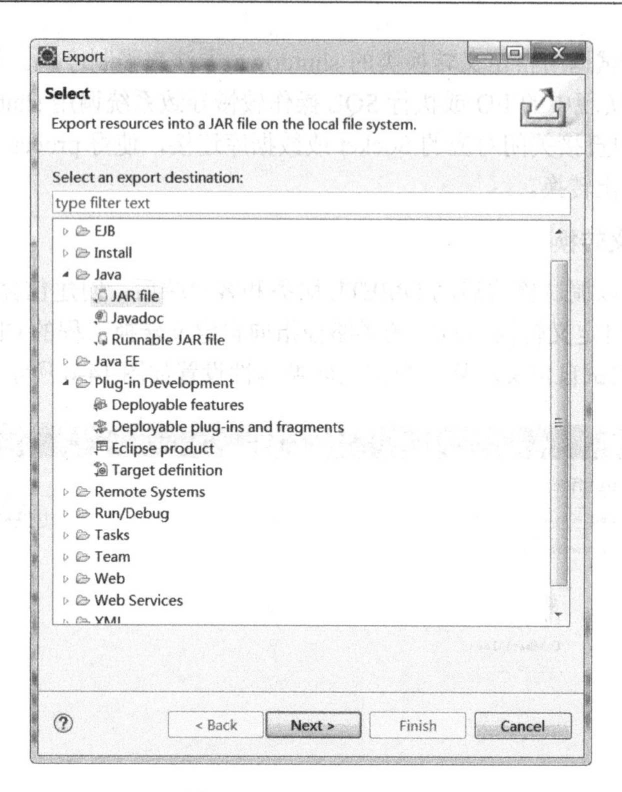

图 14-7 “Export”界面

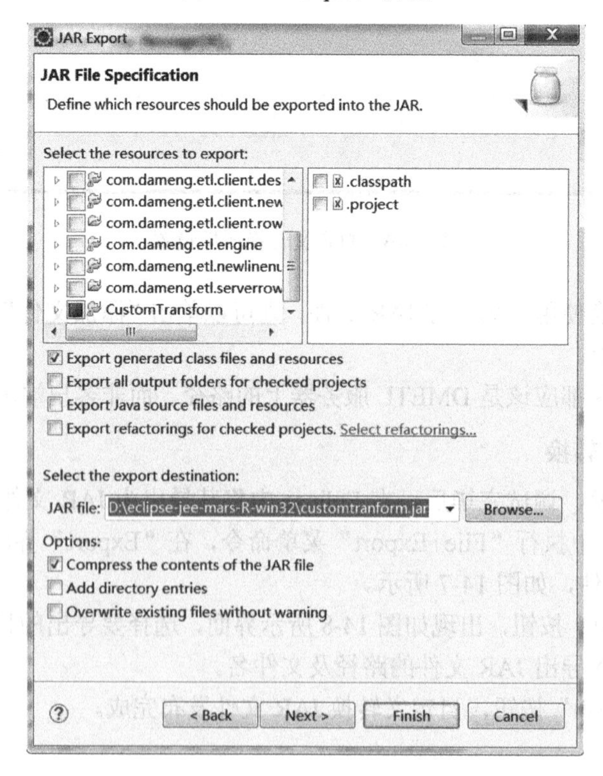

图 14-8 导出目标设置

14.3.3　自定义转换应用

将开发好的自定义转换 JAR 文件，复制到 DMETL 服务器上，在自定义转换组件中就可以应用该 JAR 文件。以下示例将验证自定义转换功能。

1．数据源准备

为了验证自定义转换 JAR 文件，本节准备了一个 xlsx 格式的数据源 price.xlsx，输入数据内容如图 14-9 所示。

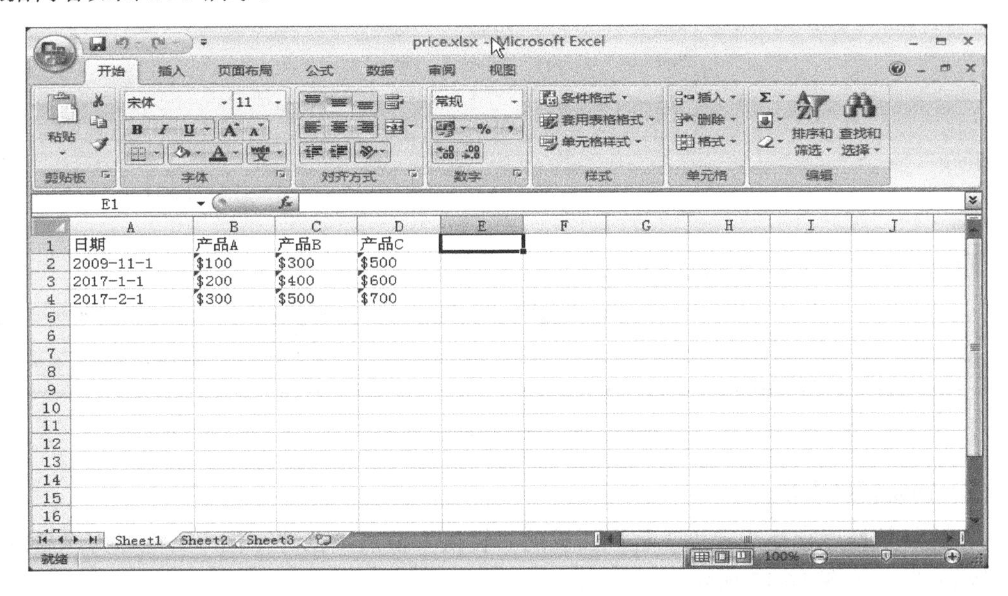

图 14-9　输入数据内容

在达梦数据交换平台上，按照本书前面章节讲述的方法，添加数据源文件，进入“添加 Excel 文件”界面，如图 14-10 所示。在“一般信息”页中，选择文件路径，设置 Sheet

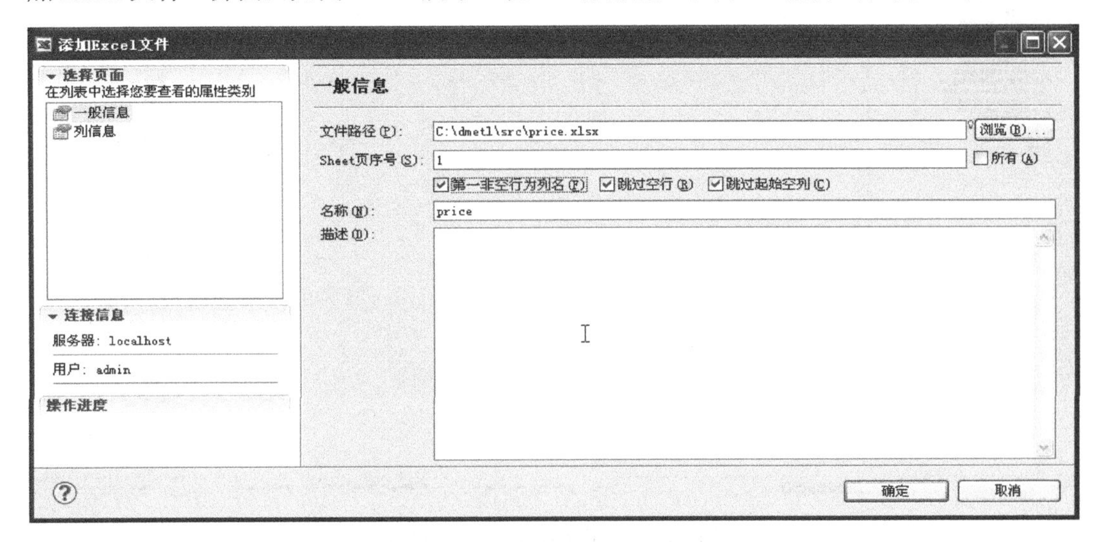

图 14-10　数据源一般信息设置

页序号，勾选“第一非空行为列名”复选框；再切换至“列信息”页，单击“从文件获取（全部使用字符串类型）”按钮获取列信息，单击“确定”按钮完成数据源添加，如图 14-11 所示。

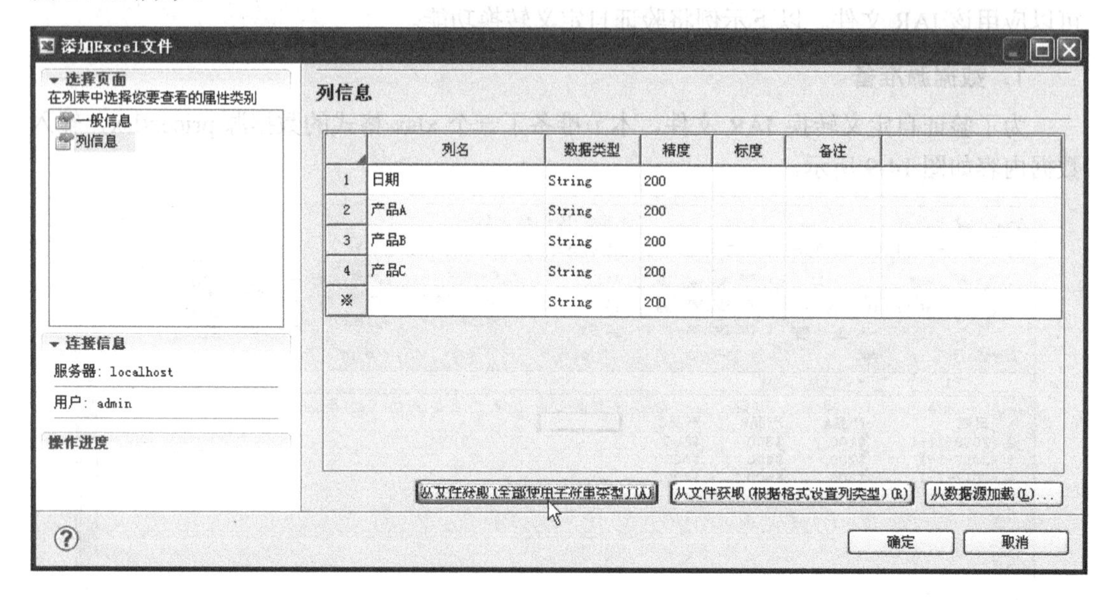

图 14-11　数据源列信息设置

2. 创建转换工程

在达梦数据库交换平台“工程”面板的“转换”节点下创建工程，工程名为“自定义转换示例”，如图 14-12 所示。

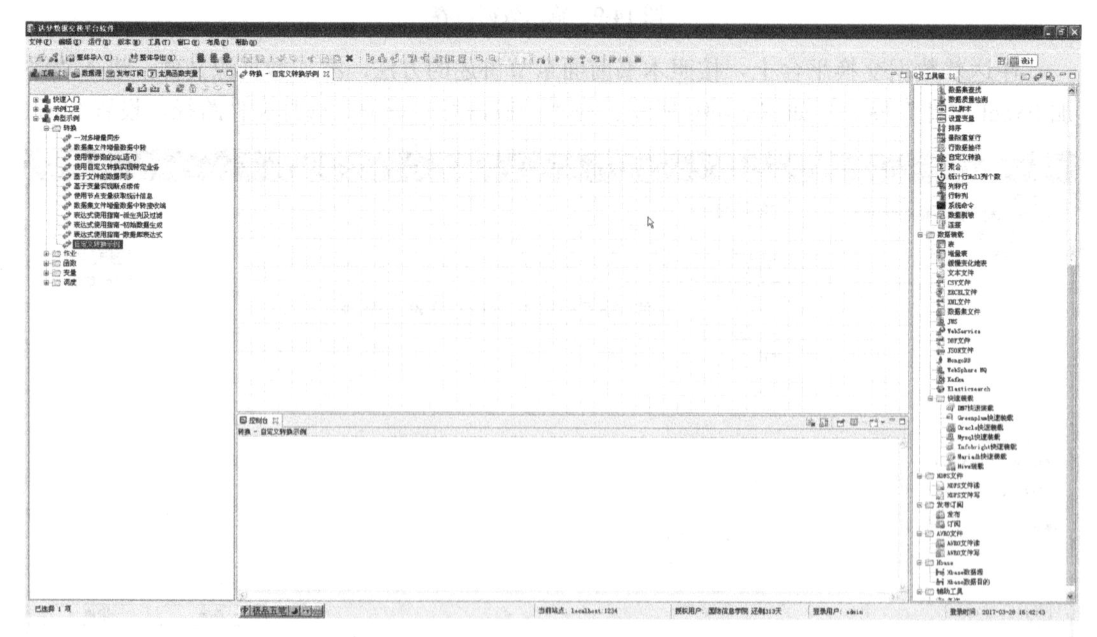

图 14-12　自定义转换示例工程创建

3. 设计转换过程

首先，拖入数据读取组件。在“工具箱”面板中选择“数据读取”工具列表下的“Excel 文件”组件，拖放至设计区，双击“Excel 文件”组件图标，进入属性设置界面，如图 14-13 所示，选择之前设置好的 Excel 数据集“price”，单击“确定”按钮。

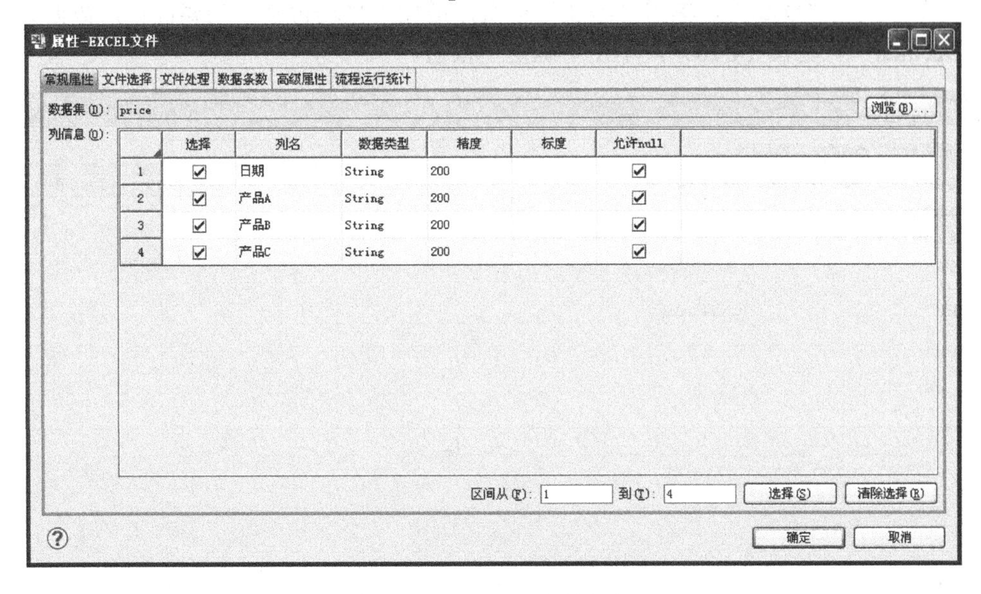

图 14-13　Excel 文件属性设置

其次，加入“自定义数据转换”组件。在“工具箱”面板中选择“数据转换”工具列表下的“自定义转换”组件，拖放至设计区，建立“Excel 文件”组件与“自定义转换”组件之间的联系（见图 14-14）。

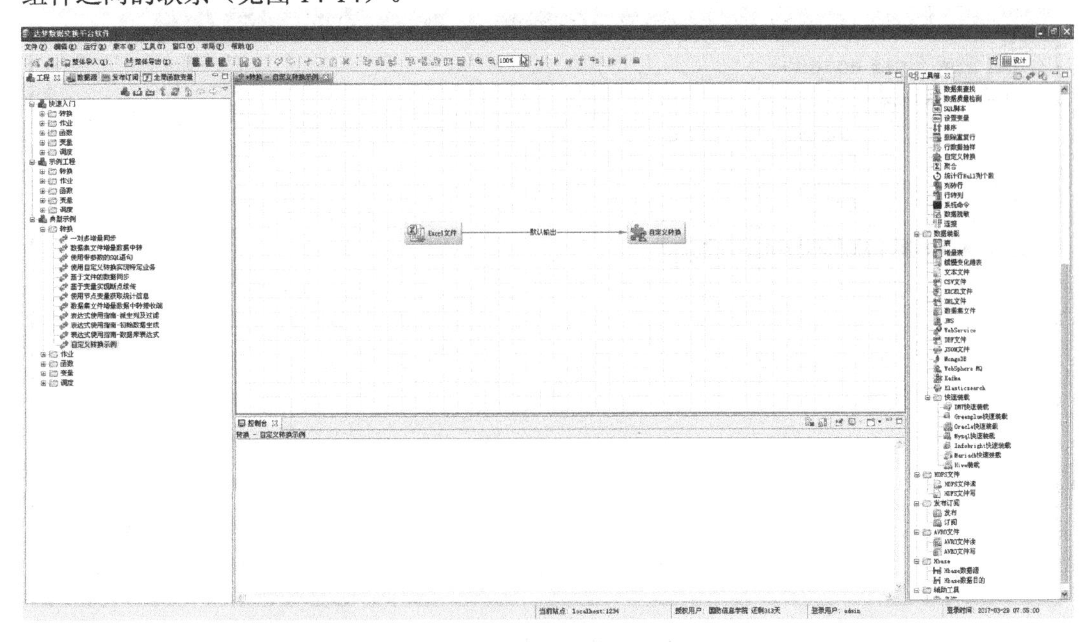

图 14-14　转换流程设计

再次，设置自定义转换属性。双击“自定义转换”组件图标，进入属性设置界面，如图 14-15 所示。在“一般属性”页，“类路径”选择之前发布的自定义转换 JAR 文件，“转换类名”为“SampleCustomTransformProcessor”，单击“获取属性列表”按钮，获取“自定义属性”；在“输出列”页，单击“从上一个节点获取列信息”按钮，将“日期”列的数据类型修改为“Date”，单击“添加”按钮，增加“平均价格”列属性行，数据类型选择“Decimal”（见图 14-16），单击“确定”按钮。

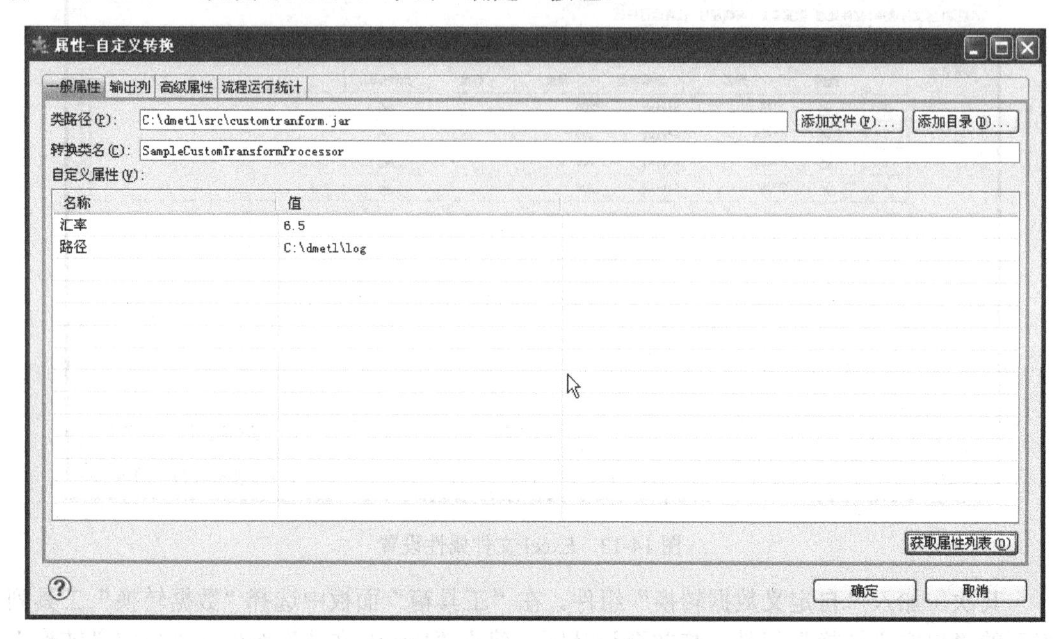

图 14-15　自定义转换属性设置界面

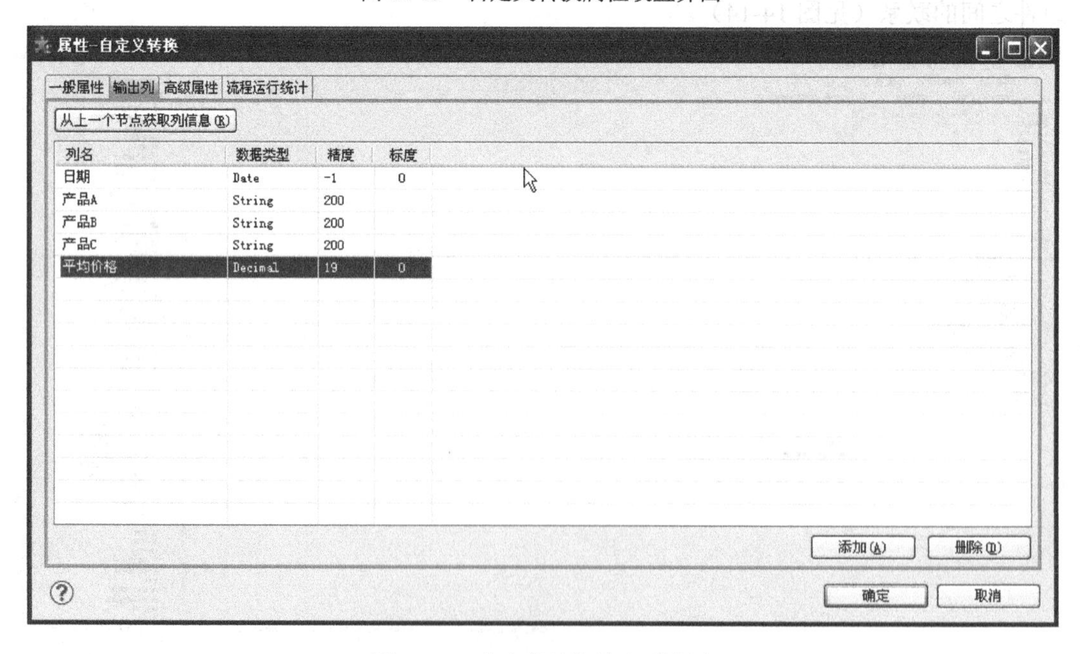

图 14-16　自定义转换输出列设置

最后，验证自定义转换功能。选中设计区的“Excel 文件”组件图标，右击组件图标弹出快捷菜单，选择“浏览数据”选项，进入如图 14-17 所示的界面，显示原始输入数据。单击 DMETL 主界面工具栏上的“运行”按钮，执行转换过程，选中设计区的“自定义转换”组件图标，右击组件图标弹出快捷菜单，选择“预览运行结果”选项，进入如图 14-18 所示的界面，显示转换后的数据结果。

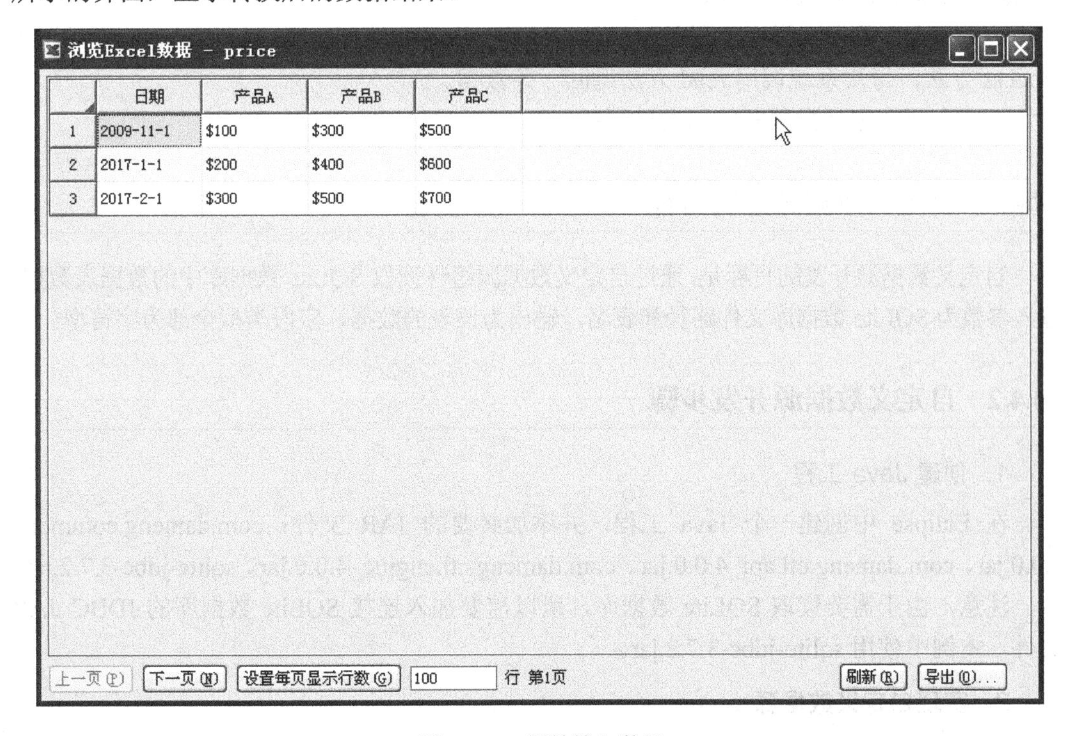

图 14-17　原始输入数据

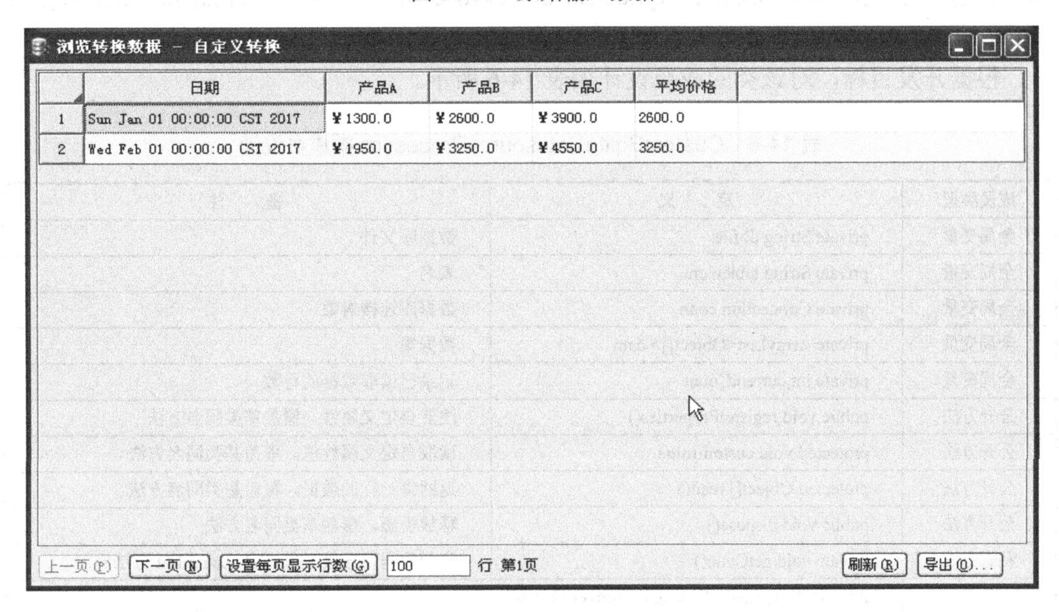

图 14-18　转换后的数据结果

14.4 自定义数据源开发

自定义数据源的开发步骤与自定义转换的开发步骤基本相同，主要区别在以下两点。

（1）自定义数据源类应该继承类 com.dameng.etl.engine.activity.dataflow.processor.Custom DataFlowSourceProcessor。

（2）自定义数据源类应该覆盖 CustomDataFlowSourceProcessor.read 方法，而不用覆盖 process 方法，每次系统调用 read 方法返回一条数据。

下面介绍自定义数据源的开发过程。

14.4.1 自定义数据源开发目标

自定义数据源开发的目标是:通过自定义数据源组件读取 SQLite 数据库中的数据表数据，输入参数为 SQLite 数据库文件路径和表名，输出为该表的数据，字段类型全部为字符型。

14.4.2 自定义数据源开发步骤

1. 创建 Java 工程

在 Eclipse 中创建一个 Java 工程，并添加必要的 JAR 文件：com.dameng.common_4.0.0.jar、com.dameng.etl.api_4.0.0.jar、com.dameng.etl.engine_4.0.0.jar、sqlite-jdbc-3.7.2.jar。

注意，由于需要读取 SQLite 数据库，所以需要加入连接 SQLite 数据库的 JDBC JAR 文件，本例中使用 sqlite-jdbc-3.7.2.jar。

2. 实现自定义数据源

新建自定义转换类 CustomSqliteDatasourceProcessor，继承自 com.dameng.etl.engine.activity.dataflow.processor.CustomDataFlowSourceProcessor。

根据开发目标，对该类的成员设计如表 14-6 所示。

表 14-6 CustomSqliteDatasourceProcessor 类成员设计

成员类型	定　义	备　注
全局变量	private String dbfile	数据库文件
全局变量	private String tablename	表名
全局变量	private Connection conn	数据库连接对象
全局变量	private ArrayList<Object[]> data	数据集
全局变量	private int currentCount	记录已读取数据的行数
公开方法	public void registerProperties()	注册自定义属性，覆盖基类同名方法
公开方法	protected void customInit()	读取自定义属性值，覆盖基类同名方法
公开方法	protected Object[] read()	返回每一行的数据，覆盖基类同名方法
公开方法	public void dispose()	释放资源，覆盖基类同名方法
私有方法	private void getConn()	得到数据库连接对象，由 customInit 方法调用
私有方法	private ArrayList< Object[]> convertDataSet ToList (ResultSet rs)	将查询结果集转换为 Arryist，由 customInit 方法调用

下面介绍变量的定义和主要的方法。

（1）变量定义。

在类的实现过程中，需要用到的变量定义如下：

```
private String dbfile;  //数据库文件
private String tablename;  //表名
private Connection conn;  //数据库连接对象
private ArrayList<Object[]> data;  //数据集
private int currentCount = 0;  // 记录已读取数据的行数
```

（2）注册自定义属性。

本例中注册两个属性，一个是“SQLite 文件路径”，一个是“表名”，基类 registerProperties 方法的代码如下所示：

```
@Override
public void registerProperties() {
    //注册属性sqlite文件路径，默认为“c:/mydb.db”
    registerProperty("SQLite文件路径", "c:/mydb.db");
    //注册属性表名，默认为“person”
    registerProperty("表名", "person");
}
```

（3）读取属性值及数据。

覆盖基类的 customInit 方法，代码如下：

```
@Override
protected void customInit() {
    dbfile=getProperty("SQLite文件路径");  //读取SQLite文件路径
    tablename=getProperty("表名");  //读取表名
    getConn();  //得到SQLite数据库连接对象
    String sqlstr="select * from "+tablename;  //表查询语句
    Statement usest= null;
    try {
        usest = conn.createStatement();
        ResultSet rs = usest.executeQuery(sqlstr);  //得到查询结果
        data=convertDataSetToList(rs);  //将查询结果转换成列表
        rs.close();  //关闭查询结果集
    } catch (SQLException e) {
        e.printStackTrace();
    }
}
```

其中，getConn 方法是得到数据库连接对象 conn，以下为 getConn 方法的代码：

```
private void getConn(){
    String Drive="org.sqlite.JDBC";
    String url="jdbc:sqlite:/"+dbfile;
    try {
        Class.forName(Drive);
```

```
            conn = DriverManager.getConnection(url);
        } catch (ClassNotFoundException ex) {
            ex.printStackTrace();
        } catch (SQLException ex) {
            ex.printStackTrace();
        }
    }
```

convertDataSetToList 方法是将查询结果集转换成 ArrayList，以下为 convertDataSetToList 方法代码：

```
private ArrayList<Object[]> convertDataSetToList(ResultSet rs){
    ArrayList<Object[]> resultlist=new ArrayList();
    try {
        ResultSetMetaData rsmd = rs.getMetaData();
        int fieldCount = rsmd.getColumnCount();
        while (rs.next()) {
            Object[] objects=new Object[fieldCount];   //存放一条记录每一个字段的值
            for (int i = 1; i <= fieldCount; i++) {   //得到每一个字段的值
                objects[i-1]=rs.getString(i);
            }
             resultlist.add(objects);
        }
        rs.close();
    } catch (SQLException e) {
        e.printStackTrace();
    }
    return resultlist;
}
```

（4）输出数据。

将从数据库中获取的数据输出，需要覆盖基类 read 方法，每次系统调用 read 方法时返回一条数据。以下为 read 方法代码：

```
@Override
protected Object[] read() {
    if (data != null) {
        if (currentCount++ < data.size()) {
            return data.get(currentCount - 1);
        } else {
            return null;
        }
    } else
        return null;
}
```

（5）释放资源。

覆盖基类的 dispose 方法，关闭数据库连接，保证系统资源得到释放。以下代码实现保证在节点停止执行后，关闭已经打开的数据库连接。

```
@Override
public void dispose(){
  if (conn != null){
    try{
        conn.close();
        conn = null;
    }
    catch (SQLException e) {
      //ignore
    }
  }
}
```

3. 调试自定义数据源

在开发环境中以调试模式启动 DMETL 服务和客户端后，创建包含自定义转换节点在内的转换流程，将自定义转换节点中的类路径指向自定义转换工程的 Class 文件输出目录，即可在 Eclipse 中调试自定义转换，自定义数据源属性设置如图 14-19 所示。

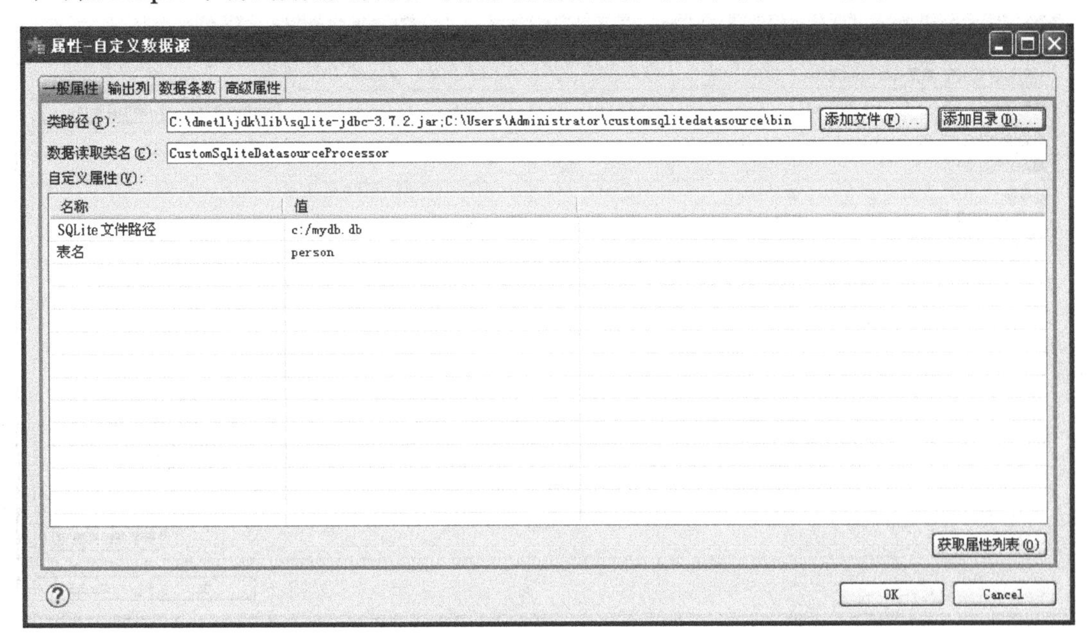

图 14-19　自定义数据源属性设置

由于用到了 SQLite 的 JDBC JAR 文件，因此还需要将工程中用到的 sqlite-jdbc-3.7.2.jar 添加到类路径上。

注意：上述路径都应该是 DMETL 服务器上的路径，而非客户端本地路径。

4. 发布自定义数据源

发布自定义数据源 JAR 文件，参考 14.3.2 节相应内容。

14.4.3 使用自定义数据源

将开发好的自定义转换 JAR 文件连同第三方 JAR 文件 sqlite-jdbc-3.7.2.jar，复制到 DMETL 服务器上，在自定义数据源组件中就可以使用该 JAR 包。以下示例验证自定义数据源功能。

1. 数据源准备

为了验证自定义数据源 JAR 文件，本节准备了一个 SQLite 数据库，文件名为 mydb.db，数据库中含有表 person，表 person 有 5 个字段，分别是 personid、name、sex、email、phone。

2. 验证自定义数据源

第一步，在达梦数据交换平台主界面上，打开“工程”面板，在“转换”节点下创建工程，工程名为“自定义数据源示例”。

第二步，在“工具箱”面板选择“数据读取”工具列表下的“自定义数据源”组件，拖放至设计区，设置自定义数据源的一般属性（见图 14-20）和输出列（见图 14-21），注意类路径应包含自定义数据源 JAR 文件和第三方数据库连接 JAR 文件。

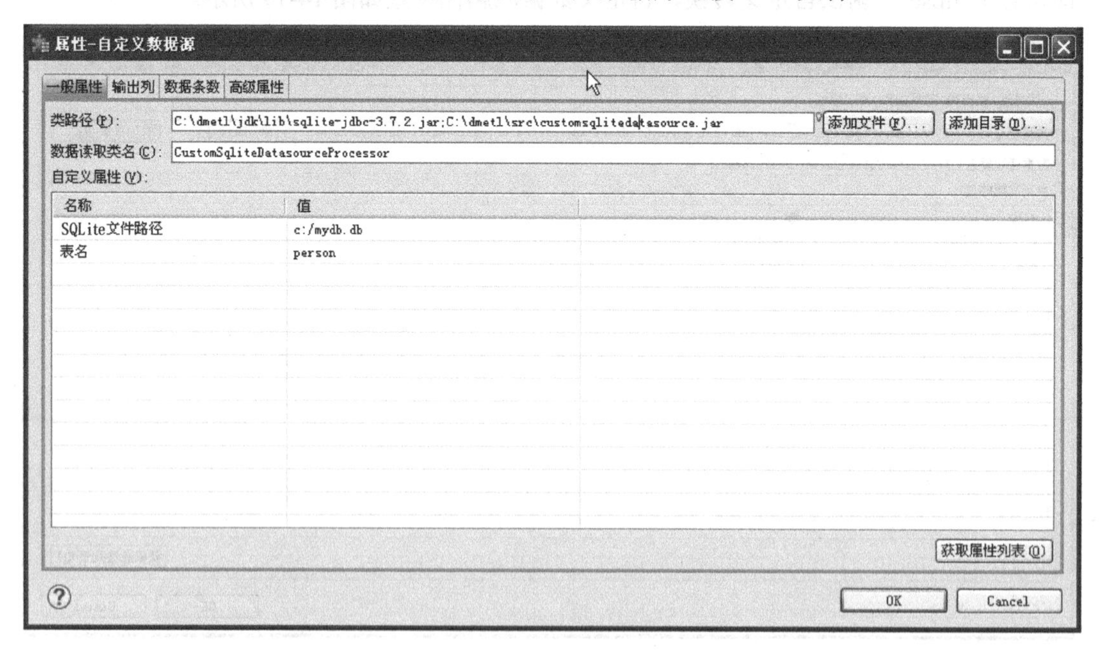

图 14-20　自定义数据源一般属性设置

第三步，单击“运行”按钮，执行数据读取过程，选中设计区的“自定义数据源”组件图标，右击组件图标弹出快捷菜单，选择“预览运行结果”选项，进入如图 14-22 所示的界面，显示读取到的 SQLite 数据库 person 表的数据结果。

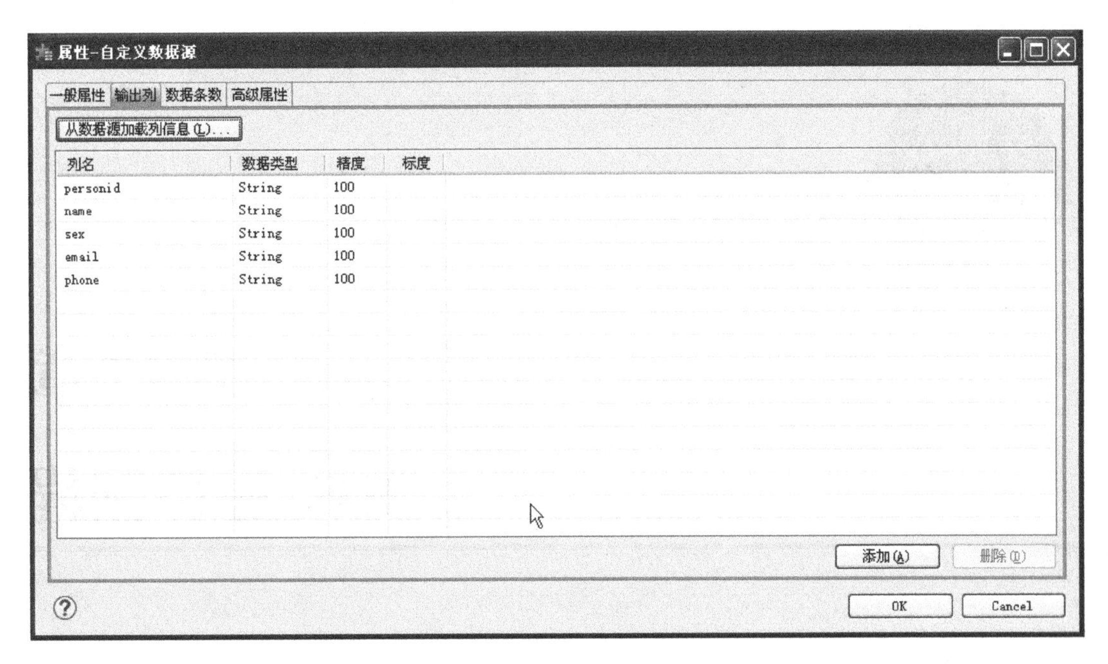

图 14-21　自定义数据源输出列设置

浏览转换数据 － 自定义数据源

	personid	name	sex	email	phone
1	1	张大海	男	zdh@sina.com	13066834680
2	2	李丽	女	lili@yahoo.c	668389

上一页(P)　下一页(N)　设置每页显示行数(G)　100　行 第1页　刷新(R)　导出(O)...

图 14-22　自定义数据源的数据结果

第 15 章 ETL 接口编程

为了第三方应用可以快速方便地调用达梦数据交换平台（DMETL）的各项功能，达梦数据交换平台提供了简单易用的编程接口 API。用户通过编程接口 API 调用 DMETL 的各项功能的步骤与用户手动操作需要的步骤基本一致。只要用户会使用 DMETL 并有一定的编程经验，就可以很快学会使用 DMETL API 编程。

15.1 DMETL API 概述

DMETL API 提供了涵盖达梦数据交换平台主要功能的编程接口，包括数据源（数据集）的操作、作业组件的操作、转换组件的操作、流程对象的操作等，主要软件包及其功能说明如表 15-1 所示。

表 15-1 DMETL API 软件包

软 件 包	功能说明
com.dameng.etl.api.model	包含基本的 POJO 模型类
com.dameng.etl.api.model.transform	包含数据转换规则的模型类
com.dameng.etl.driver	包含 DMETL 连接及全局对象的操作类
com.dameng.etl.driver.ds	包含 DMETL 数据源、数据集的操作类
com.dameng.etl.driver.flow	包含 DMETL 流程对象的操作类
com.dameng.etl.driver.flow.job	包含 DMETL 作业组件的操作类
com.dameng.etl.driver.flow.transformation	包含 DMETL 转换组件的操作类

详细的 API 使用参考可以在联机帮助中查看，如图 15-1 所示。

图 15-1　API 使用参考联机帮助

DMETL API 的源码在<DMETL>\src 目录下，示例程序的源码在<DMETL>\src\ dmetl-api-example\src 目录下（<DMETL>代表达梦数据交换平台的安装路径，下同）。

15.2　接口编程示例

15.2.1　数据迁移编程示例

本示例调用 API 从头开始创建一个转换，该转换的功能是将 Oracle 数据库中的数据迁移到 DMETL 数据库中，开发步骤如下。

1. 创建 Java 工程

在 Eclipse 中创建一个 Java 工程，并添加入以下 JAR 文件：<DMETL>\common\com.dameng.common_4.0.0.jar、<DMETL>\common\com.dameng.etl.api_4.0.0.jar、<DMETL>\common\com.dameng.etl.driver_4.0.0.jar、<DMETL>\third\httpcore-4.3.2.jar、<DMETL>\third\httpclient-4.3.5.jar、<DMETL>\third\commons-logging-1.1.3.jar、<DMETL>\third\kryo-x.xx-all.jar (x.xx 是版本号)、<Eclipse>\plugins\ org.eclipse.osgi_3.10.100.v20150529-1857.jar。

注意：<DMETL>\third 目录中存放的是 DMETL 编程接口中可能使用到的第三方 JAR 文件，本例中只需要加入 kryo-x.xx-all.jar 即可。某些接口使用后，可能需要加入其他第三方文件到类路径中。例如，如果要使用 API 中的元数据导入、导出接口则需要将 xstream-1.3.1.jar 和 xpp3_min-1.1.4c.jar 加入到类路径中。<Eclipse>代表 Eclipse 的安装路径。

2. 实现数据迁移

调用 API 实现数据迁移的基本流程如图 15-2 所示。

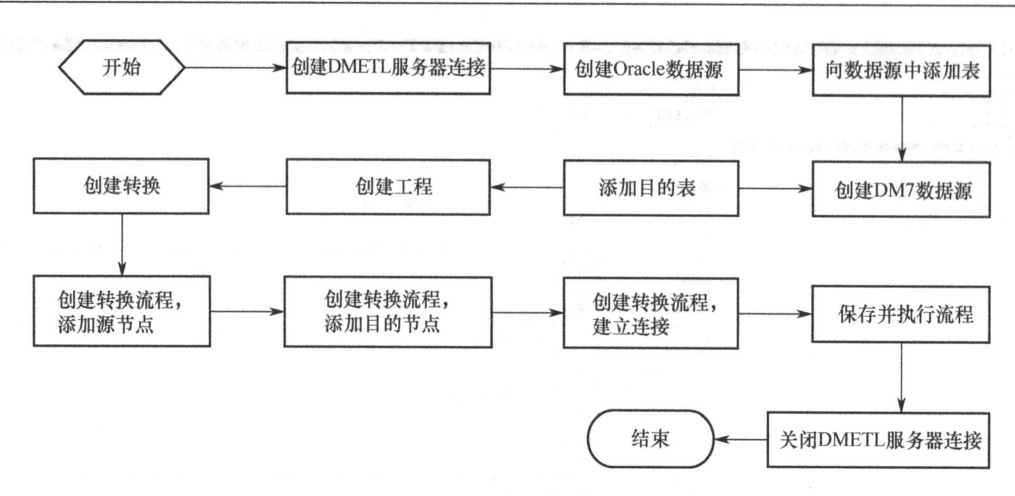

图 15-2　调用 API 实现数据迁移流程图

（1）创建一个到 DMETL 服务器的连接。

```
//连接到DMETL服务器
Connection connection = new Connection("localhost", 1234, "admin", "admin");
connection.open();
```

（2）创建 Oracle 数据源。

```
//获取Oracle数据库数据源的默认连接参数对象，参数dbType的可选值见DMETL客户端的新建数
//据库数据源对话框
DatabaseDataSourceParamBean sourceDataSourceParam =
        connection.newDefaultDatabaseDataSourceParam("Oracle10");
//设置Oracle数据源地址、端口、用户名、密码等参数
sourceDataSourceParam.setDbHost("localhost");
sourceDataSourceParam.setDbPort("1521");
sourceDataSourceParam.setDbName("ORCL");    //Oracle 服务名
sourceDataSourceParam.setDbUserName("SYSTEM");
sourceDataSourceParam.setDbPassword("SYSTEM");
//在DMETL中创建数据源
DatabaseDataSource sourceDataSource = connection.createDatabaseDataSource("Oracle10_Source", "",
sourceDataSourceParam);
```

（3）向数据源中添加源表。

```
//向数据源中添加源表，如果数据库中没有该表，可以使用以下语句创建：
/*
CREATE TABLE DMETL_EXAMPLE_SOURCE_1
 (
    C1 NUMBER(10,0),
    C2 VARCHAR2(100),
    PRIMARY KEY (C1)
 )
*/
TableDataSet sourceTableDataSet = sourceDataSource.addTable(null, "SYSTEM",
```

```
"DMETL_EXAMPLE_SOURCE_1")[0];
```

（4）创建 DM7 数据源。

```
//获取DM7数据库数据源的默认连接参数对象，参数dbType的可选值见DMETL客户端的新建数
//数据源对话框
DatabaseDataSourceParamBean destDataSourceParam =
connection.newDefaultDatabaseDataSourceParam("DM7");
//设置DM7数据源地址、端口、用户名、密码等参数
destDataSourceParam.setDbHost("localhost");
destDataSourceParam.setDbPort("5236");
destDataSourceParam.setDbName("DAMENG");
destDataSourceParam.setDbUserName("SYSDBA");
destDataSourceParam.setDbPassword("SYSDBA");
//使用连接对象在DMETL中创建数据源
DatabaseDataSource destDataSource = connection.createDatabaseDataSource("DM7_Dest",
"",destDataSourceParam);
```

（5）添加目的表。

```
//向数据源中添加表，如果数据库中没有该表，可以使用以下语句:
/*
CREATE TABLE DMETL_EXAMPLE_DEST_1
 (
C1 INT,
C2 VARCHAR(100),
PRIMARY KEY (C1)
)
*/
TableDataSet destTableDataSet = destDataSource.addTable(null, "SYSDBA",
"DMETL_EXAMPLE_DEST_1")[0];
```

（6）创建工程。

```
Project project = connection.createProject("DMETL API  编程示例", "此工程由应用程序使用API创建
");
```

（7）创建转换。

```
/*创建转换模型对象*/
TransformationBean transformationBean = new TransformationBean();
transformationBean.setName("示例转换");
transformationBean.setDescription("此转换由应用程序使用API创建");
//获取转换对象根目录
TransformationDir transformationDir = project.getTransformationRootDir();
//在转换目录中创建转换
Transformation transformation= transformationDir.createTransformation(transformationBean);
```

（8）创建转换流程，添加“表/视图”源节点到流程中，并设置相关的属性。

```
//创建"表/视图"源节点
TableSourceNode tableSourceNode = new TableSourceNode(transformation);
```

```
//设置关联的数据集
tableSourceNode.setDataSetId(sourceTableDataSet.getDataSetBean().getId());
//设置需要读取的列
ColumnBean[] columns = sourceTableDataSet.getDataSetBean().getColumns();
String[] columnNames = new String[columns.length];
for (int i = 0; i < columnNames.length; i++){
    columnNames[i] = columns[i].getName();
}
tableSourceNode.setSelectedColumns(columnNames);
//将节点添加到转换中
transformation.addNode(tableSourceNode);
```

（9）创建转换流程，添加“表”目的节点到流程中，并设置相关的属性。

```
//创建“表”目的节点
TableDestinationNode tableDestNode = new TableDestinationNode(transformation);
//设置关联的数据集
tableDestNode.setDataSetId(destTableDataSet.getDataSetBean().getId());
//设置需要写入的列
columnNames = new String[columns.length];
for (int i = 0; i < columnNames.length; i++){
    columnNames[i] = columns[i].getName();
}
tableDestNode.setSelectedColumns(columnNames);
//将节点添加到转换中
transformation.addNode(tableDestNode);
```

（10）创建转换流程，添加源节点到目的节点的连接线。

```
//添加成功线
transformation.addSuccessRouter(tableSourceNode, tableDestNode);
```

（11）保存并执行流程。

```
//对节点和连接线自动布局，让流程图更美观
transformation.layout();
//保存流程
transformation.save();
//执行流程
long executeId = transformation.syncRun();
//获取流程运行日志
RunLog runLog = transformation.getRunLog(executeId);
System.out.println(transformation.getTransformationBean().getName()+","+ runLog.getStartTime() + "," +
runLog.getEndTime());
```

（12）关闭 DMETL 服务器连接。

```
connection.close();
```

3. 执行程序

创建 CreateTransformation 类，将上述代码依次放到 CreateTransformation 类的 public static void main(String[ ] args)方法中并执行（执行程序时确保 DMETL 服务器处于启动状态），即可实现创建转换并迁移数据的功能。

15.2.2 数据操作查询编程示例

本示例通过调用 API 查询在指定时间段内已知工程和转换进行插入、删除和修改操作的数据数量，开发步骤如下。

1. 创建 Java 工程

工程创建方法见 15.2.1 节。

2. 实现数据操作查询

调用 API 实现数据操作查询的基本流程如图 15-3 所示。

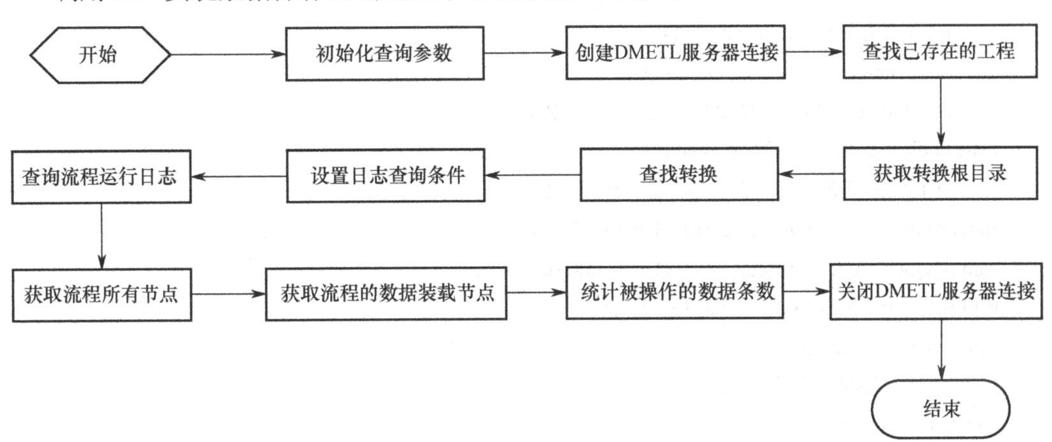

图 15-3　调用 API 实现数据操作查询流程图

（1）初始化查询参数。

```
//初始化查询的起始时间和结束时间
String starttime="2015-01-09 14:32:00";
String endtime="2017-07-17 15:00:00";
```

（2）创建一个到 DMETL 服务器的连接。

```
//连接到DMETL服务器
Connection connection = new Connection("localhost", 1234, "admin", "admin");
connection.open();
```

（3）查找已存在的工程。

```
//查找工程（工程必须是已创建的）
Project project = connection.findProject("示例工程");
if (project == null) {
    System.out.println("工程不存在，请先创建工程！");
```

```
        return;
}
```

（4）获取转换根目录。

```
//获取转换根目录
TransformationDir transformationDir = project.getTransformationRootDir();
```

（5）查找转换（转换必须是已创建的）。

```
//查找转换
Transformation transformation = transformationDir.findTransformation("随机数据演示");
if(transformation == null) {
    System.out.println("转换不存在，请先创建转换！");
    return;
}
```

（6）设置日志查询条件。

```
//设置日志查询条件
RunLogQueryConditionBean runLogQueryConditionBean = new
        RunLogQueryConditionBean();
Date startTime = DateUtil.getDate(starttime,
        DateUtil.DEFAULT_DATETIME_PATTERN);
Date endTime = DateUtil.getDate(endtime,
        DateUtil.DEFAULT_DATETIME_PATTERN);
runLogQueryConditionBean.setEndTimeBegin(startTime);
runLogQueryConditionBean.setEndTimeEnd(endTime);
runLogQueryConditionBean.setFlow(true);
runLogQueryConditionBean.setOnlyFlow(true);
```

（7）查询流程运行日志。

```
//查询流程运行日志
RunLog[] flowRunLogs = transformation.queryRunLogs(runLogQueryConditionBean);
if (flowRunLogs != null && flowRunLogs. length > 0){
    System. out.println(DateUtil.getDate(startTime,
    DateUtil. DEFAULT_DATETIME_PATTERN)+
    "——"+DateUtil.getDate(endTime, DateUtil. DEFAULT_DATETIME_PATTERN));
    System. out.println(transformation.getTransformationBean().getName()+
        ","+"运行了"+flowRunLogs.length+"次");
}else{
    System. out.println(DateUtil.getDate(startTime,
    DateUtil. DEFAULT_DATETIME_PATTERN)+
    "——"+DateUtil.getDate(endTime, DateUtil. DEFAULT_DATETIME_PATTERN));
    System. out.println("流程没有运行");
    return;
}
```

（8）获取流程所有节点。

```
//加载流程节点
transformation.load();
//获取流程所有节点
CommonNode[] allNodes = transformation.getAllNodes();
```

（9）获取流程的数据装载节点。

```
//获取流程的数据装载节点，因为统计数据存在于流程中的节点上
List<CommonNode> destionNodes = new ArrayList<CommonNode>(1);
for(CommonNode node : allNodes){
    if (node instanceof TableDestinationNode || node instanceof CDCTableDestinationNode||
    node instanceof CSVDestinationNode || node instanceof DdsDestinationNode||
    node instanceof ExcelDestinationNode || node instanceof JmsDestinationNode||
    node instanceof TxtDestinationNode || node instanceof WebServiceDestinationNode||
    node instanceof XMLDestinationNode || node instanceof DM7FastLoadNode||
    node instanceof OracleFastLoadNode) {
            destionNodes.add(node);
    }
}
```

（10）统计被操作（增、删、改）的数据条数。

```
  //查询的是节点的运行日志而不是流程的运行日志
  runLogQueryConditionBean.setFlow(false);
  //获取流程运行次数
  for(CommonNode node : destionNodes){
  //获取数据加载节点运行日志
  RunLog[] runLogs = node.queryRunLogs(runLogQueryConditionBean);
  long insertCount = 0;
  long deleteCount = 0;
  long updateCount = 0;
  for(int j = 0;j < runLogs.length ;j++){
      if(runLogs[j].getInsertedCount   () > 0) {
          insertCount += runLogs[j]. getInsertedCount ();
      }
      if(runLogs[j].getDeletedCount() > 0) {
          deleteCount += runLogs[j].getDeletedCount();
      }
      if(runLogs[j].getUpdatedCount() > 0) {
          updateCount += runLogs[j].getUpdatedCount();
      }
  }
  System.out.println(node.getName()+","+"插入了"+insertCount+"条数据" );
  System.out.println(node.getName()+","+"删除了"+deleteCount+"条数据" );
  System.out.println(node.getName()+","+"更新了"+updateCount+"条数据" );
}
```

（11）关闭 DMETL 服务器连接。

```
//关闭连接
connection.close();
```

3．执行程序

创建 QueryRunLog 类，将上述代码依次放到 QueryRunLog 类的 public static void main(String[ ] args)方法中并执行（执行程序时确保 DMETL 服务器处于启动状态），可输出在指定时间段内转换所增加、修改和删除的数据条数。

15.2.3 调度操作编程示例

本示例通过调用 API 为流程进行周期性调度配置，并启动调度引擎，开发步骤如下。

1．创建 Java 工程

工程创建方法见 15.2.1 节。

2．实现调度操作

调用 API 实现调度操作的基本流程如图 15-4 所示。

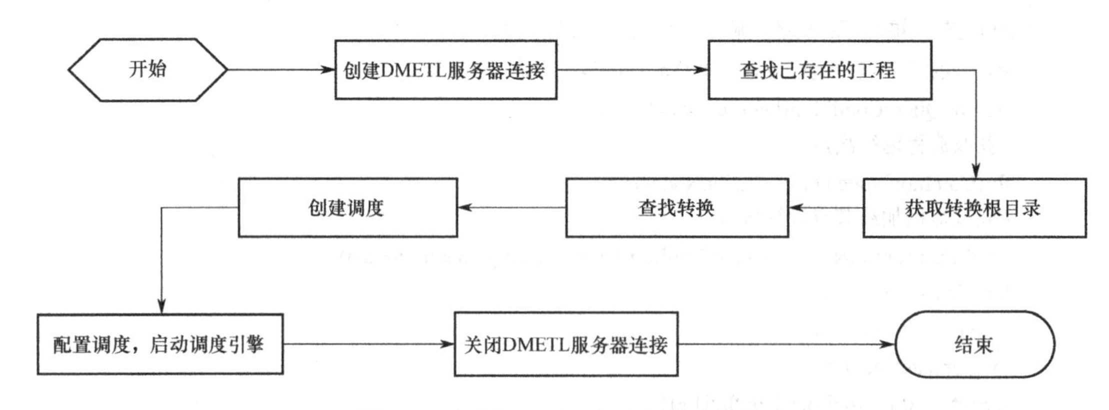

图 15-4 调用 API 实现调度操作流程图

（1）创建一个到 DMETL 服务器的连接。

```
//连接到DMETL服务器
Connection connection = new Connection("localhost", 1234, "admin", "admin");
connection.open();
```

（2）查找已存在的工程（工程必须是已创建的）。

```
// 查找工程
Project project = connection.findProject("DMETL API 编程示例");
if (project == null) {
    System.out.println("工程不存在，请先创建工程！");
    return;
}
```

（3）获取转换根目录。

```
// 获取转换根目录
TransformationDir transformationDir = project.getTransformationRootDir();
```

（4）查找转换（转换必须是已创建的）。

```
//查找转换
Transformation transformation = transformationDir.findTransformation("示例转换");
if(transformation == null) {
    System.out.println("转换不存在，请先创建转换！");
    return;
}
```

（5）创建调度。

```
//创建调度
ScheduleBean scheduleBean = project.findSchedule("每天每10分钟执行一次");
if(scheduleBean == null){
        scheduleBean = Project.createFixPeriodDailyScheduleBean(1, 10,
        ScheduleBean.FrequencyTimeIntervalType.MINUTE);
        scheduleBean.setName("每天每10分钟执行一次");
        project.addSchedule(scheduleBean);
}
```

（6）为流程配置周期性调度，并启动调度引擎。

```
//为流程配置周期性调度
transformation.addSchedule(scheduleBean, true);
//启动调度引擎
ScheduleEngine scheduleEngine =connection.getScheduleEngine();
if(scheduleEngine.getStatus()!=1){
    scheduleEngine.start();
}
```

（7）关闭 DMETL 服务器连接。

```
connection.close();
```

3. 执行程序

创建 CreateSchedule 类，将上述代码依次放到 CreateSchedule 类的 public static void main(String[ ] args)方法中并执行（在执行程序时确保 DMETL 服务器处于启动状态），即可实现创建转换并迁移数据的功能。

15.2.4　查询语句修改编程示例

本示例通过调用 API 动态修改已存在的转换中的 SQL 查询语句，开发步骤如下。

1. 创建 Java 工程

工程创建方法见 15.2.1 节。

2. 实现查询语句修改

调用 API 实现查询语句修改的基本流程如图 15-5 所示。

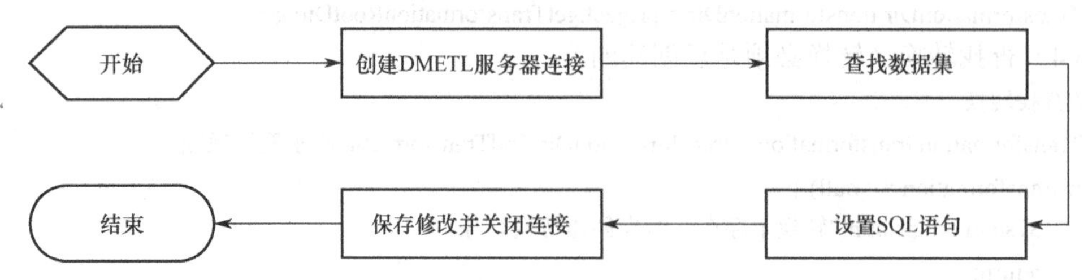

图 15-5　调用 API 实现查询语句修改流程图

（1）创建一个到 DMETL 服务器的连接。

```
//连接到DMETL服务器
Connection connection = new Connection("localhost", 1234, "admin", "admin");
connection.open();
```

（2）找到需要修改的 SQL 数据集。

```
// 找到需要修改的SQL数据集
DatabaseDataSource databaseDataSource =
    connection.findDatabaseDataSource("BOOKSHOP ");
SQLQueryDataSet[] sqlQueryDataSets=databaseDataSource
    .getSQLQueryDataSets("BOOKSHOP","PRODUCT_REVIEW_SQL");
DataSetBean dataSetBean =sqlQueryDataSets[0].getDataSetBean();
QueryDataSetParamBean paramBean = (QueryDataSetParamBean)
dataSetBean.getParam();
```

（3）设置 SQL 查询中的 SQL 语句。

```
// 设置SQL语句
paramBean.setQueryText("SELECT * FROM PRODUCTION.PRODUCT_REVIEW WHERE NAME = ?
    AND PRODUCTID = ? ");
dataSetBean.setParam(paramBean);
```

（4）保存修改。

```
// 保存修改
sqlQueryDataSets[0].modify(dataSetBean);
```

（5）关闭连接。

```
connection.close();
```

3. 执行程序

创建 DynamicUpdateSql 类，将上述代码依次放到 DynamicUpdateSql 类的 public static void main(String[ ] args)方法中并执行（执行程序时确保 DMETL 服务器处于启动状态），即可实现动态修改已存在的转换中的 SQL 查询语句的功能。

附录 A 系统函数

A.1 数学函数

1. abs(Number *n*)

参数：*n* 为任意数字。

返回值：*n* 的绝对值，类型为 Number。

说明：*n* 值可以为任意数字，如 abs(−1.1)的返回值为 1.1。

2. acos(double *n*)

参数：*n* 为−1～1 的任意数字。

返回值：返回数值表达式的反余弦值。

说明：*n* 值可以为−1～1 的任意数字，如 acos(0.5)的返回值为 60。

3. atan(double *n*)

参数：*n* 为任意数字。

返回值：返回 *n* 的反正切值。

说明：*n* 值可以为任意数字，如 atan(1)的返回值为 45。

4. atans(double *m*,double *n*)

参数：*m* 为任意数字；*n* 为任意数字。

返回值：返回 *m*/*n* 的反正切值。

说明：略。

5. ceil(double *n*)

参数：*n* 为任意数字。

返回值：返回大于或等于 *n* 的最小整数。
说明：*n* 可以为任意数字，如 ceil(3.7)的返回值为 4。

6．cos(double *n*)

参数：*n* 为任意数字。
返回值：返回数值表达式的余弦值。
说明：*n* 可以为任意数字，如 cos(60)的返回值为 0.5。

7．cosh(double *n*)

参数：*n* 为任意数字。
返回值：返回 *n* 的双曲余弦值。
说明：略。

8．cot(double *n*)

参数：*n* 为任意数字。
返回值：返回 *n* 的余切值。
说明：略。

9．degrees(double *n*)

参数：*n* 为任意数字。
返回值：返回 *n* 的角度值。
说明：degrees(14.578)的返回值为 −835.257873741714090000。

10．exp(double *n*)

参数：*n* 为任意数字。
返回值：返回 *n* 的自然指数。
说明：*n* 可以为任意数字，如 exp(198.1938327)的返回值为 1.18710159597953e+086。

11．floor(double *n*)

参数：*n* 为任意数字。
返回值：返回小于或等于 *n* 的最大整数。
说明：*n* 可以为任意数字，如 floor(3.7)的返回值为 3。

12．ln(double *n*)

参数：*n* 为任意大于 0 的数字。
返回值：返回 *n* 的自然对数。
说明：*n* 可以为任意大于 0 的数字，如 ln(1)的返回值为 0。

13．log(double *m*, double *n*)

参数：*m* 为任意大于 0 数字；*n* 为任意数字。
返回值：返回 *m* 以 *n* 为底数的对数。
说明：略。

14．log10(double *n*)

参数：*n* 为任意大于 0 的数字。

返回值：返回 *n* 以 10 为底的对数。

说明：*n* 可以为任意大于 0 的数字，如 log(10)的返回值为 1。

15．max(Number *m*, Number *n*)

参数：*m* 为任意数字；*n* 为任意数字。

返回值：返回 *m* 和 *n* 中的较大值。

说明：*m*、*n* 为任意数字，如 max(3,−1)的返回值为 3。

16．min(Number *m*, Number *n*)

参数：*m* 为任意数字；*n* 为任意数字。

返回值：返回 *m* 和 *n* 中的较小值。

说明：*m*、*n* 为任意数字，如 min(3,−1)的返回值为−1。

17．mod(double *m*, double *n*)

参数：*m* 为任意数字；*n* 为任意数字。

返回值：返回 *m* 被 *n* 除的余数。

说明：略。

18．pi( )

参数：无。

返回值：返回常数 π。

说明：略。

19．power(double *m*, double *n*)

参数：*m* 为任意数字；*n* 为任意数字。

返回值：返回 *n* 以 *m* 为基数的指数。

说明：如 power(2, 3) 返回 2 的 3 次幂，即 8。

20．radians(double *n*)

参数：*n* 为任意数字。

返回值：返回 *n* 对应的弧度值。

说明：略。

21．rand( )

参数：无。

返回值：返回一个 0～1 的随机浮点数。

说明：略。

22．rand(long *n*)

参数：*n* 为任意数字。

返回值：返回一个 0～1 的以 *n* 为种子的随机浮点数。
说明：略。

23．round (double *n*)

参数：*n* 为任意数字。
返回值：返回 *n* 的四舍五入值。
说明：略。

24．sign(double *n*)

参数：*n* 为任意数字。
返回值：返回 *n* 的数学符号。
说明：略。

25．sin (double *n*)

参数：*n* 为任意数字。
返回值：返回 *n* 的正弦值。
说明：略。

26．sinh(Number *n*)

参数：*n* 为任意数字。
返回值：返回 *n* 的双曲正弦值。
说明：略。

27．sqrt(double *n*)

参数：*n* 为任意数字。
返回值：返回 *n* 的平方根。
说明：略。

28．tan(double *n*)

参数：*n* 为任意数字。
返回值：返回 *n* 的正切值。
说明：略。

29．tanh(double *n*)

参数：*n* 为任意数字。
返回值：返回 *n* 的双曲正切值。
说明：略。

30．tranc(double m, int *n*)

参数：*m* 为任意数字；*n* 为任意数字。
返回值：返回 *m* 截取 *n* 位的数值。
说明：略。

31. tranc(double *n*)

参数：*n* 为任意数字。
返回值：返回 *n* 的整数值。
说明：略。

A.2 字符串函数

1. ascii(char *n*)

参数：*n* 为字符。
返回值：返回字符 *n* 对应的整数。
说明：ascii('a')返回的整数值为 97。

2. binary_to_hex_str(byte[ ] bytes)

参数：bytes 为二进制数据。
返回值：二进制数据对应的 16 进制字符串。
说明：将二进制数据转换为 16 进制字符串。

3. char_at(String str, int index)

参数：str 为待查找的字符串；index 为字符在字符串中的位置，第一个字符为 0。
返回值：返回 str 中位置为 index 的字符，类型为 char。
说明：如：char_at("hello", 0)的返回值为'h'。

4. char_length(String str)

参数：str 为字符串。
返回值：返回字符串 str 的长度，以字符作为计算单位，一个汉字作为一个字符计算。
说明：char_length("DM 达梦")返回的字符串长度为 4。

5. chr(int *n*)

参数：*n* 为数字。
返回值：返回整数 *n* 对应的字符，类型为 char。
说明：chr(97)返回的字符为 a。

6. concat(String str1, String str2)

参数：str1、str2 为字符串类型。
返回值：返回字符串 str1 串接字符串 str2 的结果，返回类型为字符串。
说明：concat("dm","database")返回的字符串结果为 dmdatabase。

7. hex_str_to_binary(String hexStr)

参数：hexStr 为字符串类型，16 进制字符串，如 123ABCDEF。
返回值：返回 16 进制字符串所代表的二进制数据，byte[ ]类型。

说明：hex_str_to_binary("123AB")返回的字符串结果为00000001001000111010101011。

8. initcap(String str)

参数：str为字符串。

返回值：将字符串中的首字符转换成大写，然后返回整个字符串。

说明：略。

9. insert(String str1, int n1, int n2, String str2)

参数：str1为待删除和被插入的字符串；n1为字符串str1中待删除的起始位置，首位为0；n2为待删除的字符的个数；str2为插入到str1中的字符串。

返回值：将字符串str1从n1的位置开始删除n2个字符，并将str2插入到str1中n1的位置。

说明：insert ("That is a cake", 1, 3, "his")；的结果为This is a cake。

10. lcase(String str)

参数：str为字符串。

返回值：将字符串str变为小写，然后返回。

说明：略。

11. left(String str, int len)

参数：str为字符串；len为要返回的字符串左边的字符的长度。

返回值：返回字符串str最左边的len个字符组成的字符串。

说明：left("DM达梦ETL", 4)，返回的结果为“DM达梦”。

12. length(String str)

参数：str为字符串。

返回值：返回给定字符串表达式的字符（而不是字节）个数，其中包含尾随空格。

说明：返回字符串中包含的字符数，null和空串返回0。

13. length_in_bytes(String str, String charset)

参数：str为字符串，charset为字符集名称。

返回值：获取字符串按照指定字符集转换为二进制数据的长度。

说明：返回字符串按照指定字符集计算的字节数，null和空串返回0。

14. locate(String str1, String str2)

参数：str1为查找字符串；str2为被查找字符串。

返回值：返回字符串str1在字符串str2中首次出现的位置；出现在第一位，返回值为零；如果没有出现，则返回−1。

说明：locate("dm", "wuhan dm company")的返回值为6。

15. locate(String str1, String str2, int *n*)

参数：str1为查找字符串；str2为被查找字符串；*n*为整数，str2中开始搜索的位置，如果是 str2 的第一位，则为零。

返回值：返回字符串 str1 在 str2 中从位置 *n* 开始首次出现的位置；出现在第一位，返回值为零；如果没有出现，则返回-1。

说明：locate("dm", "wuhan dm company",0)的返回值为 6。

16. lower(String str)

参数：str 为字符串。

返回值：返回字符串的小写形式。

说明：略。

17. lpad(String str, int len)

参数：str 为基准字符串；len 为正整数。

返回值：如果字符串 str 的长度大于 len，那么返回字符串 str 的前 len 个字符组成的字符串；否则，往字符串 str 的左边添加空格，直到 str 的长度达到 len，然后返回添加空格后得到的字符串。

说明：lpad("dm database ", 5) 返回的结果为“dm da”；lpad("dm database", 15)返回的结果为“   dm database”。

18. lpad(String str1, int len, String str2)

参数：str1 为基准字符串；len 为正整数；str2 为往基准字符串左边拼凑的字符串。

返回值：如果字符串 str1 的长度大于 len，那么返回字符串 str1 的前 len 个字符组成的字符串；否则，返回 str2 的前 len-length(str1)个字符+str1，总长度为 len。

说明：略。

19. ltrim(String str)

参数：str 为字符串。

返回值：返回删除了字符串 str 的所有前导空格字符后得到的字符串。

说明：ltrim("   dm database")得到的结果为“dm database”。

20. ltrim(String str1, String str2)

参数：str1 为基准字符串；str2 为删除参考字符串。

返回值：删除字符串 str1 左边起出现在 str2 中的任何字符，当遇到不在 str2 中的第一个字符时结果被返回。

说明：ltrim("dm database", "dm")得到的结果为“database”。

21. position(String str1, String str2)

参数：str1 为查找字符串；str2 为被查找字符串。

返回值：返回字符串 str1 在字符串 str2 中第一次出现的位置。如果没有出现则返回-1；出现在首位，则返回零。

说明：position("database", "dm database system")返回值为 3。

22．repeat(String str, int *n*)

参数：str 为重复字符串；*n* 为整数。

返回值：返回将字符串 str 重复 *n* 次得到的字符串。

说明：略。

23．replace(String str, String searchRegex, String replace)

参数：str 为被查找替换的字符串；searchRegex 为查找字符串，必须是 java 正则表达式，如果该参数中含有([{\^$|)?*+.这 12 个字符，则应该做转义处理，如果要查找“(aa”，则该参数应该为“\\(aa”；replace 为替换字符串。

返回值：将字符串 str1 中所有出现的字符串 str2 替换成字符串 str3，然后予以返回。如果 str 为 null，则返回 null，如果 searchRegex 或者 replace 为 null，则返回 str。

说明：略。

24．reverse(String str)

参数：str 为待反转字符串。

返回值：将输入字符串的字符顺序反转后返回。

说明：略。

25．right(String str, int len)

参数：str 为字符串；len 为整数。

返回值：返回字符串 str 右边指定长度 len 的字符串。

说明：略。

26．rpad(String str ,int len)

参数：str 为基准字符串；len 为正整数。

返回值：如果字符串 str 的长度大于 len，那么返回字符串 str 的最右边 len 个字符组成的字符串；否则往字符串 str 的右边添加空格，直到 str 的长度达到 len，然后返回添加空格后得到的字符串。

说明：rpad("dm database", 5) 返回的结果为“abase”； rpad("dm database ", 15)返回的结果为“dm database   ”。

27．rpad(String str1, int len , String str2)

参数：str1 为基准字符串；len 为正整数；str2 为往基准字符串右边拼凑的字符串。

返回值：如果字符串 str1 的长度大于 len，那么返回字符串 str1 的最右边 len 个字符组成的字符串；否则返回 str1+ str2 的前 len−length(str1)个字符，总长度为 len。

说明：略。

28．rtrim(String str)

参数：str 为字符串。

返回值：返回删除了字符串 str 的最右端所有尾随空格字符后，得到的字符串。

说明：rtrim("dm database   ")得到的结果为“dm database”。

29．rtrim(String str1 , String str2)

参数：str1 为基准字符串；str2 为删除参考字符串。

返回值：删除字符串 str1 最右端起出现在 str2 中的任何字符，当遇到不在 str2 中的第一个字符时结果被返回。

说明：rtrim("dm database", "base")得到的结果为“dm dat”。

30．space(int *n*)

参数：*n* 为数字。

返回值：返回由 *n* 个空格组成的空格字符串。

说明：略。

31．substring(String str , int n1 , int　n2)

参数：str 为基准字符串；n1 为整数；n2 为正整数。

返回值：返回字符串 str 中以 n1 为起始位置，n2 为终止位置的子字符串；n1 的值大于等于零，等于零表示从字符串 str 的首位开始；n2 的值大于零，为 1 时表示截止到 str 的首位，就是要取首位。

说明：substring("dm database system", 0, 11)返回的值为“dm database”。

32．translate(String str, String from, String to)

参数：str 为基准字符串；from 为查找参考字符串；to 为查找替换字符串。

返回值：此函数查看 str 中的每一个字符，然后检查 from 以确定该字符是否在其中。如果在的话，记下该字符在 from 中的位置，然后查找 to 中相同的位置，无论找到什么字符，用其替换 str 中的字符；最后返回 str 被查找替换后得到的新字符串。

说明：translate("发货地址", "发送", "送发")得到的结果为“送货地址”。

33．trim(String str)

参数：str 为字符串。

返回值：返回删除字符串 str 所有的前导和尾随的空格字符后，得到的新字符串。

说明：trim("　dm database　　") 得到的结果为“dm database”。

34．trim(String str1, String str2)

参数：str1 为基准字符串；str2 为删除参考字符串。

返回值：删除字符串 str1 左边起出现在 str2 中的任何字符，当遇到不在 str2 中的第一个字符时得到一个新的字符串，然后对这个新的字符串右边起出现在 str2 中的任何字符进行删除，当遇到不在 str2 中的第一个字符时，返回结果。

说明：trim("dm database dm", " dm") 得到的结果为“database”。

35．ucase(String str)

参数：str 为字符串。

返回值：返回将字符串转化为大写形式后的字符串。

说明：略。

36．upper(String str)

参数：str 为字符串。

返回值：返回将字符串转化为大写形式后的字符串。

说明：略。

37．Contains(String str1, String str2)

参数：str1 为被查找字符串；str2 为查找字符串。

返回值：若 str1 中包含 str2 则返回 true，否则返回 false。

说明：略。

A.3 日期时间函数

1．current_date( )

参数：无。

返回值：Date 类型的当期日期。

说明：获取当前日期，日期格式为 yyyy-MM-dd。

2．current_date_str( )

参数：无。

返回值：表示当前日期的字符串。

说明：获取以 yyyy-MM-dd 格式表示的当前日期的字符串。

3．current_time( )

参数：无。

返回值：Time 类型的当前时间。

说明：获取当前时间，时间格式为 HH:mm:ss。

4．current_time_str( )

参数：无。

返回值：表示当前时间的字符串。

说明：获取以 HH:mm:ss 格式表示的当前时间的字符串。

5．current_timestamp( )

参数：无。

返回值：Date 类型的当前日期时间。

说明：获取当前日期时间，日期时间格式为 yyyy-MM-dd HH:mm:ss。

6．current_timestamp_str( )

参数：无。

返回值：表示当前日期时间的字符串。

说明：获取以 yyyy-MM-dd HH:mm:ss 格式表示的当前日期时间的字符串。

7. day(Date date)

参数：date 为日期。

返回值：date 中的日。

说明：获取指定日期中的日，如 date 为 2005-09-12，则返回 12。

8. dayname(Date date)

参数：date 为日期。

返回值：date 的星期名称。

说明：获取指定日期的星期名称，如 date 为 2005-09-12，则返回“星期一”。

9. format_datetime_str(String dateTimeStr, String localeStr, String oldPattern, String newPattern)

参数：dateTimeStr 为待转换的日期时间字符串；localeStr 为国家地区设置，如 zh_CN、en_US，如果为 null 表示使用默认；oldPattern 为待转换的日期时间字符串的格式；newPattern 为转换后的日期时间字符串格式。

返回值：转换后的日期时间字符串格式。

说明：根据设置转换日期时间字符串的格式，如将 2012/03/01 转换为 2012-03-01。

10. month(Date date)

参数：date 为日期。

返回值：date 中的月。

说明：获取日期中的月，如 date 为 2005-09-12，则返回 9。

11. to_char(Date date, String fmt)

参数：date 为日期；fmt 为格式串。

返回值：按 fmt 格式表示 date 的字符串。

说明：获取按指定格式表示指定日期或时间的字符串，如 date 为 2005-09-12 10:08:00，fmt 为 yyyy-MM-dd，则返回 2005-09-12。

12. to_date(String dateStr, String fmt)

参数：dateStr 为表示日期时间的字符串； fmt 为格式串。

返回值：由 dateStr 按 fmt 格式生成的 Date 类型的日期时间值。

说明：将指定格式的日期时间字符串转换成日期时间，如 dateStr 为 2005-09-12 10:08:00，fmt 为 yyyy-MM-dd HH:mm:ss，则返回的 Date 类型值为 2005-09-12 10:08:00。

13. year(Date date)

参数：date 为日期。

返回值：date 中的年。

说明：获取日期中的年，如 date 为 2005-09-12，则返回 2005。

A.4 判断函数

1. is_null(Object obj)

参数：obj 为值对象。

返回值：若 obj 等于 null，则返回 true；否则，返回 false。

说明：判断对象是否为 null。

2. is_empty(String str)

参数：str 为字符串。

返回值：若 str 不等于 null 且串长度为 0，则返回 true；否则，返回 false。

说明：判断字符串是否为空串。

3. if_null(Object obj1, Object obj2)

参数：obj1 为对象 1；obj1 为对象 2。

返回值：如果对象 1 为 null，则返回对象 2；否则，返回对象 1。

说明：如果对象 1 为 null，则返回对象 2；否则，返回对象 1。

4. null_if(Object obj1, Object obj2)

参数：obj1 为对象 1；obj2 为对象 2。

返回值：如果对象 1 等于对象 2，则返回 null；否则，返回对象 1。

说明：如果对象 1 等于对象 2，则返回 null；否则，返回对象 1。

5. nvl(Object[] objects)

参数：objects 为对象数组。

返回值：objects 中第一个不等于 null 的对象。若 objects 长度为 0 或所有成员都为 null，则返回 null。

说明：objects 中第一个不等于 null 的对象。若 objects 长度为 0 或所有成员都为 null，则返回 null，如 nvl([null,"","hello"])，返回值为“”。

6. equals(Object obj1, Object obj2)

参数：obj1 为对象 1；obj2 为对象 2。

返回值：如果 obj1 等于 obj2，则返回 true；否则返回 false。

说明：判断对象是否相等。

A.5 数据转换函数

1. decode(String exp, String[ ] matches)

参数：exp 为待查找字符串；matches 为存放译码项字符串对。偶数项为匹配字符串，奇数项为译码字符串。

返回值：返回第一个匹配的译码项中的返回串。若未找到，则返回 null。

说明：查表译码，如 exp 为 2，matches 为["1", "张三", "2", "李四", "3", "王五"]。返回值为“王五”。

2．binary_decimal(String binary)

参数：binary 为字符串。

返回值：二进制字符串 binary 转十进制字符串。

说明：二进制字符串转十进制字符串。

3．octonary2decimal(String octonary)

参数：octonary 为字符串。

返回值：八进制字符串 octonary 转十进制字符串。

说明：八进制字符串转十进制字符串。

4．hexl2decimal(String hex)

参数：hex 为十六进制字符串。

返回值：十六进制字符串 hex 转十进制字符串。

说明：十六进制字符串转十进制字符串。

5．chinese2pinyin(String chinese)

参数：chinese 为字符串。

返回值：汉字 chinese 的拼音。

说明：汉字转拼音。

6．chinese2arab (String chineseDigital)

参数：chineseDigital 为字符串。

返回值：汉字数字 chineseDigital 转阿拉伯数字。

说明：汉字数字转阿拉伯数字。

7．traditional2simplified(String traditionalChinese)

参数：traditionalChinese 为繁体字符串。

返回值：转换后的简体汉字。

说明：繁体汉字转简体汉字。

8．to_dbc (String str)

参数：str 为全角字符串。

返回值：半角字符串。

说明：全角转半角。

9．delete_illegal_chars(String str, String[] illegalChars)

参数：str 为待转换字符串；illegalChars 为字符串数组。

返回值：str 中去掉 illegalChars 后得到的字符串。

说明：去掉字符串中一个或多个的非法字符(串)。

10．delete_chinese(String str)

参数：str 为字符串。

返回值：去掉字符串 str 中的汉字后得到的字符串。

说明：去掉字符串中的汉字。

11．reserve_only_chinese(String str)

参数：str 为待转换字符串。

返回值：仅保留字符串 str 中的汉字。

说明：仅保留字符串中的汉字。

12．delete_digitals(String str)

参数：str 为待转换字符串。

返回值：去掉字符串 str 中的数字后得到的字符串。

说明：去掉字符串中的数字。

13．reserve_only_digitals(String str)

参数：str 为字符串。

返回值：仅保留字符串 str 中的数字。

说明：仅保留字符串中的数字。

14．delete_letters (String str)

参数：str 为字符串。

返回值：去掉字符串 str 中的字母后得到的字符串。

说明：去掉字符串中的字母。

15．reserve_only_letters (String str)

参数：str 为字符串。

返回值：仅保留字符串 str 中的数字。

说明：仅保留字符串中的数字。

A.6 其他函数

1．guid ( )

返回值：GUID 字符串。

说明：返回 GUID 字符串。

2．generate_id( )

返回值：long 型全局唯一整数值。

说明：返回 long 型全局唯一整数值。

3．md5(Object[ ] row)

参数：row 为数据行。

返回值：数据的 MD5 值，byte[ ]类型。

说明：返回一行数据的 MD5 值。

4．retrieve_db_conn(String dataSourceName)

参数：dataSourceName 为数据源名称。

返回值：数据库连接对象 java.sql. Connection 对象。

说明：从指定的数据源的连接池中获取一个数据库连接。

5．read_file_to_blob(String filePath)

参数：filePath 为待读取的文件路径。

返回值：包含文件内容的 Blob 对象。

说明：读取文件内容到 Blob 对象中。

6．read_file_to_bytes(String filePath)

参数：filePath 为待读取的文件路径。

返回值：包含文件内容的 byte 数组。

说明：读取文件内容到 byte 数组。

7．read_file_to_clob(String filePath, String charset)

参数：filePath 为待读取的文件路径；charset 为待读取文件的字符集。

返回值：包含文件内容的 Clob 对象。

说明：读取文件内容到 Clob 对象中。

8．read_file_to_str(String filePath, String charset)

参数：filePath 为待读取的文件路径；charset 为待读取文件的字符集。

返回值：包含文件内容的字符串。

说明：读取文件内容到字符串。

9．retrieve_db_conn(String dataSourceName)

参数：dataSourceName 为数据源名称。

返回值：到数据源的连接对象。

说明：从系统连接池中获取一个数据库连接对象。

10．write_clob_to_file(Clob clob, String filePath, String charset,booleanappend)

参数：clob 为待写入的文本大字段对象；filePath 为待写入的文件路径；charset 为字符集；append 为是否使用追加模式写入。

返回值：传入的 Clob 对象。

说明：将文本大字段内容写入文件中。

11．write_str_to_file(String str, String filePath, String charset,booleanappend)

参数：str 为待写入的字符串；filePath 为待写入的文件路径；charset 为字符集；append 为是否使用追加模式写入。

返回值：传入的字符串。

说明：将字符串内容写入文件中。

12．write_blob_to_file(Blob blob, String filePath,booleanappend)

参数：blob 为待写入的二进制大字段对象；filePath 为待写入的文件路径；append 为是否使用追加模式写入。

返回值：传入的 Blob 对象。

说明：将二进制大字段内容写入文件中。

13．write_bytes_to_file(byte[] bytes, String filePath,booleanappend)

参数：bytes 为待写入的二进制数组；filePath 为待写入的文件路径；append 为是否使用追加模式写入。

返回值：传入的 byte 数组。

说明：读取文件内容到 byte 数组。

附录 B 系统变量

系统变量用于访问系统运行时的信息，是只读的且在所有工程中可见。

B.1 系统运行变量

1．project

当前脚本执行时所属的工程对象，com.dameng.etl.api.model.ProjectBean 类型。

2．transformation

当前脚本执行时所属的转换对象，com.dameng.etl.api.model.TransformationBean 类型。如果不在转换中，则值为 null。

3．job

当前脚本执行时所属的作业对象，com.dameng.etl.api.model.JobBean 类型。如果不在作业中，则值为 null。

4．activity

当前脚本执行时所属的活动（即流程中的节点），com.dameng.etl.api.model. ActivityBean 类型。

B.2 其他系统变量

installDir，DMETL V4.0 的安装目录，String 类型。

附录 C
日期时间格式

日期时间格式由日期或时间模式字符串指定。在日期或时间模式字符串中，未加引号的字母 A 到 Z 和 a 到 z 被解释为模式字母，用来表示日期或时间字符串元素。文本可以使用单引号（'）引用起来，以免进行解释。所有其他字符均不解释；只有在格式化时才将它们简单复制到输出字符串，或者在解析时才将它们与输入字符串进行匹配（见表 C-1）。

表 C-1　日期时间格式的英式字母

字　母	日期或时间元素	意　义	示　例
G	Era 标识符	文本	AD
y	年	年	1996; 96
M	年中的月份	月	July; Jul; 07
w	年中的周数	数字	27
W	月份中的周数	数字	2
D	年中的天数	数字	189
d	月份中的天数	数字	10
F	月份中的星期	数字	2
E	星期中的天数	文本	Tuesday; Tue
a	Am/pm 标记	文本	PM
H	一天中的小时数（0～23）	数字	0
k	一天中的小时数（1～24）	数字	24
K	am/pm 中的小时数（0～11）	数字	0
h	am/pm 中的小时数（1～12）	数字	12
m	小时中的分	数字	30
s	分钟中的秒	数字	55
S	毫秒数	数字	978
z	时区	通用时区	Pacific Standard Time; PST; GMT-08:00
Z	时区	RFC 822 时区	−0800

模式字母通常是重复的，由个数确定其显示形式。

（1）文本：对于格式化来说，如果模式字母的数量大于或等于 4，则使用完全形式；否则，在可用的情况下使用短形式或缩写形式。对于解析来说，两种形式都是可接受的，与模式字母的数量无关。

（2）数字：对于格式化来说，模式字母的数量是最小的数位，如果数位不够，则用 0 填充以达到此数量。对于解析来说，模式字母的数量被忽略，除非必须分开两个相邻字段。

（3）年：若模式字母的数量大于或等于 4，则使用日历特定的完整表示。否则，则使用日历特定的简写形式。

（4）月：如果模式字母的数量大于或等于 3，则将月份解释为文本；否则解释为数字。

（5）通用时区：如果时区有名称，则将它们解释为文本。对于表示 GMT 偏移值的时区，使用以下语法格式：

```
GMTOffsetTimeZone:
            GMT Sign Hours : Minutes
      Sign: one of
            + -
      Hours:
            Digit
            Digit Digit
      Minutes:
Digit Digit
      Digit: one of
0 1 2 3 4 5 6 7 8 9
```

Hours 必须在 0～23，Minutes 必须在 00～59。格式是与语言环境无关的，并且数字必须取自 Unicode 标准的 Basic Latin 块。

（6）RFC 822 time zone：对于格式化来说，应使用 RFC 822 4-digit 时区格式：

```
      RFC822TimeZone:
      SignTwoDigitHoursMinutes
      TwoDigitHours:
Digit Digit
```

TwoDigitHours 必须在 00～23。

表 C-2 显示了如何在中文语言环境中解释日期和时间模式。给定的日期和时间为中国北京本地时间 2001-07-04 12:08:56。

表 C-2 对示例日期和时间的中文解释

日期和时间模式	结 果
yyyy.MM.dd G 'at' HH:mm:ss z	2001.07.04 公元 at 12:08:56 CST
EEE, MMM d, ''yy	星期三, 七月 4, '01
h:mm a	12:08 下午
hh 'o''clock' a, zzzz	12 o'clock 下午, 中国标准时间
K:mm a, z	0:08 下午, CST

（续表）

日期和时间模式	结　果
yyyyy.MMMMM.dd GGG hh:mm aa	02001.七月.04 公元 12:08 下午
EEE, d MMM yyyy HH:mm:ss Z	星期三, 4 七月 2001 12:08:56 +0800
yyMMddHHmmssZ	010704120856+0800
yyyy-MM-dd'T'HH:mm:ss.SSSZ	2001-07-04T12:08:56.000+0800

附录 D

数字格式

1．特殊模式字符（见表 D-1）

数字格式由数字模式字符串指定，模式中的很多字符都是按字面意思解析的；在解析期间对其进行匹配，在格式化期间则不经改变地输出。同时，特殊字符代表了其他字符、字符串或字符类。如果要将其作为字面量出现在前缀或后缀中，那么除非另行说明，否则必须对其加引号。

表 D-1　特殊模式字符

符　号	位　置	本地化	含　义
0	数字	是	阿拉伯数字
#	数字	是	阿拉伯数字，多余的 0 不显示
.	数字	是	小数分隔符或货币小数分隔符
-	数字	是	减号
,	数字	是	分组分隔符
E	数字	是	分隔科学计数法中的尾数和指数。在前缀或后缀中不需要加引号
;	子模式边界	是	分隔正数和负数子模式
%	前缀或后缀	是	乘以 100 并显示为百分数
‰	前缀或后缀	是	乘以 1000 并显示为千分数
¤	前缀或后缀	否	货币记号，由货币符号替换，根据区域设置显示不同的字符。如果两个同时出现，则用国际货币符号替换。如果出现在某个模式中，则使用货币小数分隔符，而不使用小数分隔符
'	前缀或后缀	否	用于在前缀或后缀中为特殊字符加引号，如'#'将 123 格式化为 " #123 " 。要创建单引号本身，请连续使用两个单引号如 o''clock

2．科学计数法（见表 D-2）

科学计数法中的数表示为一个尾数和一个 10 的几次幂的乘积，如可以将 1234 表示为 1.234×10^3。尾数的范围通常是 [1.0，10)，但并非必需如此。示例：0.###E0 将数字 1234 格式化为 1.234E3。

（1）指数字符后面的数字位数字符数给出了最小的指数位数，没有最大值。使用本地化的减号来格式化负数指数，不使用模式中的前缀和后缀。这就允许存在如 0.###E0 m/s 等类的模式。

（2）最小和最大整数数字位数一起进行解释。

① 如果最大整数数字位数大于其最小整数数字位数并且大于 1，则强制要求指数为最大整数数字位数的倍数，并将最小整数数字位数解释为 1。最常见的用法是生成工程计数法，其中指数是 3 的倍数，如"##0.#####E0"。使用此模式时，数字 12345 格式化为 12.345E3，123456 则格式化为 123.456E3。

② 也可以通过调整指数来得到最小整数数字位数。示例：使用 00.###E0 格式化 0.00123 时得到 12.3E-4。

（3）尾数中的有效位数是最小整数和最大小数位数的和，不受最大整数位数的影响。例如，使用"##0.##E0"格式化 12345 得到"12.3E3"。若要显示所有位数，则将有效位数计数设置为零。有效位数不会影响解析。

（4）指数模式可能不包含分组分隔符。

D-2　科学计数法示例

数　字	模　式	结　果
123456.789	###,###.###	123,456.789
123456.789	###.##	123456.79
123.78	000000.000	000123.780
12345.67	$###,###.###	$12,345.67
12345.67	\u00A5###,###.###	¥12,345.67